[丛书阅读指南]

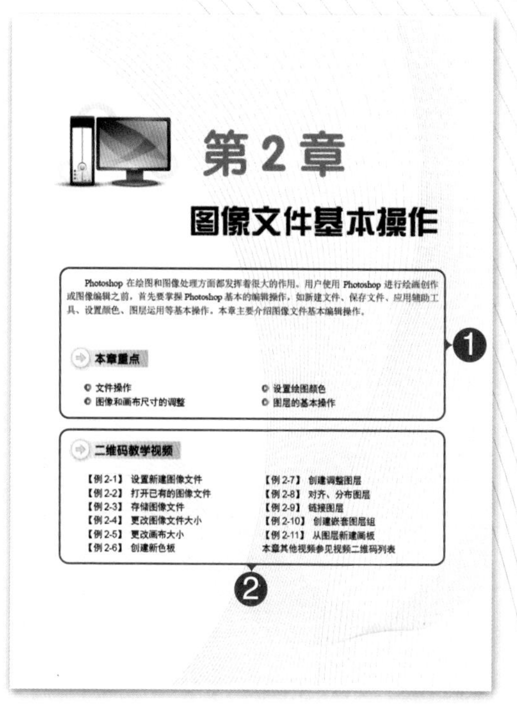

第2章

图像文件基本操作

Photoshop 在绘图和图像处理方面都发挥着很大的作用。用户使用 Photoshop 进行绘画创作或图像编辑之前，首先要掌握 Photoshop 基本的编辑操作，如新建文件、保存文件、应用辅助工具、设置颜色、图层运用等基本操作。本章主要介绍图像文件基本编辑操作。

本章重点

- 文件操作
- 设置绘图颜色
- 图像和画布尺寸的调整
- 图层的基本操作

二维码教学视频

【例2-1】 设置新建图像文件
【例2-2】 打开已有的图像文件
【例2-3】 存储图像文件
【例2-4】 更改图像文件大小
【例2-5】 更改画布大小
【例2-6】 创建新色板
【例2-7】 创建调整图层
【例2-8】 对齐、分布图层
【例2-9】 链接图层
【例2-10】 创建嵌套图层组
【例2-11】 从图层新建画板
本章其他视频参见视频二维码列表

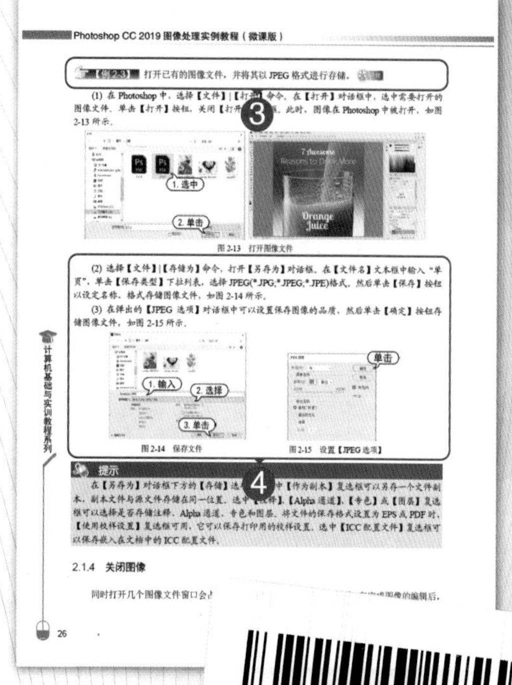

Photoshop CC 2019 图像处理实例教程（微课版）

【例2-3】 打开已有的图像文件，并将其以 JPEG 格式进行存储。

(1) 在 Photoshop 中，选择【文件】|【打开】命令，在【打开】对话框中，选中需要打开的图像文件。单击【打开】按钮，关闭【打开】对话框。此时，图像在 Photoshop 中被打开，如图 2-13 所示。

图 2-13 打开图像文件

(2) 选择【文件】|【存储为】命令，打开【另存为】对话框。在【文件名】文本框中输入"单页"，单击【保存类型】下拉列表，选择 JPEG(*.JPG;*.JPEG;*.JPE)格式。然后单击【保存】按钮以设定名称、格式存储图像文件，如图 2-14 所示。

(3) 在弹出的【JPEG 选项】对话框中可以设置保存图像的品质，然后单击【确定】按钮存储图像文件，如图 2-15 所示。

图 2-14 保存文件　　图 2-15 设置【JPEG 选项】

提示

在【另存为】对话框下方的【存储】选项区域中，选中【作为副本】复选框可以另存一个文件副本，副本文件与源文件存储在同一位置。选中【注释】、【Alpha 通道】、【专色】或【图层】复选框可以选择是否存储注释、Alpha 通道、专色和图层。将文件的保存格式设置为 EPS 或 PDF 时，【使用校样设置】复选框可用，它可以保存打印用的校样设置。选中【ICC 配置文件】复选框可以保存嵌入在文档中的 ICC 配置文件。

2.1.4 关闭图像

同时打开几个图像文件窗口会占……在完成图像的编辑后，

计算机基础与实训教程系列

26

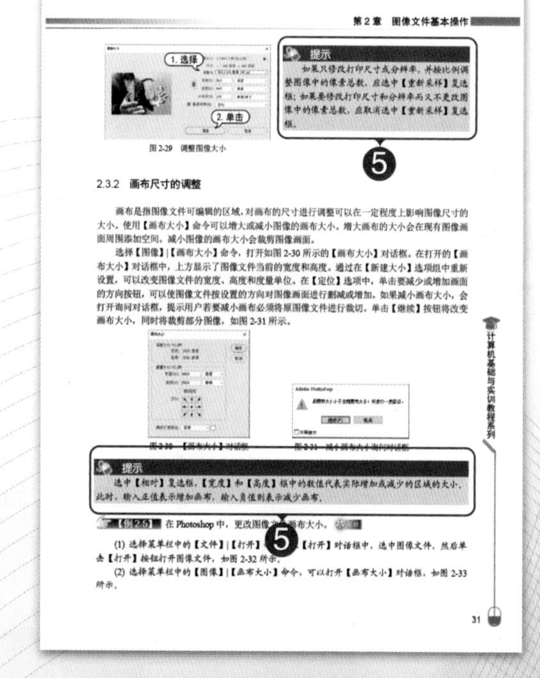

第2章 图像文件基本操作

图 2-29 调整图像大小

提示

如果只修改打印尺寸或分辨率，并按比例调整图像中的像素总数，应选中【重新采样】复选框；如果要修改打印尺寸和分辨率而又不更改图像中的像素总数，应取消选中【重新采样】复选框。

2.3.2 画布尺寸的调整

画布是指图像文件可编辑的区域，对画布的尺寸进行调整可以在一定程度上影响图像尺寸的大小。使用【画布大小】命令可以增大或减小图像的画布大小。增大画布的大小会在现有图像画面周围添加空间。减小图像的画布大小会裁剪图像画面。

选择【图像】|【画布大小】命令，打开如图 2-30 所示的【画布大小】对话框。在打开的【画布大小】对话框中，上方显示了图像文件当前的宽度和高度。通过在【新建大小】选项组中重新设置，可以改变图像文件的宽度、高度和度量单位。在【定位】选项中，单击要减少或增加画面的方向按钮，可以使图像文件按设置的方向对图像画面进行删减或增加。如果减小画布大小，会打开询问对话框，提示用户若要减小画布必须将原图像文件进行裁切。单击【继续】按钮将改变画布大小，同时将裁剪部分图像，如图 2-31 所示。

图 2-30 【画布大小】对话框　　图 2-31 减小画布大小询问对话框

提示

选中【相对】复选框，【宽度】和【高度】框中的数值代表实际增加或减少的区域的大小。此时，输入正值表示增加画布，输入负值则表示减少画布。

【例2-5】 在 Photoshop 中，更改图像文件画布大小。

(1) 选择菜单栏中的【文件】|【打开】命令，在【打开】对话框中，选中图像文件，然后单击【打开】按钮打开图像文件，如图 2-32 所示。

(2) 选择菜单栏中的【图像】|【画布大小】命令，可以打开【画布大小】对话框，如图 2-33 所示。

计算机基础与实训教程系列

31

① 导读与重点：

以言简意赅的语言表述本章介绍的主要内容和教学重点。

② 教学视频：

列出本章有同步教学视频的操作案例，让读者随时扫码学习。

③ 实例概述：

简要描述实例内容，同时让读者明确该实例是否附带教学视频。

④ 操作步骤：

图文并茂，详略得当，让读者对实例操作过程轻松上手。

⑤ 技巧提示：

讲述软件操作在实际应用中的技巧，让读者少走弯路、事半功倍。

[配套资源使用说明]

观看二维码教学视频的操作方法

本套丛书提供书中实例操作的二维码教学视频，读者可以使用手机微信中的“扫一扫”功能，扫描本书前言中的“扫一扫，看视频”二维码图标，即可打开本书对应的同步教学视频界面。

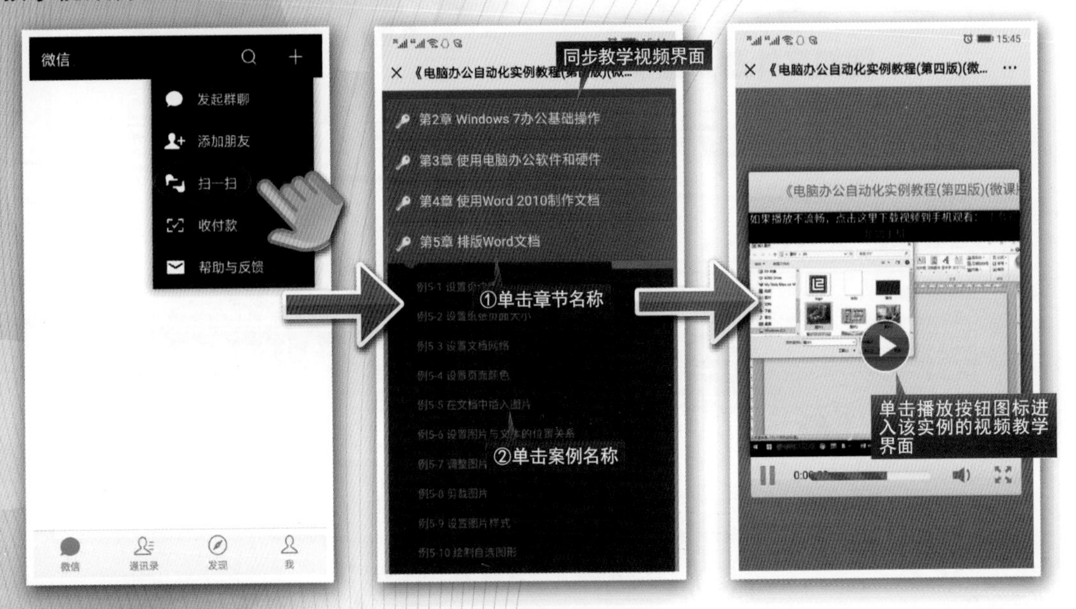

推送配套资源到邮箱的操作方法

本套丛书提供扫码推送配套资源到邮箱的功能，读者可以使用手机微信中的“扫一扫”功能，扫描本书前言中的“扫码推送配套资源到邮箱”二维码图标，即可快速下载图书配套的相关资源文件。

[本书案例演示]

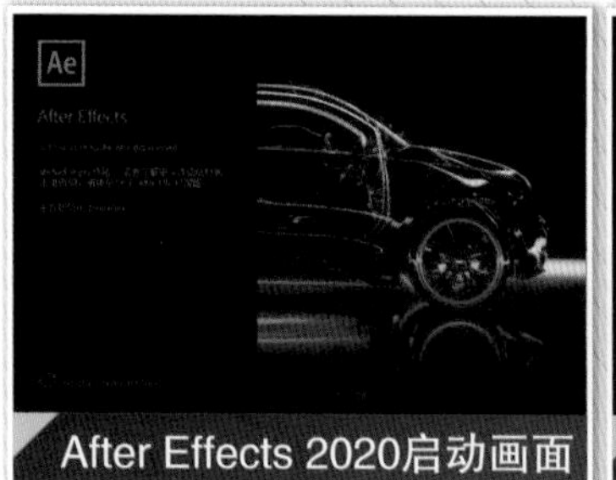

After Effects 2020启动画面

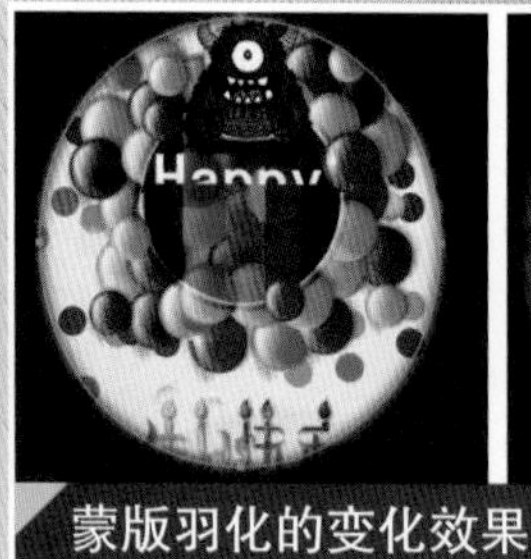

蒙版羽化的变化效果

水墨动画

合成面板

CC WarpoMatic效果

变亮模式效果

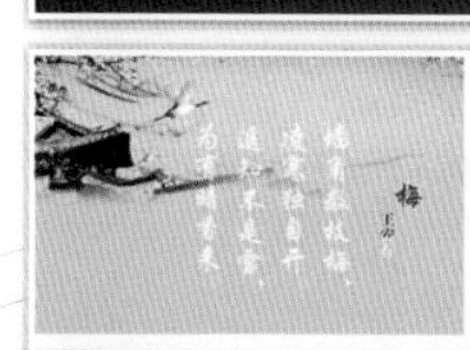

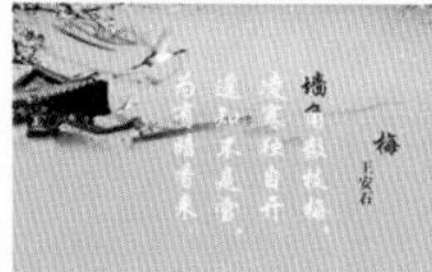

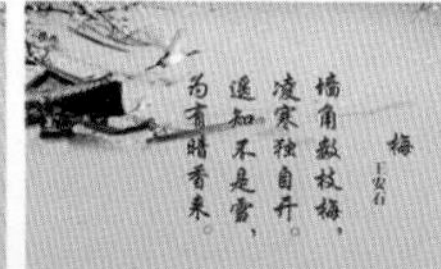

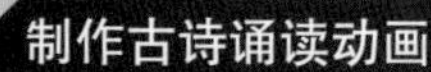

制作古诗诵读动画

不透明度为100%时的效果

渐变擦除效果

差值模式效果

[本书案例演示]

3D动态相册

制作翻页电子相册

添加三色调特效

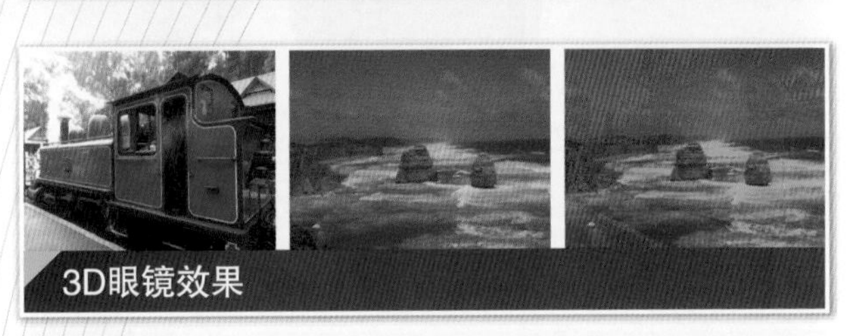
3D眼镜效果

添加素材图像

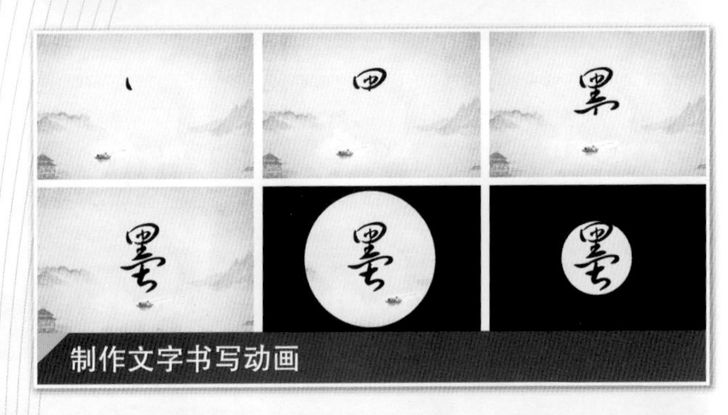

制作文字书写动画

CC Mr. Smoothie效果

CC Radial Blur效果

照片滤镜效果

制作下雨和下雪动画

制作蓝调影片效果

计算机基础与实训教材系列

After Effects 2020
影视特效实例教程
(微课版)

陈云贵 编著

清华大学出版社
北 京

内 容 简 介

本书由浅入深、循序渐进地介绍Adobe公司最新推出的影视后期制作合成软件——中文版After Effects 2020的操作方法和使用技巧。全书共分15章，分别介绍影视后期制作合成的概念以及After Effects的应用领域和相关概念，After Effects的基本操作，图层的相关概念和操作方法，关键帧动画，文本与文本动画，蒙版与蒙版动画，三维空间动画，特效的基本操作，颜色校正与抠像特效，视频与音频特效，扭曲与透视特效，视频风格化与生成特效，其他常见特效以及渲染输出等内容。除第1和15章外，其他各章的最后都安排了相关实例，用于提高和拓宽读者对After Effects操作方法的掌握与应用。

本书内容丰富、结构清晰、语言简练、图文并茂，具有很强的实用性和可操作性，是一本适合于高等院校的优秀教材，也是广大初、中级计算机用户的优秀自学参考书。

本书对应的电子课件、实例源文件和习题答案可到http://www.tupwk.com.cn/edu网站下载，也可通过扫描前言中的二维码获取。扫描前言中的教学视频二维码可以直接观看微课版教学视频。

图书在版编目(CIP)数据

After Effects 2020影视特效实例教程：微课版 / 陈云贵编著. —北京：清华大学出版社，2021.10
计算机基础与实训教材系列
ISBN 978-7-302-59127-6

Ⅰ. ①A…　Ⅱ. ①陈…　Ⅲ. ①图像处理软件—教材　Ⅳ. ①TP391.413

中国版本图书馆CIP数据核字(2021)第182173号

责任编辑：胡辰浩
封面设计：高娟妮
版式设计：孔祥峰
责任校对：成凤进
责任印制：宋　林

出版发行：清华大学出版社
网　　址：http://www.tup.com.cn，http://www.wqbook.com
地　　址：北京清华大学学研大厦A座　　邮　　编：100084
社 总 机：010-62770175　　邮　　购：010-62786544
投稿与读者服务：010-62776969，c-service@tup.tsinghua.edu.cn
质 量 反 馈：010-62772015，zhiliang@tup.tsinghua.edu.cn
印 装 者：三河市龙大印装有限公司
经　　销：全国新华书店
开　　本：190mm×260mm　　印　　张：22.75　　彩　　插：2　　字　　数：540千字
版　　次：2021年10月第1版　　印　　次：2021年10月第1次印刷
定　　价：86.00元

产品编号：083389-01

前 言

中文版After Effects 2020是Adobe公司最新推出的专业化影视特效制作软件，目前正广泛应用于动画设计、特效制作、视频编辑及视频制作等诸多领域。近年来，随着数字媒体的日益盛行，视频类的作品被应用于各个领域，方便地制作、处理动画和视频特效成为人们的迫切需求。为了适应数字化时代人们对视频特效处理软件的要求，新版本的After Effects在原有版本的基础上进行了诸多功能改进，如可以创建波浪状、尖状或圆形描边，还可以创建几何图案和形状的同轴复制体，以及增加了导入和编辑 Apple ProRes RAW 媒体等新功能，此外还增加了将媒体复制到共享位置和允许云文档协作的相关功能等。

本书从教学实际需求出发，合理安排知识内容，从零开始、由浅入深、循序渐进地讲解After Effects的基本知识和使用方法，本书共分15章，主要内容如下。

第1章介绍影视后期制作合成的概念以及After Effects的应用领域和相关概念。

第2章介绍After Effects 2020的基本操作。

第3章介绍图层的相关概念和操作方法。

第4章介绍关键帧动画。

第5章介绍文本与文本动画。

第6章介绍蒙版与蒙版动画。

第7章介绍三维空间动画。

第8章介绍特效的基本操作。

第9章介绍视频过渡特效。

第10章介绍视频抠像与遮罩特效。

第11章介绍视频扭曲与透视特效。

第12章介绍视频风格化与生成特效。

第13章介绍视频颜色校正特效。

第14章介绍其他一些常见的视频特效。

第15章介绍视频的渲染输出。

本书图文并茂、条理清晰、通俗易懂、内容丰富，在讲解每个知识点时都配有相应的实例，方便读者上机实践。同时针对难以理解和掌握的内容给出相关提示，让读者能够快速地提高操作技能。此外，本书配有大量综合实例和练习，让读者在不断的实际操作中更加牢固地掌握书中讲解的内容。

本书分为15章，广东科技学院的陈云贵编写了全书。由于作者水平有限，本书不足之处在所难免，欢迎广大读者批评指正。我们的邮箱是992116@qq.com，电话是010-62796045。

本书对应的电子课件、实例源文件和习题答案可到http://www.tupwk.com.cn/edu网站下载，也可通过扫描下面的二维码获取。扫描下方教学视频二维码可以直接观看微课版教学视频。

电子课件、实例源文件
和习题答案

多媒体视频教程

作　者
2021年7月

推荐课时安排

章　　名	重点掌握内容	教学课时
第1章　After Effects基础知识	1. 影视后期制作合成概述 2. After Effects的应用领域 3. 影视制作的基本概念	1学时
第2章　After Effects基本操作	1. After Effects 2020的安装 2. After Effects 2020的新功能 3. After Effects 2020的工作界面 4. 设置After Effects 2020的首选项 5. 基本工作流程 6. 项目详解 7. 合成详解 8. 导入与管理素材	3学时
第3章　After Effects图层应用	1. 认识图层 2. 创建图层 3. 编辑图层 4. 管理图层 5. 图层的属性 6. 图层的混合模式 7. 图层的样式 8. 图层的类型	6学时
第4章　应用关键帧动画	1. 关键帧的概念 2. 创建关键帧动画 3. 图表编辑器 4. 编辑关键帧 5. 动画运动路径 6. 动画播放预览	8学时
第5章　文本与文本动画	1. 创建与编辑文本 2. 设置文本格式 3. 设置文本属性 4. 范围控制器 5. 【绘画】面板和【画笔】面板	10学时

(续表)

章　名	重点掌握内容	教学课时
第6章　应用蒙版	1. 蒙版 2. 编辑蒙版 3. 蒙版的其他属性 4. 蒙版动画 5. Roto笔刷工具	10学时
第7章　三维空间动画效果	1. 认识3D图层 2. 3D图层的应用 3. 灯光的运用 4. 摄像机的运用	10学时
第8章　特效的基本操作	1. 添加特效 2. 设置特效 3. 编辑特效	1学时
第9章　视频过渡	1. 过渡 2. 上机练习	4学时
第10章　视频抠像与遮罩	1. 抠像 2. 遮罩	8学时
第11章　视频扭曲与透视	1. 扭曲 2. 透视	8学时
第12章　视频风格化与生成特效	1. 风格化 2. 生成	8学时
第13章　视频颜色校正	1. 颜色校正 2. 上机练习	4学时
第14章　其他常见特效	1. 模糊和锐化 2. 模拟 3. 杂色与颗粒 4. 文本 5. 时间 6. 音频	10学时
第15章　渲染输出	1. 渲染合成 2. 导出文件	1学时

目录

第13章 视频颜色校正 ……………… 302

第14章 其他常见特效 ……………… 317

第1章

After Effects 基础知识

After Effects简称AE，作为Adobe公司的一款影视后期制作合成软件，有着专业性强且操作简便的特征。同时，作为一个广阔的影视后期制作合成平台，AE凭借自身非常高效的专业优势，在影视后期制作合成领域有着广泛的应用。本章将从基础理论、应用领域以及影视制作的基本概念和知识来帮助大家认识AE，为后面的特效制作奠定良好的学习基础。

本章重点

- 概念认识
- 应用领域
- 相关知识

1.1 影视后期制作合成概述

影视后期制作合成是指前期先拍摄，之后再根据脚本需要，把现实中无法拍摄的事物在后期用After Effects制作合成，最后把虚拟效果与拍摄的现实场景结合起来。简单来说，就是对拍摄之后的影片或软件所做的动画，做后期的效果处理，比如影片的剪辑、动画特效、文字包装等。After Effects是影视后期制作合成软件中的佼佼者。

影视后期制作合成的快速发展，给人们带来了一场视听盛宴，这种技术能以一种人们从未使用过的表现方式，更好地给观众带来视觉上的冲击和思维上的感观，从而直击观众的内心。在影视后期制作合成技术的促成下，传统的影视作品能通过把非现实的未来场景和事物尽情地展现出来，来满足观众内心的享受。

影视后期制作合成给想要呈现出奇幻的影视作品的人们提供了有力的技术支持，如今的好莱坞影片中就大量地运用了影视后期制作合成技术，其中最重要的是数字特效。正因为现在实现了这种后期技术与艺术感观的相互结合，才使得一部又一部精彩的影片深入人心。如今，影视后期制作合成正在逐渐地影响我们的生活。

1.2 After Effects的应用领域

AE集视频处理与设计于一身，是制作动态的影像效果时不可或缺的一种辅助工具。AE提供了众多功能，能实现我们想要的令人震撼的视觉效果。AE的应用领域十分广泛，主要包括以下几个方面。

1.2.1 影视动画

影视动画涉及的有影视特效、后期制作合成、特效动画等。随着影视领域的延展和后期制作合成软件的增多，数字化影像技术改变了传统影视制作的单一性，弥补了传统拍摄中视觉上的不足。

影视后期特效在影视动画领域的运用相对比较普遍。目前，一些二维或三维动画的制作都需要加进去一些影视后期特效，它们的加入可以对动画场景的渲染与环境气氛起作用，从而增强影视动画的视觉表现力和提高整个影视动画的品质，如图1-1所示。

图1-1 影视动画例图

1.2.2 电影特效

随着科学技术的进步，特效在目前的电影制作中应用越来越广泛，电影特效从根本上改变了传统的电影制作方式。在编写剧本时，整个框架就已经让编剧打破了传统的思维模式，改变了自身局限的概念，实现了时空般的转变，从而使其充分发挥想象力，创造自己的特效剧本。

在现代化的今天，特效的广泛使用让越来越多高效创作的影视作品开始出现。前期拍摄时，除了现实中的场景，还有很多分镜头，比如蓝幕的摄影环境、模型搭建、多样的灯光表现等。为了满足后期制作的要求，在蓝幕的摄影环境中，无场景、无实物的表演，也是在考验演员。在这种环境下，靠的是演员的想象力与表现力，这要求演员必须把表演的动作、展现的情绪与想要合成的场景画面结合起来，之后再加上后期所需的素材或特效。这种高效创作的电影特效方法已经替代了传统的电影制作手法。随着影视后期软件的增多，人们对影视后期制作的了解也变得更深刻，如图1-2所示。

图1-2 电影特效例图

1.2.3 企业宣传片

随着数字化时代的来临，一些企业也开始慢慢适应这个科技化的社会。电子产品与网络的普及，让越来越多的人享受到了在家就能了解一切事物的便利，企业宣传从最初的使用文字和发放宣传页的方式，转变为现在使用数字化的、通俗易懂的宣传片，这一改变给人们带来了视觉冲击。各个企业都在制作拥有自身特色的宣传片，力求把企业自身的文化特点都概括到宣传片里面。如今，企业宣传片的形式多种多样，不仅有故事型的叙述方法，也有想象力的创意表现等。在制作企业宣传片时，影视后期制作合成使宣传片的创新形式与特效表现给人们带来眼前一亮的感觉，让观者有了深刻的印象，如图1-3所示。

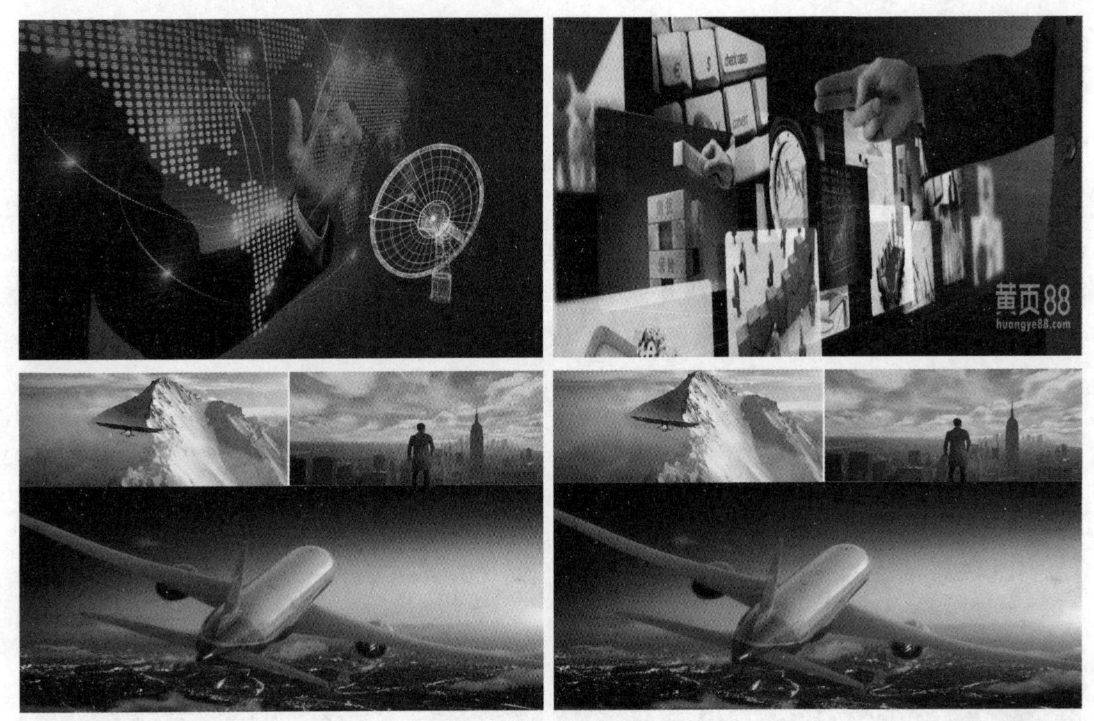

图1-3　企业宣传片例图

1.2.4　电视包装

电视包装，简单来说就像其他产品的包装一样，目的是让观众在视觉上深刻认识和了解电视产品。确切来说，电视包装就是对一个地区电视品牌的形象标识设计和策划，其中包括品牌的建设营销策划与视觉上的形象设计等方面，从小的电视栏目的品牌，到大的地区电视的频道品牌，甚至是电视所属传媒公司的整体品牌形象，都需要使用电视包装来解决。

电视包装是目前各电视节目公司和广告公司最常用的一种概念。事实上，包装就像借来的词一样，传统的包装方式是对产品进行包装，而现在则被运用到了电视上，这是因为产品包装和电视包装有相同之处。进行电视包装的意义在于把电视频道的整体品牌形象以一种外在的包装形式体现电视频道的规范性，突出自身的文化特色与特点。

电视包装是电视节目自身发展的需要，是每个电视栏目、电视频道更规范、更成熟、更稳定的标志。如今，由于观众有主动的栏目选择权，他们往往盲目地不知如何选择，因此各个电视栏目竞争激烈，在这种竞争形势下，电视包装的作用众所周知。如同重要产品的包装与广告的普及推广都是商家为了盈利而采取的策略一样，电视栏目、电视频道的包装与商家推广商品的做法不言自明，如图1-4所示。

图1-4　电视包装例图

1.3　影视制作的基本概念

在使用After Effects对素材进行特效编辑处理之前，我们需要掌握一系列的其他概念及专业术语，比如合成图像、帧、帧速率、关键帧、场等专业术语以及视频文件格式、音频文件格式等。

1.3.1　专业术语

1. 合成图像

合成图像是After Effects中一个相对重要的概念和专业术语。为了在新项目中进行编辑和视频特效制作，需要新建一幅图像，在图像窗口中，可对素材做任何特效编辑处理。合成图像则与时间轴对应在一起，以图层为操作基础，可以包含多个任意图层。AE可以同时运行多个合成图像，但每个合成图像又是个体，可嵌套使用。

2. 帧

帧是传统影视动画中最小的信息单元——影像画面。帧相当于镜头，一帧就是一幅画面，我们在影视动画中看到的连续的动态画面，就是由一张张图片组成的，而这一张张图片就是帧。

3. 帧速率

帧速率是指当播放视频时每秒钟渲染的帧数。对影视作品而言，帧速率是24帧每秒。当捕捉动态的视频内容时，帧速率越高越好。

4. 关键帧

关键帧是动画编辑和特效制作的核心技术，相当于二维动画中的原画。关键帧指的是物体之间运动变化时的动作所处的一帧。关键帧之间的动画可以靠软件来实现，这种软件主要记录动画或特效的参数特征。

5. 场

场是影视系统中的另一个概念，场通过以隔行扫描的方式来保存帧的内容和显示图像。画面按照水平方向被分成多行，只要进行两次扫描，就可以交替地显示奇偶行。也就是说，每扫描一次就会成为一场，两场扫描得到的就是一帧画面。

1.3.2 常见的视频文件格式

数字视频有DV格式和压缩格式两种。目前，视频压缩方法有很多种，对应的视频文件格式也有很多种，其中最有代表性的就是MPEG格式和AVI格式。下面介绍一下几种常见的视频文件格式。

1. AVI 格式

这是一种专为微软Windows环境设计的视频文件格式，这种格式的好处是兼容性好、调用方便、图像质量好，缺点是占用空间大。

2. MPEG 格式

MPEG格式包括MPEG-1、MPEG-2、MPEG-4。MPEG-1被广泛应用于VCD和网络上一些可供下载的视频片段的制作，使用MPEG-1的压缩算法可以把一部120分钟长的非视频文件格式的电影压缩到1.2 GB左右。MPEG-2则被应用于DVD的制作，同时在一些HDTV(高清晰电视广播)和一些高要求视频的编辑和处理方面也有一定的应用空间；相对于MPEG-1的压缩算法，使用MPEG-2可以制作出在画质等方面远超MPEG-1的视频文件，但是容量也不小，在4 GB到8 GB左右。MPEG-4是一种新的压缩算法，可用来将使用MPEG-1压缩成1.2 GB的文件压缩到300MB左右，供网络播放。

3. ASF 格式

这是微软为了和现在的Real Player竞争而发展出来的一种可直接在网上观看视频节目的流媒体文件压缩格式，实现了一边下载一边播放，不用存储到本地硬盘上。

4. NAVI 格式

这是一种新的视频文件格式，由ASF的压缩算法修改而来。NAVI拥有相比ASF更高的帧速率，但这以牺牲ASF的视频流特性为代价。也就是说，NAVI是非网络版本的ASF。

5. DIVX 格式

DIVX是一种能对DVD造成威胁的新生视频压缩格式。由于使用的是MPEG-4压缩算法，因此DIVX格式可以在对文件尺寸进行高度压缩的同时，保留非常清晰的图像质量。

6. QuickTime 格式

QuickTime(MOV)格式是苹果公司创立的一种视频格式，在图像质量和文件尺寸的处理方面实现了很好的折中。

7. Real Video 格式(RA 和 RAM)

Real Video格式主要定位于视频流的应用方面，是视频流技术的创始者。这种格式可在56 kbps Modem的拨号上网条件下实现不间断的视频播放，因此必须同时通过损耗图像质量的方式来控制文件的大小，图像质量通常很低。

1.3.3 常见的音频文件格式

音频是用来表示声音强弱的数据序列，由模拟声音经采样、量化和编码后得到。不同数字音频设备一般对应不同的音频文件格式。音频文件的常见格式有WAV、MIDI、MP3、WMA、MP4、VQF、RealAudio、AAC等。下面介绍几种常见的音频文件格式。

1. WAV 格式

WAV格式是微软公司开发的一种音频文件格式，WAV文件也叫波形声音文件。WAV是最早的数字音频格式，Windows平台及其应用程序都支持这种格式。这种格式支持MSADPCM、CCITT A LAW等多种压缩算法，并支持多种音频位数、采样频率和声道。标准的WAV格式和CD格式一样——44 100 Hz的采样频率、88 kbps的速率、16位的量化位数，因此WAV文件的音质和CD文件差不多，是目前广为流行的音频文件格式。

2. MP3 格式

MP3的全称为MPEG Audio Layer-3。Layer-3是Layer-1和Layer-2的升级版。与Layer-1和Layer-2相比，Layer-3具有更高的压缩率，应用也更为广泛。

3. Real Audio格式

Real Audio是由Real Networks公司推出的一种音频文件格式，其最大的特点就是可以实时传输音频信息，现在主要用于在线音乐欣赏。

4. MP3 Pro 格式

MP3 Pro由瑞典Coding科技公司开发，其中包含两大技术：一是来自Coding科技公司特有的解码技术；二是由MP3的专利持有者——法国汤姆森多媒体公司和德国Fraunhofer集成电路协会——共同研发的一项译码技术。

5. MP4 格式

MP4是采用美国电话电报公司(AT&T)开发的以“知觉编码”为关键技术的音频压缩技术，由美国网络技术公司(GMO)和RIAA联合公布的一种新的音频文件格式。MP4格式在文件中采用了保护版权的编码技术，只有特定用户才可以播放，从而有效保障了音乐版权。另外，MP4文件的压缩比达到1∶15，体积比MP3文件更小，但音质却没有下降。

6. MIDI 格式

MIDI(Musical Instrument Digital Interlace)又称乐器数字接口，是数字音乐电子合成乐器的国际统一标准。MIDI定义了计算机音乐程序、数字合成器及其他电子设备之间交换音乐信号的方式，规定了不同厂家的电子乐器与计算机连接的电缆、硬件及设备的数据传输协议，可以模拟多种乐器的声音。

7. WMA 格式

WMA(Windows Media Audio)是微软开发的用于Internet音频领域的一种音频文件格式。WMA格式的音质强于MP3格式，更远胜于RA格式。WMA文件的压缩率一般都可以达到1∶18左右，WMA还支持音频流(Stream)技术，适合于在线播放。

8. VQF 格式

VQF格式是由YAMAHA和NTT共同开发的一种音频压缩技术，其核心是通过减少数据流量但保持音质的方法来达到更高的压缩率，压缩率可达到1∶18，因此相同情况下，压缩后的VQF文件的体积比MP3文件小30%~50%，更利于网上传播，同时音质极佳，接近CD音质(16位的44.1 kHz立体声)。

1.4 习　题

1. AE在影视领域起到的作用有哪些？
2. 在哪些领域需要用到影视后期制作合成技术？
3. 简述影视制作的基本流程。
4. 简述影视后期制作合成的重要性。
5. 简述关键帧的类型及特点。
6. After Effects支持的文件格式有哪些？
7. 视频编辑中的最小单位是什么？
8. 国内的影视制作以多少帧为基准？

第 2 章

After Effects 基本操作

本章主要介绍After Effects 2020的安装方法、工作界面及操作流程。在学习After Effects的基本操作之前，为了适应不同的后期制作需求，用户需要全面了解After Effects的基础面板和窗口，对After Effects进行了解和设置。通过熟悉这些内容，用户可以提升工作效率，避免不必要的错误与麻烦。

本章重点

- After Effects介绍
- 基本工作流程
- 项目详解

二维码教学视频

【例2-1】安装After Effects 2020
【例2-2】更换工作区
【例2-3】保存自定义的工作界面
【例2-4】设置首选项
上机练习——创建简单合成

2.1 After Effects 2020的安装

After Effects 2020是Adobe公司打造的一款视频合成及特效制作软件，新版After Effects不仅带来了实用的功能和改进，还发布了全新的高性能体系结构，用来全面提升运行速度。大多数素材都可以在应用效果前实时回放，无须等待缓存。下面介绍安装After Effects 2020时的系统要求及安装步骤。

2.1.1 系统要求

随着影视行业的崛起，越来越多的人开始加入影视制作队伍，而After Effects 2020的安装和计算机能不能带动After Effects 2020是个大问题。下面介绍After Effects 2020在Windows系统中的配置要求。

1) 操作系统：Microsoft Windows 10 (64位) 1703或更高版本。

2) 处理器：支持64位的多核处理器。

3) RAM内存空间：4 GB。

4) RAM硬盘空间：4 GB可用硬盘空间用于安装，还需要准备安装期间所需的额外可用硬盘空间(部分功能无法安装到可以移动的闪存设备上)。

5) 显示器分辨率：1920×1080或更大的显示屏。

6) OpenGL：支持OpenGL 2.0。

7) 声卡：与ASIO协议、WASAPI或Microsoft WDM/MME兼容。

2.1.2 安装步骤

为了安装After Effects 2020，用户需要到Adobe官网注册ID，然后通过Adobe Creative Cloud下载这款软件，之后再进行安装。

【例2-1】安装After Effects 2020。

01 下载After Effects 2020软件后，将其解压，然后双击安装程序Set-up，如图2-1所示。

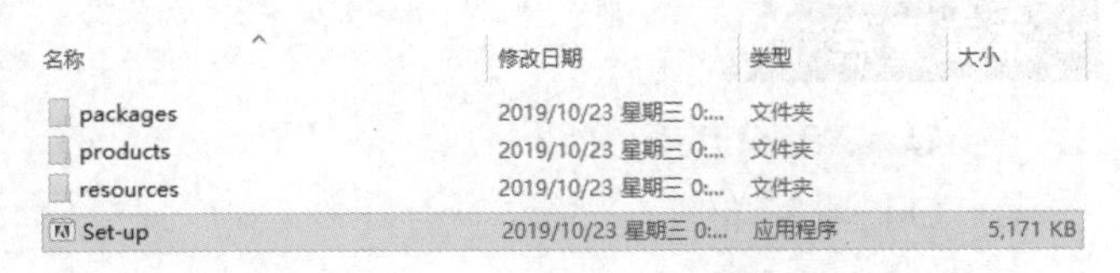

图2-1　双击After Effects 2020的安装程序

02 进入安装界面后，进行程序语言、安装位置的设置，如图2-2所示。

03 设置好安装选项后，单击【继续】按钮，进入安装进程界面，等待程序安装结束，如图2-3所示。

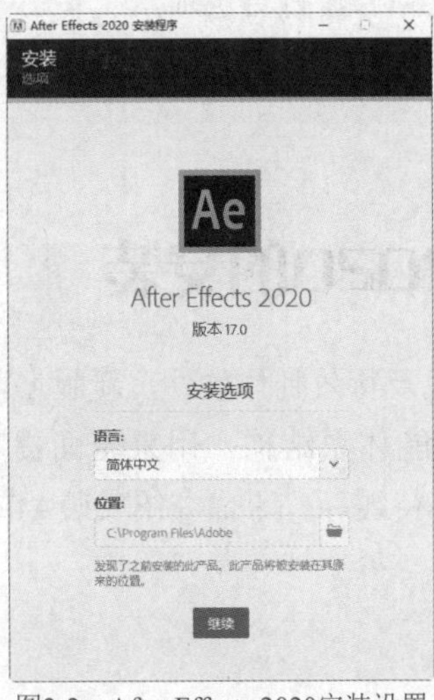

图2-2　After Effects 2020安装设置

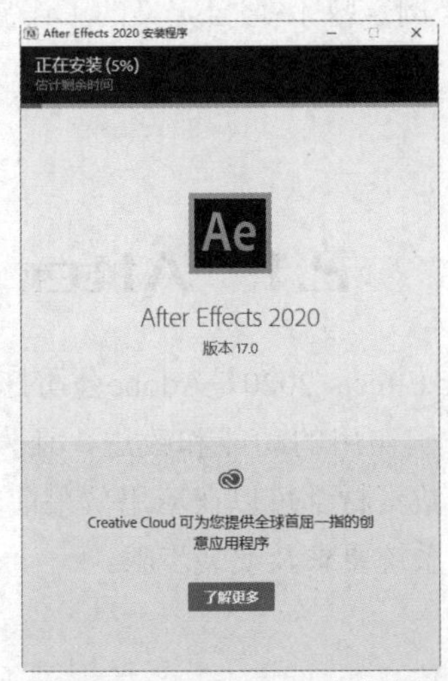

图2-3　After Effects 2020安装进程

04 完成程序的安装后，运行After Effects 2020，其启动界面如图2-4所示。

图2-4　After Effects 2020的启动界面

2.2　After Effects 2020的工作界面

在对After Effects进行基础操作前，用户需要了解其工作界面。下面对After Effects 2020的工作界面进行介绍。

2.2.1　主页界面

当首次启动After Effects 2020时，会自动弹出欢迎使用After Effects的主页界面。在主页界面中，可以打开最近使用的文件或者创建新的项目文件，如图2-5所示。

图2-5　主页界面

2.2.2 认识工作界面

After Effects 2020默认的工作界面由菜单栏、工具栏、【合成】面板、【时间轴】面板、【项目】面板、【效果和预设】面板等组成，如图2-6所示。

图2-6 After Effects 2020默认的工作界面

- 【合成】面板：主要用于显示各个图层的效果，用户可以设置画面显示的质量、调整窗口的大小及视图等，如图2-7所示。
- 【项目】面板：主要用于素材的管理及存储。如果所需素材多，可直接通过添加文件夹的方式来管理、分类素材。用户在【项目】面板中除了可以查看素材的信息(如素材大小、帧速率以及持续时间等)之外，还可以对素材执行替换、重命名等基本操作，如图2-8所示。

图2-7 【合成】面板

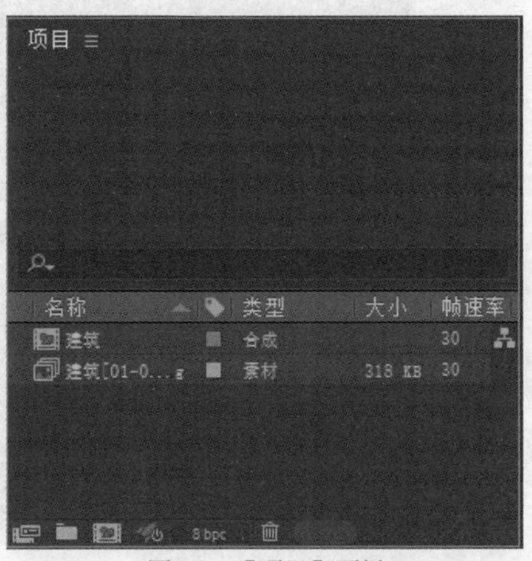

图2-8 【项目】面板

- 【时间轴】面板：【时间轴】面板主要分为控制面板区域和时间轴区域。在时间轴区域，可采用从上而下的图层排列方式添加素材，还可添加滤镜和关键帧等，如图2-9所示。

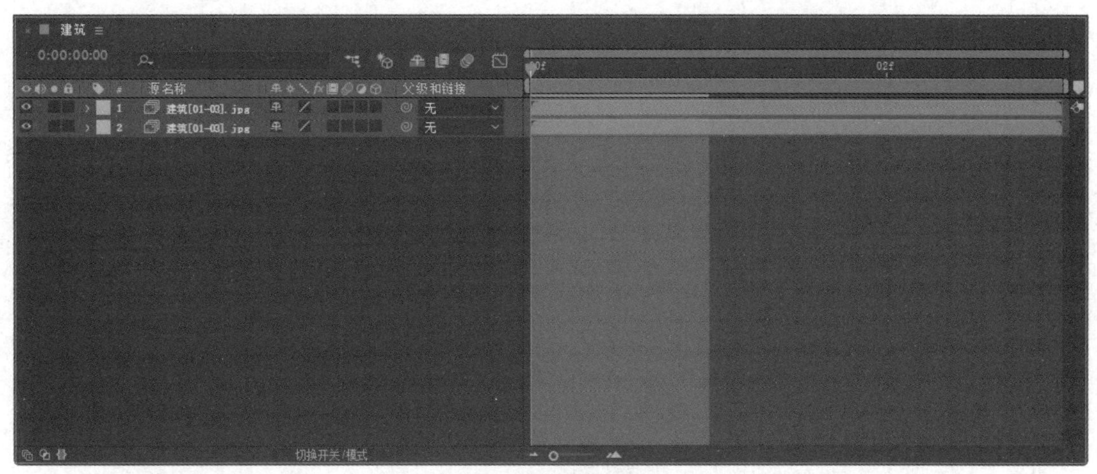

图2-9 【时间轴】面板

- 【效果和预设】面板：对于制作完成的动画，After Effects 2020为用户提供了一些预设效果，其中包含了动态背景、文字动画、图像过渡等，用户可在图层中直接调用这些预设效果，如图2-10所示。

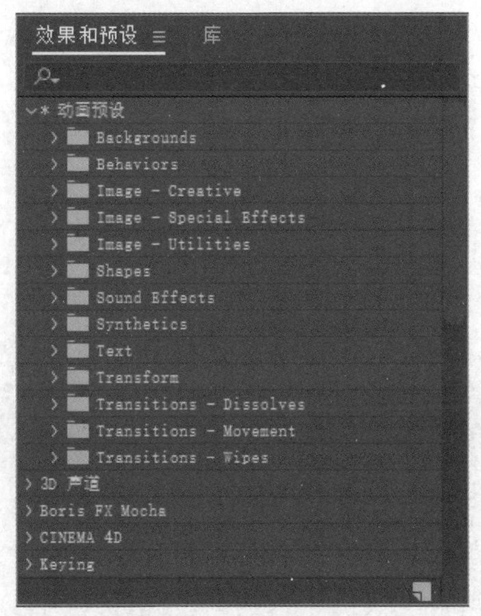

图2-10 【效果和预设】面板

2.2.3 更换工作界面

除了默认的工作界面，我们还可以根据不同需求预设After Effects 2020的工作界面。选择【窗口】|【工作区】菜单命令，在弹出的工作区菜单中可以选择布局方式，如图2-11所示。

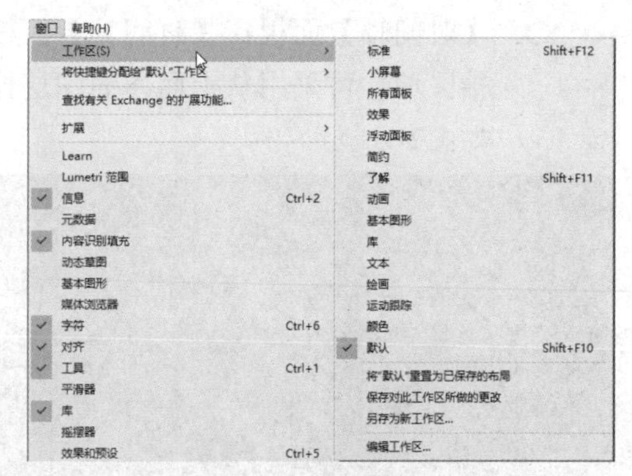

图2-11　工作区菜单

在工作区菜单中，部分命令的作用如下。

- 【标准】：显示默认的After Effects 2020工作界面。
- 【所有面板】：显示所有可用面板。
- 【效果】：显示可以调用特效的工作界面。
- 【简约】：只简单显示【时间轴】和【合成】面板，为了方便显示，可预览图像。
- 【动画】：显示适用于动画操作的工作界面。
- 【文本】：显示适用于文本创建的工作界面。
- 【绘画】：显示适用于绘图操作的工作界面。
- 【运动跟踪】：显示的工作界面适用于对图像的关键帧进行编辑，可用于动态跟踪。

【例2-2】更换工作区。

01 选择【窗口】|【工作区】菜单命令，弹出的工作区菜单中显示了多种布局方式，如图2-12所示。

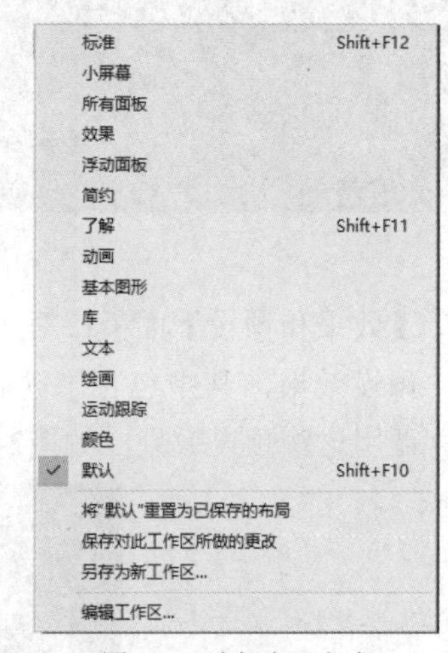

图2-12　选择布局方式

02 选择一种布局方式后，工作界面就会有所变化。例如，选择【动画】，与动画有关的预设及面板将显示在工作界面中，如图2-13所示。

图2-13　【动画】工作区

03 选择【所有面板】，工作界面中将显示多种面板，其中大多数面板只显示名称标签，如图2-14所示。

图2-14 显示所有可用面板

❖ 提示：

可通过切换工作区使用不同的布局，如果不小心把工作面板弄乱，可选择【窗口】|【工作区】|【标准】菜单命令，使工作区恢复到默认面板。

2.2.4 自定义工作界面

After Effects 2020为了给用户提供更多的体验，支持自定义工作界面。用户可通过【窗口】|【工作区】菜单中的命令来选择想要的工作区，也可通过【窗口】菜单中的命令来关闭或显示面板，从而对面板进行不同的搭配，如图2-15所示。

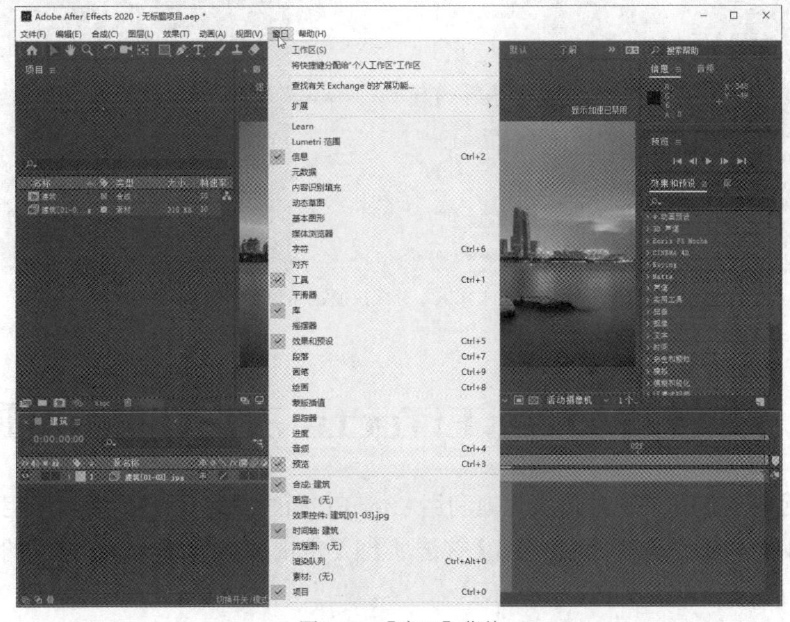

图2-15 【窗口】菜单

❖ 提示：

用户可通过拖动面板的边界来调整面板的大小，还可通过拖动面板的标题来调整面板的位置。

用户根据需求定制好工作界面后，就可以对新的工作界面进行保存，从而便于以后使用。

【例2-3】保存自定义的工作界面。

01 启动After Effects 2020，然后根据个人的需求设置好工作界面。

02 选择【窗口】|【工作区】|【另存为新工作区】菜单命令，打开【新建工作区】对话框，将新建的工作区命名为“个人工作区”，然后单击【确定】按钮，如图2-16所示。

图2-16 【新建工作区】对话框

03 在菜单栏中选择【窗口】|【将快捷键分配给“个人工作区”工作区】|【Shift + F10(替换“默认”)】命令，可以将快捷键Shift+F10分配给“个人工作区”并替换默认工作区，如图2-17所示。

图2-17 为“个人工作区”分配快捷键并替换默认工作区

2.3 设置After Effects 2020的首选项

为了满足影视制作需求并最大化地利用After Effects资源，用户需要对所用的参数设置进行全面了解。可通过选择【编辑】|【首选项】|【常规】菜单命令，在打开的【首选项】对话框中进行参数设置，如图2-18所示。

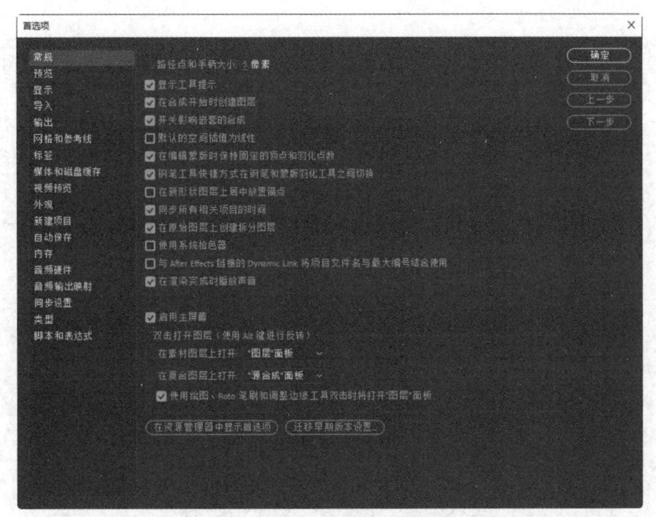

图2-18　【首选项】对话框

【例2-4】设置首选项。

01 选择【编辑】|【首选项】|【常规】菜单命令，打开【首选项】对话框。

02 在【首选项】对话框左侧的列表中选择【导入】选项，将【序列素材】原来的每秒30帧改为每秒25帧，如图2-19所示。

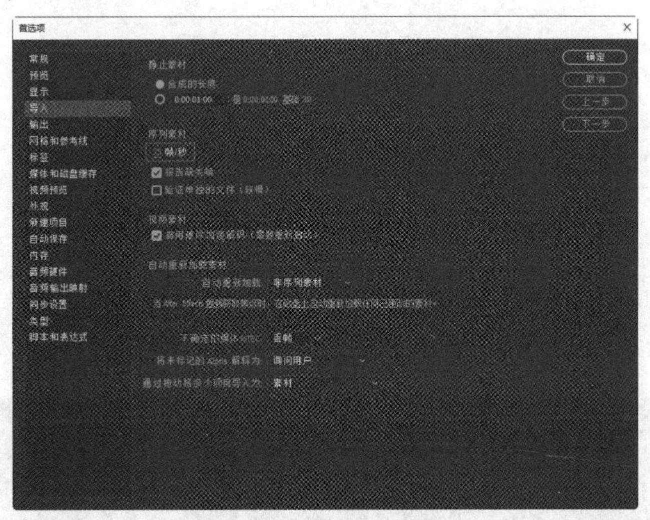

图2-19　首选项导入参数设置

❖ 提示：

将【序列素材】由原来的每秒30帧修改为每秒25帧后，在将动态画面导入After Effects时，由每30帧设置为1秒的长度将变成每25帧设置为1秒的长度。这个设置完全取决于项目所需合成设置使用的基准，以国内PAL制式视频为基准，采用的就是每秒25帧。

03 在【首选项】对话框左侧的列表中选择【媒体和磁盘缓存】选项，可以设置磁盘缓存和符合的媒体缓存的位置，如图2-20所示。例如，在【符合的媒体缓存】组中单击【缓存】右侧的【选择文件夹】按钮，可以打开【选择文件夹】对话框，设置符合的媒体缓存的位置，如图2-21所示。

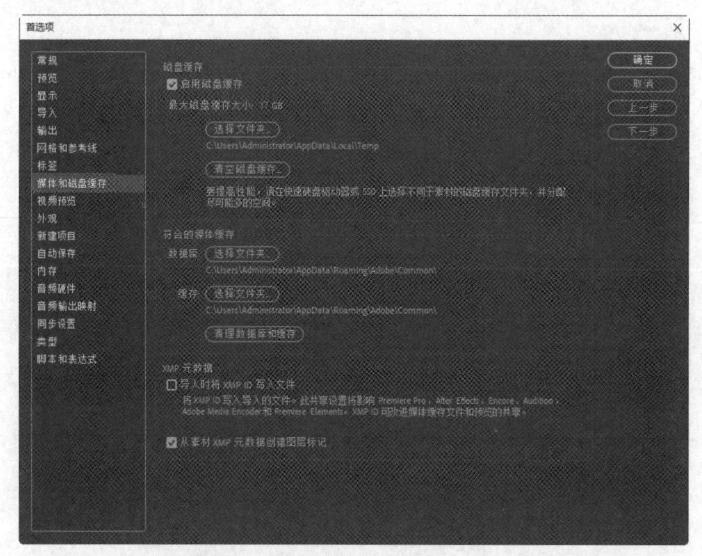

图2-20　选择【媒体和磁盘缓存】选项

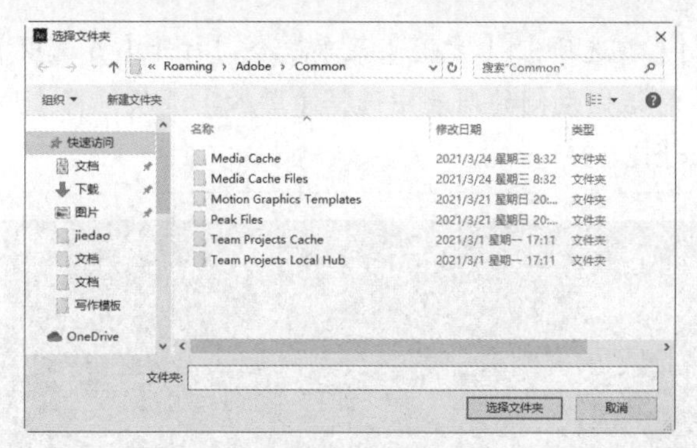

图2-21　设置符合的媒体缓存的位置

04 在【首选项】对话框左侧的列表中选择【自动保存】选项，除了可以进行自动保存设置之外，还可以设置自动保存项目的间隔时间，如图2-22所示。

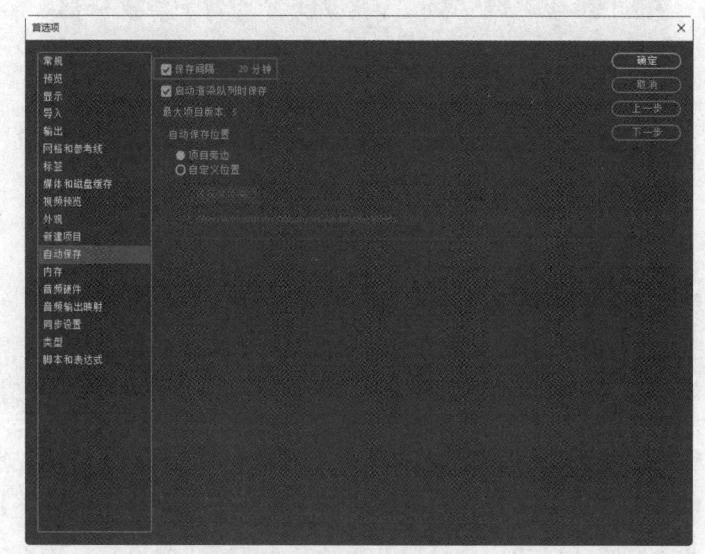

图2-22　自动保存参数设置

05 在【首选项】对话框左侧的列表中选择【内存】选项，可以设置为其他应用程序保留的内存，从而使剩余的内存能为After Effects程序所用，如图2-23所示。

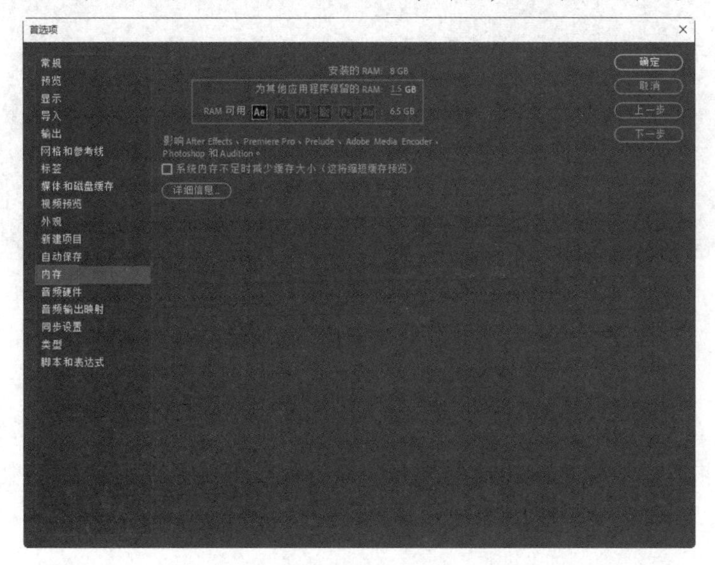

图2-23　内存参数设置

2.4　After Effects影视制作的基本流程

在开始创建影视合成前，用户需要了解After Effects 2020影视制作的基本流程，主要包括建立项目、导入素材、创建动画效果、渲染输出等。

1. 建立项目

在使用After Effects进行影视制作前，首先需要建立项目或者打开已有的项目进行编辑，后面的章节将详细介绍项目的创建与设置方法。

2. 导入素材

创建完项目后，在【项目】面板中可以将所需素材导入，后面的章节将详细介绍不同素材的导入和管理方法。

3. 创建动画效果

用户可以在【时间轴】面板中对素材进行图层的排列与组合，通过对图层的属性进行修改，例如修改图层的位置、大小和不透明度等，或是利用滤镜效果、蒙版混合模式等，可制作丰富的动画效果。用户还可以根据需求在【时间轴】面板中创建一个或多个影视合成。

❖ 提示：

After Effects中的图层主要用于实现动画效果。After Effects中的图层包含的元素相比Photoshop中的图层更丰富，不仅包含图像文件，还包含摄影机、灯光、声音等。在After Effects中，相关的图层操作都是在【时间轴】面板中进行的，所以图层与时间是相关的，都建立在素材的编辑过程中，如图2-24所示。

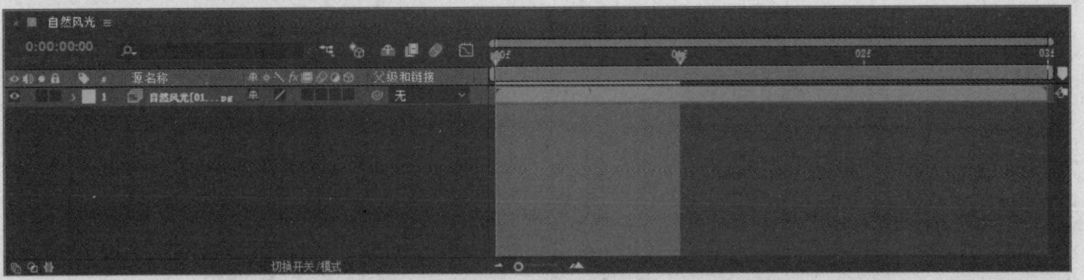

图2-24 【时间轴】面板

4. 渲染输出

影视制作的最后一步就是渲染输出，而渲染方式决定了影片的最终效果。在After Effects中，可以将已合成项目输出成音频、视频文件或序列图片等。在渲染时，还可以通过设置渲染参数，只渲染其中想要的部分效果。

2.5 创建与设置项目

After Effects中的【项目】面板主要用于素材的组织、管理与合成，在【项目】面板中可查看每个素材或影视合成(后面简称合成)的时间、帧速率和尺寸等信息。

2.5.1 创建项目

启动After Effects时，系统会自动创建一个新项目。用户也可在启动After Effects后，通过选择【文件】|【新建】|【新建项目】菜单命令来创建一个新项目，如图2-25所示。

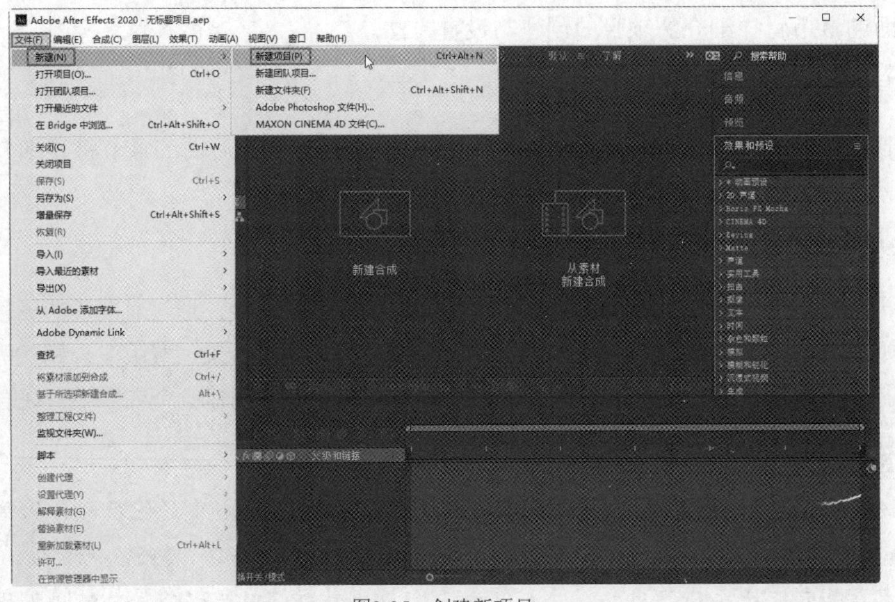

图2-25 创建新项目

2.5.2 保存项目

完成项目文件的编辑后，用户需要及时对项目进行保存。选择【文件】|【保存】菜单命令或按Ctrl+S组合键，在打开的【另存为】对话框中进行存储路径和项目名称的设置，然后单击【保存】按钮即可对项目进行保存，如图2-26所示。

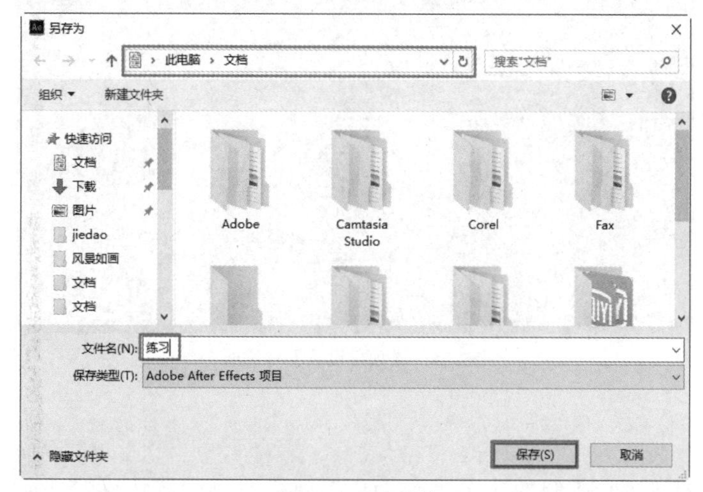

图2-26　保存项目

2.5.3 打开项目

在关闭项目后，用户可以通过选择【文件】|【打开项目】菜单命令或按Ctrl+O组合键，在打开的【打开】对话框中找到并打开需要的项目，如图2-27所示。

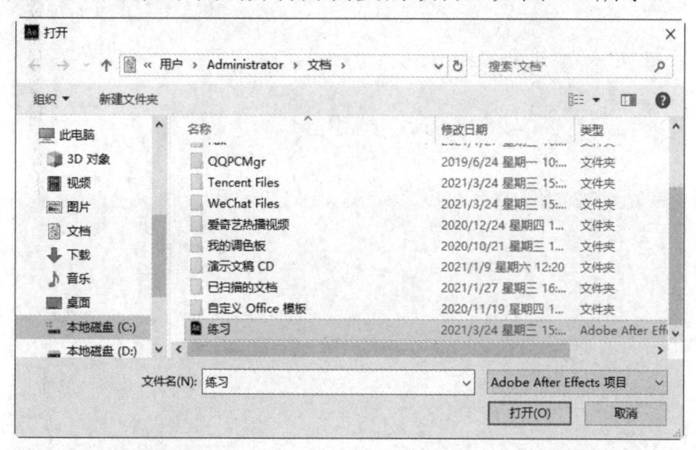

图2-27　打开项目

2.5.4 设置项目

在创建或打开一个项目时，可对该项目进行设置。选择【文件】|【项目设置】菜单命令，打开【项目设置】对话框，即可根据需求进行项目设置，如图2-28所示。

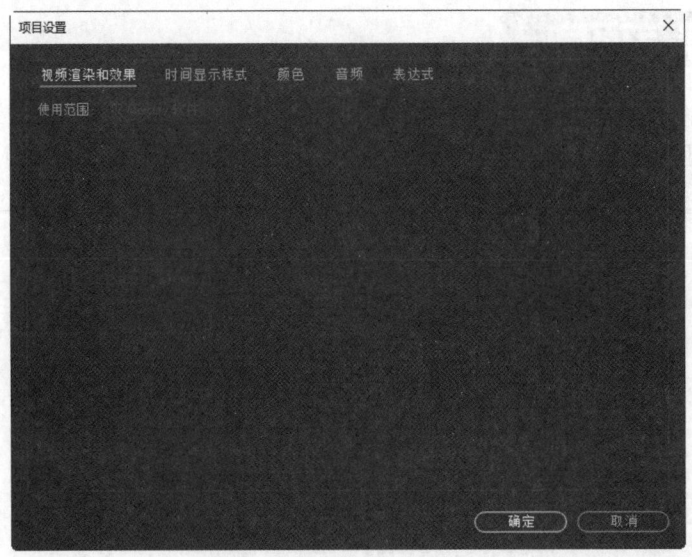

图2-28 【项目设置】对话框

❖ 提示:

由于国内电视都以PAL制式为基准，而PAL制式的视频默认以25帧每秒的帧速率为基准，因此用户需要在【项目设置】对话框中将默认基准改成25。在【项目设置】对话框中选择【时间显示样式】选项卡，再选中【时间码】单选按钮，然后将默认基准设置为25即可，如图2-29所示。

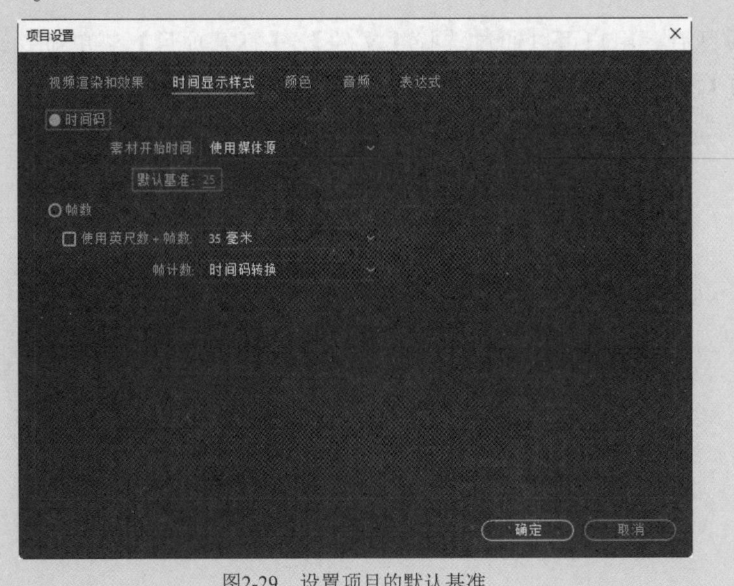

图2-29 设置项目的默认基准

2.6 导入与管理素材

After Effects作为影视后期制作软件，在进行特效制作时，素材是必不可少的，需要将所需素材导入【项目】面板，【项目】面板主要用于素材的存放及分类管理。除了After Effects本身的图形制作功能和添加的滤镜效果之外，大量的素材都是通过外部媒介导入获取的，而这些外部素材则是后期合成的基础。本节主要介绍素材的类型以及导入和管理方法。

2.6.1 After Effects素材类型与格式

After Effects可以导入多种类型与格式的素材，如图片素材、视频素材、音频素材等。

- 图片素材是指各种设计或拍摄出来的图片，这是影视后期制作中最常用的素材类型，常用的图片素材格式有JPEG、TGA、PNG、PDF、BMP、PSD、EXR等。
- 视频素材是指由一系列单独的图像组成的素材形式，一幅单独的图像就是一帧，常用的视频素材格式有AVI、WMV、MOV、MPG等。
- 音频素材是指一些字幕的配音、背景音乐和声音特效等，常用的音频素材格式主要有WAV、MP3、AAC、AIF等。

2.6.2 导入素材

导入素材的方法有很多，既可以分次导入，也可以一次性全部导入，而不同类型素材的导入又需要执行不同的操作。下面介绍各种素材的导入方法。

1. 导入常用素材

在After Effects中，可以导入的常用素材是指常见的图片素材、视频素材和音频素材。用户可以打开【导入文件】对话框，然后找到并导入需要的素材即可，如图2-30所示。

图2-30　【导入文件】对话框

打开【导入文件】对话框的方法有如下几种。

- 选择【文件】|【导入】|【文件】菜单命令，如图2-31所示，或按Ctrl+I组合键，即可打开【导入文件】对话框。

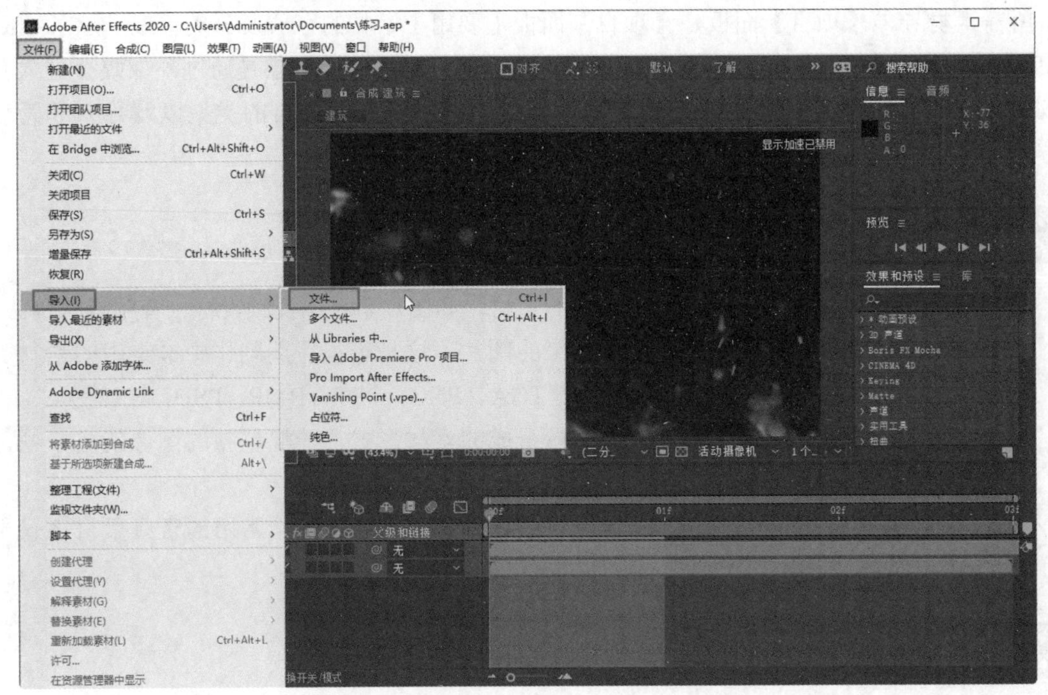

图2-31　选择【文件】|【导入】|【文件】菜单命令

- 在【项目】面板的空白处双击，可直接打开【导入文件】对话框。
- 在【项目】面板的空白处右击，在弹出的快捷菜单中选择【导入】|【文件】命令，如图2-32所示，也可打开【导入文件】对话框。

图2-32　在弹出的快捷菜单中选择【导入】|【文件】命令

❖ 提示：

如果要导入最近使用过的素材，可以选择【文件】|【导入最近的素材】菜单命令，在弹出的列表中即可直接选择并导入最近使用过的素材，如图2-33所示。

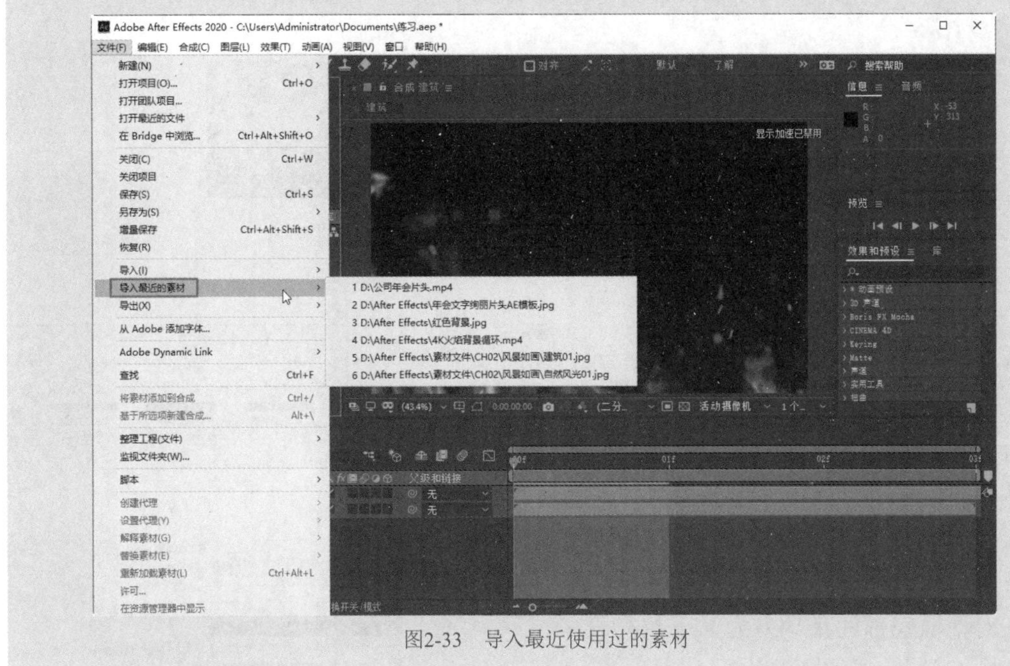

图2-33 导入最近使用过的素材

2. 导入序列文件

序列文件是按某种顺序排列并命名的图片，每一帧画面都是一幅图片，大多数情况下是用相机拍摄的连续图片，可以在后期制作成运动影像。例如，可导入带有Alpha渲染通道的序列动画图片(如.png、.tga等文件)，以供后期制作合成使用。

导入序列动画图片时，需要在【导入文件】对话框中选中对应的序列复选框。图2-34显示了导入.png格式的序列动画图片时的序列选项。如果没有选中对应的序列复选框，导入的将会是其中一帧的静态画面。

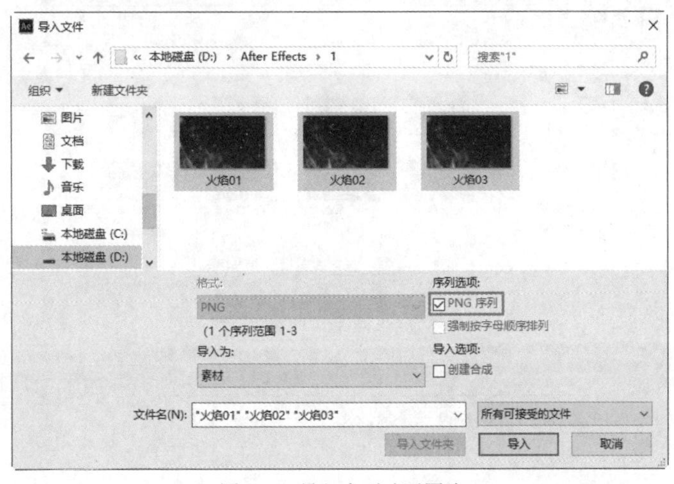

图2-34 导入序列动画图片

❖ 提示：

选择【编辑】|【首选项】|【导入】菜单命令，可以在【首选项】对话框中通过设置每秒导入多少帧的画面来为导入的序列动画图片设置帧速率，从而合成为相应的活动影像，如图2-35所示。

图2-35　为导入的序列动画图片设置帧速率

3. 导入带图层的文件

除了常用素材和序列文件之外，在After Effects中还可以导入Photoshop软件生成的含有图层信息的.psd文件，而且可以对文件中的信息进行保留。选择【文件】|【导入】|【文件】菜单命令，打开【导入文件】对话框，在选中带图层的文件后，可以在对话框底部的【导入为】下拉列表中选择导入方式，如图2-36所示。

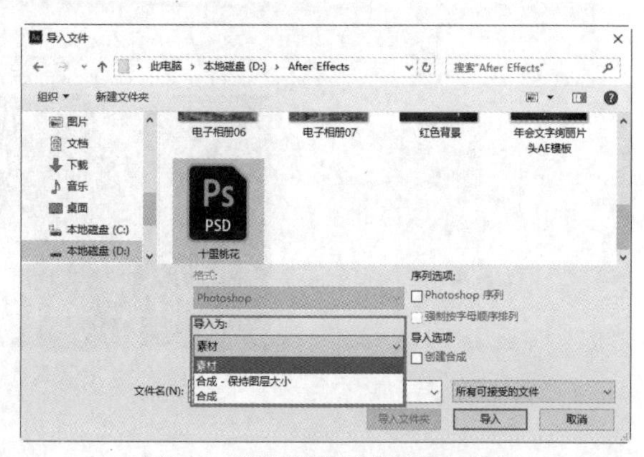

图2-36　选择带图层文件的导入方式

❖ 提示：

【文件】|【导入】|【文件】菜单命令和【文件】|【导入】|【多个文件】菜单命令都可以一次性导入多个素材，两者的区别在于：前者只能进行一次导入操作，而后者可以进行多次导入操作，从而可以导入不同文件夹中的素材。在完成导入一次素材后，随即将自动弹出【导入多个文件】对话框以进行下一次导入操作，直到单击对话框中的【完成】按钮才能结束导入操作，如图2-37所示。

图2-37　【导入多个文件】对话框

2.6.3 管理素材

当使用After Effects进行影视特效制作时，【项目】面板中通常存放着大量的素材。在影视特效的制作过程中，有时需要查看素材属性，或对素材进行解释或替换。另外，为了保证【项目】面板的整洁，还需要对素材进行分类管理。

1. 查看素材属性

在【项目】面板中，可以查看素材的【名称】【大小】【类型】【帧速率】【媒体持续时间】【入点】【文件路径】等属性。单击【项目】面板中的属性菜单按钮项目 ≡，在弹出的菜单中选择【列数】命令，然后在弹出的子菜单中选择需要查看的属性选项，如图2-38所示，即可在【项目】面板中显示素材的相应属性，如图2-39所示。

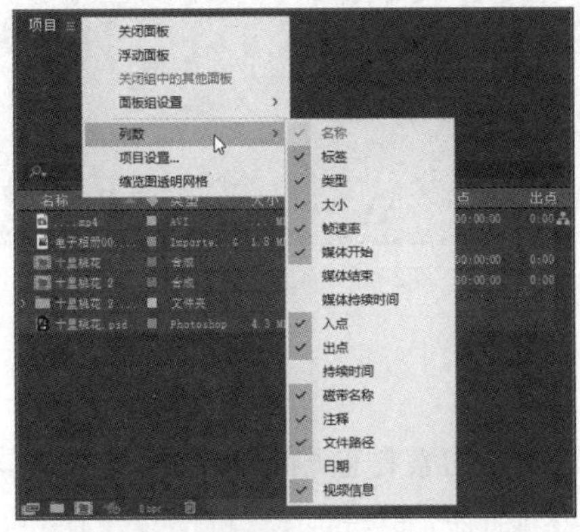

图2-38　选择需要查看的属性选项

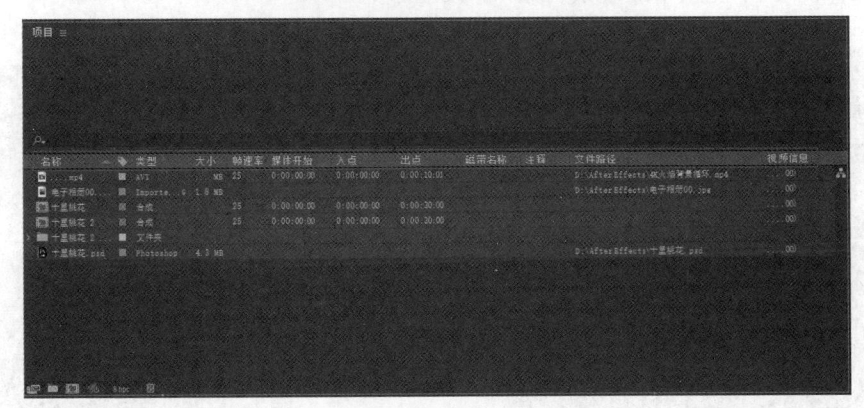

图2-39　显示素材属性

2. 解释素材

对于已经导入【项目】面板中的素材，如果需要对素材的帧速率、通道信息进行修改，可以选择【项目】面板中需要修改的对象，然后选择【文件】|【解释素材】|【主要】菜单命令，或单击【项目】面板底部的【解释素材】按钮，即可在打开的对话框中对素材的帧速率、通道信息等进行修改，如图2-40所示。

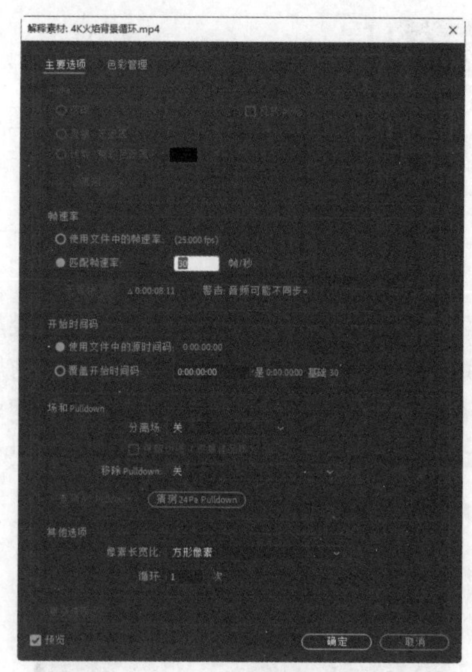

图2-40　修改素材属性

3. 替换素材

当计算机中用于After Effects的素材被删除时，被删除的素材将以占位符的形式存在于【项目】面板中，并且仍然能记忆丢失的原素材信息，但将显示为丢失的素材，此外在【合成】面板中也不能正常显示素材效果，如图2-41所示。

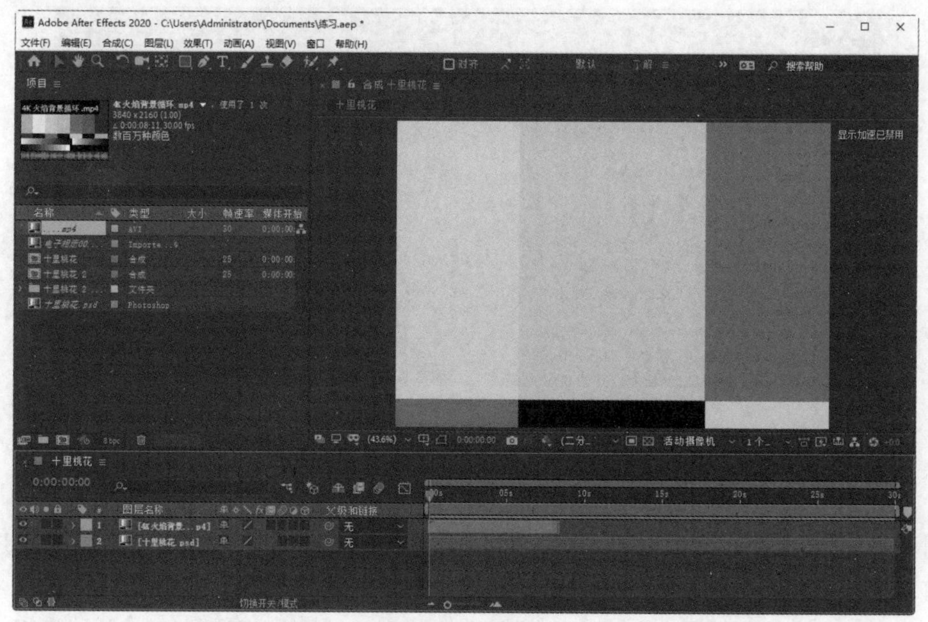

图2-41　丢失的素材

为了正常制作影视特效，用户可以使用其他素材替换丢失的素材。在After Effects的【项目】面板中选择被删除素材的占位符，然后选择【文件】|【替换素材】|【文件】菜单

命令，也可右击占位符并在弹出的快捷菜单中选择【替换素材】|【文件】命令，即可在打开的【替换素材文件】对话框中选择用于替换的素材文件，如图2-42所示。

图2-42　选择用于替换的素材文件

4. 分类管理素材

当【项目】面板中的素材过多时，可以通过创建文件夹，对素材进行分类管理。在【项目】面板底部的单击【新建文件夹】按钮，即可创建一个文件夹，如图2-43所示。然后直接在创建的文件夹输入框中输入新建文件夹的名称，即可对文件夹进行重命名，如图2-44所示。

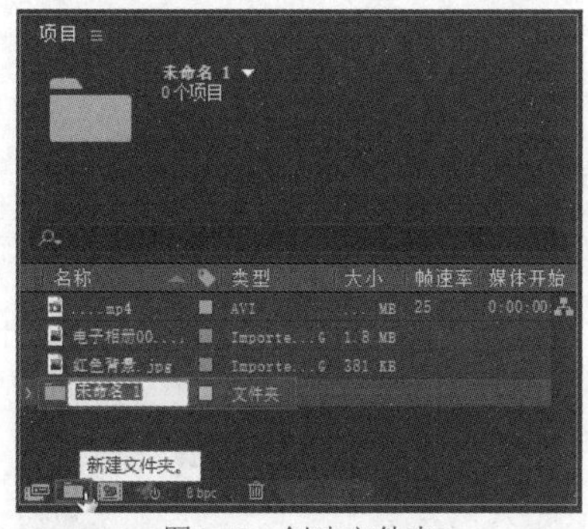

图2-43　创建文件夹

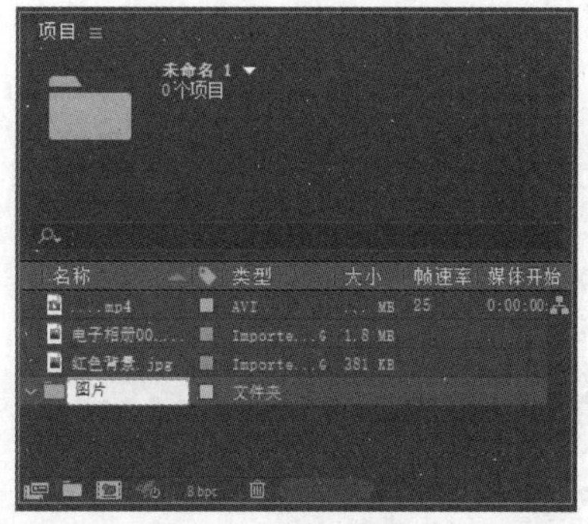

图2-44　重命名文件夹

❖ 提示：

右击文件夹，并在弹出的快捷菜单中选择【重命名】命令，也可修改新建文件夹的名称。

创建好文件夹后，用户可以选中【项目】面板中的素材，然后将其直接拖到相应的文件夹中，即可对素材进行分类管理，如图2-45所示。如果需要删除文件夹，可以首先选中想要删除的文件夹，然后单击【删除所选项目项】按钮。如果删除的文件夹中包含素材文件，系统将会弹出提示框，提示文件夹中包含素材文件，用户可以根据需要决定是否要删除指定的文件夹，如图2-46所示。

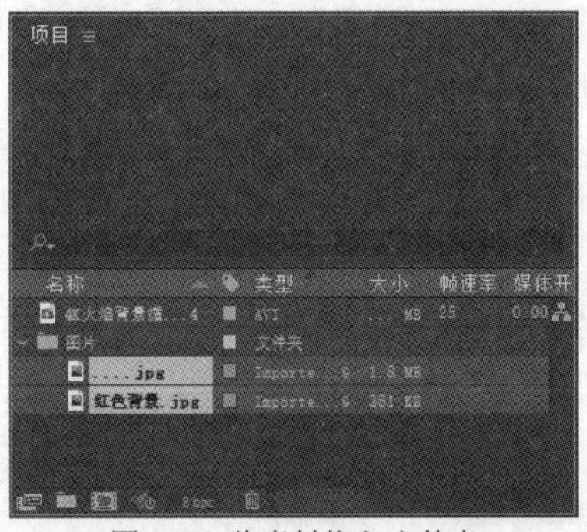

图2-45　将素材拖入文件夹

图2-46　提示框

2.7　创建与编辑合成

After Effects的影视编辑操作必须在合成中进行。在一个项目中，可以创建一个或多个合成，而每一个合成都能作为一个新的素材应用到其他合成中。

2.7.1　新建合成

在After Effects的影视编辑过程中，用户可以通过如下3种方法新建合成。

- 选择【合成】|【新建合成】菜单命令，如图2-47所示。
- 在【项目】面板的空白处右击，在弹出的快捷菜单中选择【新建合成】命令，如图2-48所示。
- 按Ctrl+N组合键。

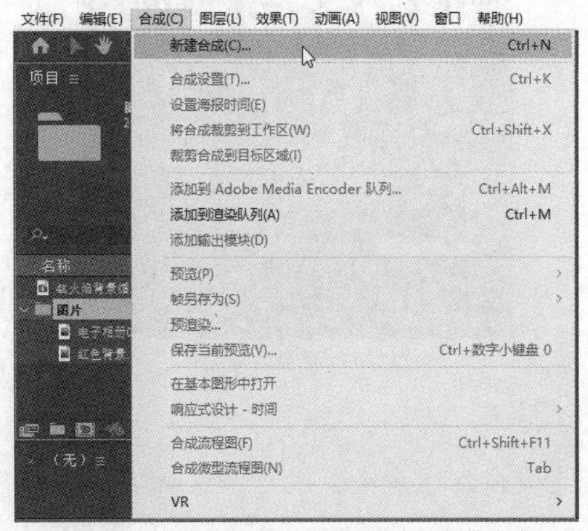

图2-47　选择【合成】|【新建合成】菜单命令

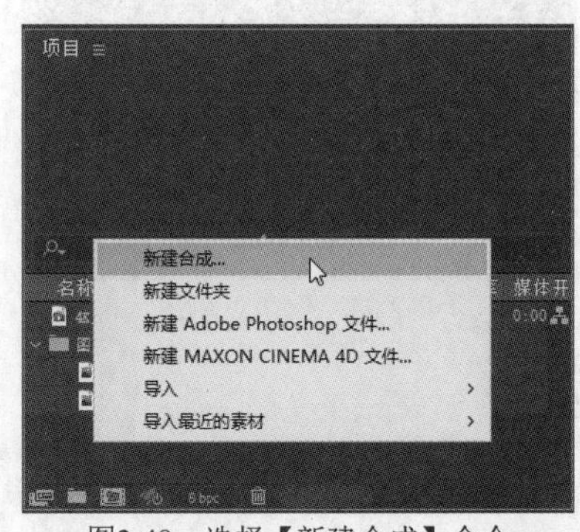

图2-48　选择【新建合成】命令

2.7.2　设置合成

执行【新建合成】命令，将打开【合成设置】对话框，用户可在该对话框中进行相关参数的设置，如图2-49所示。

【合成设置】对话框中基本参数的作用如下。

❍　【预设】：可以从右侧的下拉列表框中选择预设的合成参数，从而快速地进行合成设置，如图2-50所示。

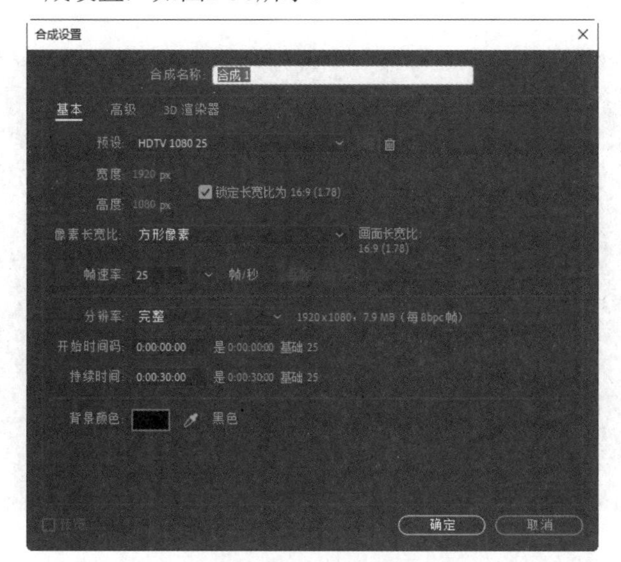

图2-49　【合成设置】对话框

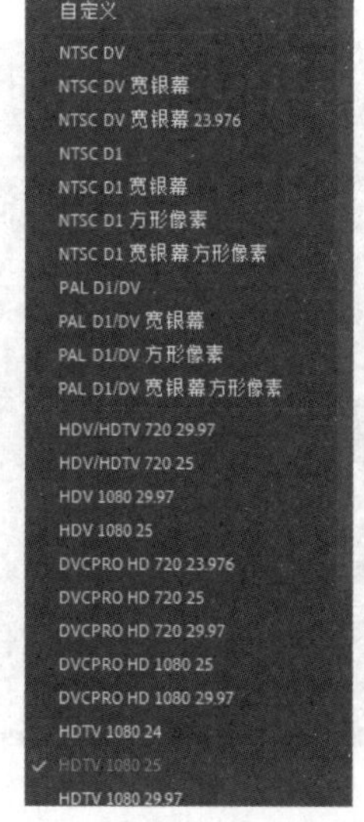

图2-50　选择预设的合成参数

❍　【像素长宽比】：可以通过右侧的下拉列表框设置像素的长宽比例，如图2-51所示。

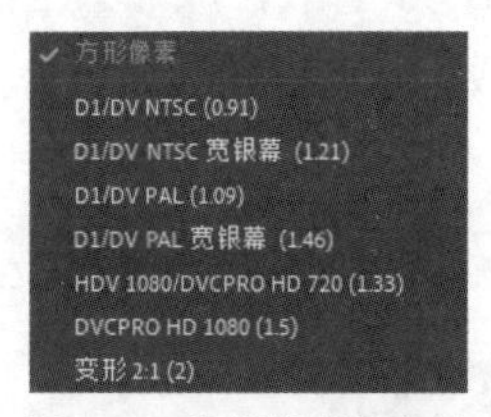

图2-51　选择像素长宽比

❍　【帧速率】：可以通过右侧的下拉列表框设置合成图像的帧速率。

❍　【分辨率】：可以通过右侧的下拉列表框对视频效果的分辨率进行设置，用户可通过降低视频的分辨率来提高渲染速度。

❍　【开始时间码】：可以设置项目起始的时间，默认从0:00:00:00开始。

❍　【背景颜色】：可以设置合成窗口的背景颜色，用户可通过【吸管工具】进行背景颜色的调整。

在【合成设置】对话框中选择【高级】选项卡，可以对合成的高级参数进行设置，如图2-52所示，其中重要参数的作用如下。

❍　【锚点】：可以对合成图像的中心点进行设置。

❍　【运动模糊】：可以对快门的角度和相位进行设置，快门的角度影响图像的运动模糊程度，快门的相位则影响图像的运动模糊的偏移程度。

❍　【每帧样本】：可以设置用于对3D图层、特定效果的运动模糊和形状图层进行控制的样本数目。

在【合成设置】对话框中选择【3D渲染器】选项卡，可以在【渲染器】右侧的下拉列表框中选择一种适合自己的渲染器，如图2-53所示。

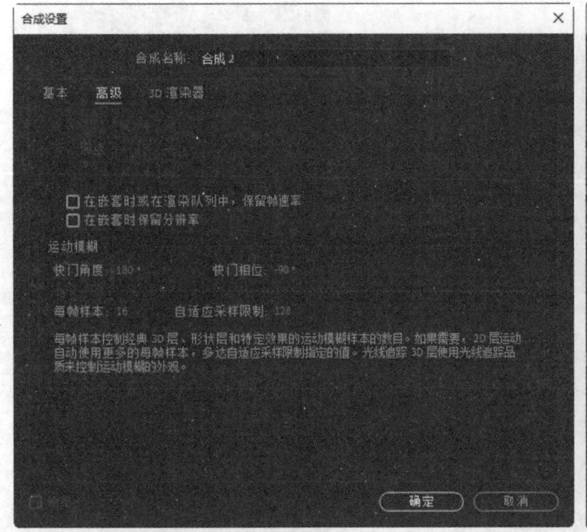

图2-52　合成的高级参数设置

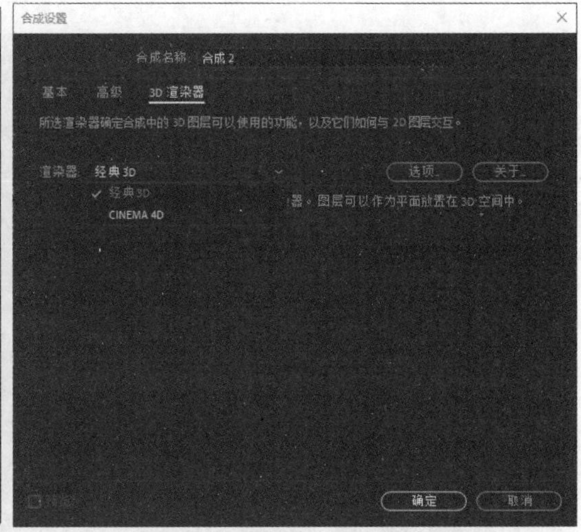

图2-53　合成的3D渲染器参数设置

2.7.3　合成的嵌套

合成的嵌套是指一个合成包含在另一个合成中，当对多个图层使用相同特效或对合成的图层进行分组时，就可以使用合成的嵌套功能。

合成的嵌套也称为预合成，指的是将合成后的图层包含在新的合成中，这会将原始的合成图层替换掉，而新的合成嵌套又成为原始的单个图层源。

2.7.4　【时间轴】面板

【时间轴】面板主要用于设置图层属性和动画效果，在该面板中，用户可以根据自己的需求进行操作，例如设置素材出入点的位置、图层的混合模式等。绝大多数的合成操作都是在【时间轴】面板中完成的，渲染作品时，【时间轴】面板底部的图层会最先被渲染。

【时间轴】面板的左侧为控制面板区域，由图层列表组成，右侧为时间轴区域，如图2-54所示。

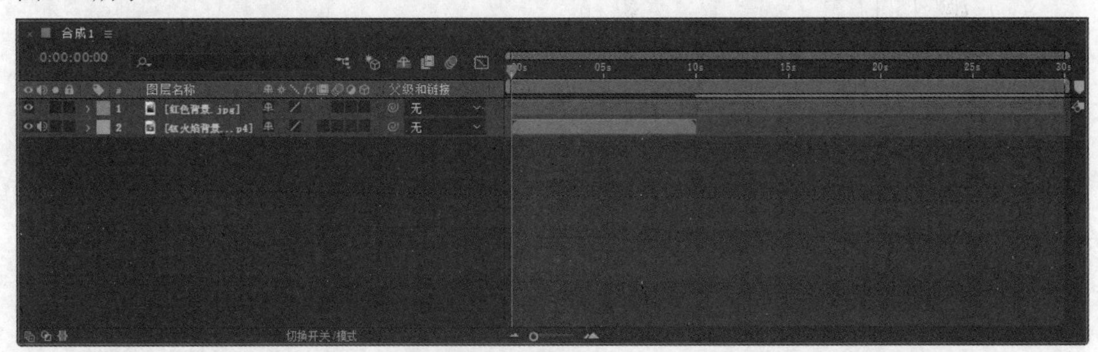

图2-54　【时间轴】面板

【时间轴】面板主要由下列工具或按钮组成。

- 时间码：用来显示时间指示器的时间位置，用户可以直接单击时间码，重新输入参数以调整时间位置，也可以通过拖动时间轴区域的时间指示器来修改时间位置。
- 搜索：用来搜索素材属性。
- 合成微型流程图：用来调整流程图的显示设置。
- 草图3D：用来显示草图3D的功能。
- 隐藏图层：用来隐藏设置了【消隐】开关的所有图层。
- 帧混合：用来为设置了【帧混合】开关的所有图层启用帧混合。
- 运动模糊：用来为设置了【运动模糊】开关的所有图层启用运动模糊。
- 图表编辑器：用来切换时间轴区域的显示方式，如图2-55所示。

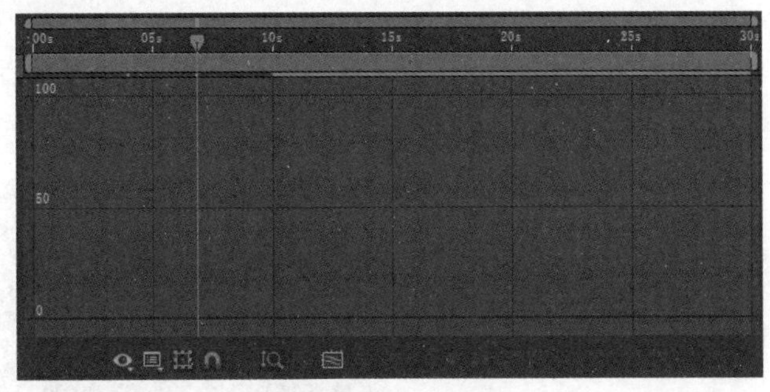

图2-55　图表编辑器

2.8　上机练习——创建简单合成

通过本章的学习，用户可以掌握After Effects的基本知识和操作，包括认识和控制After Effects的工作界面、创建和设置项目、导入素材、创建与编辑合成等，为后续学习打下坚实的基础。本节将通过一个简单的例子，帮助用户进一步掌握素材的导入、编辑属性、预览影片的效果以及输出影片的方法。

01 选择【文件】|【新建】|【新建项目】菜单命令，创建一个新的项目。

02 选择【文件】|【另存为】|【另存为】菜单命令，打开【另存为】对话框，对项目进行另存，如图2-56所示。

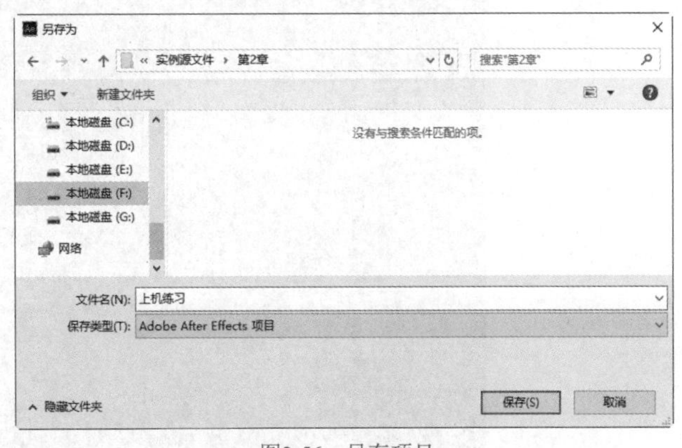

图2-56　另存项目

03 选择【合成】|【新建合成】菜单命令，在弹出的【合成设置】对话框中进行设置，如图2-57所示，然后单击【确定】按钮，创建一个新的合成。

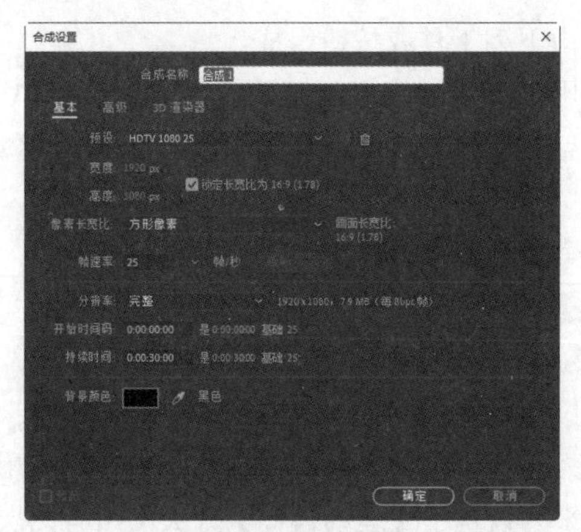

图2-57　设置合成

04 选择【文件】|【导入】|【文件】菜单命令，打开【导入文件】对话框，选择图2-58所示的4张图片作为要导入的素材，单击【导入】按钮。将素材导入【项目】面板后的效果如图2-59所示。

图2-58　选择要导入的素材

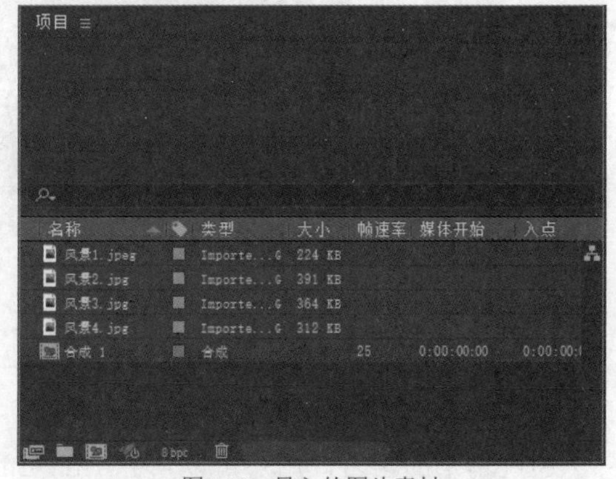

图2-59　导入的图片素材

05 选中导入的所有图片素材，将它们拖入【时间轴】面板，图片将被添加到合成影片中，如图2-60所示。

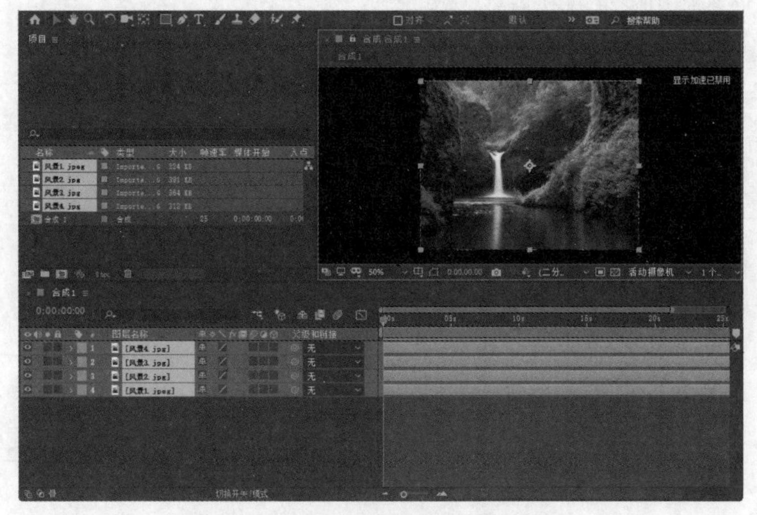

图2-60　将图片素材拖入【时间轴】面板

06 在【合成】面板中单击【选择网格和参考线选项】按钮，在弹出的菜单中选中【标题/动作安全】选项，打开安全区域，如图2-61所示。

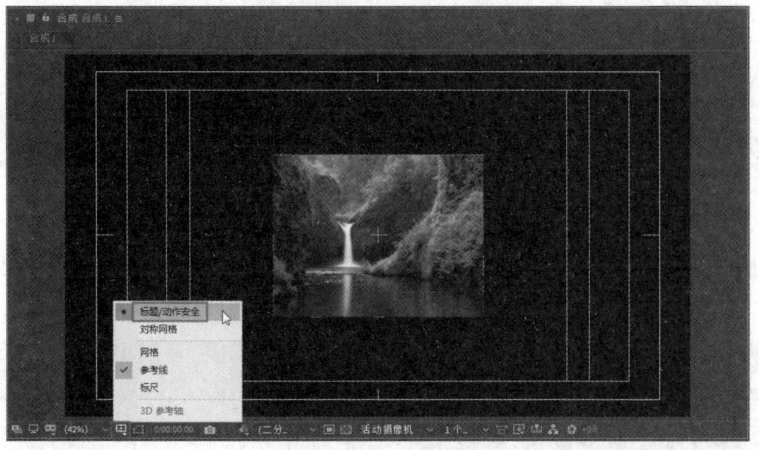

图2-61　打开安全区域

07 创建如下简单的幻灯片播放效果：每秒播放一张图片，最后一张实现渐隐消失效果。为此，选中【时间轴】面板，按Alt+Shift+J组合键，打开【转到时间】对话框，将数值改为0:00:01:00，如图2-62所示。单击【确定】按钮，【时间轴】面板中的时间指示器会自动调整到第1秒的位置，如图2-63所示。

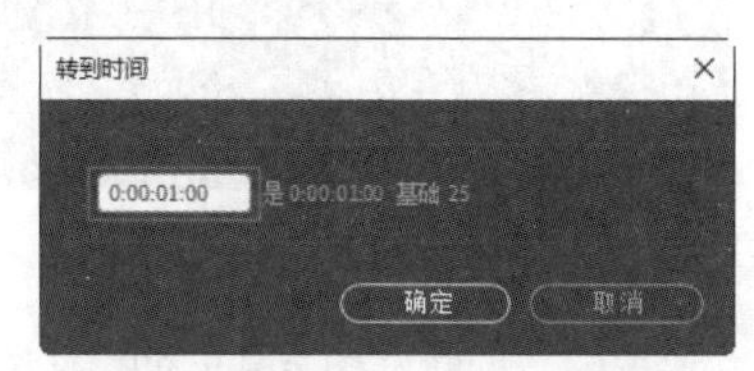

图2-62　【转到时间】对话框

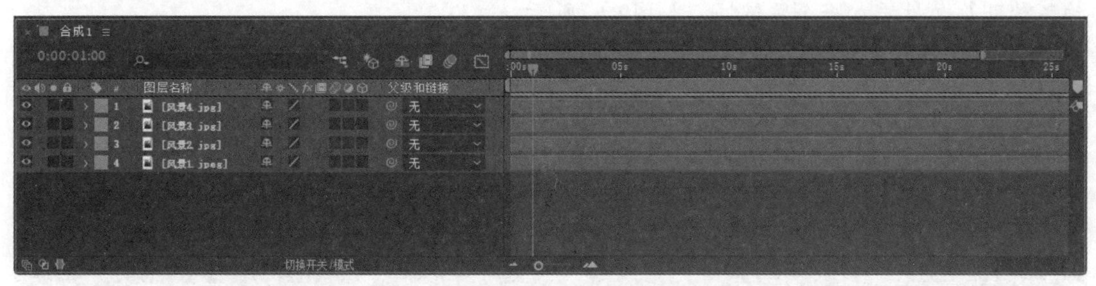

图2-63　显示时间指示器

08 选择图层1所在的图片素材，按Alt+]组合键，快速设置出点时间位置，如图2-64所示。

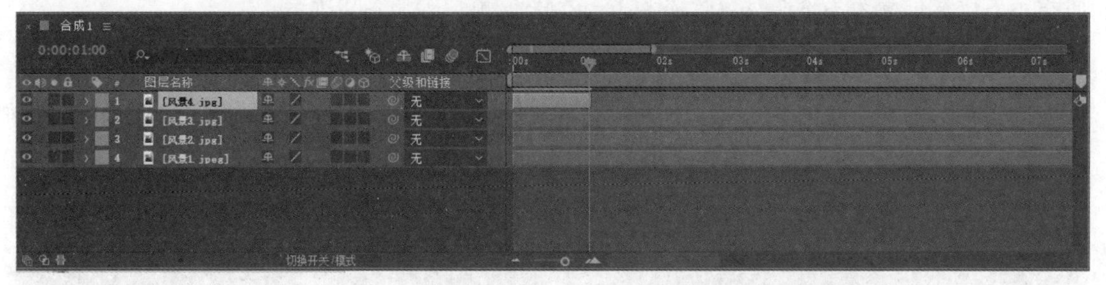

图2-64　快速设置出点时间位置

09 参照上述步骤中的方法，将图片素材每隔1秒依次排列，图层4中的素材不用改变时间位置，如图2-65所示。

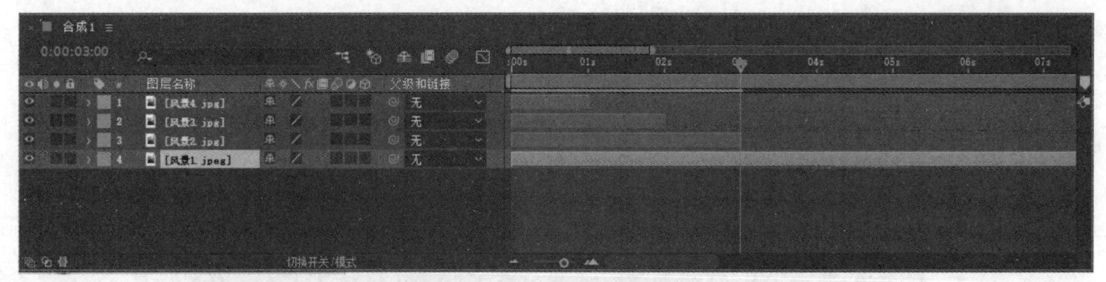

图2-65　设置素材的时间位置

10 选中图层4中的素材，单击图片前的三角图标，可以展开素材的【变换】属性组(为每个属性都可以制作相应的动画效果)，如图2-66所示。

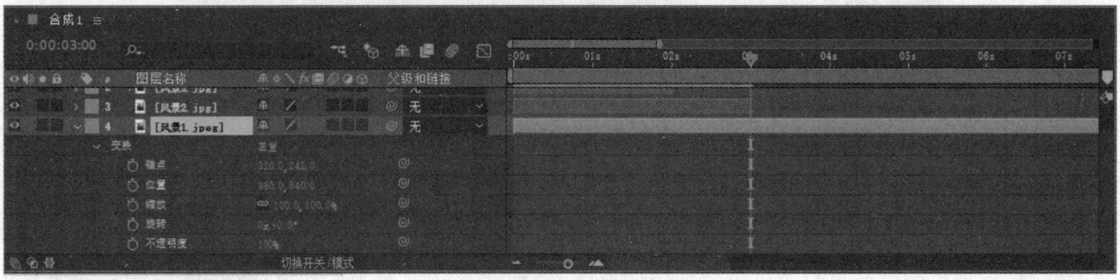

图2-66　素材的【变换】属性组

11 下面为图层4中的素材添加渐隐消失效果，此时需要设置不透明度。单击【不透明度】选项前面的【关键帧控制器】按钮，开启动画功能，系统会在时间指示器所在位置为不透明度属性添加一个关键帧，如图2-67所示。

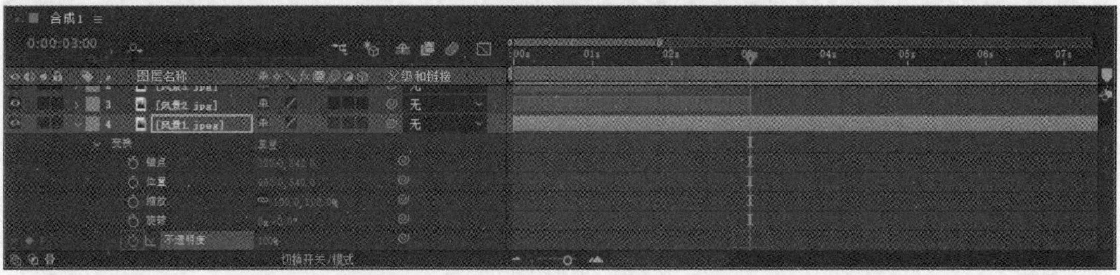

图2-67　为不透明度属性添加一个关键帧

12 将时间指示器移到0:00:04:00位置，调整素材的不透明度属性为0，这时系统会在时间指示器所在位置为不透明度属性添加另一个关键帧，如图2-68所示。

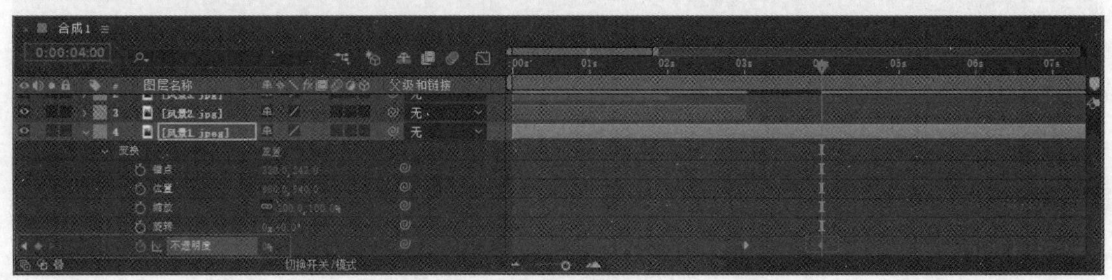

图2-68　为不透明度属性(值为0)添加另一个关键帧

13 单击【预览】面板中的【播放】按钮，对影片进行预览。

14 选择【合成】|【添加到渲染队列】命令或按Ctrl+M组合键，弹出【渲染队列】面板。如果是第一次进行文件输出，可单击【输出到】选项后面的【尚未指定】链接，如图2-69所示，打开【将影片输出到:】对话框，在其中指定渲染文件的保存位置，如图2-70所示。

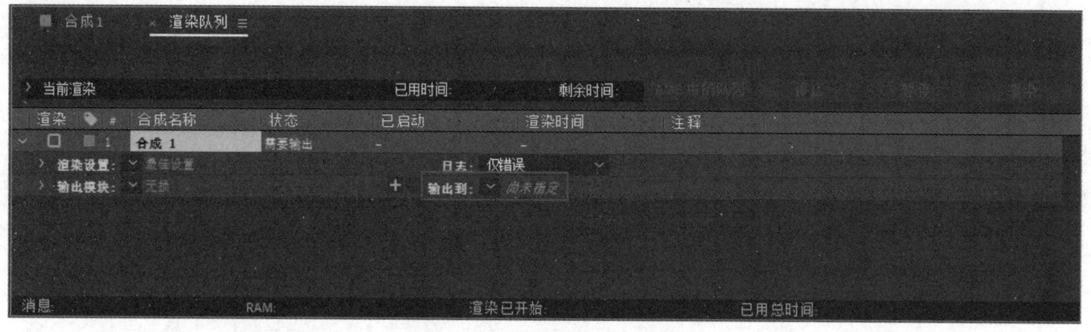

图2-69　单击【尚未指定】链接

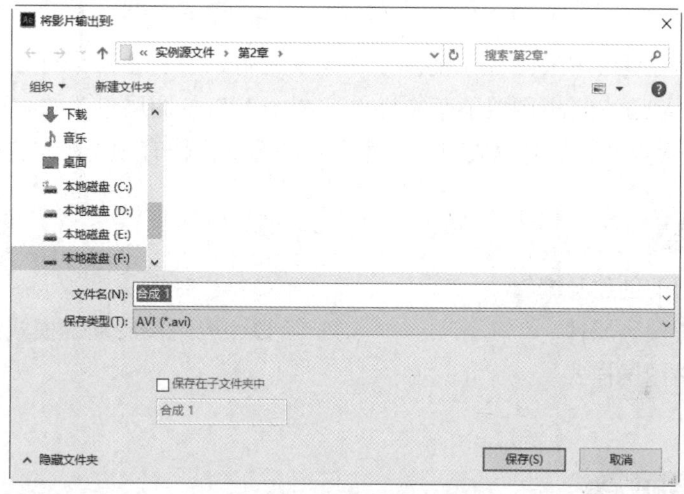

图2-70　指定渲染文件的保存位置

15 设置完保存位置后，单击【保存】按钮，然后单击【渲染】按钮，进行影片的输出渲染。

2.9 习　题

1. 什么是预合成？
2.【时间轴】面板的作用是什么？
3. 导入素材时都有哪几种方式？具体的操作方法是什么？
4. 素材的组织、管理方法都有哪些？作用是什么？
5. 选择自己喜欢的素材文件，进行图像的合成与渲染练习。

第 3 章

After Effects 图层应用

本章主要介绍After Effects图层的基本知识及应用。为了适应不同的后期制作需求，我们需要全面掌握After Effects图层的基本操作。After Effects图层包含的元素比较丰富，不仅包含图像，还包含声音、灯光等素材，熟悉和了解图层操作有助于用户提升工作效率。

本章重点

- 图层的创建与编辑
- 控制图层
- 设置图层属性
- 应用图层混合模式
- 应用图层样式

二维码教学视频

【例3-1】新建文本图层
【例3-2】合并图层
上机练习——制作动画文字

3.1 认识图层

After Effects中的图层是影视特效制作的后期平台，所有的特效和动画都是在图层上进行操作的。每个图层就如同一张透明的纸，在制作影视特效的过程中，透过一层纸可以看到下一层纸的内容，只需要改变图层位置及创建新图层，并在最后将每层纸叠加在一起，即可达到最终想要的效果。

3.2 图层的创建及类型

图层是构成合成的元素之一。如果没有图层，合成就是空的帧。有些合成中包含众多图层，而有些合成中仅仅包含一个图层。在后期制作中，可以根据实际需要新建图层。

3.2.1 新建图层

首先选择【合成】|【新建合成】菜单命令，新建一个合成。然后选择【图层】|【新建】菜单命令，在弹出的子菜单中选择图层类型，其中包括10种类型，如图3-1所示。

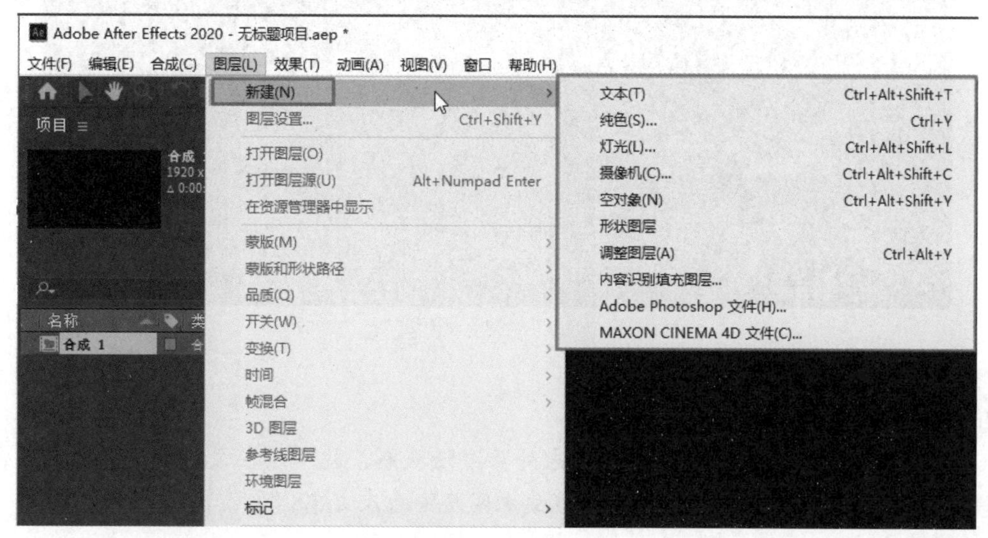

图3-1　新建图层

【例3-1】新建文本图层。

01 新建一个合成，然后选择【图层】|【新建】|【文本】菜单命令，即可新建一个空的文本图层，如图3-2所示。

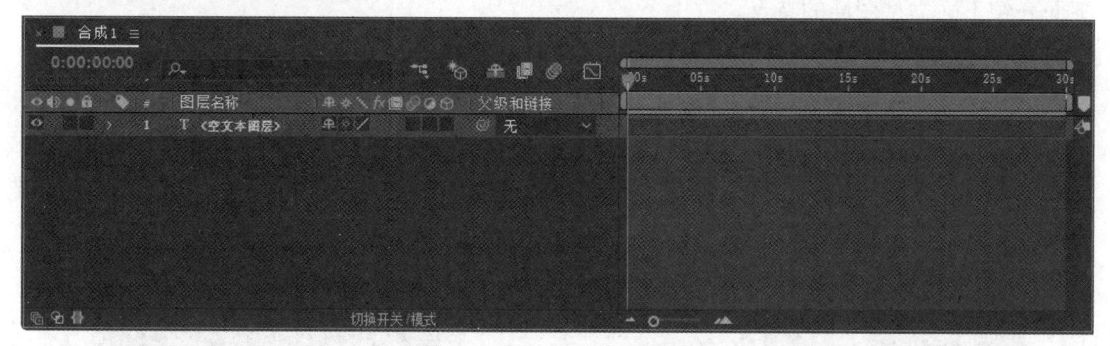

图3-2　新建一个空的文本图层

02 创建的这个空的文本图层处于激活状态，此时可以直接输入文字内容，为场景添加文字素材，如图3-3所示。

图3-3　输入文字内容

❖ 提示：

创建好文本图层后，如果文本图层未处于激活状态，就不能在文本图层中输入文字，而是需要首先双击文本图层，然后才能在文本图层中输入文字。

3.2.2　图层的类型

在After Effects项目中，既可以创建各种图层，也可以直接导入不同素材作为素材层。下面介绍不同类型图层的特点。

1. 文本图层

在After Effects中，为了新建文本图层，既可以选择【图层】|【新建】|【文本】菜单命令，也可以在【时间轴】面板的空白处右击，并从弹出的快捷菜单中选择【新建】|【文本】命令，如图3-4所示。

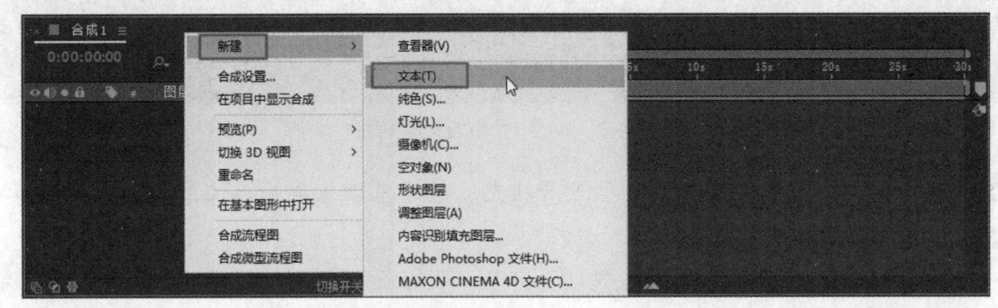

图3-4　选择【新建】|【文本】命令

2. 纯色图层

在After Effects中，可以创建不同尺寸和颜色的纯色图层。纯色图层可以用来制作蒙版遮罩。为了创建纯色图层，既可以选择【图层】|【新建】|【纯色】菜单命令，也可以直接按Ctrl+Y组合键并在打开的【纯色设置】对话框中根据需要进行设置，如图3-5所示。单击【确定】按钮，即可创建指定的纯色图层，如图3-6所示。

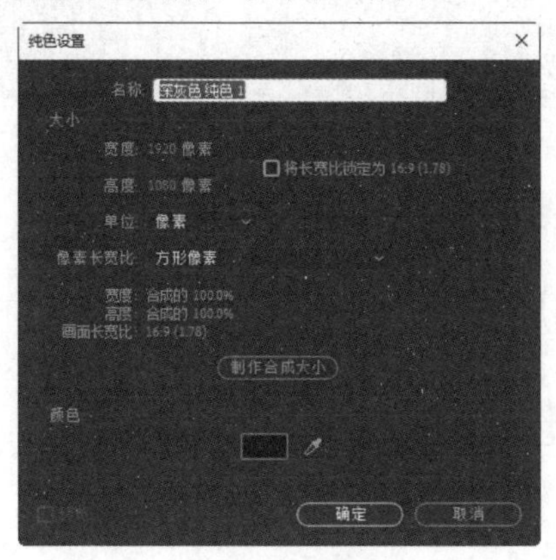

图3-5　【纯色设置】对话框

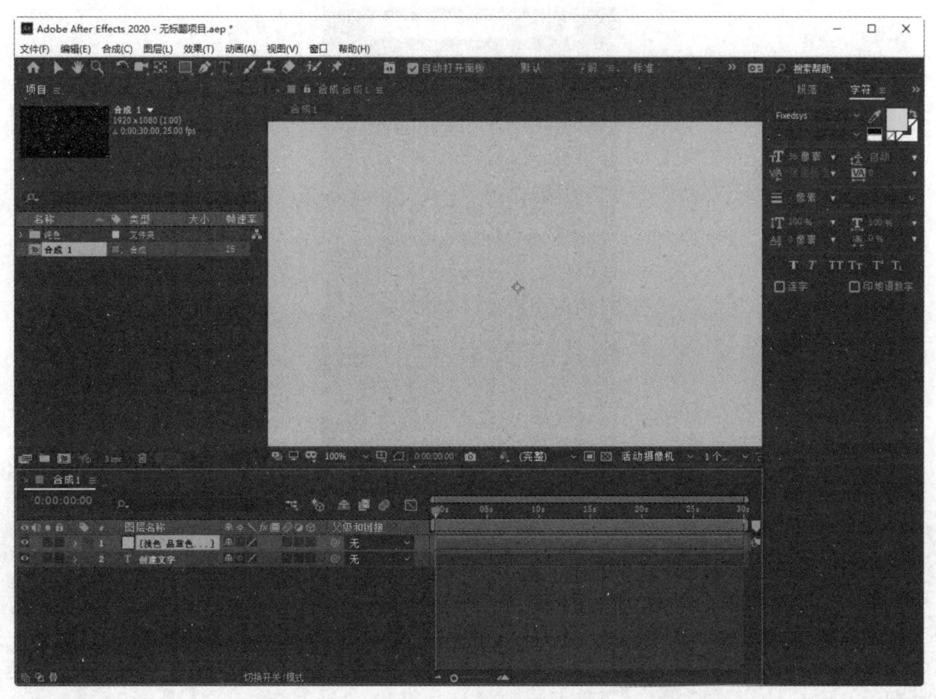

图3-6　创建纯色图层

❖ 提示：

创建纯色图层时，在【纯色设置】对话框中单击【颜色】选项区域中的颜色图标，即可在打开的【纯色】对话框中设置纯色图层的颜色，如图3-7所示；也可以单击吸管按钮，在屏幕中选择需要的颜色。

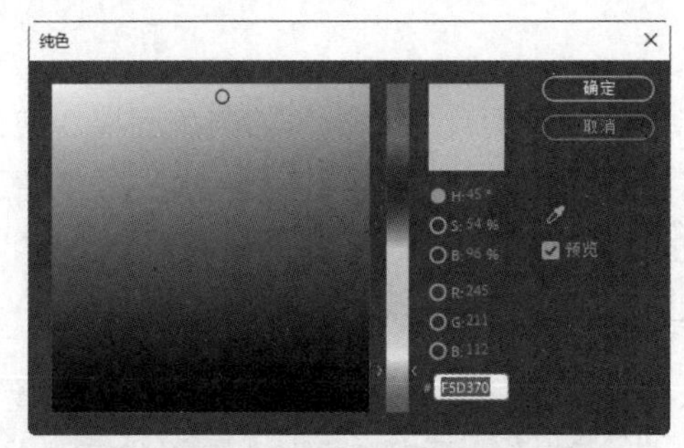

图3-7 【纯色】对话框

3. 灯光图层

After Effects中的灯光图层不仅可以模拟不同类型的真实灯光源，而且可以模拟真实的阴影效果。为了创建灯光图层，既可以选择【图层】|【新建】|【灯光】菜单命令，也可以在【时间轴】面板中右击并在弹出的快捷菜单中选择【新建】|【灯光】命令，可在打开的【灯光设置】对话框中根据需要设置相关参数，如图3-8所示。单击【确定】按钮，即可创建灯光图层，如图3-9所示。

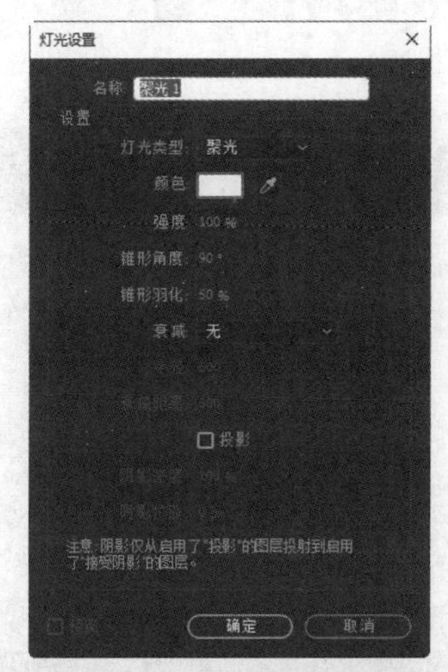

图3-8 【灯光设置】对话框

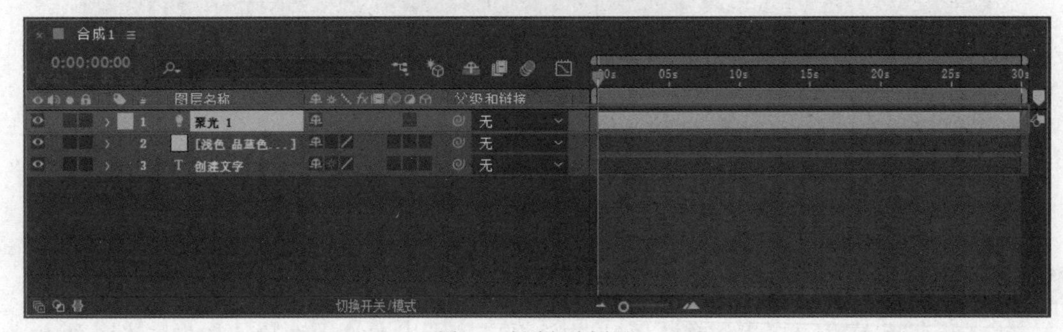

图3-9 创建灯光图层

4. 摄像机图层

摄像机图层具有固定视角的作用，通过摄像机可以创造一些空间场景或者浏览合成

空间。此外，通过摄像机图层还可以制作摄像机动画。为了创建摄像机图层，既可以选择【图层】|【新建】|【摄像机】菜单命令，也可以在【时间轴】面板中右击并在弹出的快捷菜单中选择【新建】|【摄像机】命令，可在打开的【摄像机设置】对话框中进行相关参数的设置，如图3-10所示。单击【确定】按钮，即可创建摄像机图层，如图3-11所示。

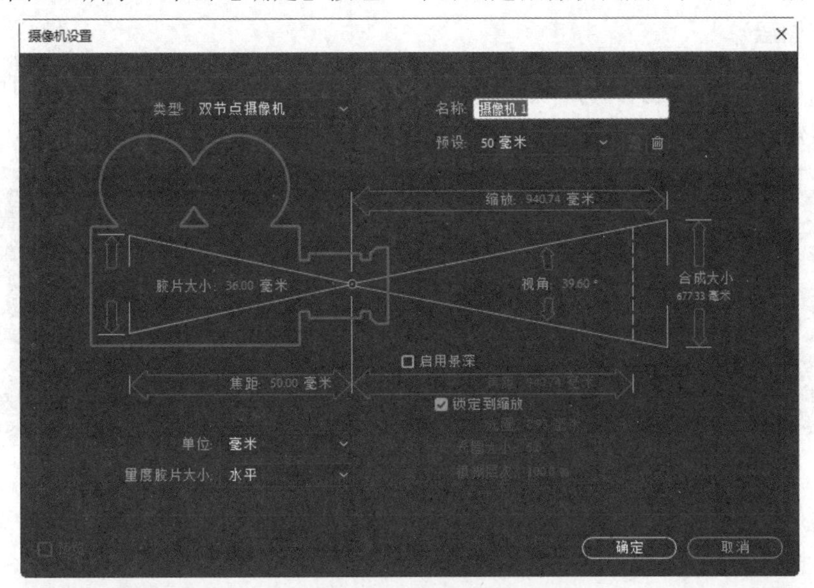

图3-10　【摄像机设置】对话框

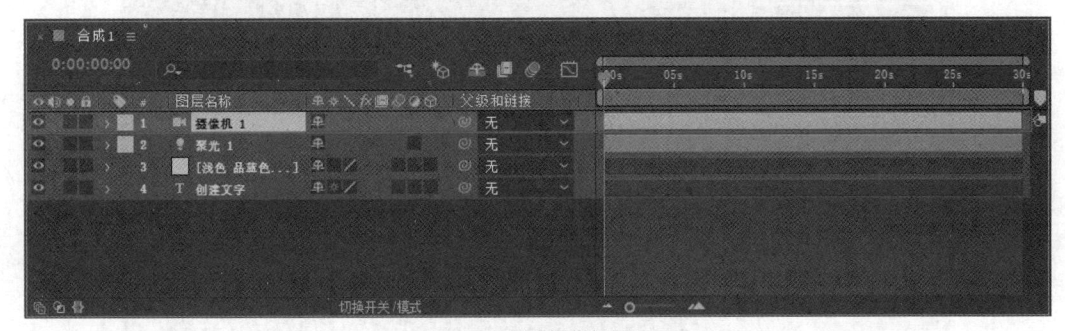

图3-11　创建摄像机图层

5. 空对象图层

空对象图层具有辅助动画创建的作用，可对相应的素材进行动画和效果设置。选择【图层】|【新建】|【空对象】菜单命令，即可创建空对象图层，如图3-12所示。

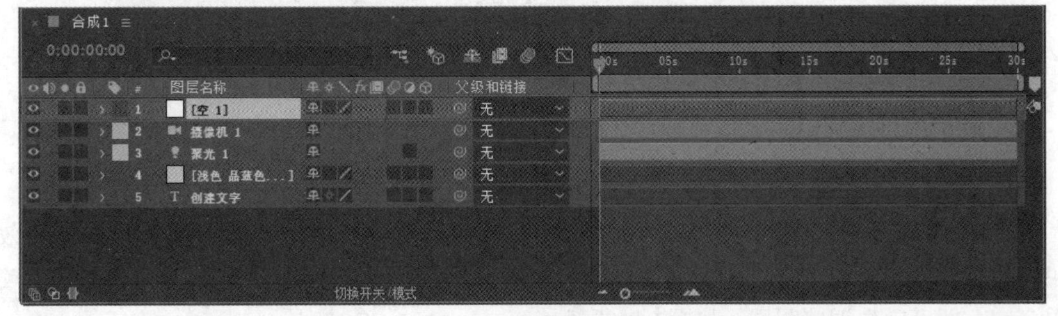

图3-12　创建空对象图层

❖ 提示：

空对象图层是一种虚拟图层，将空对象图层与其他图层链接起来，便可以通过对父级图层的属性进行设置来辅助创建动画。

6. 形状图层

形状图层常用来创建各种形状的图形，选择【图层】|【新建】|【形状图层】菜单命令，即可创建形状图层，如图3-13所示。

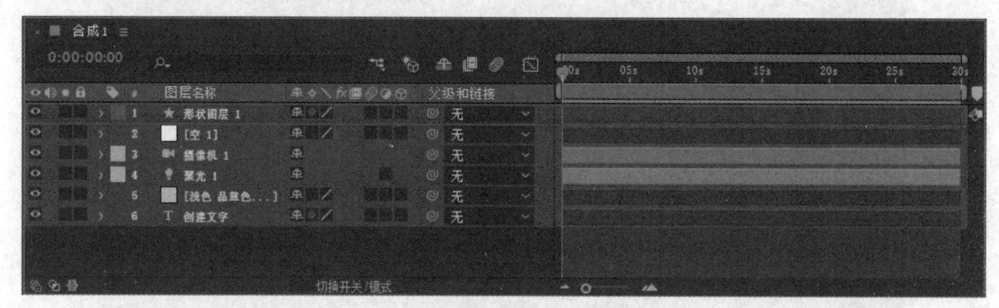

图3-13　创建形状图层

在创建形状图层时，可以使用【钢笔工具】【椭圆工具】【多边形工具】等在合成窗口中绘制出想要的图像形状，如图3-14所示。

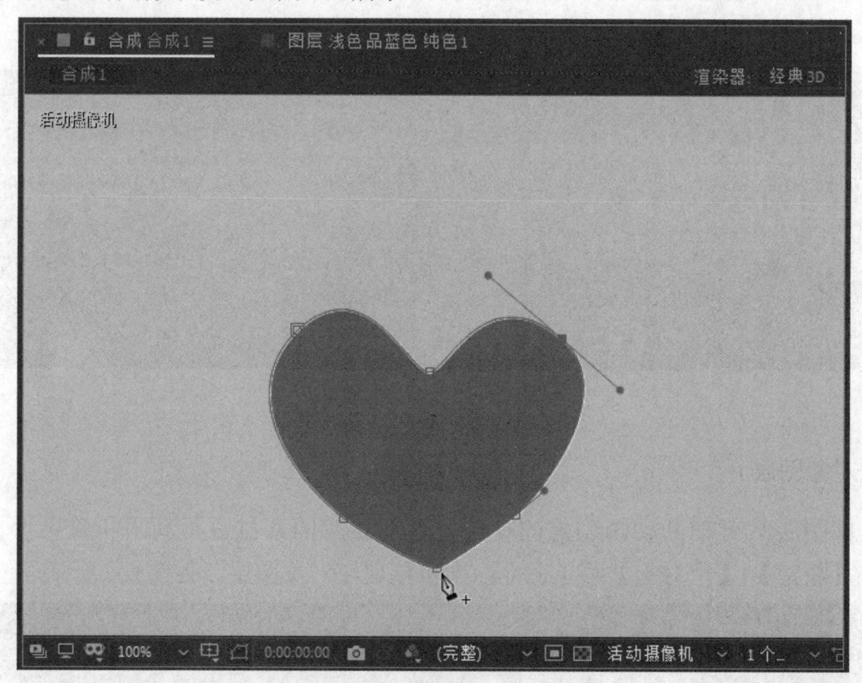

图3-14　绘制图像形状

7. 调整图层

调整图层在通常情况下不可见，其主要作用是为下方的图层附加与调整图层同样的效果，可在辅助场景中进行色彩和效果方面的调整。选择【图层】|【新建】|【调整图层】菜单命令，即可创建调整图层，如图3-15所示。

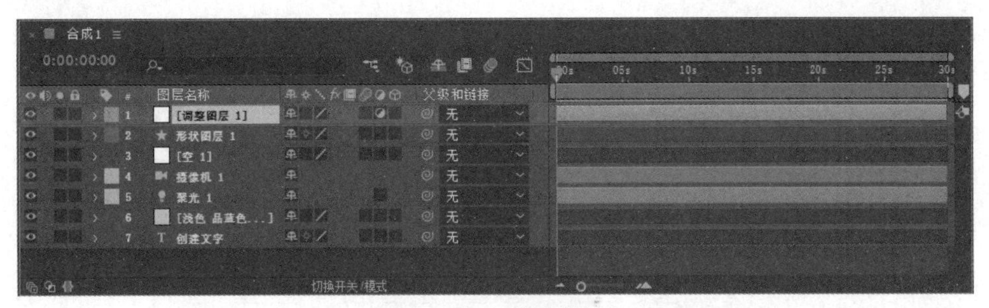

图3-15 创建调整图层

8. 内容识别填充图层

After Effects的内容识别填充功能可以自动识别相似的像素，从而达到快速、无缝的图像拼接效果。选择【图层】|【新建】|【内容识别填充图层】菜单命令，打开【内容识别填充】面板，如图3-16所示。设置好内容识别填充参数后，单击【生成填充图层】按钮，在打开的对话框中对填充图层进行保存，即可创建内容识别填充图层，如图3-17所示。

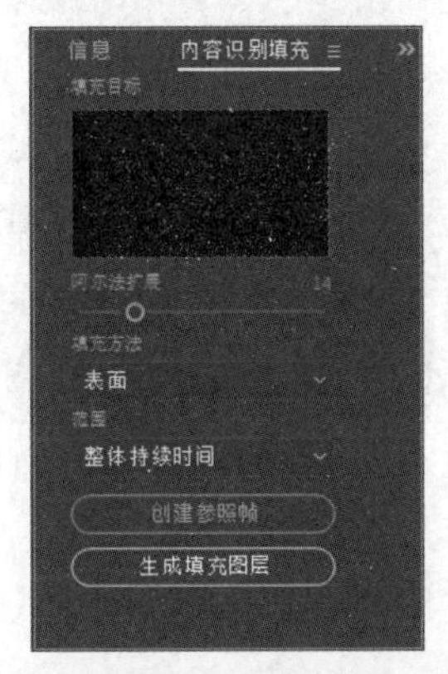

图3-16 【内容识别填充】面板

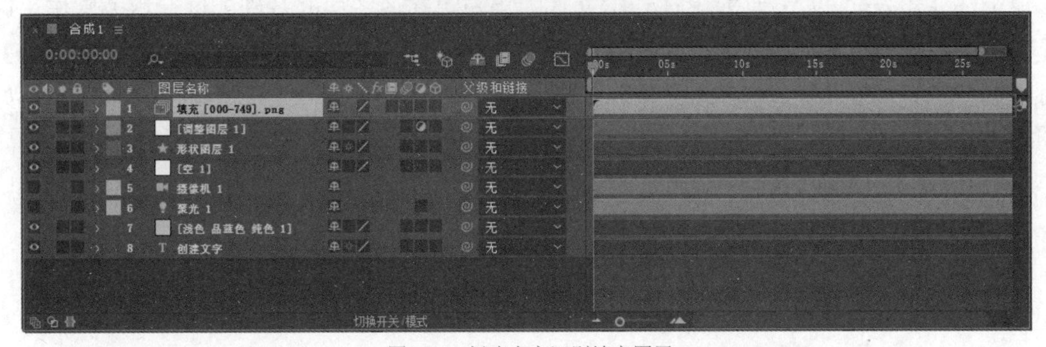

图3-17 创建内容识别填充图层

9. Adobe Photoshop 文件图层

在After Effects中，除了前面介绍的After Effects图层之外，还可以创建文件图层。选择【图层】|【新建】|【Adobe Photoshop】菜单命令，打开【另存为】对话框，如图3-18所示。单击【保存】按钮，即可创建Adobe Photoshop文件图层，如图3-19所示。

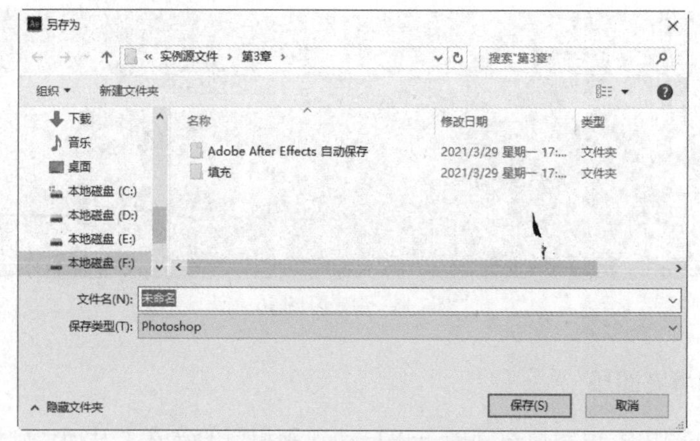

图3-18　【另存为】对话框

图3-19　创建Adobe Photoshop文件图层

10. MAXON CINEMA 4D 文件图层

为了实现互操作性，After Effects集成了MAXON CINEMA 4D的渲染引擎CineRender，这使After Effects可以渲染CINEMA 4D文件，用户可在各图层的基础上进行相关操作。选择【图层】|【新建】| MAXON CINEMA 4D菜单命令，打开【新建MAXON CINEMA 4D】对话框，如图3-20所示。单击【保存】按钮，即可创建MAXON CINEMA 4D文件图层，如图3-21所示。

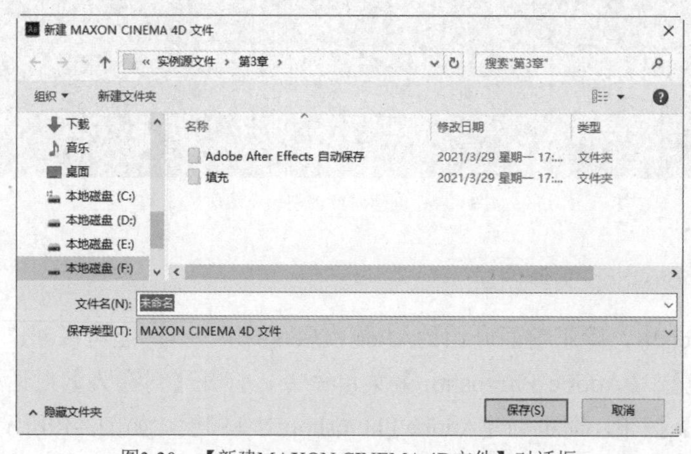

图3-20　【新建MAXON CINEMA 4D文件】对话框

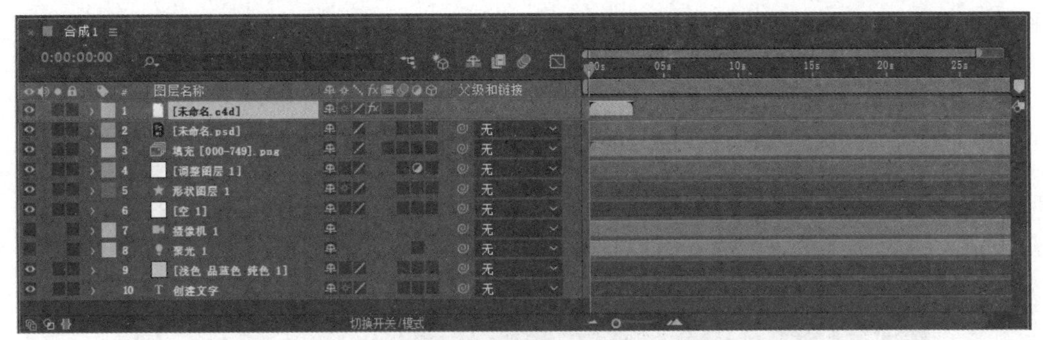

图3-21　创建MAXON CINEMA 4D文件图层

3.3　编辑图层

为了实现影视后期制作的最终效果，在创建好图层后，通常还需要对图层进行编辑操作，例如选择、复制、合并与删除图层等。

3.3.1　选择图层

在After Effects中，选择图层的方法主要包括选择单个图层和选择多个图层两种。

1. 选择单个图层

在【合成】面板中单击目标图层，或者直接在【时间轴】面板中单击所需选择的图层，都可以将【时间轴】面板中相应的图层选中，如图3-22所示。

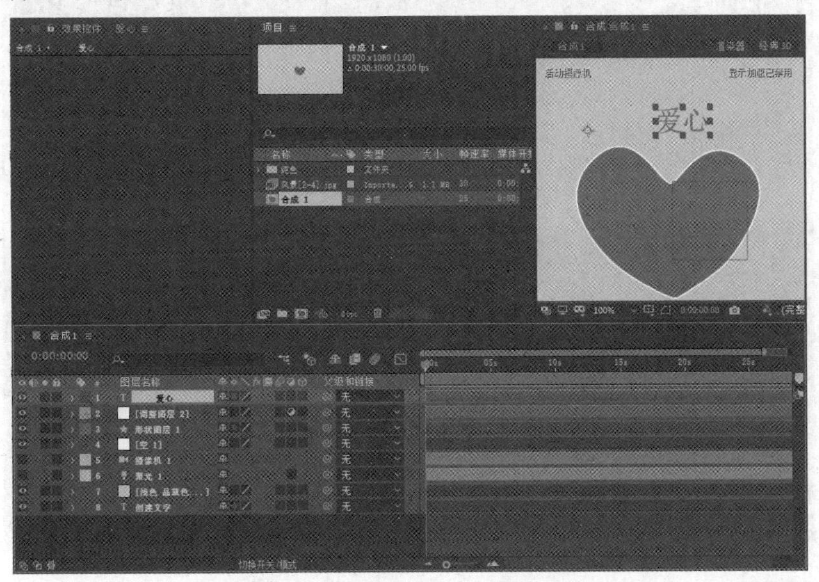

图3-22　在【时间轴】面板中选择单个图层

2. 选择多个图层

在【时间轴】面板中，不仅可以选择单个图层，而且可以选择多个图层。在【时间轴】面板左侧的【图层】列表中使用鼠标框选多个图层，即可将框选的所有图层选中，如

图3-23所示。

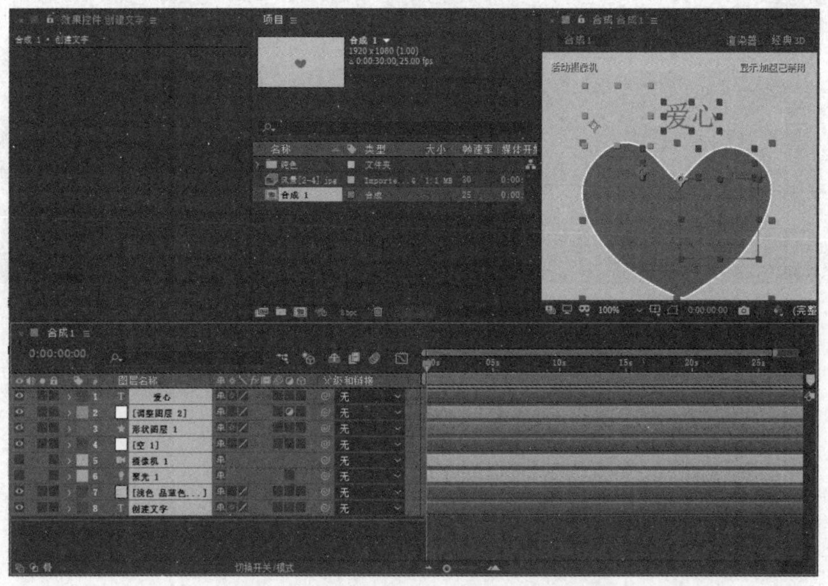

图3-23　在【时间轴】面板中框选多个图层

❖ **提示:**

在【时间轴】面板左侧的【图层】列表中单击首个想要选择的图层，然后按住Shift键，单击最后一个想要选择的图层，即可选择多个连续图层。如果需要选择某些不相邻的图层，可以按住Ctrl键，分别单击所需选择的图层即可，如图3-24所示。

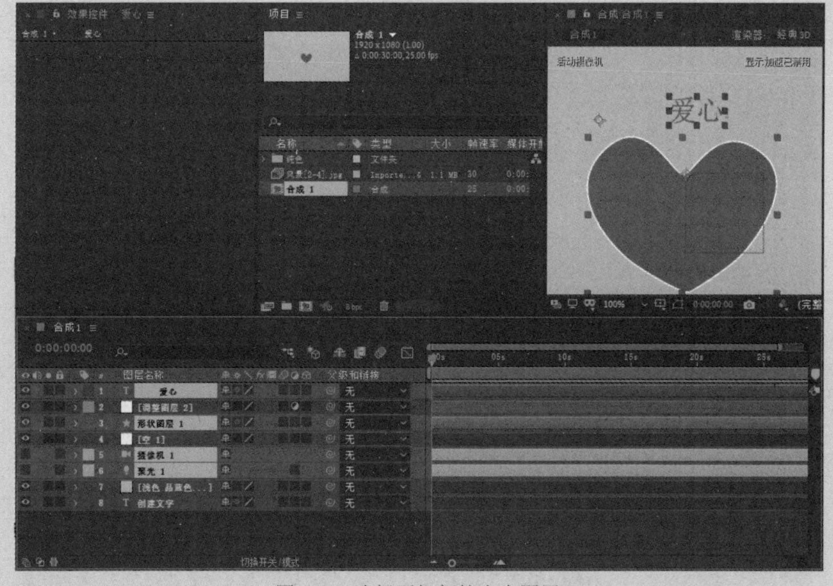

图3-24　选择不相邻的多个图层

3.3.2　复制图层

根据影视项目制作的需要，在对图层进行编辑时，经常需要执行复制图层的操作。下面讲解复制图层的两种方法。

- 在【时间轴】面板中选择需要复制的图层，然后选择【编辑】|【复制】菜单命令，如图3-25所示。最后选择想要粘贴的位置，选择【编辑】|【粘贴】菜单命令即可，如图3-26所示。

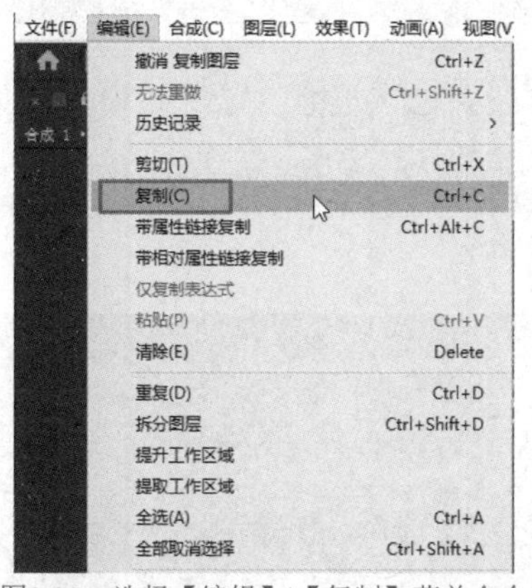

图3-25　选择【编辑】|【复制】菜单命令

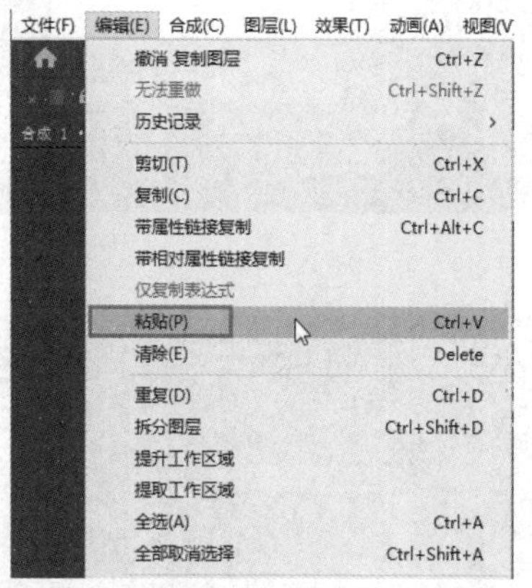

图3-26　选择【编辑】|【粘贴】菜单命令

- 选择需要复制的图层，然后选择【编辑】|【重复】菜单命令，或按Ctrl+D组合键，即可在当前的合成位置复制指定的图层，如图3-27所示。

图3-27　在当前的合成位置复制指定的图层

❖ 提示：

在【时间轴】面板中选择需要复制的图层，按Ctrl+C组合键进行复制，然后选择想要粘贴的位置，按Ctrl+V组合键进行粘贴，即可快速将复制的图层粘贴到指定的位置。

3.3.3　合并图层

在制作影视项目的过程中，有时需要将几个图层合并在一起，以便实现整体的动画制作效果。

【例3-2】合并图层。

01 在【时间轴】面板的【图层】列表中选择想要合并的多个图层，然后右击，在弹出的快捷菜单中选择【预合成】命令，如图3-28所示。

02 在打开的【预合成】对话框中可以设置预合成的名称，然后单击【确定】按钮，即可将所选的几个图层合并到一个新的图层中，图层合并后的效果如图3-29所示。

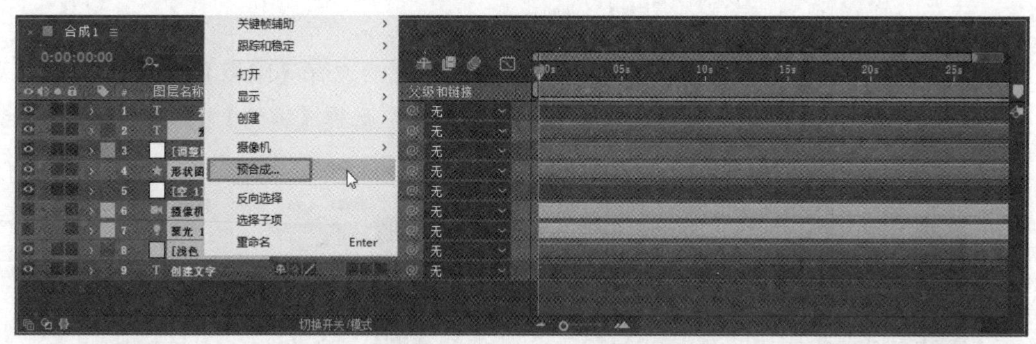

图3-28 选择【预合成】命令

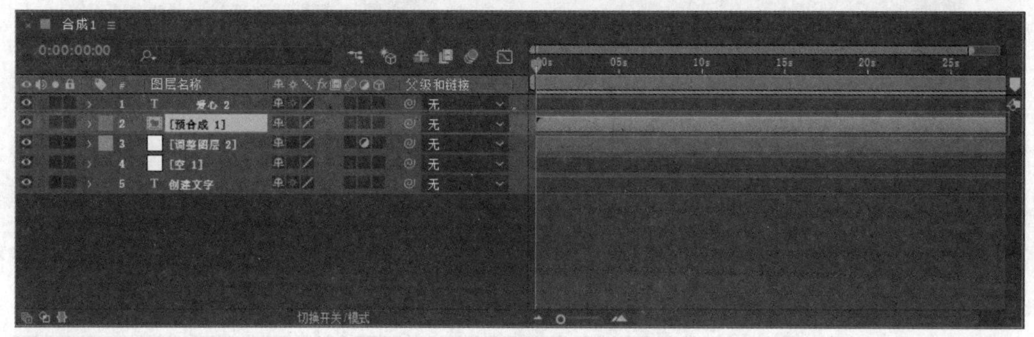

图3-29 图层的预合成效果

❖ 提示：

在【时间轴】面板中选择想要合并的多个图层，按Ctrl+Shift+C组合键，即可打开【预合成】对话框并进行图层的合并设置。

3.3.4 拆分图层

在After Effects中，不仅可以合并图层，而且可以在图层上的任何一个时间点对图层进行拆分。拆分图层的方法如下：在【时间轴】面板中选择需要拆分的图层，将时间指示器拖到需要拆分的时间点，然后选择【编辑】|【拆分图层】菜单命令，如图3-30所示，即可将所选图层拆分为两个图层，如图3-31所示。

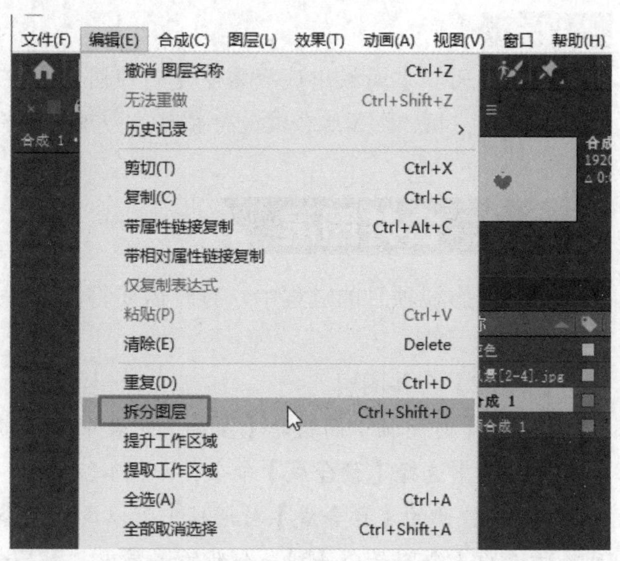

图3-30 选择【编辑】|【拆分图层】菜单命令

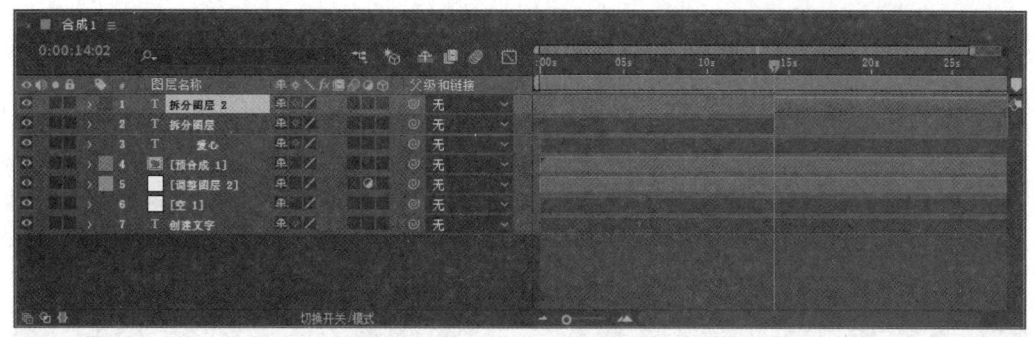

图3-31　将所选图层拆分为两个图层

❖ 提示：

在【时间轴】面板中选择需要拆分的图层，再将时间指示器拖到需要拆分的位置，按Ctrl+Shift+D组合键，即可将所选图层拆分为两个图层。

3.3.5 删除图层

在制作影视项目的过程中，可以将不再需要的图层删除，删除图层的方法如下：选中【时间轴】面板中需要删除的一个或多个图层，然后选择【编辑】|【清除】菜单命令，如图3-32所示，或直接按Delete键，即可将选择的图层删除，如图3-33所示。

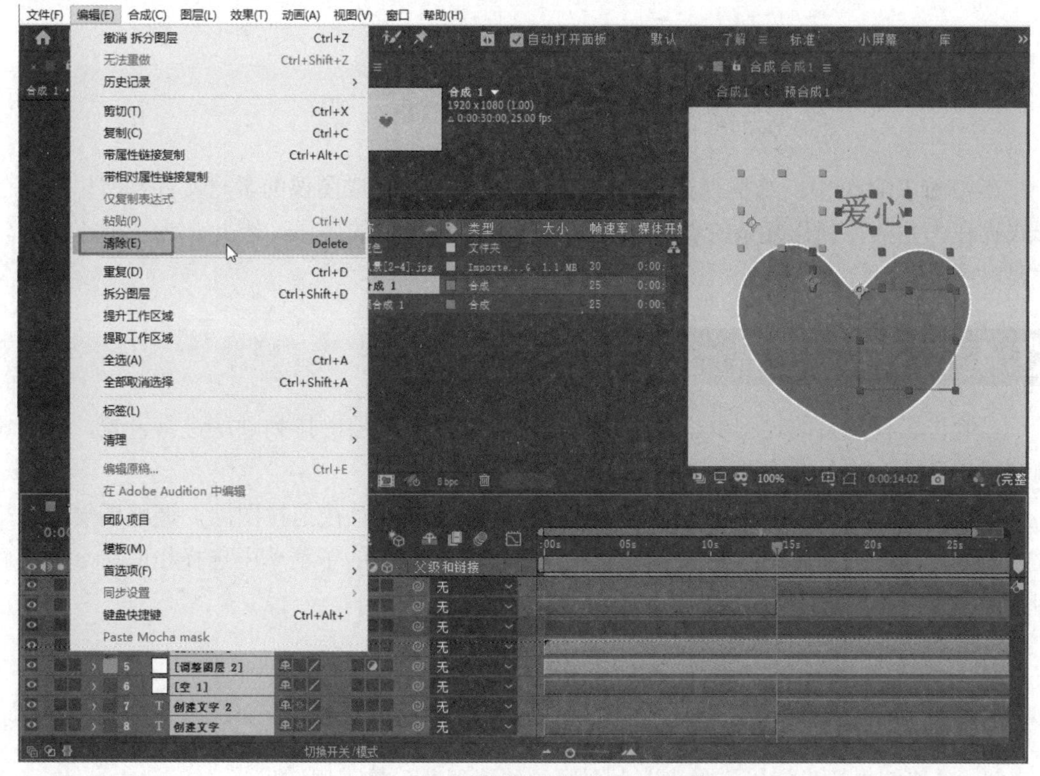

图3-32　选择【编辑】|【清除】菜单命令

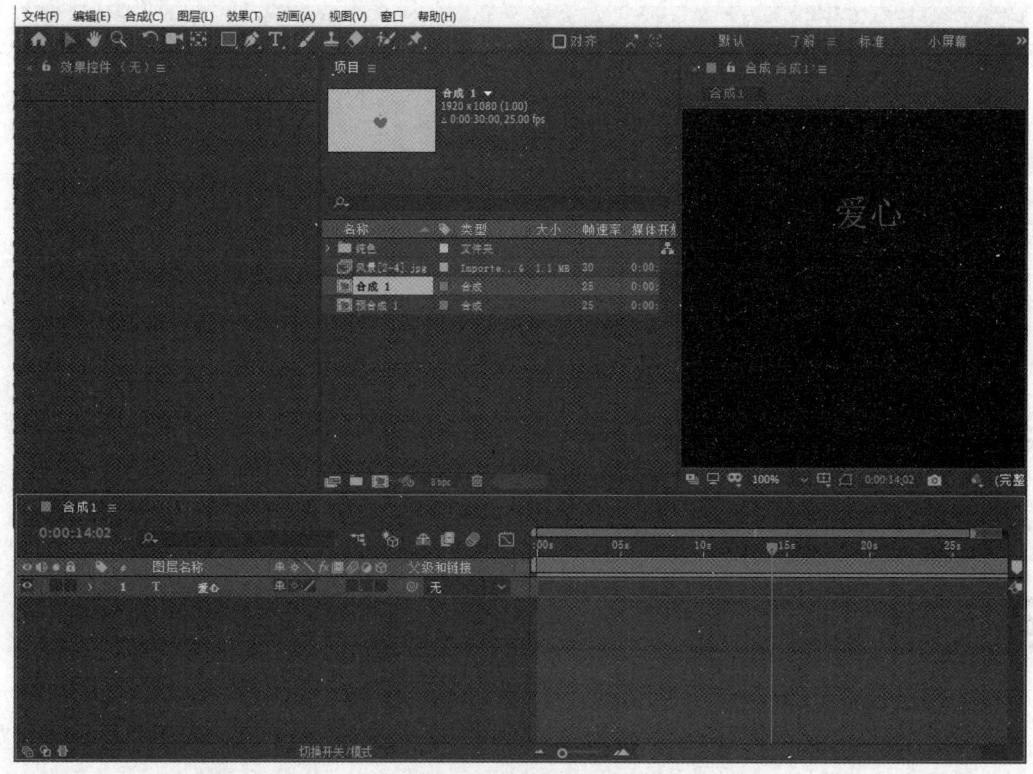

图3-33 删除所选图层

3.4 控制图层

在After Effects中，当执行合成操作时，导入的每张合成图像的素材文件都将以图层的形式存在，尤其在制作复杂的设计效果时，需要用到大量的图层。因此，为了便于制作，需要对图层进行管理。

3.4.1 排列图层

在制作影视项目的过程中，根据项目需求，可以对图层的排列顺序进行设置，从而影响影视项目最终的合成效果。

要对图层进行排列，可在【时间轴】面板中使用鼠标直接拖拉图层，调整图层的上下位置，也可通过选择【图层】|【排列】菜单命令，在弹出的子菜单中选择相应命令来调整图层的位置，如图3-34所示。

- 【将图层置于顶层】：将选中图层的位置调整到最上层。
- 【使图层前移一层】：将选中图层的位置向上移动一层。
- 【使图层后移一层】：将选中图层的位置向下移动一层。
- 【将图层置于底层】：将选中图层的位置调整到最下层。

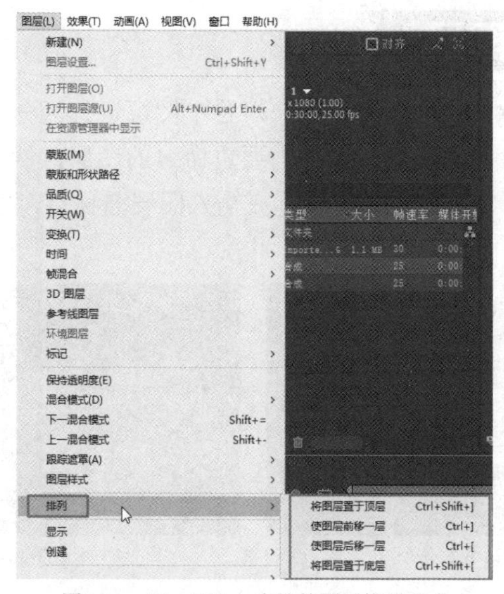
图3-34 After Effects支持的图层排列方式

3.4.2 添加图层标记

在特定的时间位置，通过为图层添加标记，可以方便用户查找所需的素材内容。选中需要添加标记的图层，再将时间指示器移到需要添加标记的时间点，然后选择【图层】|【标记】|【添加标记】菜单命令，如图3-35所示，即可在当前位置添加图层标记，如图3-36所示。

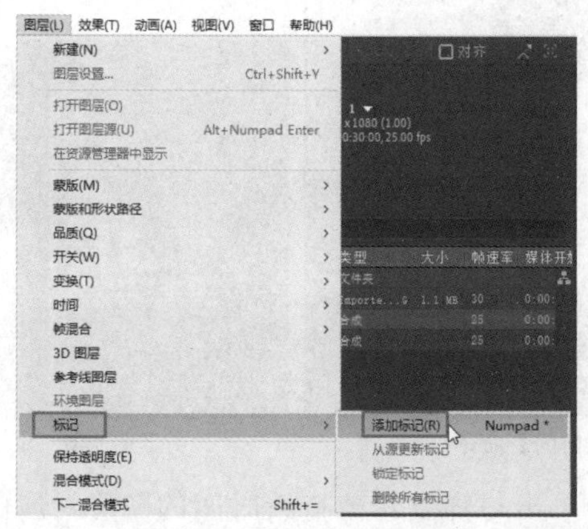
图3-35 选择【图层】|【标记】|【添加标记】菜单命令

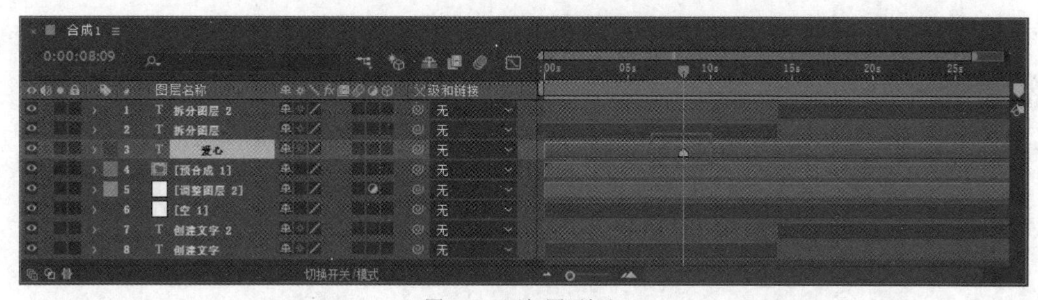
图3-36 添加图层标记

3.4.3 重命名图层

通过对图层进行重命名，可以方便用户对各个图层进行区分，这样在影视后期的制作过程中，就能快速找到对应的图层。选择需要重命名的图层，然后右击，在弹出的快捷菜单中选择【重命名】命令，如图3-37所示。在输入图层名称后，按Enter键确定，即可重命名图层，如图3-38所示。

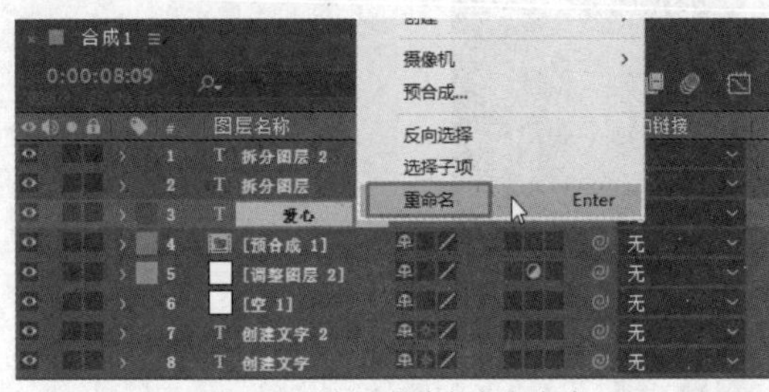

图3-37　选择【重命名】命令

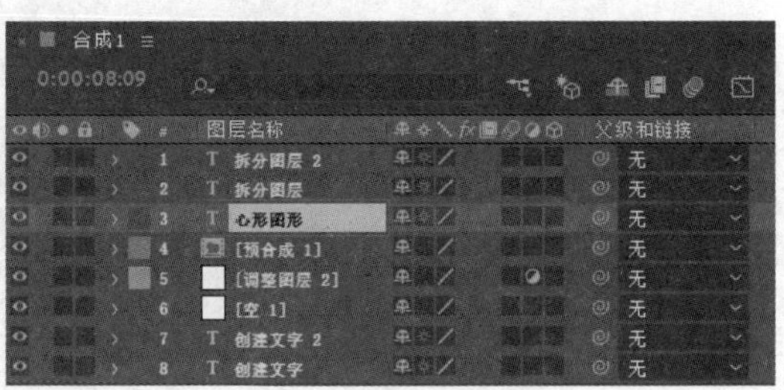

图3-38　重命名图层

3.4.4 设置图层的持续时间

在编辑影视的过程中，用户可以通过单击【时间轴】面板中的【持续时间】选项来修改图层的持续时间。

默认状态下，【时间轴】面板中未显示【持续时间】选项，用户可以在【时间轴】面板的图层属性栏中右击，在弹出的快捷菜单中选择【持续时间】命令，如图3-39所示，即可在【时间轴】面板中显示【持续时间】选项，如图3-40所示。

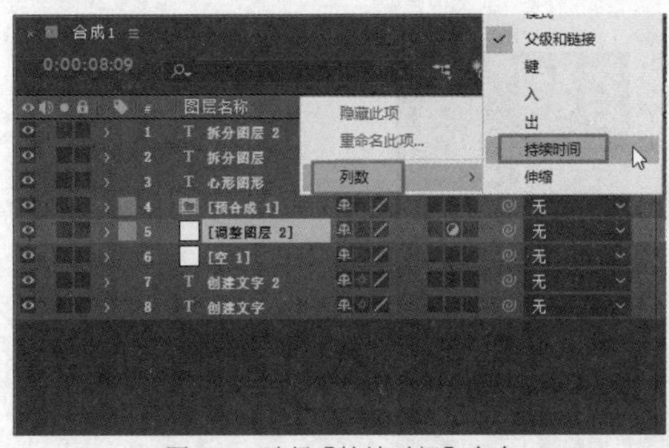

图3-39　选择【持续时间】命令

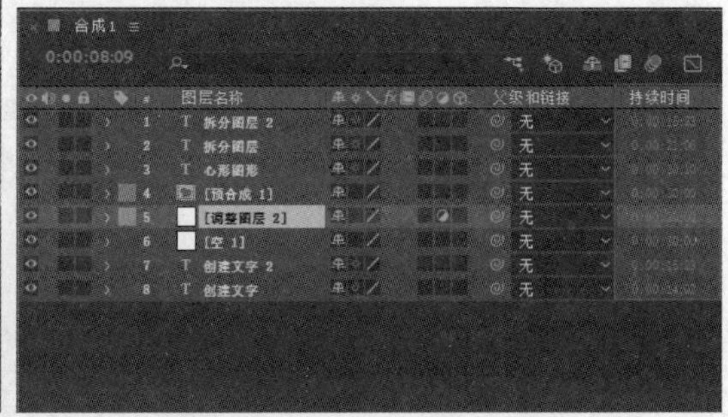

图3-40　显示【持续时间】选项

在【时间轴】面板中单击与需要修改持续时间的图层对应的【持续时间】选项，打开【时间伸缩】对话框，在【新持续时间】文本框中输入图层的持续时间值，如图3-41所示，然后单击【确定】按钮，即可修改图层的持续时间，如图3-42所示。

❖ 提示：

在【时间轴】面板中选择需要修改持续时间的图层，然后选择【图层】|【时间】|【时间伸缩】菜单命令，也可以打开【时间伸缩】对话框。

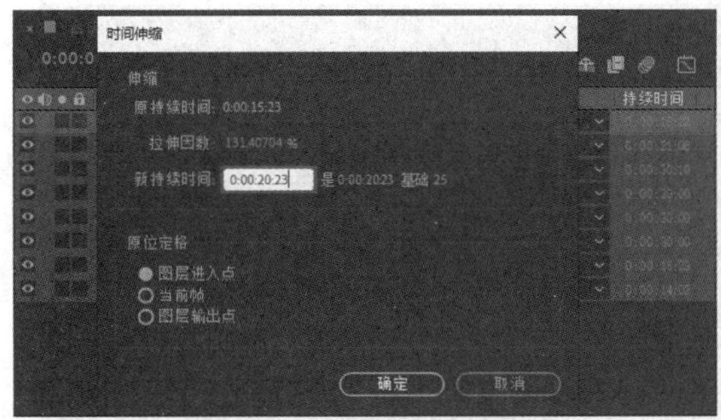
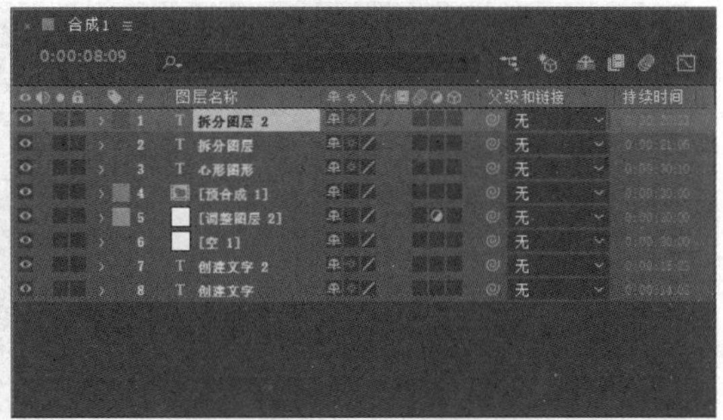

图3-41　输入图层的持续时间值　　　图3-42　修改图层的持续时间

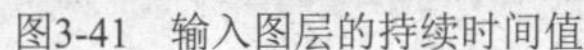

3.4.5　设置图层的出入点

在进行影视制作时，可以对图层的出入点进行编辑。在编辑图层的出入点时，首先需要对时间位置进行设置，可在【时间轴】面板中的时间码数值框中输入时间值，也可通过拖动时间指示器来确定时间位置。

设置图层入点的方法有如下两种。

- 在【时间轴】面板中按住鼠标左键并拖动图层左侧的边缘，即可设置图层的入点，如图3-43所示。
- 在【时间轴】面板中将时间指示器调整到需要的位置，然后按Alt+[组合键，即可设置图层的入点。

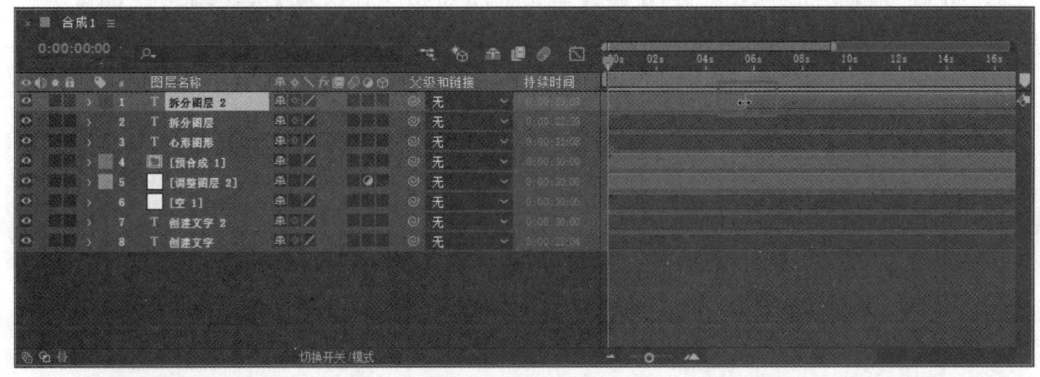

图3-43　设置图层的入点

设置图层出点的方法有如下两种。

- 在【时间轴】面板中按住鼠标左键并拖动图层右侧的边缘，即可设置图层的出点，如图3-44所示。
- 在【时间轴】面板中将时间指示器调整到需要的位置，然后按Alt+]组合键，即可设置图层的出点。

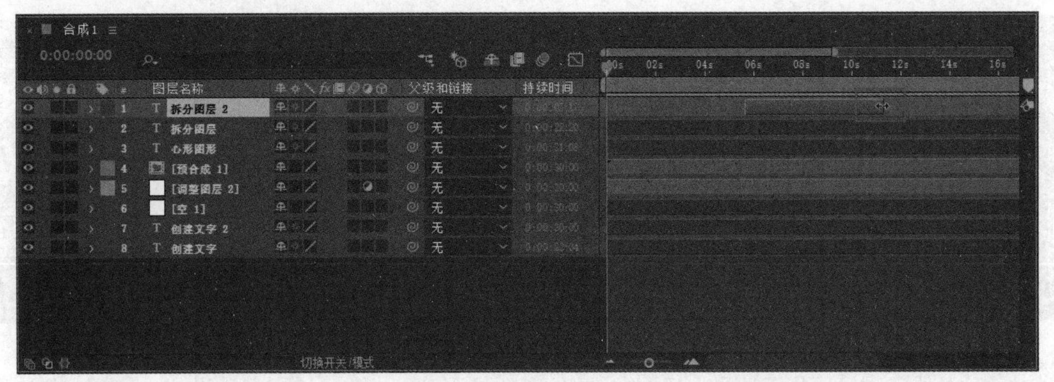

图3-44　设置图层的出点

3.4.6　提升与抽出图层

当需要删除图层中的某些内容时，可以使用提升与抽出两种方式。提升方式能够在保留被选图层的时间长度不变的同时，移除工作面板中所选图层的内容，但保留删除后的空间；抽出方式可以移除工作面板中所选图层的内容，但是被选图层的时间长度会相应缩短，删除后的空间则会被后面的素材替代。

- 选择要调整的图层，然后选择【编辑】|【提升工作区域】菜单命令，即可进行工作区域的提升，如图3-45所示。
- 选择要调整的图层，然后选择【编辑】|【提取工作区域】菜单命令，即可进行工作区域的抽出，如图3-46所示。

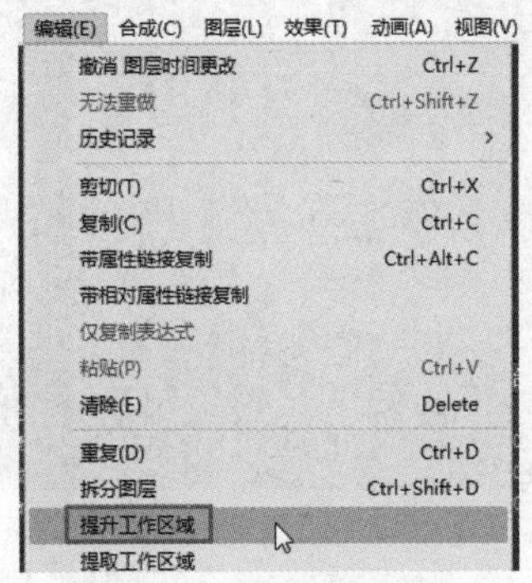

图3-45　提升工作区域

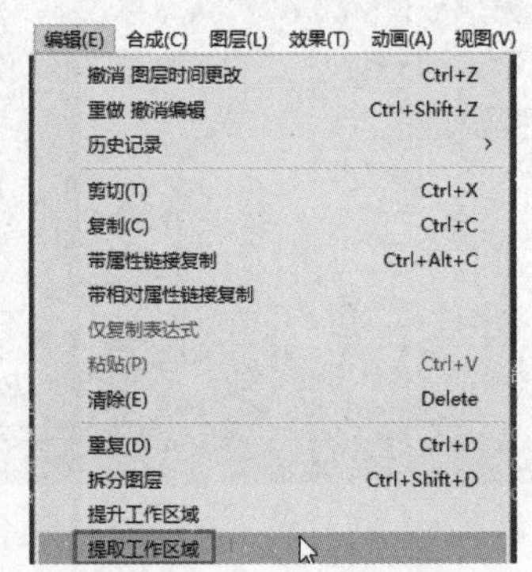

图3-46　抽出工作区域

3.5　设置图层属性

在After Effects中，图层属性是设置关键帧动画的基础。除了音频图层具有单独的属性之外，其他所有图层都包含几个基本的属性，分别是锚点、位置、缩放、旋转和不透明度属性等，通过【变换】命令可以对这些属性进行修改，如图3-47所示。

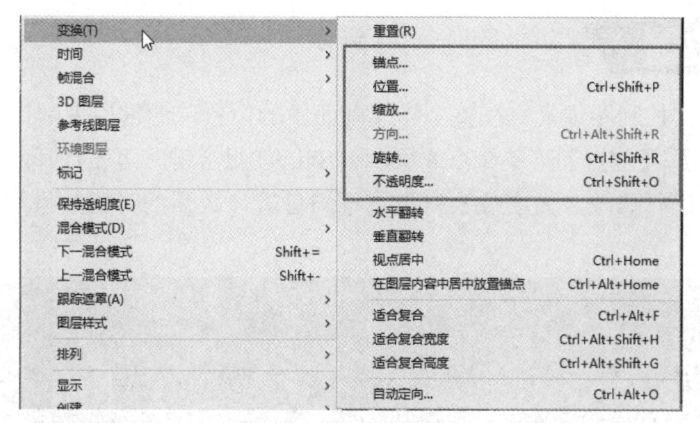

图3-47　图层的基本属性

3.5.1　锚点

默认状态下，锚点即素材的中心点，素材的缩放和旋转都是在锚点属性的基础上进行的。选择【图层】|【变换】|【锚点】菜单命令，打开【锚点】对话框，从中可以对素材的锚点进行修改。通过设置不同位置的锚点，并对素材进行缩放和旋转调整，即可达到不同的视觉效果。为图像素材设置不同锚点参数后的对比效果如图3-48和图3-49所示。

图3-48　锚点参数值效果(一)

图3-49　锚点参数值效果(二)

3.5.2 位置

位置属性能够控制图像素材在整个影视画面中的位置，通常用来制作位移动画。选择【图层】|【变换】|【位置】菜单命令或按Ctrl+Shift+P组合键，可在打开的【位置】对话框中对素材的位置进行修改。为图像素材设置不同位置参数后的对比效果如图3-50和图3-51所示。

图3-50　位置参数值效果(一)

图3-51　位置参数值效果(二)

❖ 提示：

【锚点】对话框和【位置】对话框设置的坐标不同：【锚点】对话框调整的是锚点在素材中的位置；而【位置】对话框调整的是素材在画面中的位置。

3.5.3　缩放

缩放属性用来控制图像的大小。选择【图层】|【变换】|【缩放】菜单命令，可在打开的【缩放】对话框中对缩放属性进行设置，如图3-52所示。

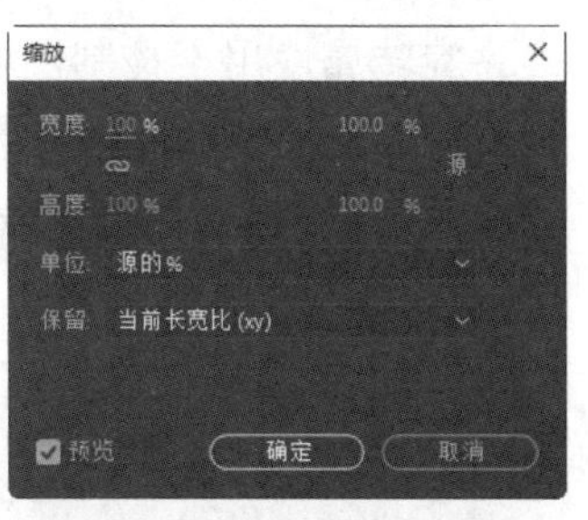

图3-52　【缩放】对话框

在【缩放】对话框中，默认是等比例缩放图像，用户也可通过单击【锁定缩放】按钮将锁定解除，选择非等比例缩放图像，也就是对图像的宽度或高度进行单独调节。为图像素材设置缩放参数值后的效果如图3-53所示。

图3-53　缩放参数值效果

❖ 提示：

若将缩放属性设置为负值，图层则会翻转。将缩放属性设置为负值时的效果如图3-54所示。

图3-54　设置缩放属性为负值时的效果

3.5.4 旋转

旋转属性用于控制图像在合成画面中的旋转角度。选择【图层】|【变换】|【旋转】菜单命令或按Ctrl+Shift+R组合键，可在打开的【旋转】对话框中对素材的旋转属性进行修改，如图3-55所示，为图像素材设置旋转参数值后的效果如图3-56所示。

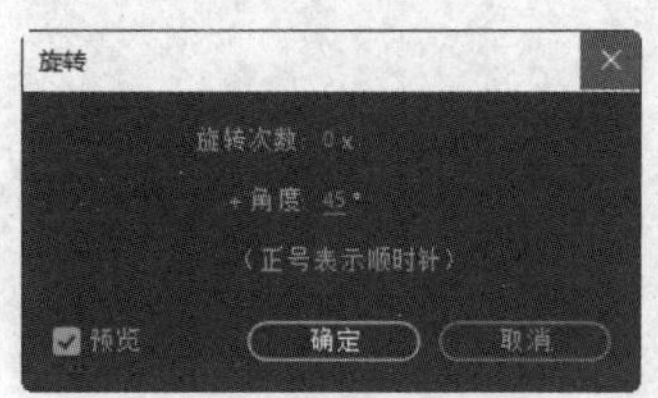

图3-55 【旋转】对话框

图3-56 旋转参数值效果

3.5.5 不透明度

不透明度属性主要用来对图像素材进行不透明效果的设置。选择【图层】|【变换】|【不透明度】菜单命令或按Ctrl+Shift+O组合键，可在打开的【不透明度】对话框中对素材的不透明度属性进行设置。为图像素材设置不同不透明度参数值后的对比效果如图3-57和图3-58所示。

图3-57 不透明度参数值效果(一)

图3-58　不透明度参数值效果(二)

不透明度参数的设置以百分比的形式表示，当数值达到100%时，图像完全不透明；而当数值为零时，图像完全透明，如图3-59所示。

图3-59　设置不透明度参数为零时的效果

3.6　应用图层混合模式

每个图层都是由色彩三要素中的色相、明度和纯度构成的，图层的混合模式就是利用图层的属性，通过计算的方式对几幅图像进行混合，以产生新的图像画面。在After Effects中，图层相互间有多种混合模式可供用户选择。

图层的混合模式可以通过在【图层】|【混合模式】菜单命令的子菜单中进行选择，也可以在【时间轴】面板中右击，在弹出的快捷菜单中进行选择，如图3-60所示。After Effects中有几十种混合模式，这里仅讲解几种主要的混合模式：正常模式、变暗与变亮模

式、叠加与差值模式以及颜色与模板Alpha模式。

图3-60 选择混合模式

3.6.1 正常模式

正常模式是默认模式，当图层的不透明度为100%时，合成会根据Alpha通道正常地显示当前图层，上层画面不会对下层画面产生影响，如图3-61所示；当图层的不透明度小于100%时，当前图层的色彩效果将受到其他图层的影响，如图3-62所示。

图3-61 正常模式下不透明度为100%时的效果

图3-62　正常模式下不透明度低于100%时的效果

3.6.2 变暗与变亮模式

变暗与变亮模式能使当前图层素材的颜色整体变暗或变亮。其中：变暗模式主要是将白色背景去掉，从而降低亮度值，如图3-63所示；而变亮模式与变暗模式相反，变亮模式通过选择基础色与混合色中较明亮的颜色作为结果颜色，从而提高画面的颜色亮度，如图3-64所示。

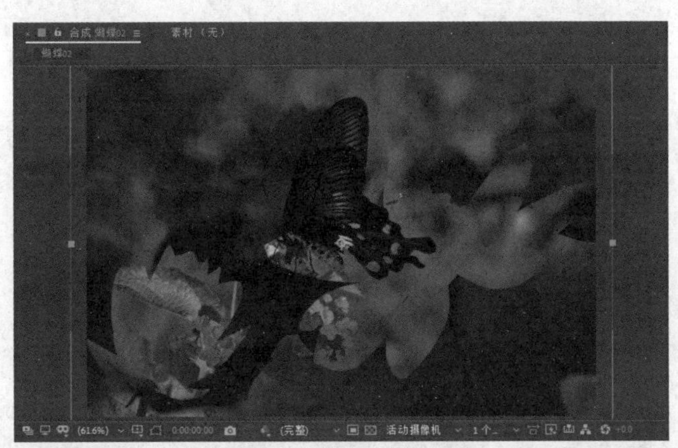

图3-63　变暗模式效果

图3-64　变亮模式效果

3.6.3 叠加与差值模式

叠加与差值模式主要用于两个图像间像素的叠加与差值。其中，叠加模式可以根据底部图层的颜色，通过对图层像素进行叠加或覆盖，在不替换颜色的同时反映颜色的亮度或暗度，如图3-65所示；而差值模式则是从基色或混合色中相互减去对方，对于每个颜色通道，当不透明度为100%时，当前图层的白色区域会进行反转，但黑色区域不会有变化，白色与黑色之间会有不同程度的反转效果，如图3-66所示。

图3-65 叠加模式效果

图3-66 差值模式效果

3.6.4 颜色与模板Alpha模式

颜色模式通过叠加的方式来改变底部图层颜色的色相、明度及饱和度，既能保证原有颜色的灰度细节，又能为黑白色或不饱和图像上色，从而产生不同的叠加效果，如图3-67所示；而模板Alpha模式通常用作遮罩，这种模式利用本身的Alpha通道与底部图层的内容相叠加，并将底部图层都显示出来，从而达到使用蒙版的制作效果，如图3-68所示。

图3-67　颜色模式效果

图3-68　模板Alpha模式效果

3.7　应用图层样式

通过图层样式可为图层中的图像添加多种效果，如投影、内发光、浮雕、叠加和描边等效果，用户可通过选择【图层】|【图层样式】命令，在弹出的子菜单中选择所需的图层样式，如图3-69所示。本节将以图3-70所示的战机展示各种图层样式的效果。

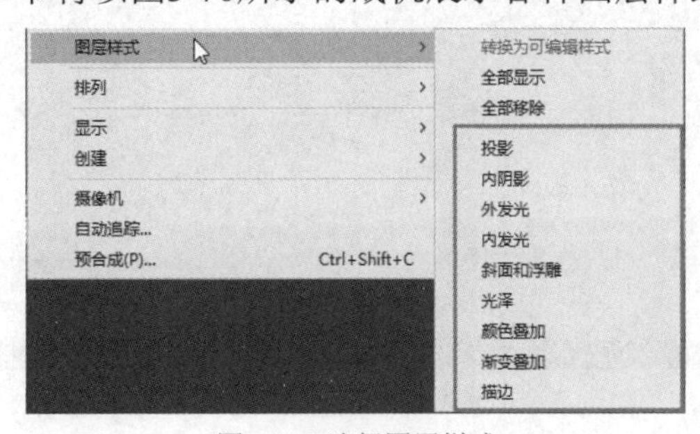

图3-69　选择图层样式

图3-70　原始效果

3.7.1　投影与内阴影样式

制作影视特效时，为达到更好的视觉效果，可以为图像添加投影与内阴影效果。使用投影与内阴影样式可以按照对应图层中图像的边缘形状，为图像添加投影或内阴影效果，如图3-71和图3-72所示。

图3-71　投影效果

图3-72　内阴影效果

3.7.2　外发光与内发光样式

使用外发光与内发光样式可以按照图层中图像的边缘形状，添加外发光与内发光效果，为图像添加外发光与内发光样式后的效果如图3-73和图3-74所示。

图3-73　外发光效果

图3-74　内发光效果

3.7.3　斜面和浮雕样式

使用斜面和浮雕样式可以按照图层中图像的边缘形状，添加斜面和浮雕效果，为图像添加斜面和浮雕样式后的效果如图3-75和图3-76所示。

图3-75　斜面效果

图3-76　浮雕效果

3.7.4　颜色叠加与渐变叠加样式

使用颜色叠加与渐变叠加样式可以按照图层中图像的边缘形状，添加相应的颜色与渐变颜色效果，为图像添加颜色叠加与渐变叠加样式后的效果如图3-77和图3-78所示。

图3-77　颜色叠加效果

图3-78　渐变叠加效果

3.7.5 光泽与描边样式

使用光泽与描边样式可以按照图层中图像的边缘形状，添加光泽和相应的描边，从而得到不同的光泽与描边效果，为图像添加光泽与描边样式后的效果如图3-79和图3-80所示。

图3-79 光泽效果

图3-80 描边效果

3.8 上机练习——制作动画文字

本章介绍了图层的相关知识，包括图层属性、图层类型和图层样式的基本操作方法及技巧，为了使读者能够更好地掌握本章所学的知识，下面通过一个简单的动画文字案例来帮助大家巩固所学的知识。

01 选择【合成】|【新建合成】菜单命令，打开【合成设置】对话框，设置制式为HDTV 1080 25、【持续时间】为5秒，然后单击【确定】按钮，如图3-81所示。

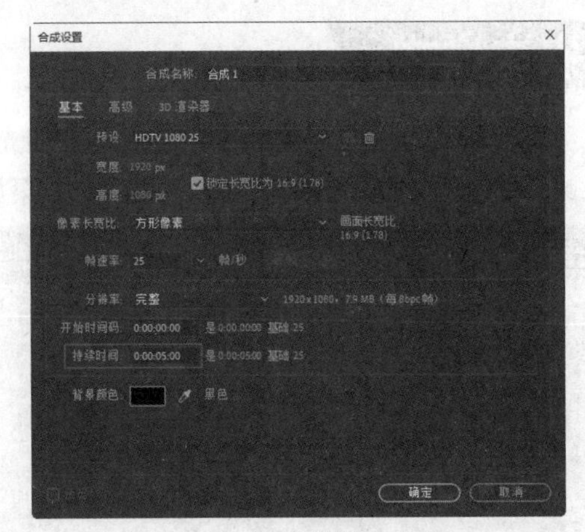

图3-81 【合成设置】对话框

02 选择【文件】|【导入】|【文件】命令，在【项目】面板中导入“星空.jpg”素材文件，如图3-82所示。

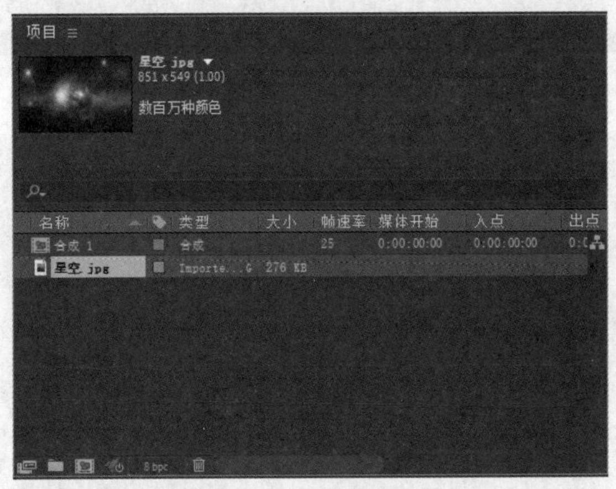

图3-82 导入素材文件

03 选中导入的素材文件，将其拖入【时间轴】面板，效果如图3-83所示。

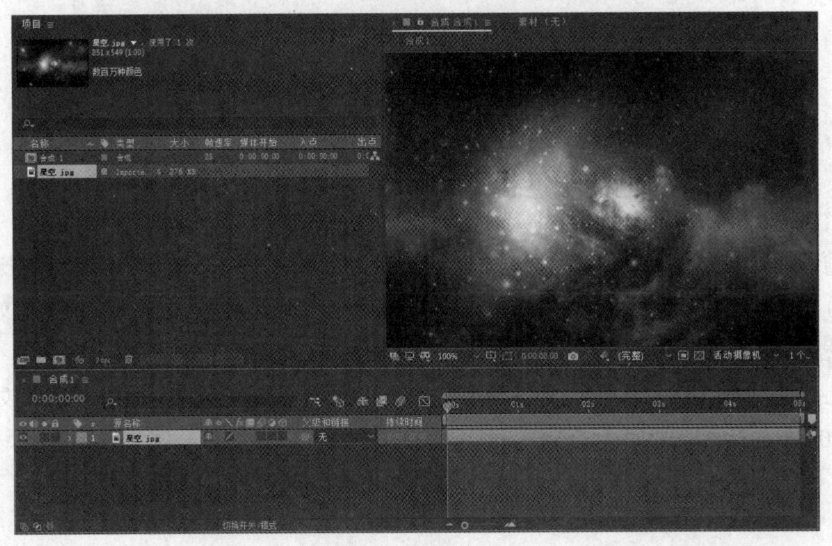

图3-83 视频效果

04 在【时间轴】面板中选中图层1，然后选择【图层】|【变换】|【不透明度】菜单命令，打开【不透明度】对话框，设置图层的不透明度为70%，效果如图3-84所示。

图3-84 设置图层的不透明度为70%

05 在【时间轴】面板中右击，在弹出的快捷菜单中选择【新建】|【文本】命令，新建文本图层，如图3-85所示。

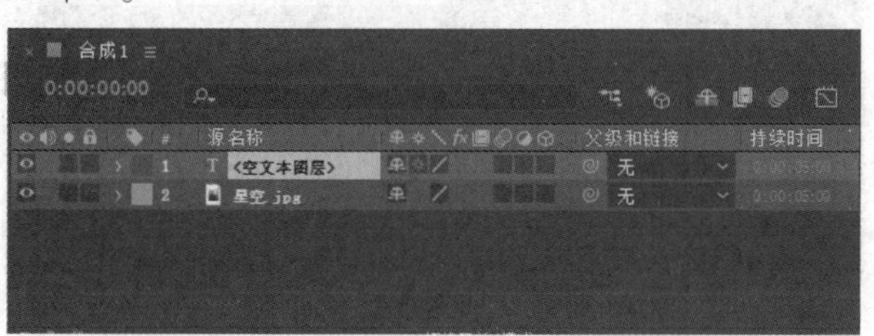

图3-85 新建文本图层

06 打开文本图层，在【合成】面板中输入“影视特效”字样，效果如图3-86所示。

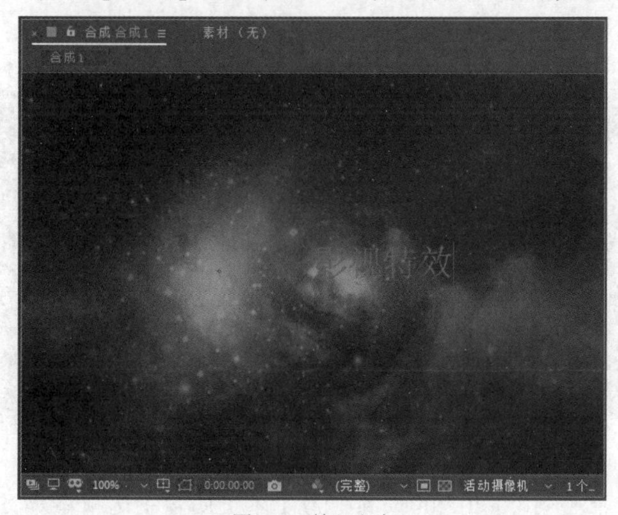

图3-86 输入文本

07 单击文本图层后面的【3D图层】按钮，将文本图层转换为三维图层，如图3-87所示。

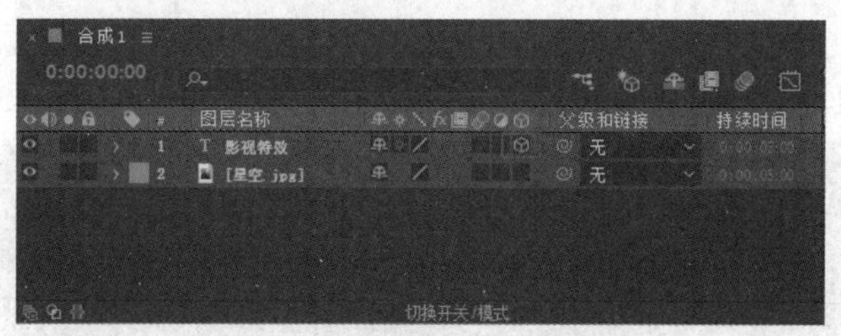

图3-87　将文本图层转换为三维图层

08 选择【图层】|【变换】|【锚点】菜单命令，打开【锚点】对话框，将文本图层的锚点调整到中心位置，如图3-88所示。

图3-88　调整锚点到中心位置

09 在【时间轴】面板中展开“影视特效”文字的变换属性，将“时间指示器”移动到0:00:00:00位置，为【不透明度】选项添加一个关键帧并设置不透明度为0%，如图3-89所示。

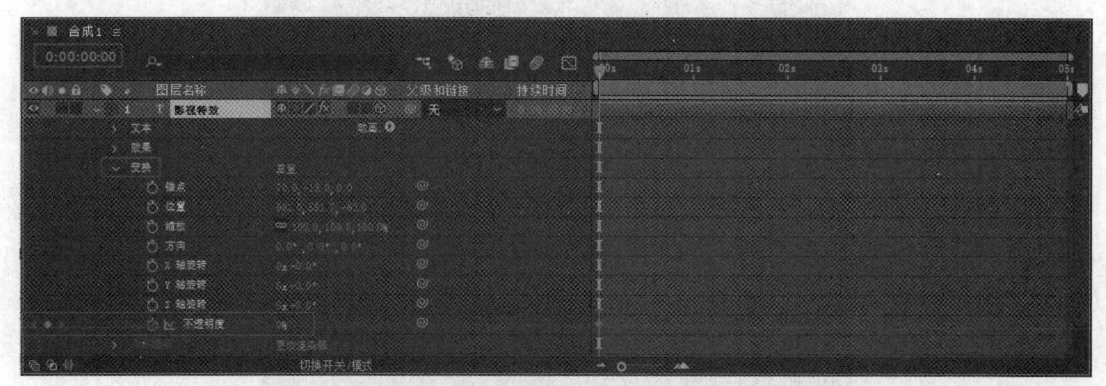

图3-89　设置不透明度关键帧(一)

10 将时间指示器移到0:00:02:00位置，为【不透明度】选项添加另一个关键帧，并设置不透明度为100%，如图3-90所示。

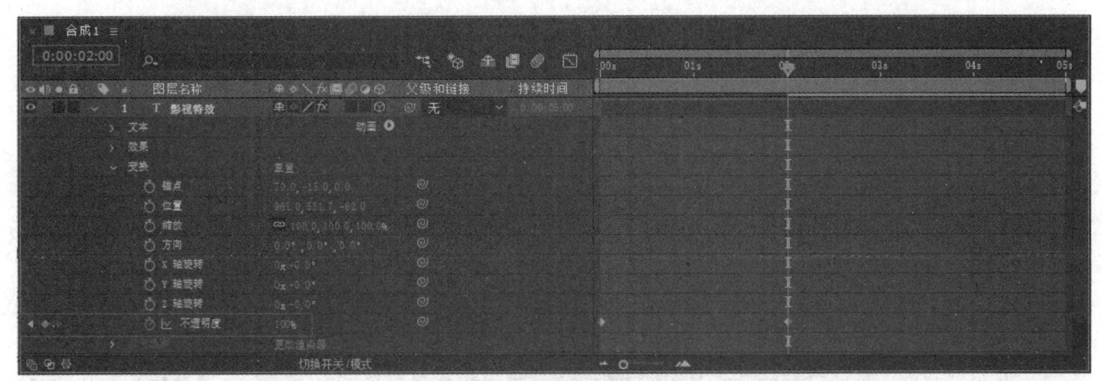

图3-90 设置不透明度关键帧(二)

11 对编辑的影片进行预览，可以看到文字图层逐渐显现的效果，如图3-91和图3-92所示。

图3-91 影片预览效果(一)

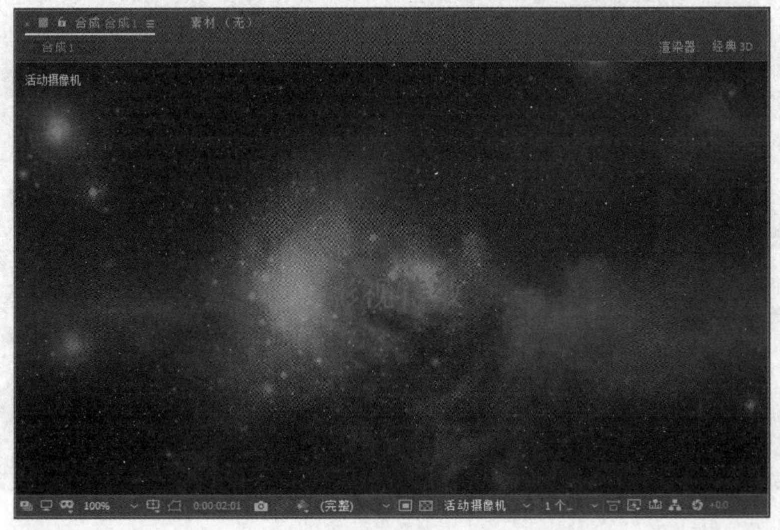

图3-92 影片预览效果(二)

12 将时间指示器移到0:00:00:00位置，在【时间轴】面板中为【Y轴旋转】选项添加一个关键帧，保持参数不变，如图3-93所示。

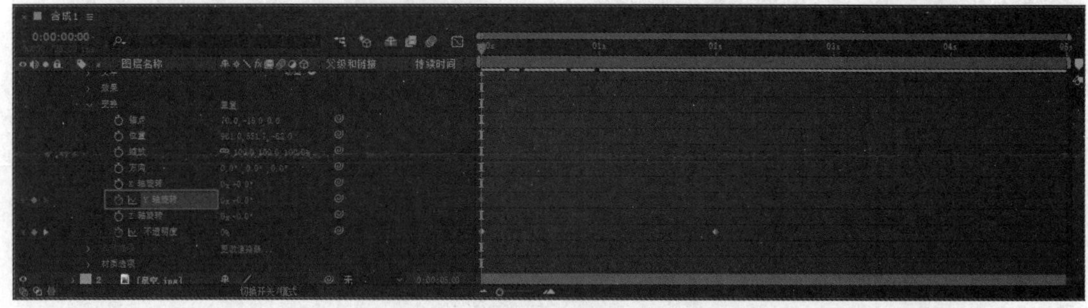

图3-93　设置Y轴旋转关键帧(一)

13 将时间指示器移到0:00:02:00位置，为【Y轴旋转】选项添加另一个关键帧，并设置Y轴旋转1x(也就是360度)，如图3-94所示。

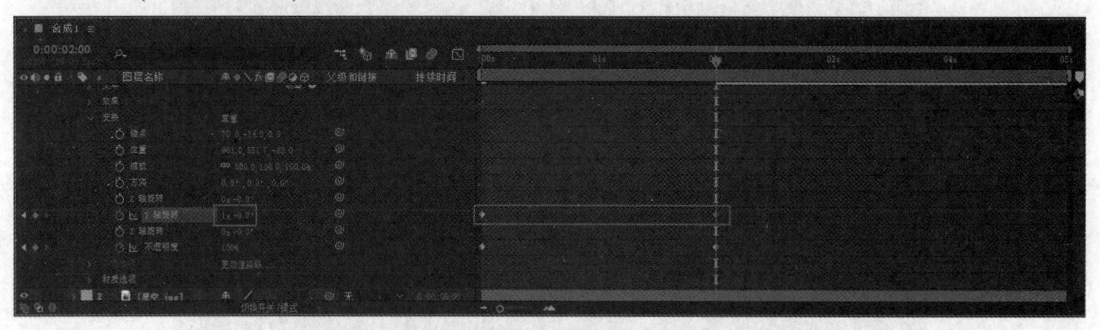

图3-94　设置Y轴旋转关键帧(二)

14 对编辑的影片进行预览，可以看到文字图层逐渐显现并旋转的效果，如图3-95和图3-96所示。

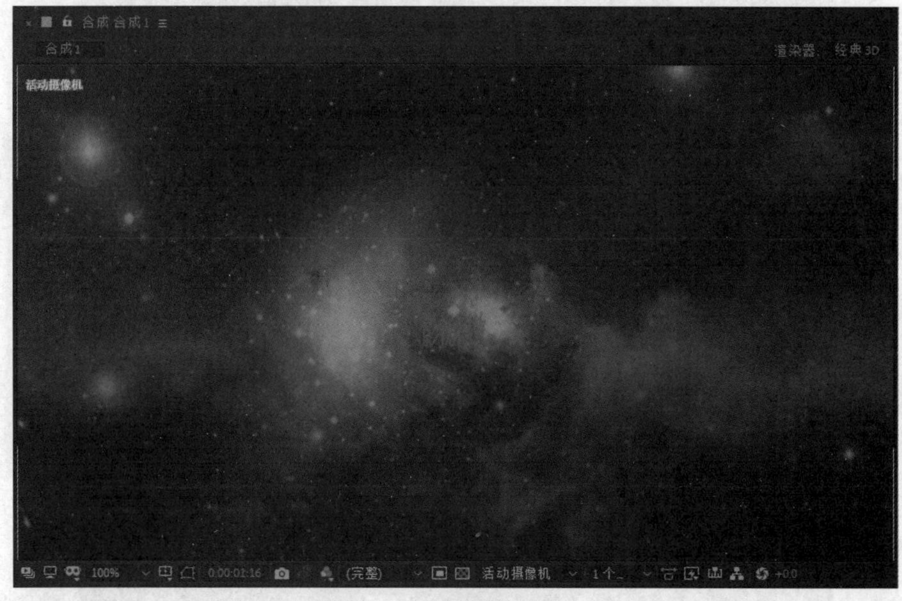

图3-95　影片预览效果(三)

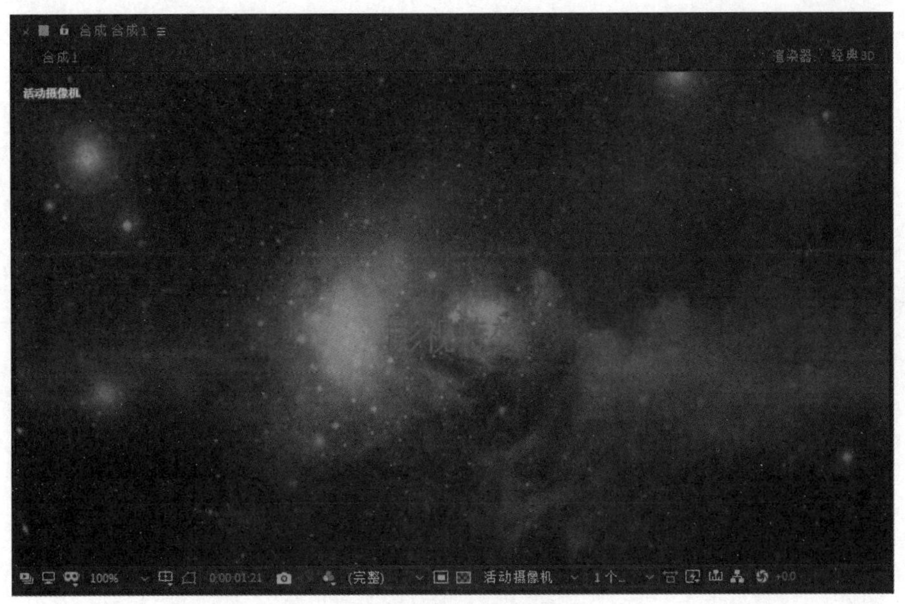

图3-96 影片预览效果(四)

3.9 习 题

1. 图层的种类及操作方法有哪些？
2. 图层的基本属性是什么？
3. 图层的叠加模式有哪些？
4. 选择自己喜欢的图像或视频素材，为其添加形状图层动画。

第 4 章

应用关键帧动画

关键帧是指当角色或物体发生位移或变形等变化时，关键动作所在的那一帧。关键帧是进行动画创作的关键，其可以帮助用户实现角色或物体由静止向运动的转变。本章将介绍关键帧的创建及编辑等相关知识，并讲解调节关键帧的方法和技巧。

本章重点

- 创建关键帧
- 编辑关键帧
- 调节关键帧

二维码教学视频

【例4-1】创建运动的文字
【例4-2】使用【钢笔工具】为图层添加运动路径
上机练习——海底世界

4.1 关键帧动画

在学习关键帧动画前，用户首先需要了解什么是关键帧以及如何创建关键帧动画。本节将介绍关键帧的概念以及创建关键帧动画的方法。

4.1.1 关键帧的概念

关键帧的概念是在动画创作中引入的，掌握了关键帧的相关操作，就可以实现在不同的时间点对所选角色或物体进行调整。在创作动画的过程中，我们首先要确定能表现动作的主要意图和变化的关键动作，而这些关键动作所处的那一帧，就叫作关键帧。

4.1.2 创建关键帧动画

After Effects中的关键帧动画主要是在【时间轴】面板中进行制作的。图层的【变换】属性组中有多种属性的可选变量，可通过控制这些变量来对对象进行调整，进而改变对象的状态。

此外，每个属性的左侧都有一个【关键帧控制器】按钮，单击该按钮，关键帧动画就会被激活，对应属性的左侧将显示用于添加/删除或切换关键帧的控件按钮，如图4-1所示。此后，只要在【时间轴】面板中更改相关属性的值，或是在【合成】面板中调整物体的位置或形态，就会在相应的时间位置出现关键帧图标，如图4-2所示。

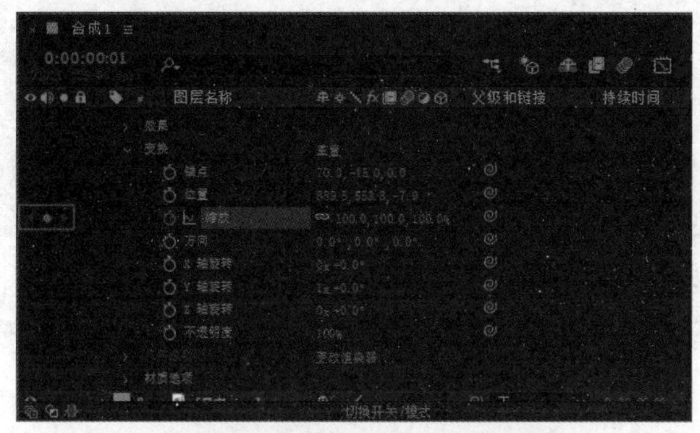

图4-1　激活关键帧动画

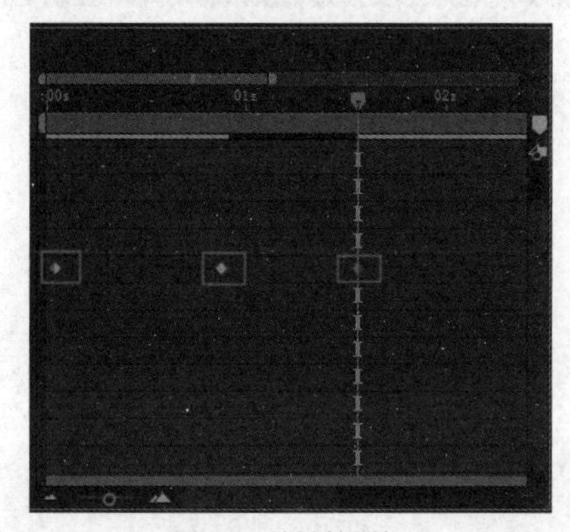

图4-2　关键帧图标

观察关键帧的控件按钮，它们的作用如下。

- 上一个关键帧：单击该按钮，将移到上一个关键帧位置。
- 添加或移除关键帧：单击该按钮，将在当前时间位置添加关键帧或删除当前时间位置的关键帧。
- 下一个关键帧：单击该按钮，将移到下一个关键帧位置。

【例4-1】创建运动的文字。

01 新建一个合成，然后导入淡蓝色背景，将背景图层添加到【时间轴】面板中，如图4-3所示。

02 使用【横排文字工具】创建一个文字图层，如图4-4所示。

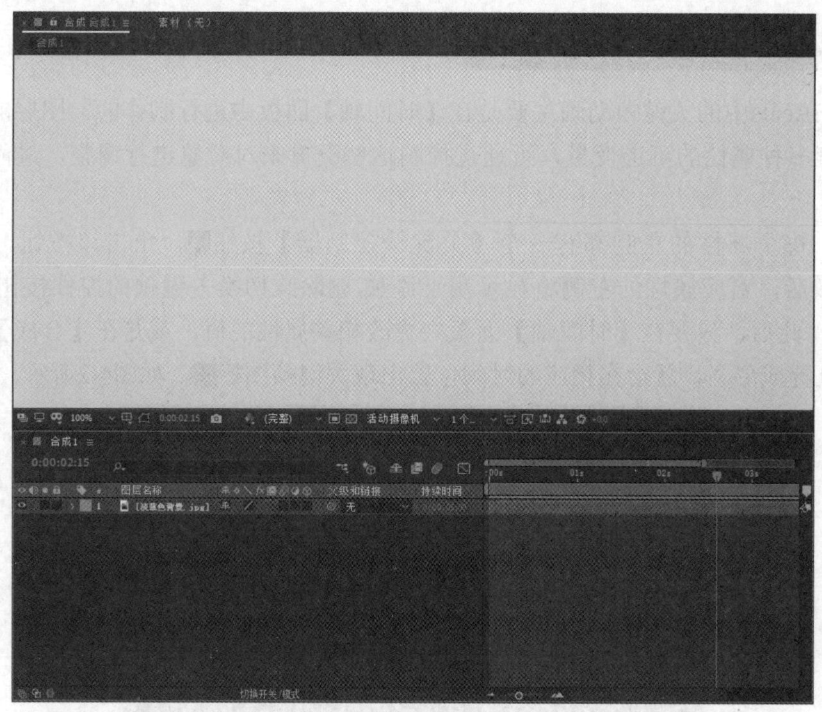

图4-3　添加背景图层

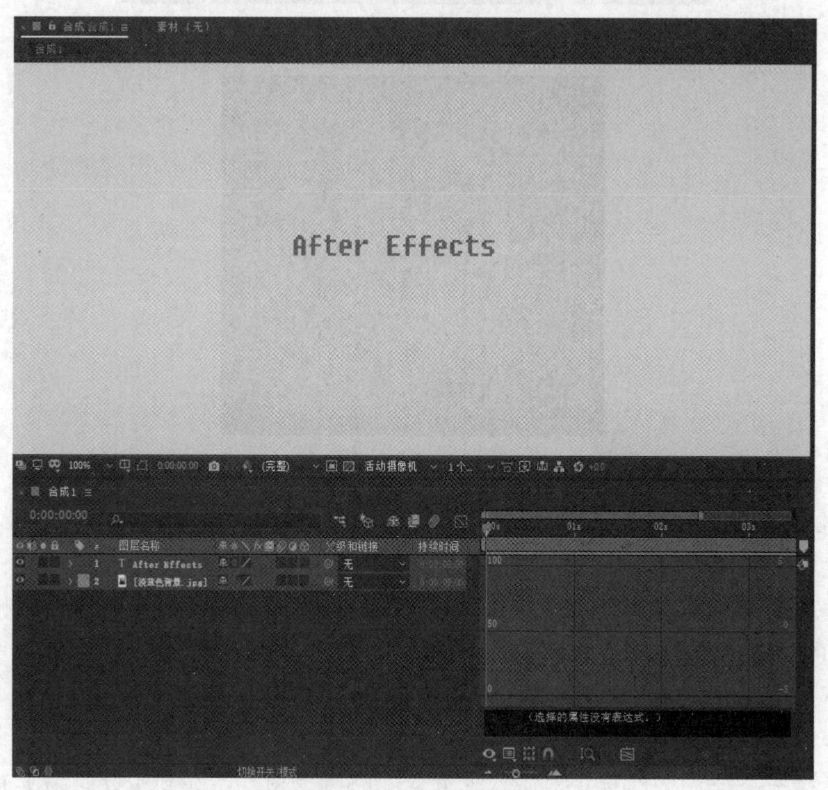

图4-4　创建文字图层

03 选中文字图层，展开【变换】属性组，在第0秒的位置单击【位置】属性前面的【关键帧控制器】按钮，开启位置动画功能并添加一个关键帧，如图4-5所示。

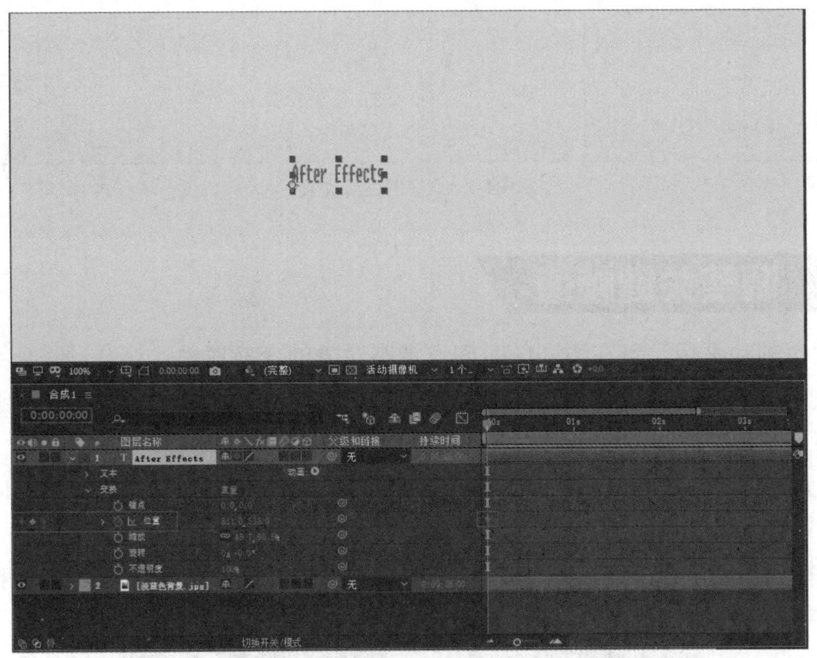

图4-5 开启位置动画功能并添加一个关键帧

04 将时间指示器移到第3秒的位置，单击【位置】属性前面的【添加或移除关键帧】按钮◇，在此时间点添加一个关键帧，并修改这个关键帧的值，可在【合成】面板中看到一条运动轨迹，如图4-6所示。

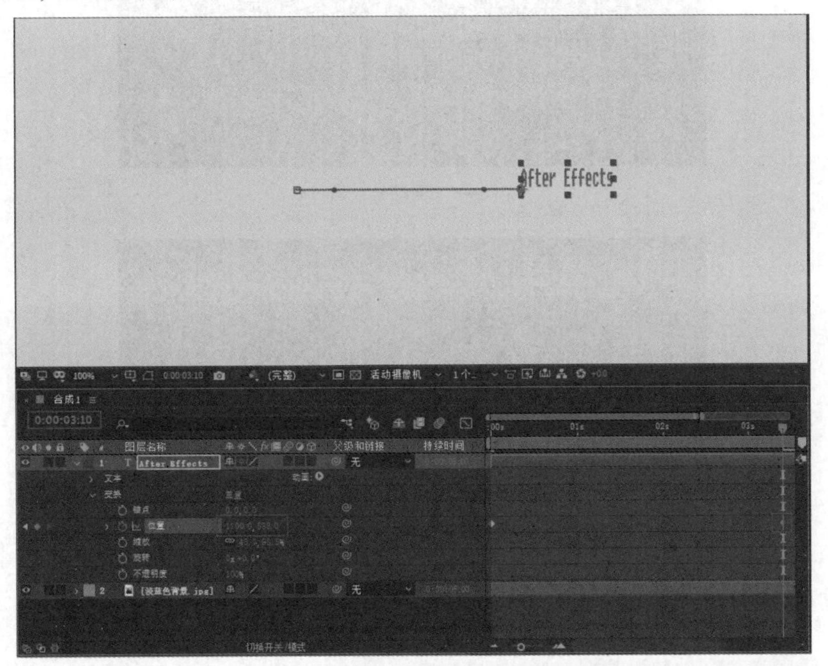

图4-6 添加并设置另一个关键帧

05 按空格键对影片进行播放，在【合成】面板中可以预览文字的运动效果，如图4-7所示。

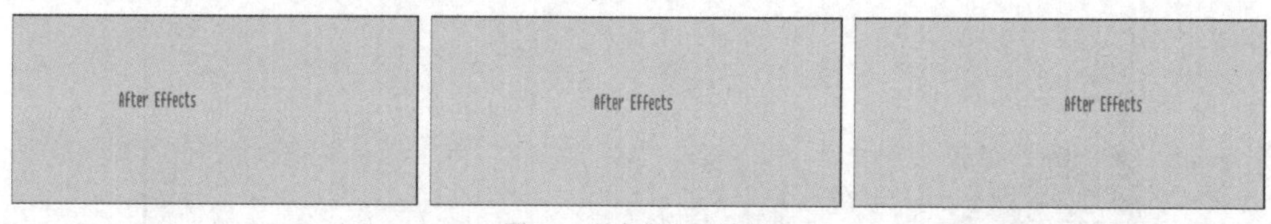

图4-7　文字的运动效果

4.1.3 调整关键帧值

开启关键帧动画后，可在不同的时间点调整对象的变换属性，这些动作所在的帧都将被记录成关键帧。在不同关键帧之间拖动时间指示器，可预览相应的关键帧动画效果。在进行关键帧值的调整时，可以使用如下几种方法。

- 将鼠标指针放置在对应的属性值上并进行拖动，即可改变属性值，如图4-8所示。
- 直接单击属性值，然后输入新的属性值，如图4-9所示。
- 直接使用选取工具在【合成】面板中对对象进行拖动，【时间轴】面板中的属性值将发生相应的变化。

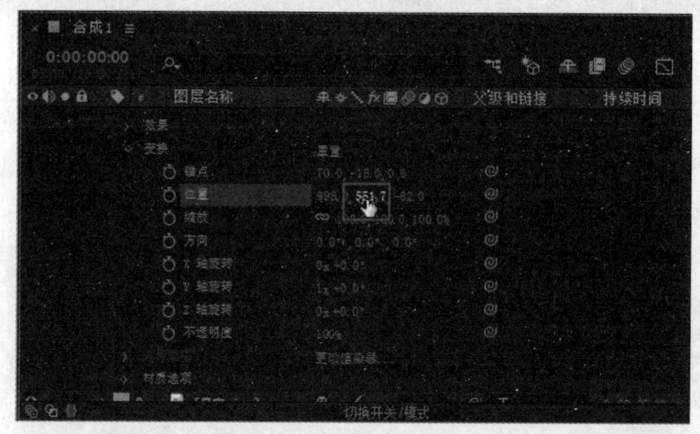

图4-8　拖动属性值

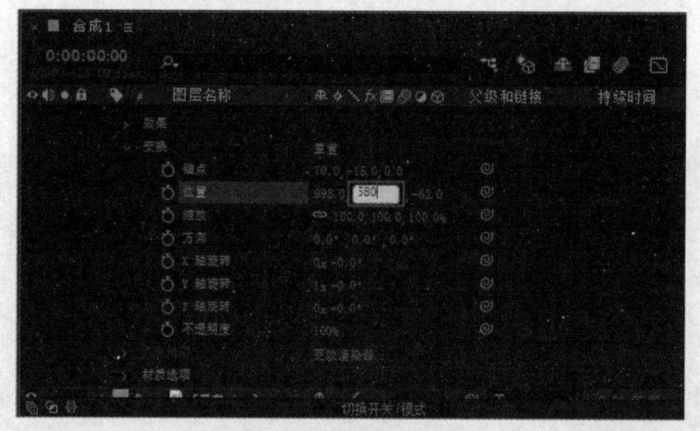

图4-9　修改属性值

❖ 提示：

创建好关键帧动画后，按空格键可以对动画效果进行预览。

4.2　关键帧动画的基本类型

在【时间轴】面板中展开图层的【变换】属性组，就可以对变换的各个属性进行关键帧设置，从而制作出相应的动画效果，包括移动、缩放、旋转对象等基本效果，如图4-10所示。

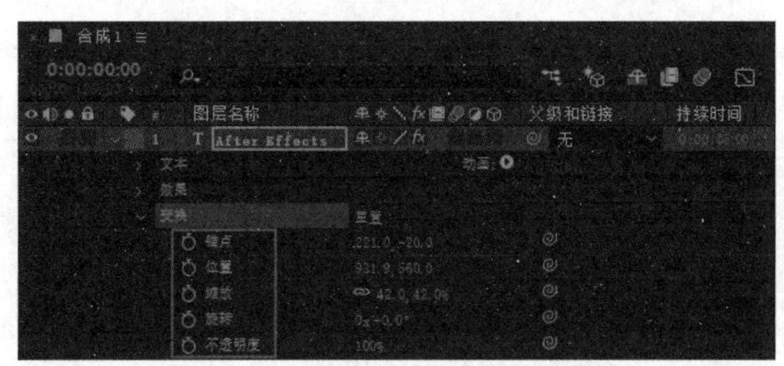

图4-10　展开图层的【变换】属性组

4.2.1　位置关键帧动画

在【时间轴】面板中展开图层的【变换】属性组，单击【位置】属性前的【关键帧控制器】按钮，开启【位置】属性的动画功能，如图4-11所示。在【时间轴】面板中的不同时间点对物体位置进行调整，即可得到位置关键帧动画，【合成】面板中将会生成一条显示运动轨迹的控制线，如图4-12所示。

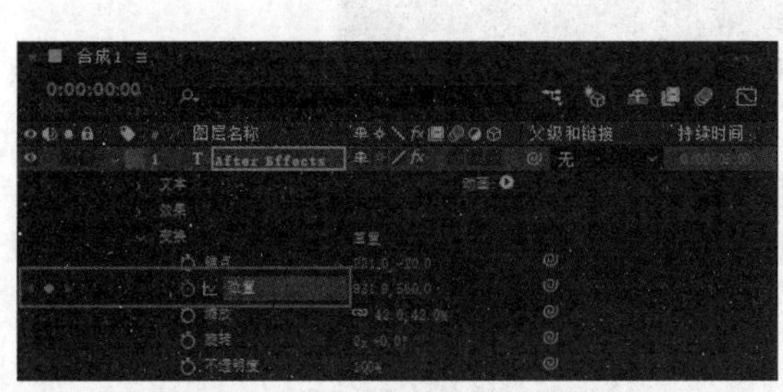

图4-11　开启【位置】属性的动画功能

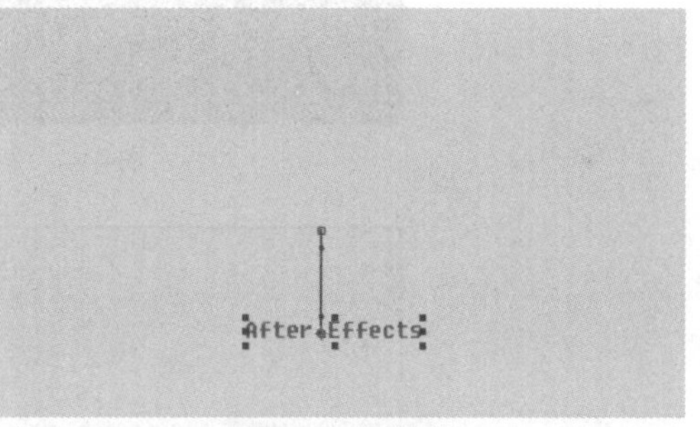

图4-12　动画轨迹

❖ 提示：

设置好位置关键帧后，在【合成】面板中选取对象的关键帧，然后对关键帧进行调整，即可改变对象的运动轨迹，如图4-13所示。

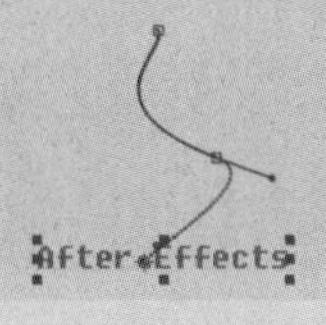

图4-13　调整位置关键帧动画

❖ 提示：

按Alt+Shift+P组合键可在当前时间位置添加或删除位置关键帧。

4.2.2 缩放关键帧动画

利用【缩放】属性可以创建缩放关键帧动画，设置方法与位置关键帧动画相同。设置关键帧后，在不同的关键帧之间进行移动，可预览缩放效果，如图4-14和图4-15所示。

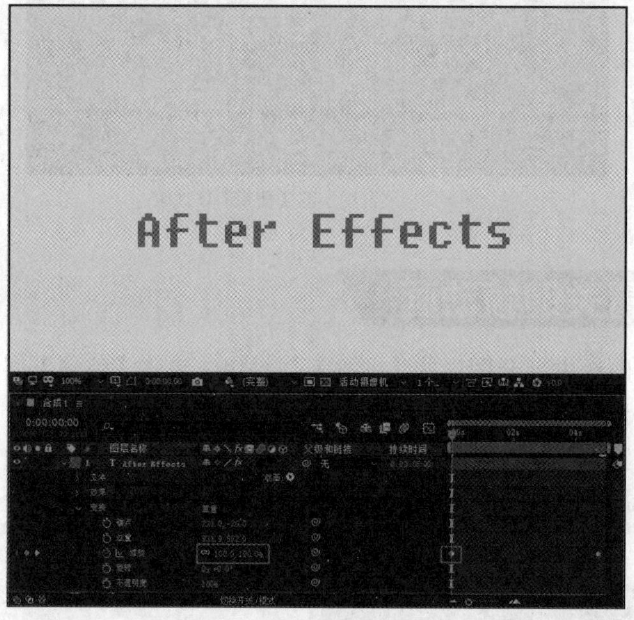

图4-14　缩放关键帧动画(一)

图4-15　缩放关键帧动画(二)

❖ 提示：

按Alt+Shift+S组合键可在当前时间位置添加或删除缩放关键帧。

4.2.3 旋转关键帧动画

利用【旋转】属性可以创建旋转关键帧动画，在不同的时间点设置关键帧并修改【旋转】属性值，即可创建旋转关键帧动画，如图4-16和图4-17所示。

图4-16　旋转关键帧动画(一)

图4-17　旋转关键帧动画(二)

❖ 提示：

按Alt+Shift+R组合键可在当前时间位置添加或删除旋转关键帧。

4.2.4 不透明度关键帧动画

利用【不透明度】属性可以创建不透明度关键帧动画，在不同的时间点设置关键帧并修改【不透明度】属性值，即可创建不透明度关键帧动画，如图4-18和图4-19所示。

图4-18　不透明度关键帧动画(一)

图4-19　不透明度关键帧动画(二)

❖ 提示：

按Alt+Shift+T组合键可在当前时间位置添加或删除不透明度关键帧。

4.3 编辑关键帧

在制作影视动画的过程中，除了需要创建关键帧之外，还需要对关键帧执行修改和删除等编辑操作。

4.3.1 选择关键帧

在【时间轴】面板中单击需要选择的关键帧即可将其选中。如果需要同时选中多个关键帧，可以按住Shift键，逐次选择多个关键帧；也可以按住并拖动鼠标，画出一个选择框，将需要选择的关键帧包含其中，如图4-20所示，松开鼠标即可将包含的关键帧选中，如图4-21所示。

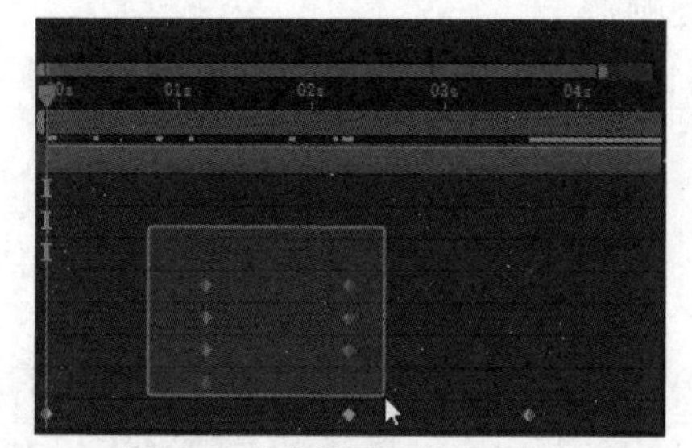

图4-20 框住需要选择的关键帧

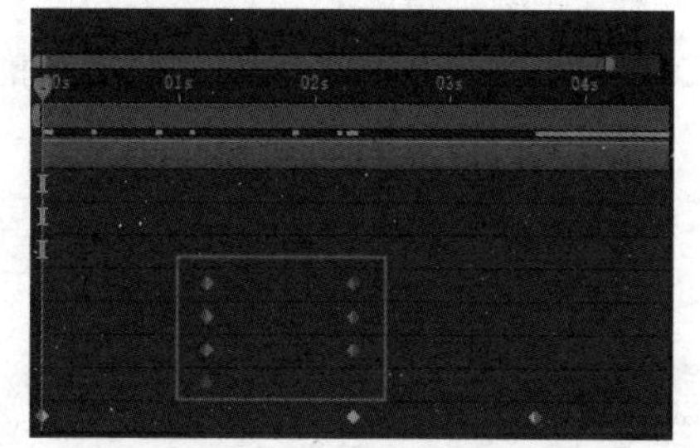

图4-21 选中多个关键帧

4.3.2 复制关键帧

选中需要复制的关键帧，然后选择【编辑】|【复制】菜单命令，将时间指示器移至需要粘贴关键帧的时间位置，最后选择【编辑】|【粘贴】菜单命令，即可将复制的关键帧粘贴至指定位置。

❖ 提示：

选中需要复制的关键帧，然后按Ctrl+C组合键进行复制，将时间指示器移到需要粘贴的位置后，按Ctrl+V组合键进行粘贴，也可以进行关键帧的复制和粘贴操作。

4.3.3 修改关键帧

在After Effects中，在对动画进行编辑时，可以对关键帧执行以下两种修改操作。

- 将时间指示器移至需要修改的关键帧位置，然后修改对应的参数，即可对关键帧参数进行修改。
- 选择关键帧，然后在【时间轴】面板中对其进行拖动，可以修改关帧键的时间位置，如图4-22和图4-23所示。

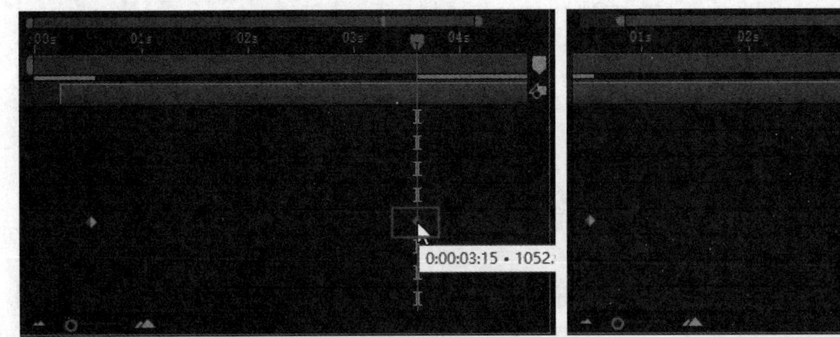

图4-22　选择关键帧

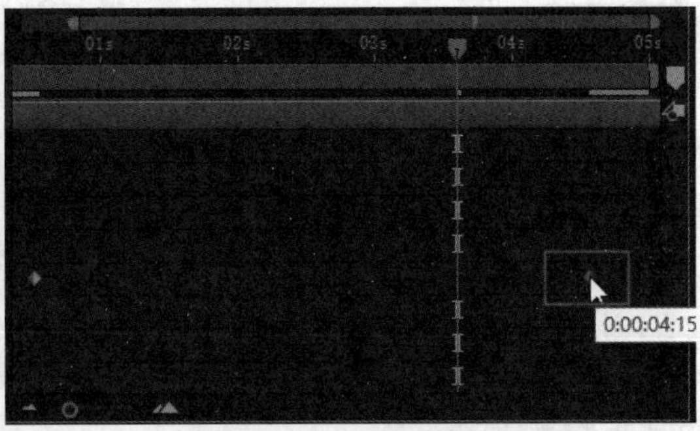

图4-23　移动关键帧

❖ 提示：

如果时间指示器所在的时间位置无关键帧，那么修改属性参数时将会创建新的关键帧。

4.3.4　删除关键帧

如果要删除关键帧，可以使用如下3种方法进行删除。

- 将时间指示器移到关键帧所在的时间位置，然后单击【添加或移除关键帧】按钮即可将其删除。
- 选中关键帧，按Backspace键即可将其删除。
- 选中关键帧，按Delete键即可将其删除。

❖ 提示：

如果要删除某个属性的所有关键帧，可以单击属性名称前面的【关键帧控制器】按钮，即可将该属性的所有关键帧删除。

4.4　图表编辑器

使用图表编辑器调整关键帧的动画曲线，可使物体的运动变得更加平滑、真实。单击【时间轴】面板中的【图表编辑器】图标，进入动画曲线编辑模式，从而控制动画的节奏，如图4-24所示。

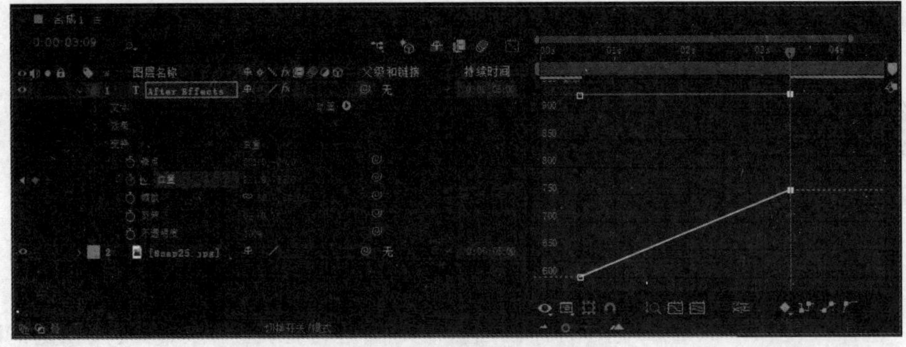

图4-24　使用图表编辑器调整动画

❖ 提示：

在激活图表编辑器之前，需要选中某个已设定关键帧的属性，否则图表编辑器无法显示关键帧的曲线数据。

在【时间轴】面板底部的工具栏中单击图标，可以在弹出的菜单中选择要在图表编辑器中显示哪些内容，如图4-25所示。

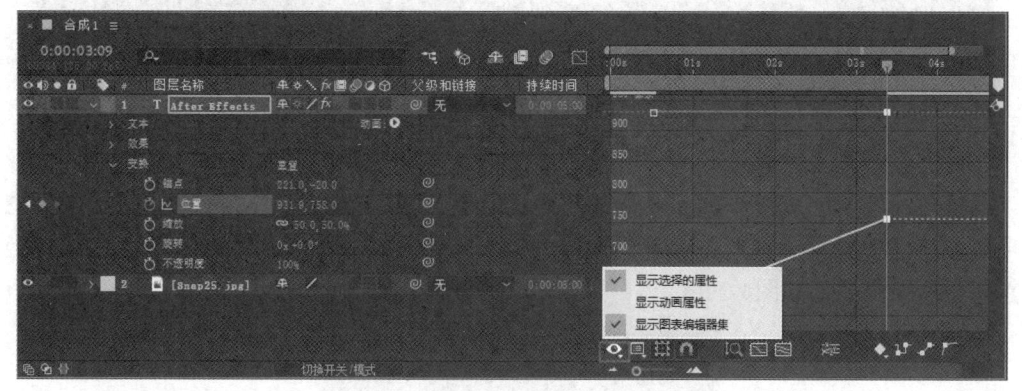

图4-25 指定图表编辑器显示哪些内容

- 【显示选择的属性】：仅显示已选择属性的关键帧动画状态，如图4-26所示。
- 【显示动画属性】：显示所有属性的关键帧动画状态，如图4-27所示。
- 【显示图表编辑器集】：显示曲线编辑器的默认状态，如图4-28所示。

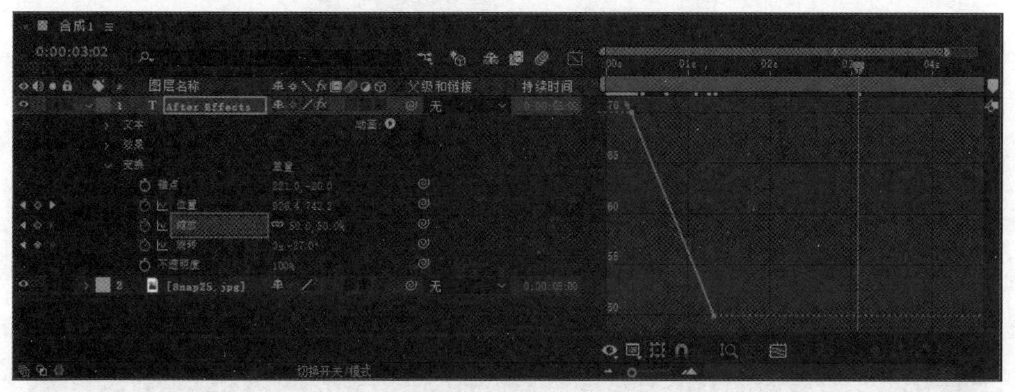

图4-26 仅显示已选择属性的关键帧动画状态

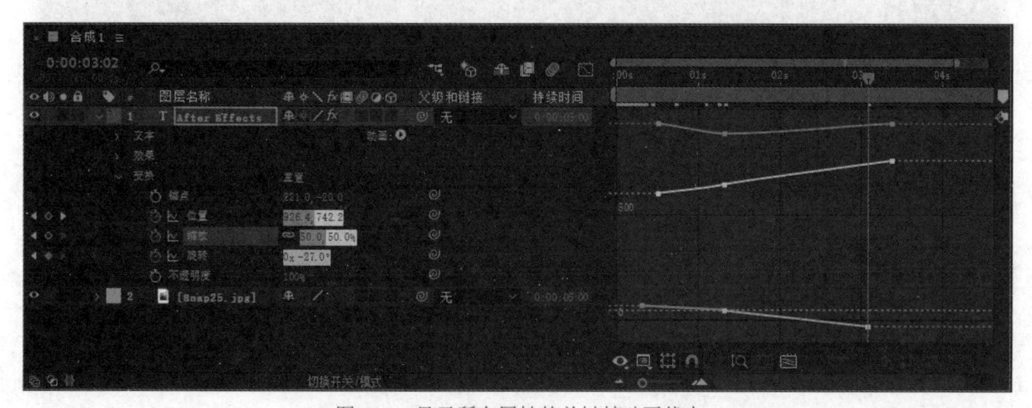

图4-27 显示所有属性的关键帧动画状态

图4-28　显示曲线编辑器的默认状态

在【时间轴】面板底部的工具栏中单击图标，可以在弹出的菜单中选择图表类型和选项。当图层中设置了多个关键帧时，这有助于用户有选择地显示曲线，从而过滤掉当前不需要显示的曲线，如图4-29所示。

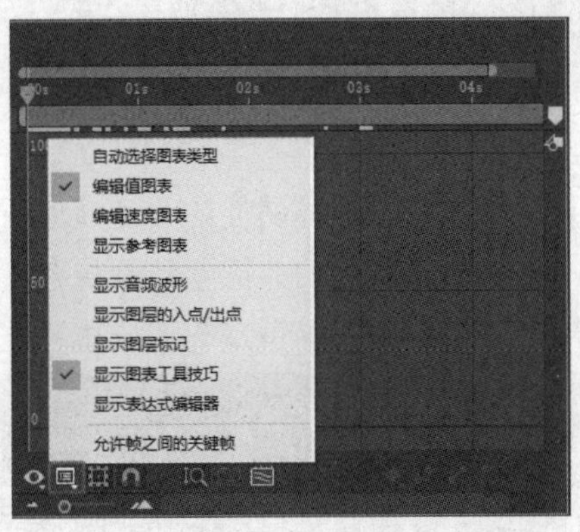

图4-29　选择图表类型和选项

- 【自动选择图表类型】：选择后，将自动显示曲线类型。
- 【编辑值图表】：选择后，可编辑关键帧的数值曲线。
- 【编辑速度图表】：选择后，可编辑动画曲线的速度，如图4-30所示。

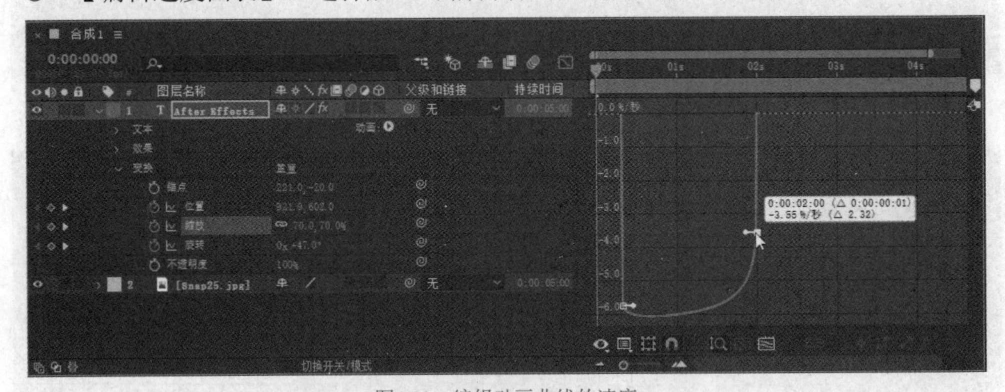

图4-30　编辑动画曲线的速度

- 【显示参考图表】：选择后，将显示参考图表，如图4-31所示。
- 【显示音频波形】：选择后，当素材中有音频时，可以显示音频的波形图像数据。

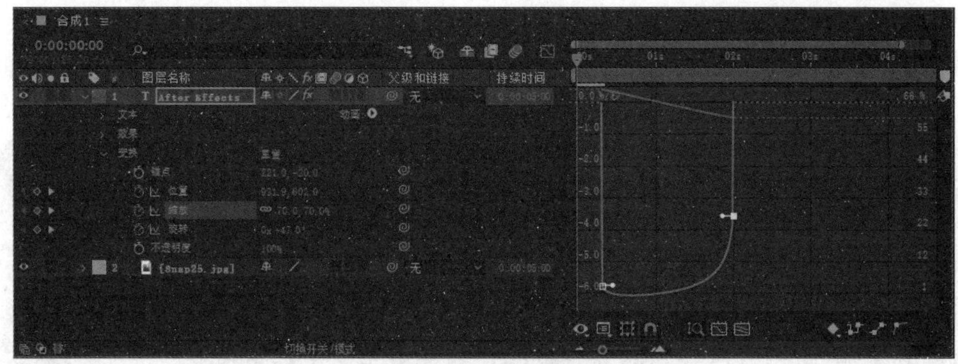

图4-31　显示参考图表

- 【显示图层的入点/出点】：选择后，可显示图层的入点和出点。
- 【显示图层标记】：选择后，可显示图层的标记。
- 【显示图表工具技巧】：选择后，当把鼠标指针移至曲线上的关键帧时，将显示相关信息，如图4-32所示。

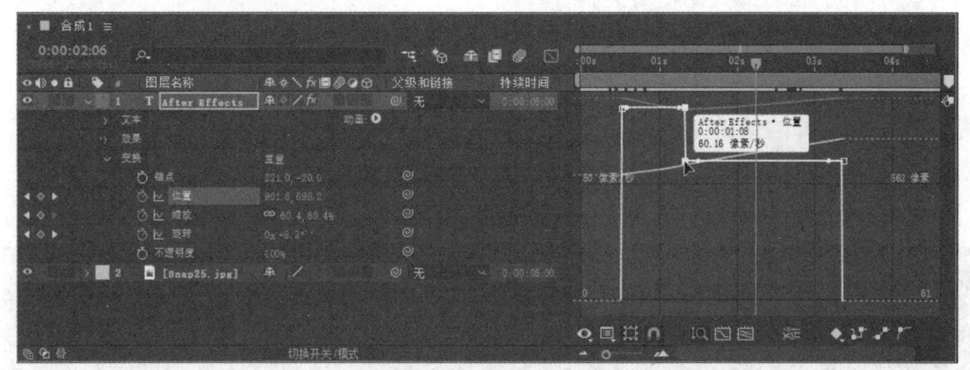

图4-32　显示关键帧的相关信息

- 【显示表达式编辑器】：选择后，将显示关键帧的表达式编辑器。若选择的属性无表达式，图表的下方将提示选择的属性没有表达式，如图4-33所示。
- 【允许帧之间的关键帧】：选择后，将允许关键帧在帧之间进行切换，也就是说，可以将关键帧拖到任意时间点；若取消选择此项，在拖动关键帧时，默认将自动与精确的数值对齐。

图4-33　显示关键帧的表达式编辑器

在工具栏中，图标的右侧还有一系列其他的工具按钮，它们的作用如下。

- ：激活后，在框选多个关键帧时，将显示变换方框，可以同时对多个关键帧进行移动和缩放调整，如图4-34所示。

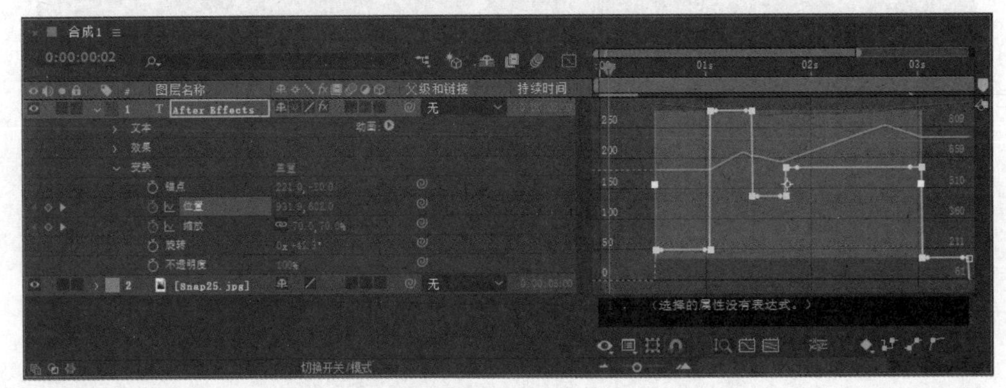

图4-34　显示变换方框

- ：用于启用或关闭对齐功能。
- ：用于启用或关闭图表高度自动缩放功能，以适应【图表编辑器】视图的功能。
- ：使选择的关键帧适应【图表编辑器】视图的大小。
- ：使所有曲线适应【图表编辑器】视图的大小。
- ：激活后，可以显示*X*轴和*Y*轴的位置曲线，如图4-35所示。

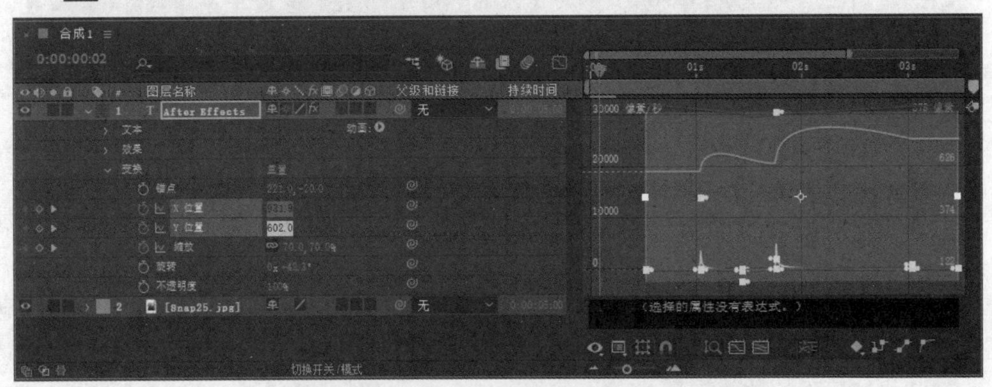

图4-35　显示*X*轴和*Y*轴的位置曲线

- ：单击后，可在弹出的快捷菜单中选择关键帧的编辑命令，如图4-36所示。

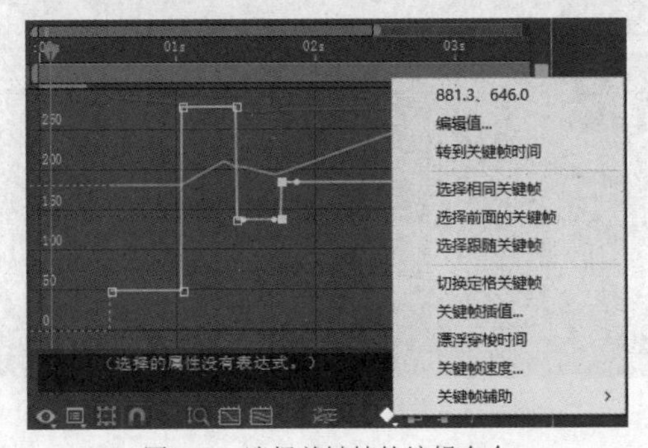

图4-36　选择关键帧的编辑命令

在图4-36所示的快捷菜单中，选择第一个选项(也就是数据选项)，可以打开当前关键帧对应的属性对话框(如【位置】对话框)，在其中可以修改相应参数的值，如图4-37所示。

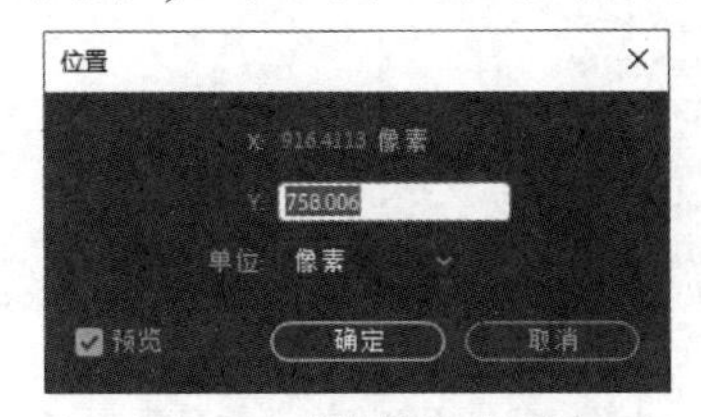

图4-37 【位置】对话框

- 【编辑值】：与选择数据选项一样，可在打开的属性对话框中对参数进行修改。
- 【转到关键帧时间】：用于将时间指示器移至所选关键帧当前的时间点。
- 【选择相同关键帧】：用于选择相同的关键帧。
- 【选择前面的关键帧】：用于选择当前关键帧之前的所有关键帧。
- 【选择跟随关键帧】：用于选择当前关键帧之后的所有关键帧。
- 【切换定格关键帧】：使已选关键帧持续到下一个关键帧时才发生变化。
- 【关键帧插值】：选择后，将打开【关键帧插值】对话框，如图4-38所示。在【临时插值】下拉列表中可以选择用来调整关键帧的临时插值，其中包括【线性】【贝塞尔曲线】【连续贝塞尔曲线】【自动贝塞尔曲线】【定格】等选项，如图4-39所示。

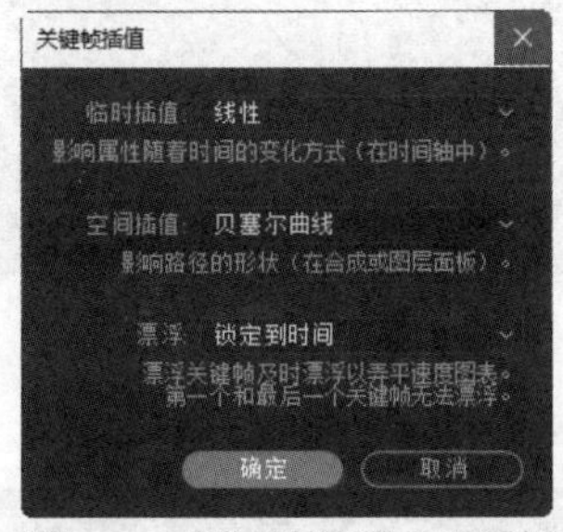

图4-38 【关键帧插值】对话框

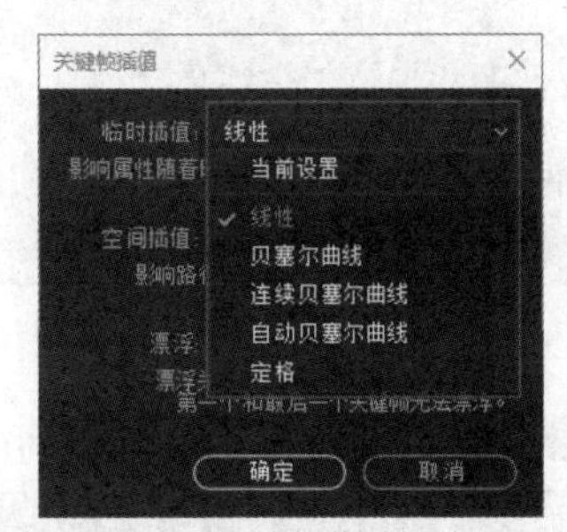

图4-39 选择临时插值

- 【漂浮穿梭时间】：用于为图层的空间属性设置交叉时间。
- 【关键帧速度】：选择后，将打开【关键帧速度】对话框，从中可以修改关键帧的进来及输出速度，如图4-40所示。
- 【关键帧辅助】：选择后，将弹出如图4-41所示的菜单，从中可以对关键帧的一些辅助属性进行设置和修改。

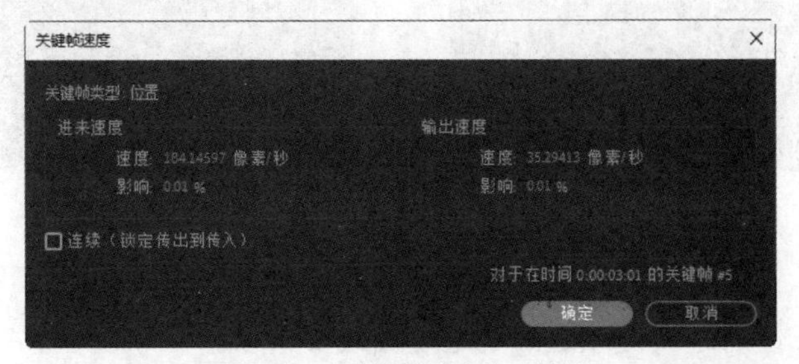

图4-40 【关键帧速度】对话框

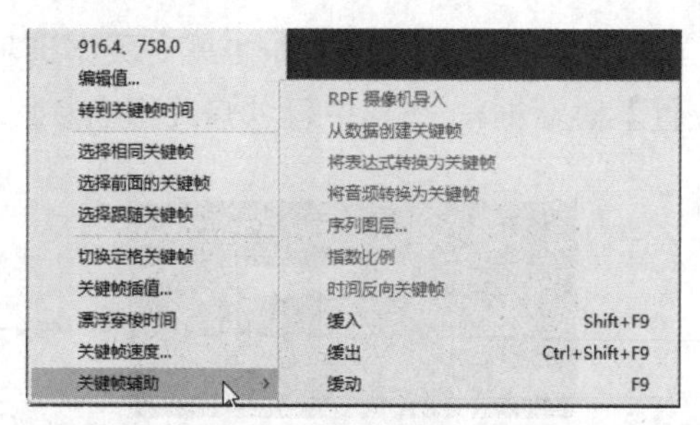

图4-41 【关键帧辅助】菜单

除了前面介绍的工具按钮之外，图表编辑器中还包括以下用于调整关键帧状态的工具按钮。

- ：将选定的关键帧转换为定格。
- ：将选定的关键帧曲线变为直线，如图4-42所示。

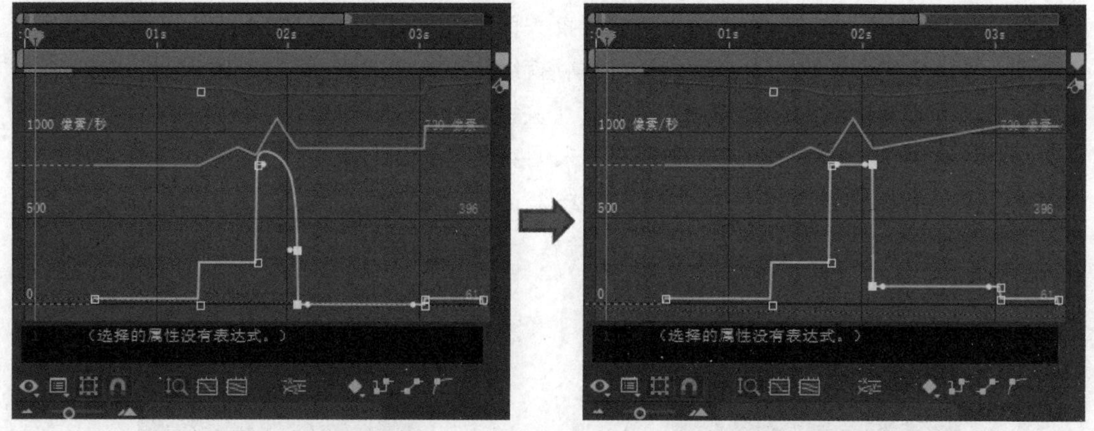

图4-42 将关键帧曲线变为直线

- ：将已选关键帧的运动曲线转换为自动贝塞尔曲线，如图4-43所示。

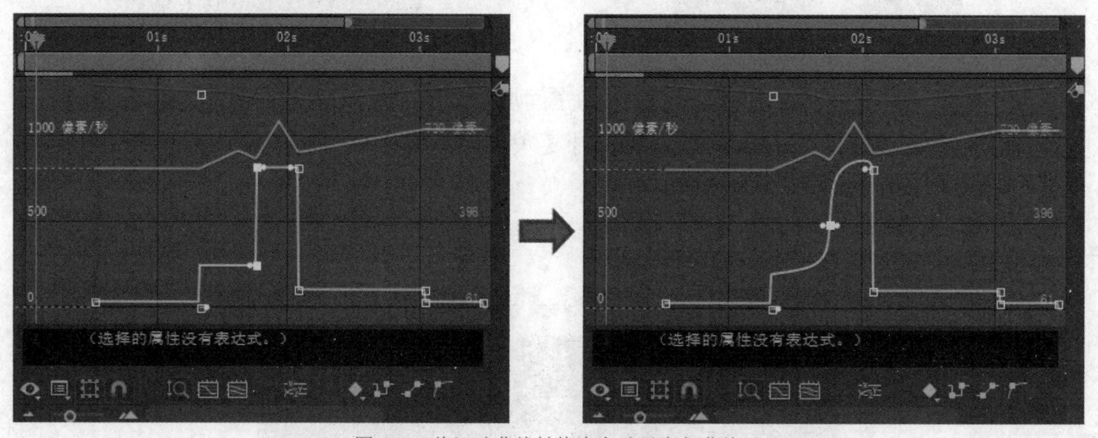

图4-43 将运动曲线转换为自动贝塞尔曲线

- 【缓入】：使所选关键帧之前的运动曲线变得平滑。
- 【缓出】：使所选关键帧之后的运动曲线变得平滑。
- 【缓动】：使所选关键帧前后的运动曲线变得平滑。

4.5　动画运动路径

在After Effects中，一般使用贝塞尔曲线来控制路径的轨迹和形状。在【合成】面板中，使用【钢笔工具】可以创建和修改动画路径的曲线。

【例4-2】使用【钢笔工具】为图层添加运动路径。

01 打开前面创建的例4-1中的项目文件。

02 在【钢笔工具】下拉按钮中选择【添加“顶点”工具】，如图4-44所示。

03 为文字的运动路径添加顶点，在顶点对应的时间位置将自动生成新的关键帧，如图4-45所示。

图4-44　选择【添加“顶点”工具】

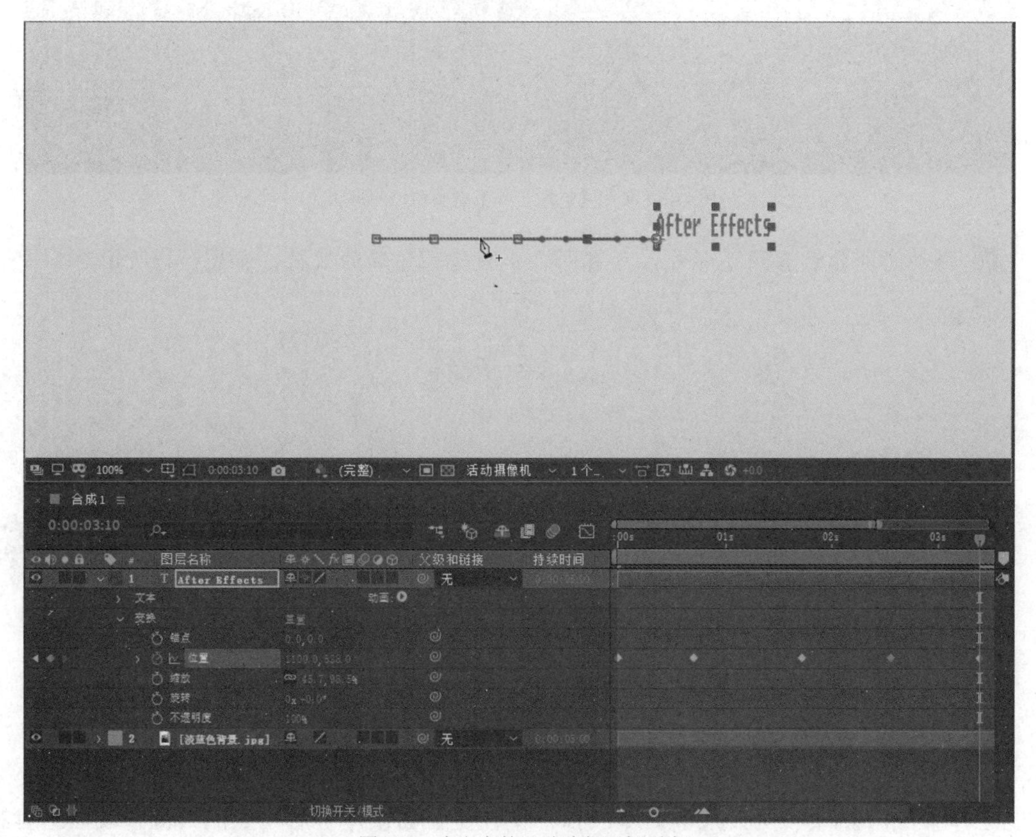

图4-45　为文字的运动路径添加顶点

04 使用【选取工具】对当前路径的形状进行调整，如图4-46所示。

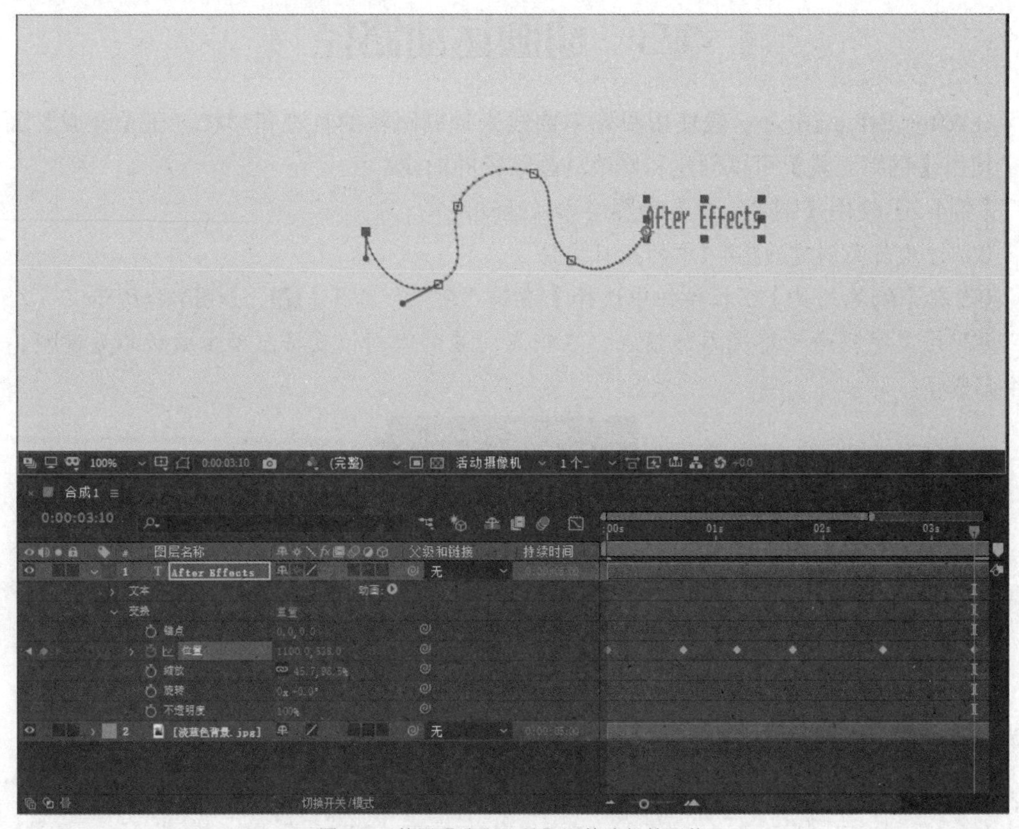

图4-46　使用【选取工具】调整路径的形状

05 拖动时间指示器预览影片，可看到文本随路径运动的效果，如图4-47所示。

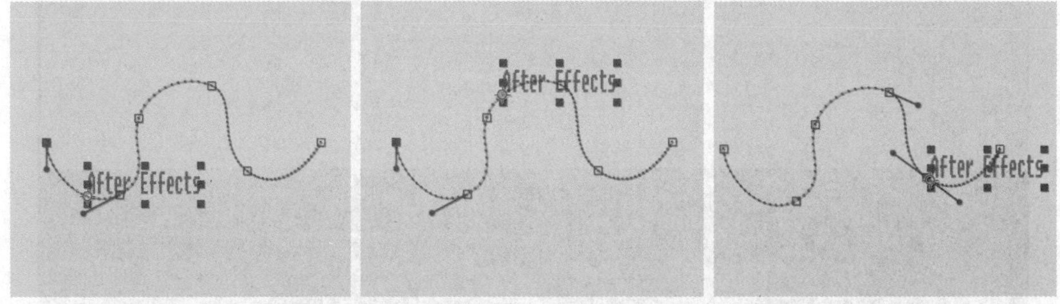

图4-47　文本路径动画

4.6　动画播放预览

选择【窗口】|【预览】菜单命令，打开【预览】面板，可对创建的关键帧动画进行播放控制，如图4-48所示。

【预览】面板中常用选项或按钮的作用如下。

- 播放/停止：播放或停止合成中的影片。
- 第一帧：转到影片的第一帧，也就是影片的开始位置。

- 最后一帧▶|：转到影片的最后一帧，也就是影片的结束位置。
- 上一帧◀|：转到当前位置的上一帧。
- 下一帧|▶：转到当前位置的下一帧。
- 【快捷键】：用户可根据个人习惯在下方的下拉列表中选择预览影片的快捷键，如图4-49所示。

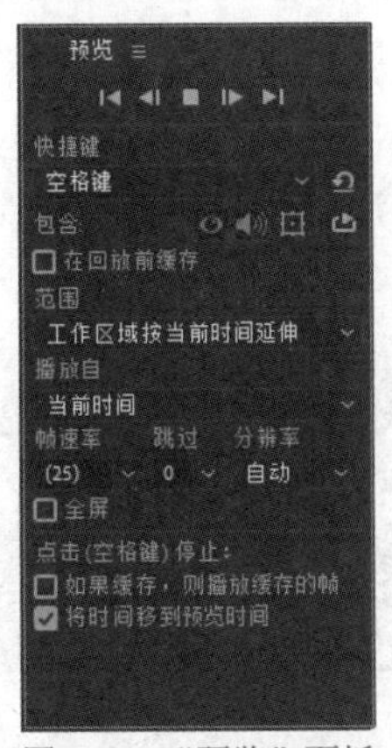

图4-48 “预览”面板

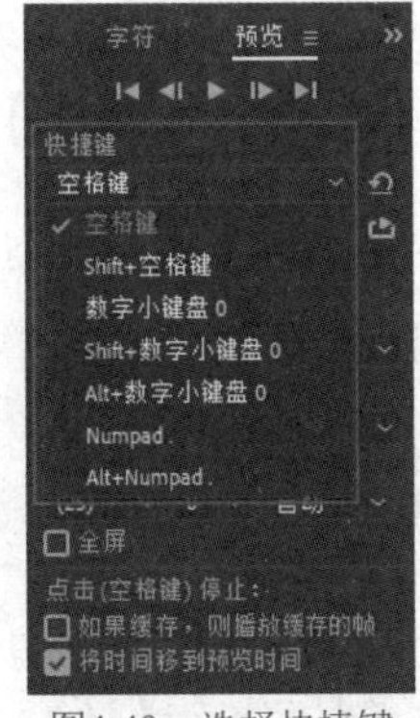

图4-49 选择快捷键

- 👁：在预览中播放视频。
- 🔊：在播放视频时开启声音。
- ⊡：在预览中显示叠加和图层控件。
- ↻：更改播放方式，如播放一次或循环播放。
- 【范围】：选择预览范围，选项有【工作区】【工作区域按当前时间延伸】【整个持续时间】和【围绕当前时间播放】，如图4-50所示。
- 【播放自】：用于选择开始播放的时间点，选项有【当前时间】和【范围开头】，如图4-51所示。

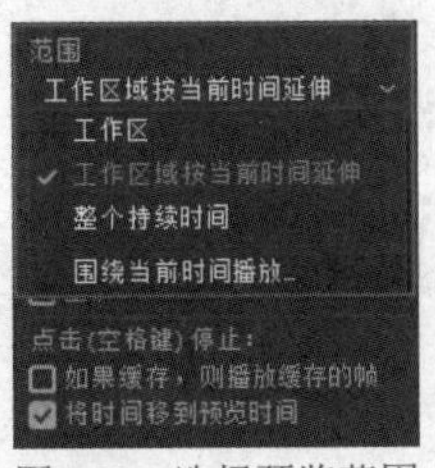

图4-50 选择预览范围

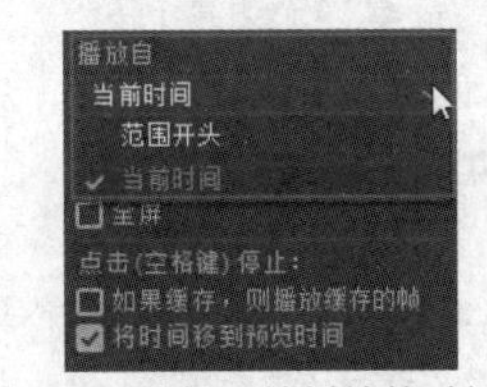

图4-51 选择开始播放的时间点

- 【帧速率】：用于设置每秒播放的帧数，从而调整播放速度。
- 【跳过】：通过设置跳过一定数量的帧，可以提高播放和渲染效率。默认设置为0，表示播放时不跳过帧。
- 【分辨率】：设置预览时影片的分辨率，从而提高或降低预览时影片的画面质量。
- 【全屏】：选中后，预览时影片将全屏显示；未选中时，将在【合成】面板中显示预览效果。

4.7 上机练习——海底世界

本节将制作动态的海底世界效果，包括利用关键帧制作鱼的游动、气泡漂动等动画效果。通过本节的练习，可以帮助读者更好地掌握关键帧动画的基本操作方法和技巧。

01 新建一个项目，然后选择【合成】|【新建合成】菜单命令，在弹出的【合成设置】对话框中设置【预设】为HDV/HDTV 720 25，设置【持续时间】为0:00:15:00，如图4-52所示，然后单击【确定】按钮，创建一个新的合成。

02 选择【文件】|【导入】|【文件】命令，找到所需的素材，然后将它们导入【项目】面板中，如图4-53所示。

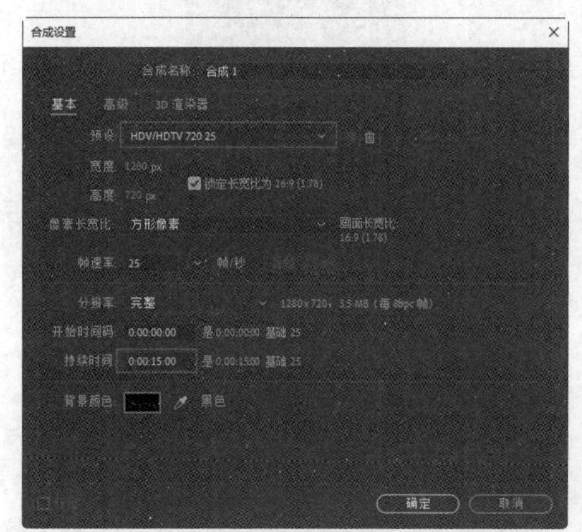

图4-52 设置合成

图4-53 导入素材

03 将导入的图片素材按顺序添加到【时间轴】面板的图层列表中，如图4-54所示。

图4-54 在图层列表中添加素材

04 这里先制作“鱼1”的位移动画。选中【时间轴】面板中的“鱼1”图层，然后在【合成1】面板中将其移到画面左侧的画面外，如图4-55所示。

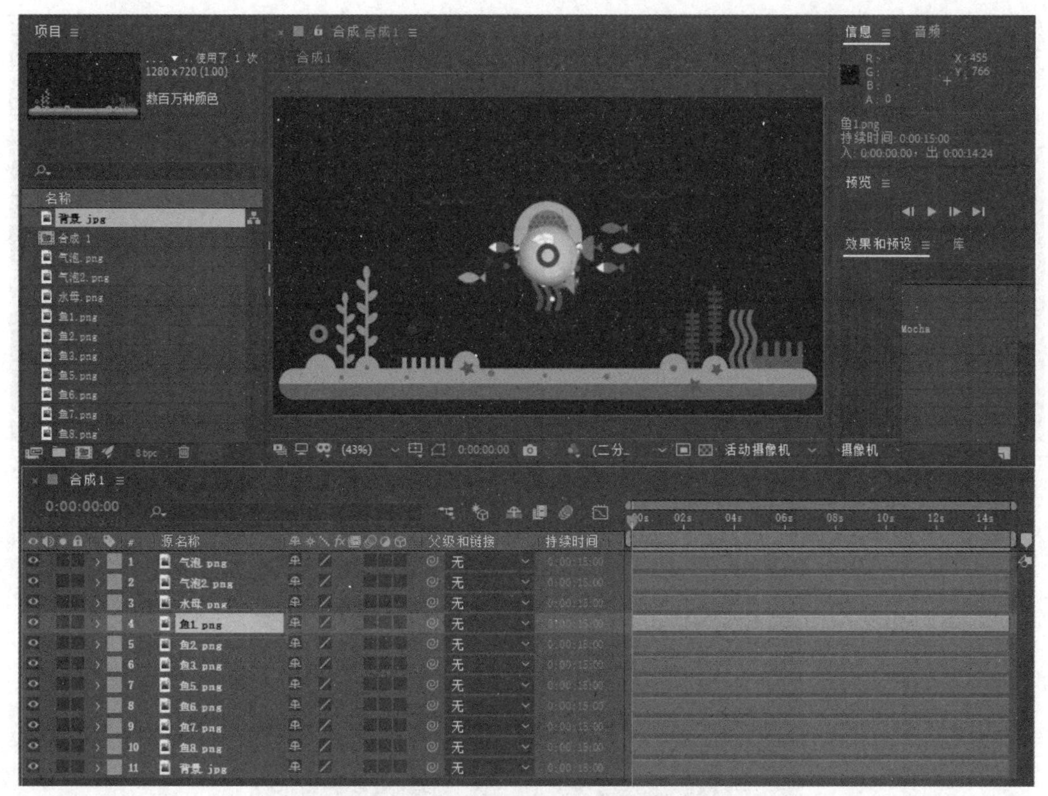

图4-55　将“鱼1”图层移到画面外

05 将时间指示器移至0:00:00:00，展开“鱼1”图层中的【变换】属性组，开启【位置】动画，自动添加一个位置关键帧，然后设置参数为-114、442，确定“鱼1”的起始位置，如图4-56所示。

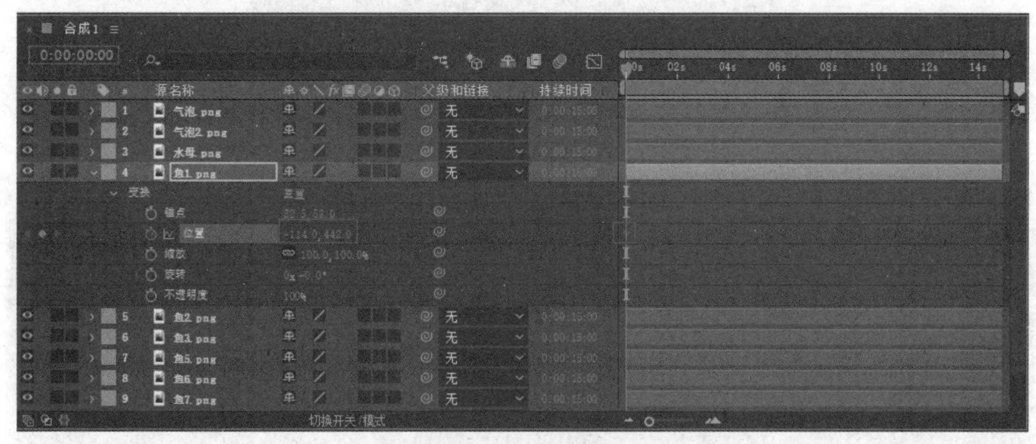

图4-56　设置“鱼1”图层的位置关键帧

06 将时间指示器移至0:00:08:00，为“鱼1”图层中的【位置】动画添加另一个关键帧，并设置参数为1438、304，固定好“鱼1”的结束位置，如图4-57所示。

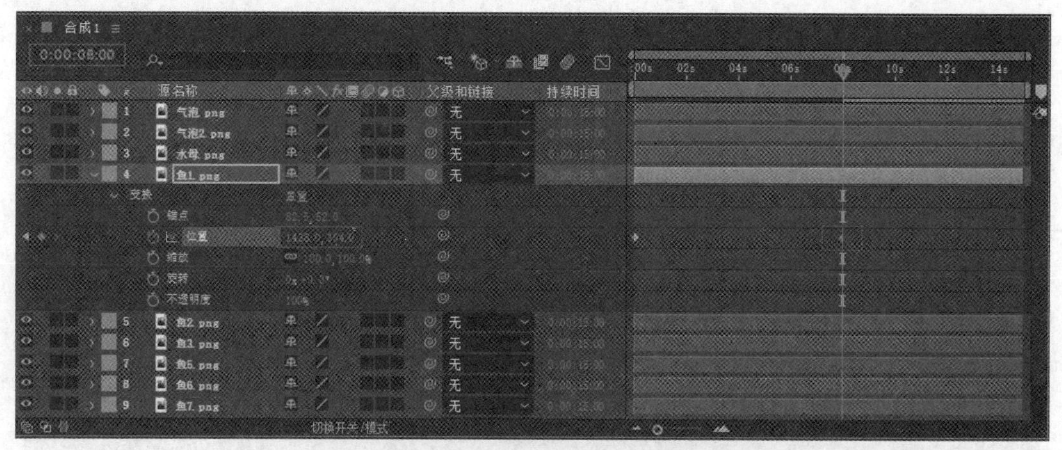

图4-57　为“鱼1”图层添加并设置另一个位置关键帧

07 按空格键，可在【合成】面板中预览“鱼1”的运动轨迹，如图4-58所示。

图4-58　“鱼1”的运动轨迹

08 为了使“鱼1”的游动效果更逼真，下面在“鱼1”平行移动的过程中加入上下移动效果。将时间指示器移至0:00:02:00，将“鱼1”图层的【变换】属性组中的【位置】设为274.0、319.5，添加第3个位置关键帧，使之向上移动，如图4-59所示。

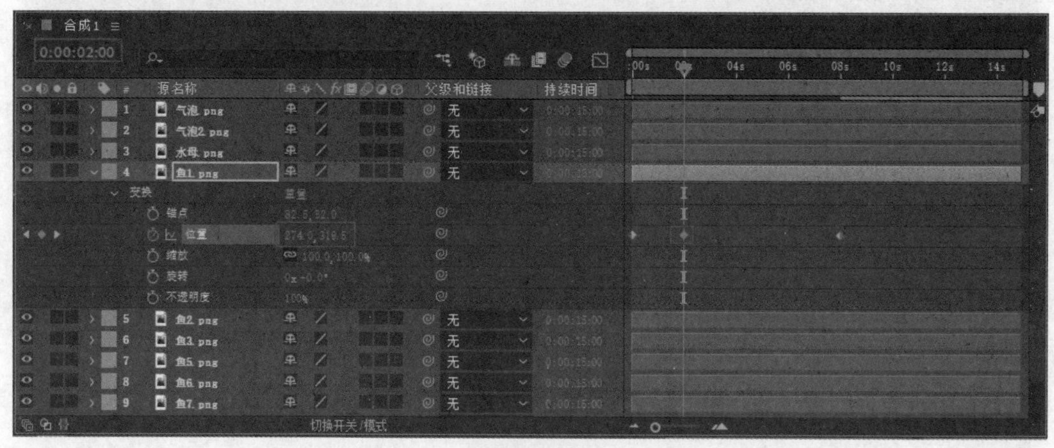

图4-59　添加并设置第3个位置关键帧

09 将时间指示器移至0:00:04:00，将【位置】设为661.8、425.2，添加第4个位置关键帧，使之向下移动，如图4-60所示。

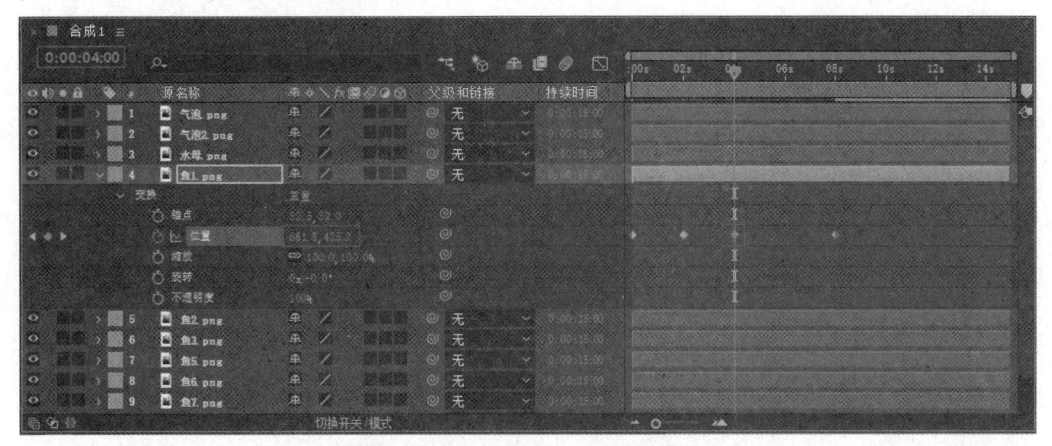

图4-60　添加并设置第4个位置关键帧

10 将时间指示器移至0:00:06:00，将【位置】设为1052.4、285.8，添加第5个位置关键帧，如图4-61所示。这样就在“鱼1”的平移动画中加入了上下移动效果，使之沿S形弧线进行运动，从而使游动效果更加逼真，如图4-62所示。

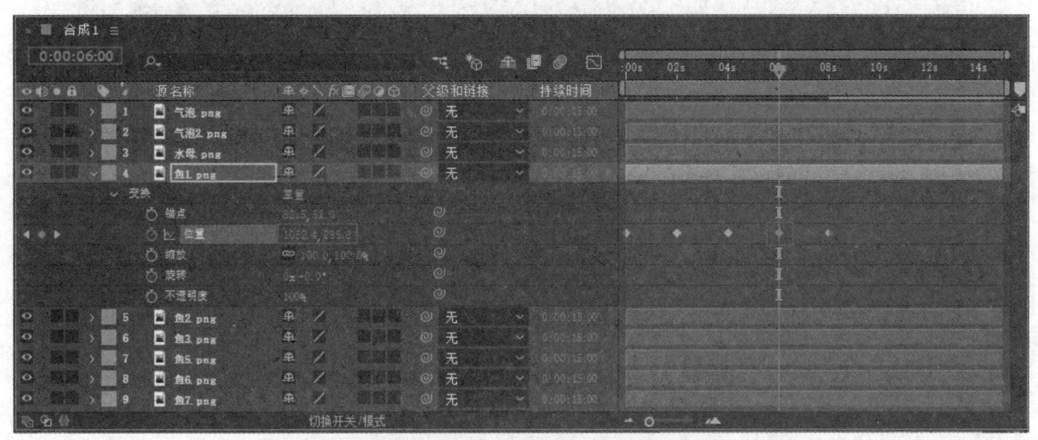

图4-61　添加并设置第5个位置关键帧

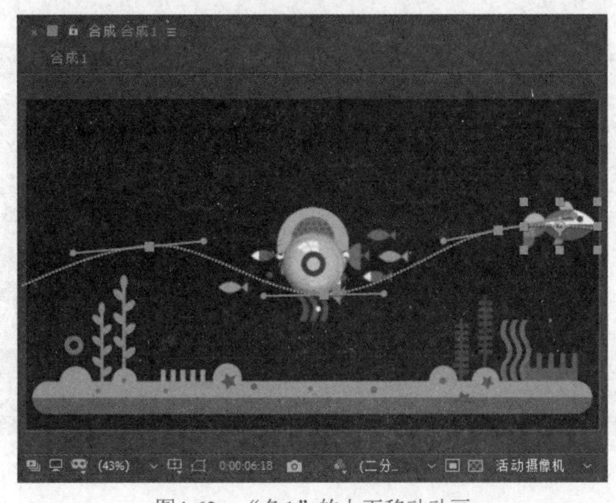

图4-62　“鱼1”的上下移动动画

11 下面制作上下游动的水母效果。选中【时间轴】面板中的“水母”图层，将时间指示器移至0:00:00:00，为【变换】属性组中的【位置】属性添加一个关键帧，并设置参数为120、164，固定好水母的起始位置，如图4-63所示。

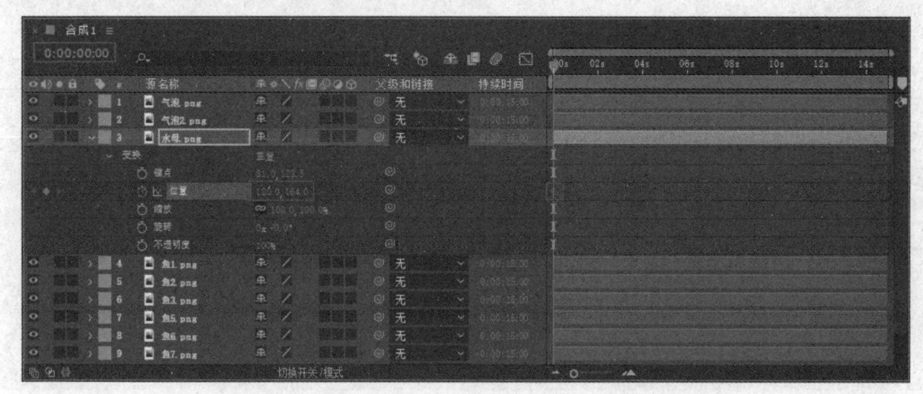

图4-63　为水母添加并设置一个位置关键帧

12 将时间指示器移至0:00:14:24，为【位置】属性添加一个关键帧，设置参数为1178、486，固定好水母的结束位置，如图4-64所示。

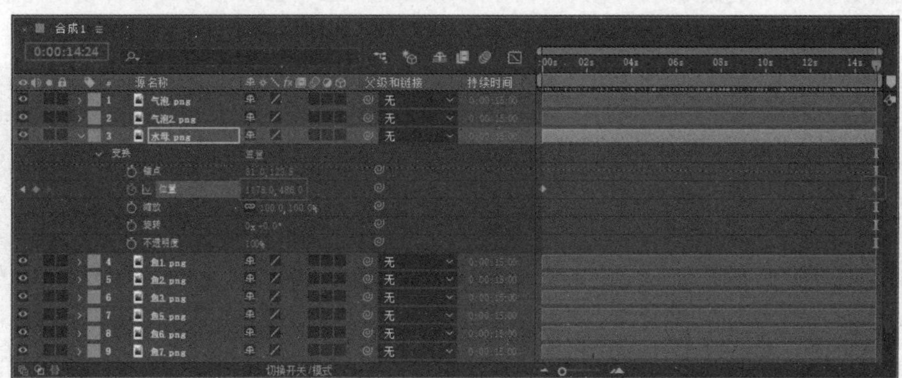

图4-64　为水母添加并设置另一个位置关键帧

13 下面制作水母在中间位置上下移动的动画。将时间指示器移至0:00:05:00，将【位置】设为490、540，并添加第3个位置关键帧，如图4-65所示。再将时间指示器移至0:00:10:00，将【位置】设为788、187.0，并添加第4个位置关键帧，如图4-66所示。

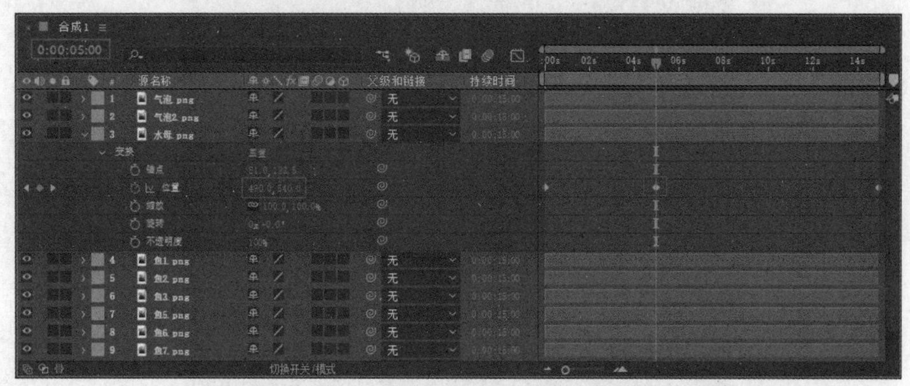

图4-65　为水母添加并设置第3个位置关键帧

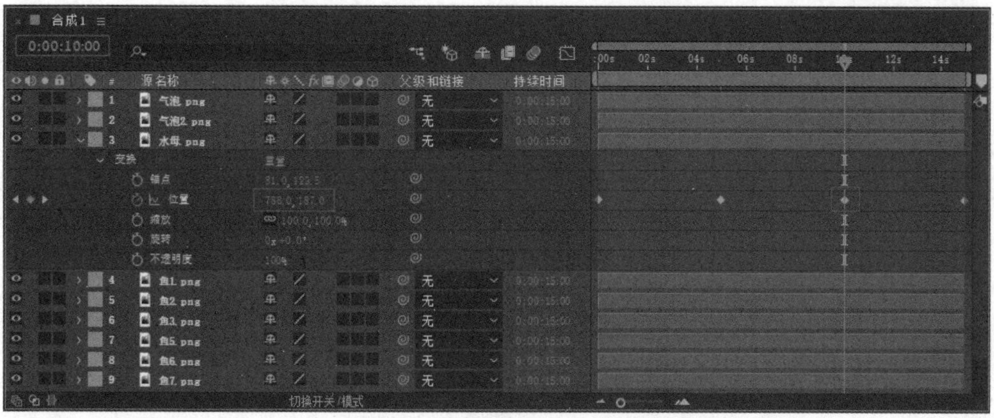

图4-66　为水母添加并设置第4个位置关键帧

14 下面模仿水母游动时的形态。首先对“水母”图层的角度进行调整，将“水母”图层的【变换】属性组中的【旋转】数值调整为0×20°，如图4-67所示，调整后的水母效果如图4-68所示。

图4-67　调整“水母”图层的角度

图4-68　调整后的水母效果

15 将时间指示器移至0:00:00:00，并将“水母”图层的【变换】属性组中的【缩放】比例设为100%，添加一个缩放关键帧，如图4-69所示。再将时间指示器移至0:00:01:00，将【缩放】比例设为80%，添加另一个缩放关键帧，如图4-70所示。

图4-69　添加并设置一个缩放关键帧

图4-70　添加并设置另一个缩放关键帧

16 对于“水母”图层来说，后面的缩放关键帧与前两个缩放关键帧的设置相同，所以只需要对前面的两个缩放关键帧进行复制即可。选中前两个缩放关键帧，按键盘上的Ctrl+C组合键进行复制，然后将时间指示器移至0:00:02:00，按键盘上的Ctrl+V组合键进行粘贴。以此类推，将时间指示器继续后移，继续复制缩放关键帧，直到水母游动动画的结束位置为止，如图4-71所示。

图4-71　复制并粘贴缩放关键帧

17 接下来制作滚动上升的气泡效果。首先调整气泡的大小，选中【时间轴】面板中的“气泡2”图层，将【变换】属性组中的【缩放】比例设为40%，如图4-72所示。

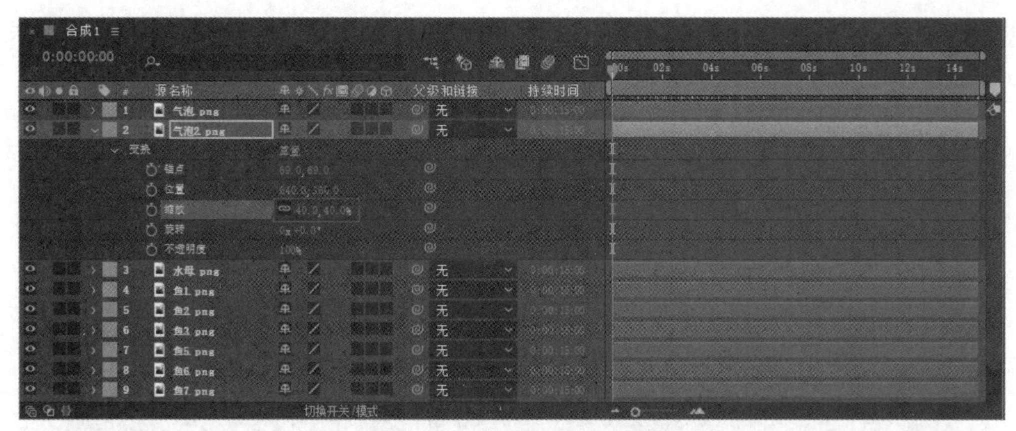

图4-72　调整“气泡2”的大小

18 将时间指示器移至0:00:00:00，将“气泡2”图层的【变换】属性组中的【位置】数值设为358、752，并添加一个位置关键帧，如图4-73所示。

19 将时间指示器移至0:00:02:00，将【位置】数值设置为358、-59，并添加另一个位置关键帧，如图4-74所示。

图4-73　为“气泡2”添加并设置一个位置关键帧

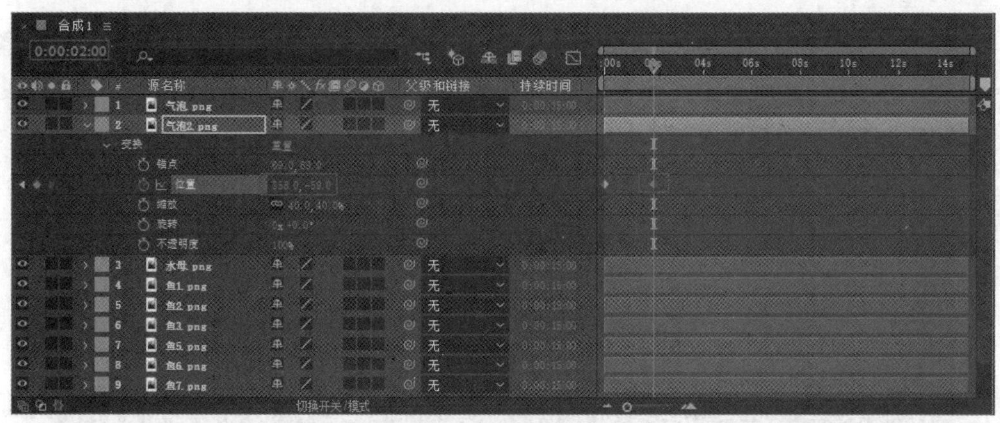

图4-74　为“气泡2”添加并设置另一个位置关键帧

20 下面制作气泡在中间位置进行旋转的动画效果。将时间指示器移至0:00:00:00，将【变换】属性组中的【旋转】数值设为0×0.0°，并添加一个旋转关键帧，如图4-75所示。

再将时间指示器移至0:00:02:00，将【旋转】数值设为2×0.0°，并添加另一个旋转关键帧，如图4-76所示。

图4-75 为“气泡2”添加并设置一个旋转关键帧

图4-76 为“气泡2”添加并设置另一个旋转关键帧

❖ **提示：**

这里需要多个气泡，为此，可以对“气泡2”图层进行复制，然后调整气泡的大小、位置和整个关键帧动画的时间点。

21 下面制作沿S形移动上升的气泡效果。选中【时间轴】面板中的“气泡”图层，将时间指示器移至0:00:00:00，将“气泡”图层的【变换】属性组中的【位置】数值设为679、757，并添加一个位置关键帧，如图4-77所示。

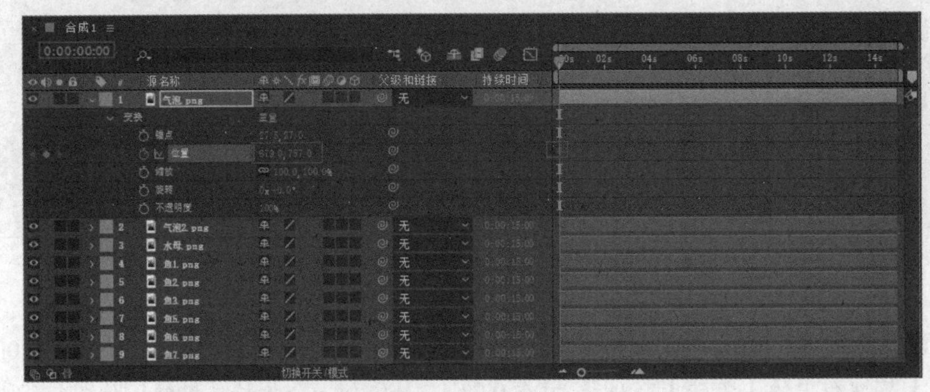

图4-77 为“气泡”添加并设置一个位置关键帧

22 将时间指示器移至0:00:04:00，将【位置】数值设置为679、-93，并添加另一个位置关键帧，如图4-78所示。

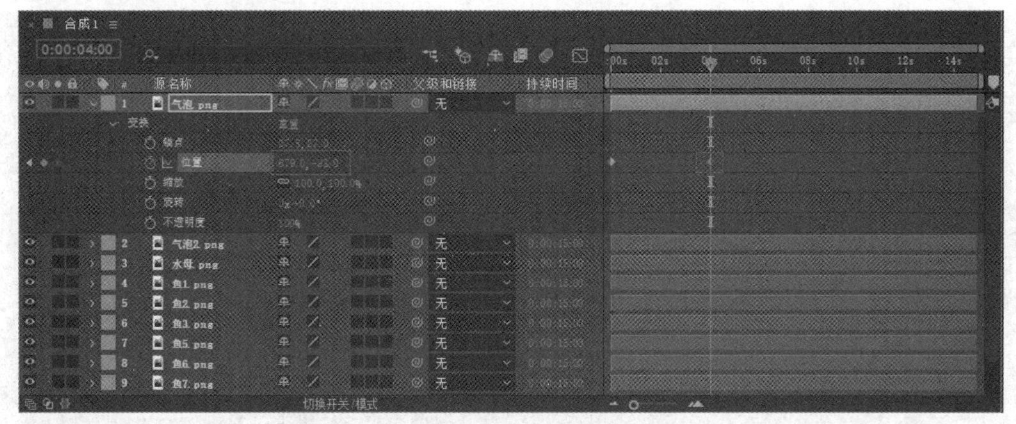

图4-78　为“气泡”添加并设置另一个位置关键帧

23 下面制作气泡左右移动的动画。将时间指示器移至0:00:01:00，将【位置】数值设为636、544.5，并添加第3个位置关键帧，如图4-79所示。再将时间指示器移至0:00:02:00，将【位置】数值设为703、331.7，并添加第4个位置关键帧，如图4-80所示。

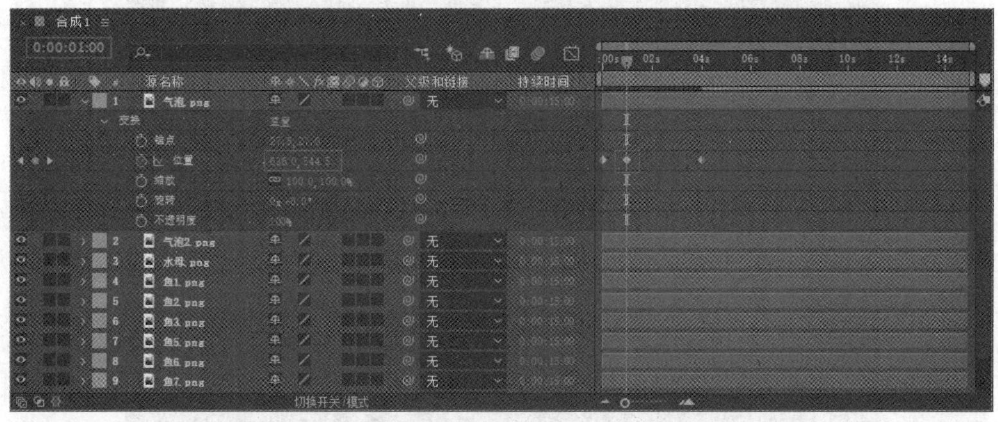

图4-79　为“气泡”添加并设置第3个位置关键帧

图4-80　为“气泡”添加并设置第4个位置关键帧

24 将时间指示器移至0:00:03:00，将【位置】数值设为653、118.9，并添加第5个位置关键帧，如图4-81所示。这样就实现了气泡左右移动的效果，如图4-82所示。

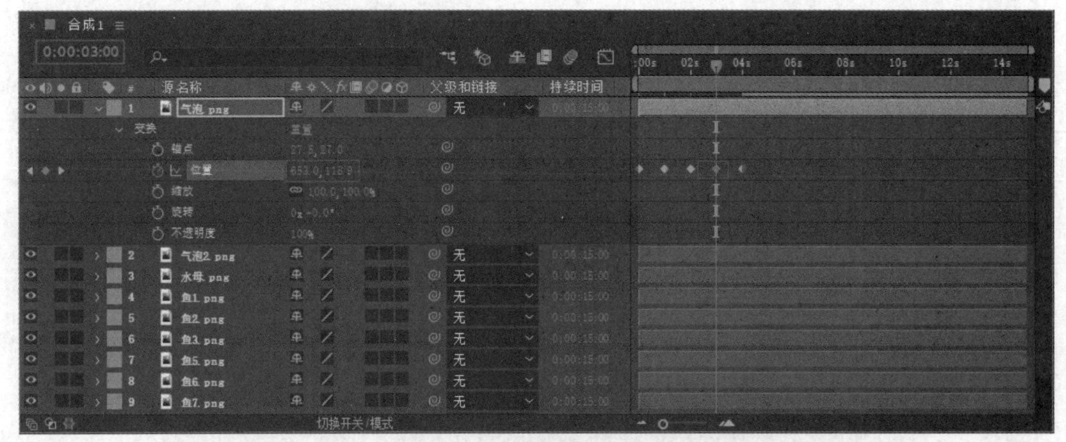

图4-81　为“气泡”添加并设置第5个位置关键帧

图4-82　气泡左右移动的效果

❖ 提示：

在这里，可以将“气泡”图层单独建立为合成，再对建立的合成进行多次复制，然后调整它们的大小、整体位置和整个图层的时间点，即可创建多个气泡。

25 按照之前制作动画的流程，为剩余的图像分别制作类似的动画效果，使不同的图像分别处于画面中不同的位置，且在不同的时间进行运动，最终效果如图4-83所示。

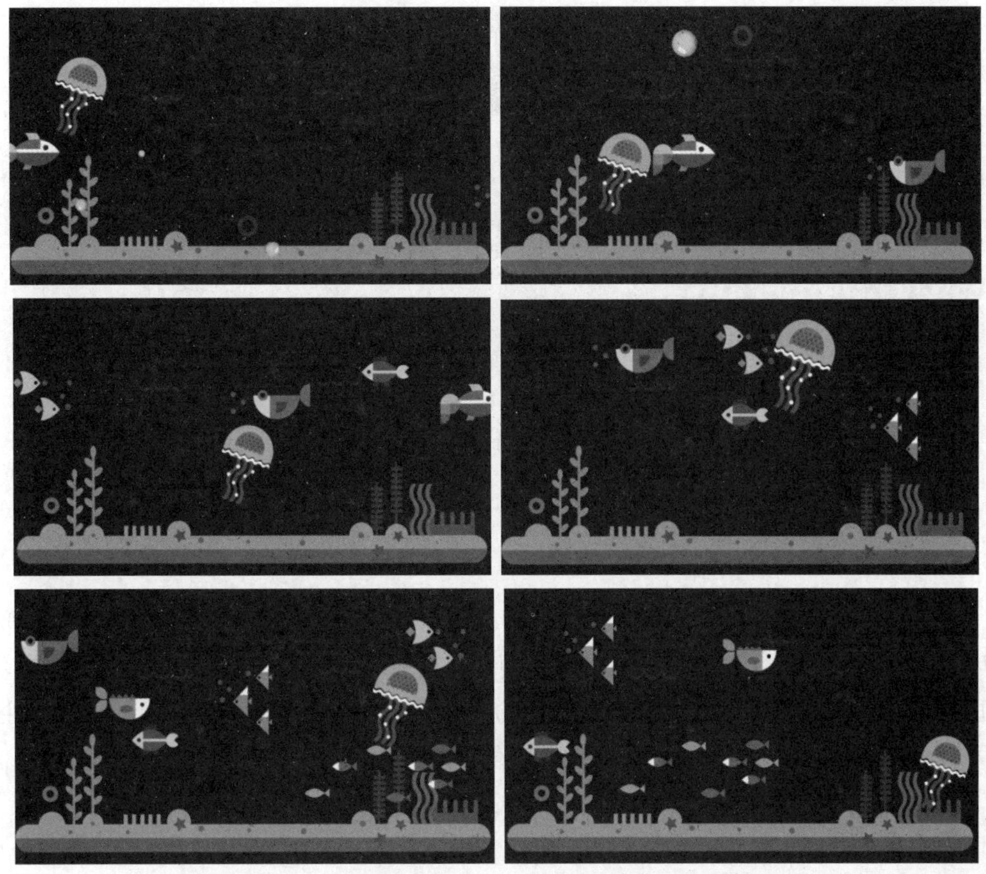

图4-83　海底世界动画的最终效果

4.8 习　　题

1. 制作一段关键帧动画，其中包含位移、缩放、旋转和不透明度变换。

2. 制作一段关键帧动画，并使用图表编辑器调整其动画曲线。

第 5 章

文本与文本动画

文本动画的制作在影视后期制作中的重要性不可取代，After Effects中的文本属性可帮助用户制作出丰富的文本动画效果。在各种视频剪辑和转场中，文本动画都是不可或缺的动画效果。本章将详细介绍After Effects中的文本与文本属性，在熟悉和掌握文本属性后，就可以运用这些属性组合出各种丰富的动画效果。

本章重点

- 创建与编辑文本
- 文本格式和属性
- 文本动画综合应用

二维码教学视频

【例5-1】制作【源文本】属性动画
【例5-2】制作【路径选项】属性动画
【例5-3】演示范围选择器动画效果的设置
【例5-4】制作【不透明度】属性动画
【例5-5】创建【起始】与【结束】属性动画
上机练习——文字动画影片

5.1 创建与编辑文本

After Effects提供了较为完整的文字属性和功能，可帮助用户对文字进行更专业的处理。与Photoshop中文字的创建相似，在After Effects中，文字的创建也基于单独的文本图层。

5.1.1 创建文本

在After Effects中，可以使用如下两种方法创建文本图层。

- 选择【图层】|【新建】|【文本】菜单命令，如图5-1所示。
- 选择工具栏中的文字工具，在【合成】面板中输入文字，即可创建文字图层。

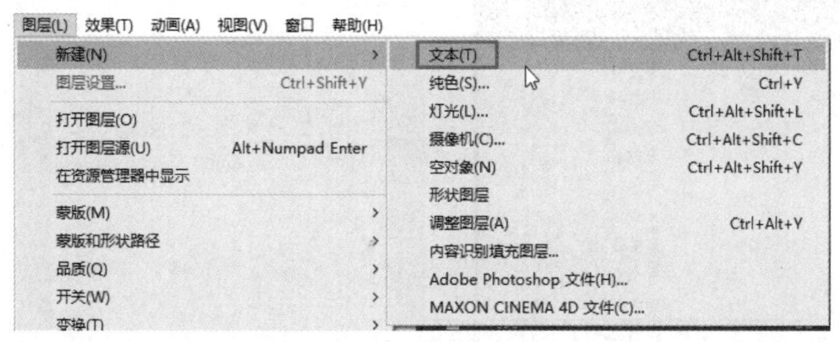

图5-1 选择【图层】|【新建】|【文本】菜单命令

❖ 提示：

默认状态下，工具栏中的文字工具为【横排文字工具】。按住文字工具按钮，可在弹出的列表中选择【横排文字工具】或【直排文字工具】，如图5-2所示。

图5-2 文字工具的分类

5.1.2 设置文本字符格式

创建好文本后，可在【字符】面板中调整文字的大小、字体、颜色等基本参数，如图5-3所示。如果工作界面中没有显示【字符】面板，可通过选择【窗口】|【字符】菜单命令打开该面板。

1. 设置文字的字体及颜色

【字符】面板的第1部分主要用于设置文字的字体、颜色等基本样式，如图5-4所示。

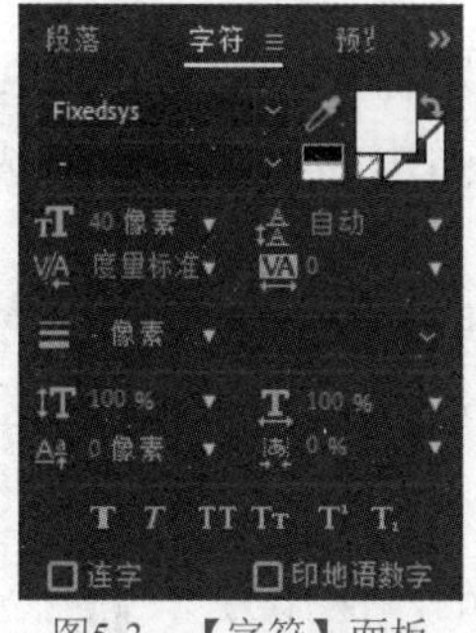

图5-3 【字符】面板

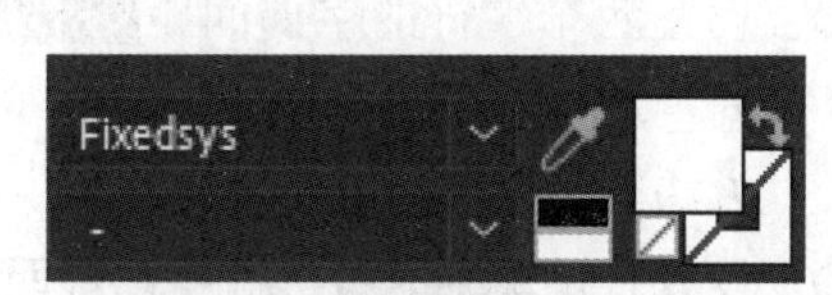

图5-4 【字符】面板的第1部分

- 设置字体系列 Fixedsys：在下拉列表中可以选择想要的字体，如图5-5所示。
- 设置字体样式 -：用于设置文字的样式，默认为Regular(常规)。根据所选字体的不同，在下拉列表中通常可以选择Bold(粗体)、Italic(斜体)或Bold Italic(粗体斜体)，如图5-6所示。

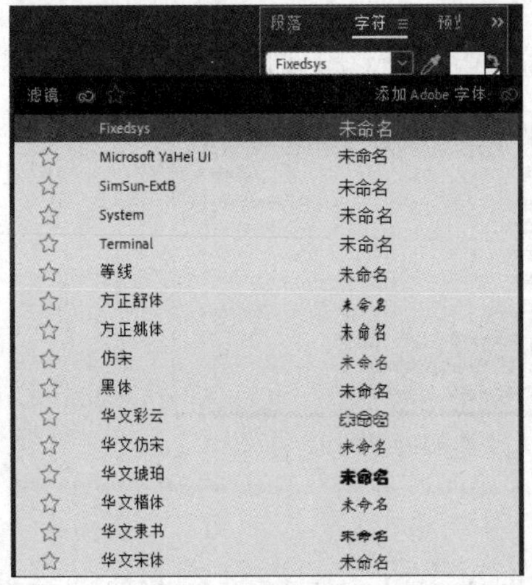

图5-5　选择文字字体

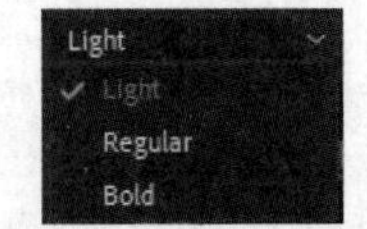

图5-6　选择文字样式

- 吸管：单击后，可在After Effects界面中的任意位置吸取颜色，并使其成为所选文字的填充颜色或描边颜色。
- 填充颜色：单击后，可在打开的色板中选择文字的填充颜色。
- 设置为黑色/设置为白色：单击后，可以选择黑色或白色作为文字的填充颜色。
- 没有填充(描边)颜色：单击后，可以将文字的填充颜色或描边颜色设置为无颜色。
- 描边颜色：单击后，可在色板中为所选文字选择描边颜色。

2. 设置文字的大小和间距

【字符】面板的第2部分主要用于设置文字的大小和间距等，如图5-7所示。

图5-7　【字符】面板的第2部分

- 设置字体大小：可通过拖动数字来调节字体大小，也可直接输入数字以调节字体大小，还可单击右侧的下拉按钮，并在弹出的下拉列表中选择字体字号以调节字体大小，如图5-8所示。
- 设置两个字符的字偶间距：将光标放在两个字符之间，通过修改这个选项，可改变两个字符之间的距离，操作方法与设置字体大小时一样。
- 设置行距：用于设置两行字符之间的行距，操作方法与设置字体大小时一样。
- 设置所选文字的字符间距：用于设置所选字符之间的距离，操作方法与设置字体大小时一样。

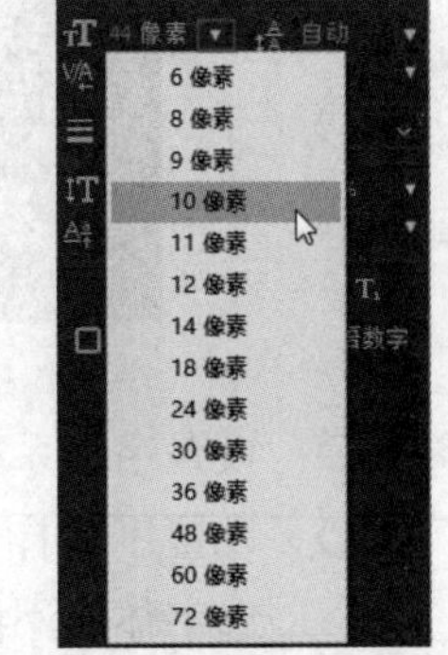

图5-8　选择字体字号

3. 设置文字的描边样式

【字符】面板的第3部分主要用于设置文字的描边样式，可在【像素】左侧的数值框中设置描边的宽度，如图5-9所示，描边效果如图5-10所示。

图5-9 【字符】面板的第3部分

图5-10 描边效果

4. 设置文字的缩放和移动效果

【字符】面板的第4部分主要用于设置文字的缩放和移动效果，如图5-11所示。

图5-11 【字符】面板的第4部分

- 垂直缩放：在垂直方向上缩放文字大小。
- 基线偏移：设置文字的基线偏移。
- 水平缩放：在水平方向上缩放文字大小。
- 比例间距：调节所选文字的比例间距。

5. 设置文字的字形

【字符】面板的第5部分主要用于设置文字的字形，如图5-12所示。

图5-12 【字符】面板的第5部分

- 仿粗体：将文字设置为仿粗体。
- 仿斜体：将文字设置为仿斜体。
- 全部大写字母：将所选字母全部设置为大写字母。
- 小型大写字母：将所选字母设置为小型大写字母。
- 上标：将文字设置为上标。
- 下标：将文字设置为下标。
- 【连字】：开启After Effects的连字功能。
- 【印地语数字】：开启After Effects的印地语数字功能。

5.1.3 设置文本段落格式

创建好文本后，可在【段落】面板中调整文字的段落格式，如图5-13所示，比如对一段文字的缩进、对齐方式和间距进行修改。

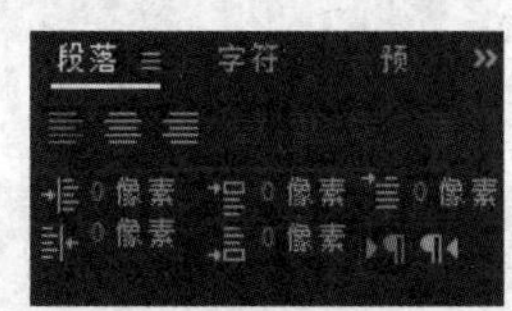

图5-13 【段落】面板

- 左对齐文本：将所选段落设置为左对齐。

- 居中对齐文本：将所选段落设置为居中对齐。
- 右对齐文本：将所选段落设置为右对齐。
- 最后一行左对齐：激活后，所选段落的文字除最后一行外，均为两端对齐，水平文字的最后一行为左对齐。
- 最后一行居中对齐：激活后，所选段落的文字除最后一行外，均为两端对齐，水平文字的最后一行为居中对齐。
- 最后一行右对齐：激活后，所选段落的文字除最后一行外，均为两端对齐，水平文字的最后一行为右对齐。
- 两端对齐：将所选段落的所有文字设置为两端对齐。
- 缩进左边距：用于调整水平文字的左侧缩进量，可手动输入缩进量，也可使用鼠标在数值处通过单击并左右拖动来更改缩进量。
- 缩进右边距：用于调整水平文字的右侧缩进量。
- 段落前添加空格：用于在文本段落前添加空格。
- 段落后添加空格：用于在文本段落后添加空格。
- 首行缩进：用于调整段落的首行缩进量。
- 从左到右的文本方向：用于设置从左到右的文本方向
- 从右到左的文本方向：用于设置从右到左的文本方向。

5.2 设置文本属性

文本图层的【文本】属性组包含了【源文本】【路径选项】等属性，可通过这些属性制作与文本属性相关的动画。

5.2.1 【源文本】属性

通过【源文本】属性可以制作与文本字体、大小、颜色等属性相关的动画。

【例5-1】制作【源文本】属性动画。

01 新建一个合成。然后选择【图层】|【新建】|【文本】菜单命令，新建一个文本图层，输入文字“源文本动画”，如图5-14所示。

图5-14　创建文本

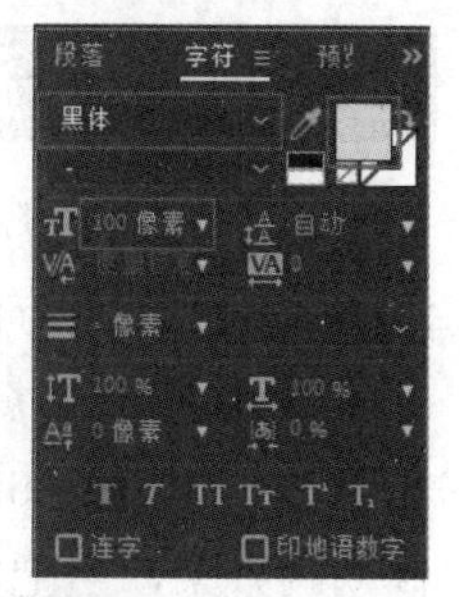

图5-15　设置文字属性

02 在【字符】面板中设置文字的字体为黑体、字体大小为100像素、填充颜色为黄色，如图5-15所示。

03 展开【时间轴】面板中文本图层的【文本】属性组，将时间指示器移至0:00:00:00，单击【源文本】属性前的【关键帧控制器】按钮，设置源文本关键帧，如图5-16所示。

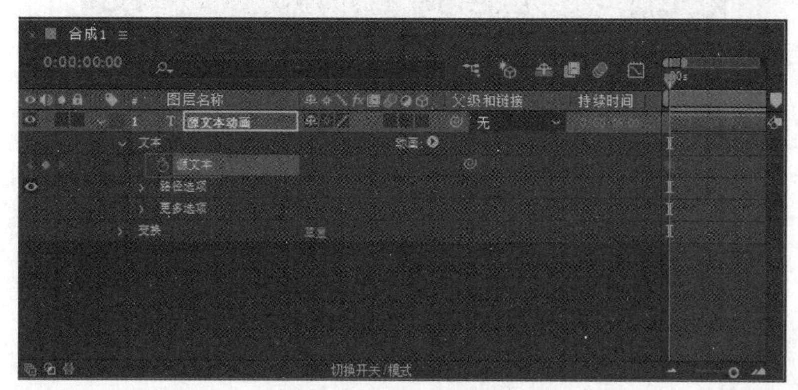

图5-16　设置源文本关键帧

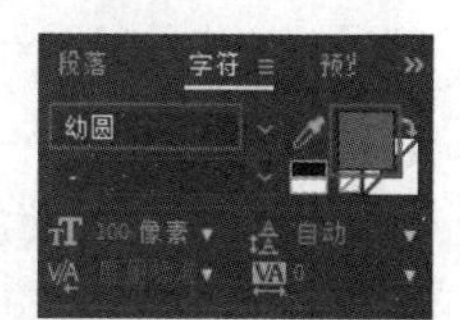

图5-17　更改字体和颜色

04 将时间指示器移至0:00:04:00，在【字符】面板中把字体更改为【幼圆】，将颜色修改为红色，如图5-17所示。

05 此时，在【时间轴】面板中可以看到两个关键帧，如图5-18所示。拖动关键帧或按空格键，可以播放刚才制作的【源文本】属性动画，如图5-19所示。

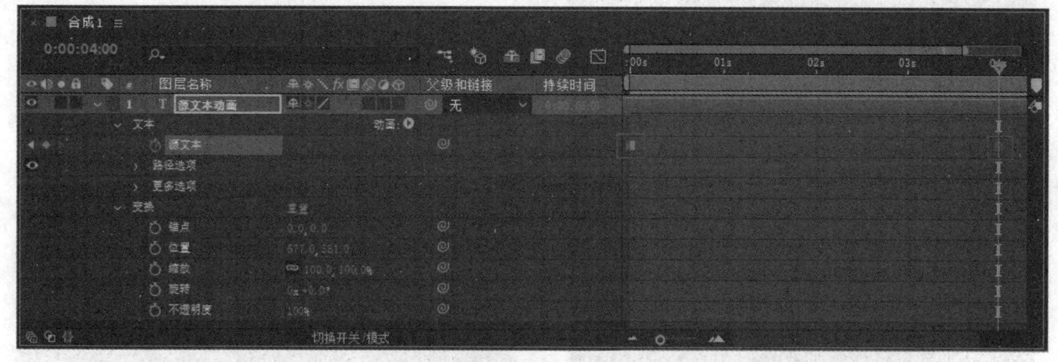

图5-18　【时间轴】面板中的关键帧

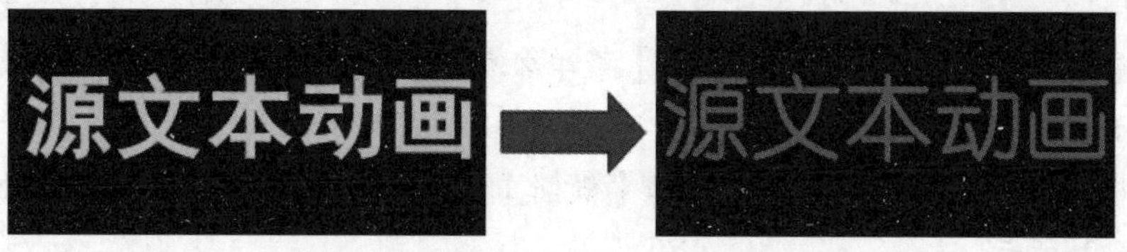

图5-19　预览【源文本】属性动画的效果

5.2.2 【路径选项】属性

很多视频中都会出现文字沿着特定的路径或轨道运动和变化的效果，下面就讲解一下这种效果的设置方法。

在【文本】属性组中找到【路径选项】，展开后，可以看到当前路径被设置为【无】，如图5-20所示。在文本图层中建立蒙版时，可以通过使用蒙版创建出来的路径制作动画效果，当把蒙版路径应用于文本动画时，就可以创建图形作为路径。

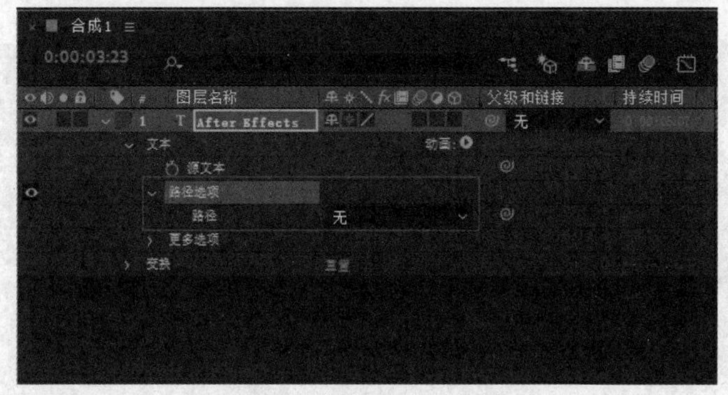

图5-20　展开【路径选项】

【例5-2】制作【路径选项】属性动画。

01 新建一个合成。然后选择【图层】|【新建】|【纯色】菜单命令，打开【纯色设置】对话框，如图5-21所示，单击【颜色】图标。为了便于观察效果，可在打开的【纯色】对话框中将背景颜色设置为白色，如图5-22所示。

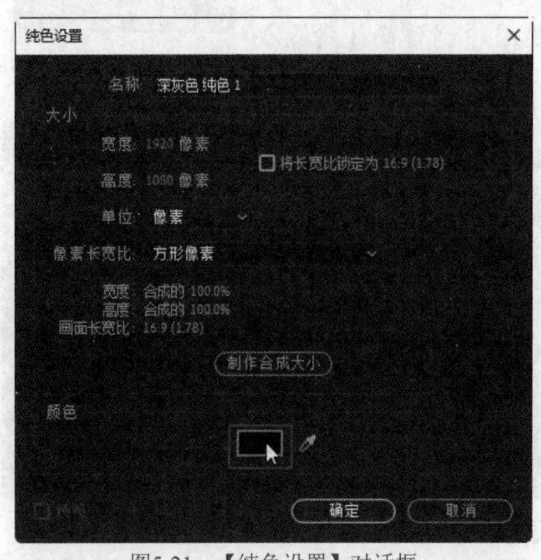

图5-21　【纯色设置】对话框

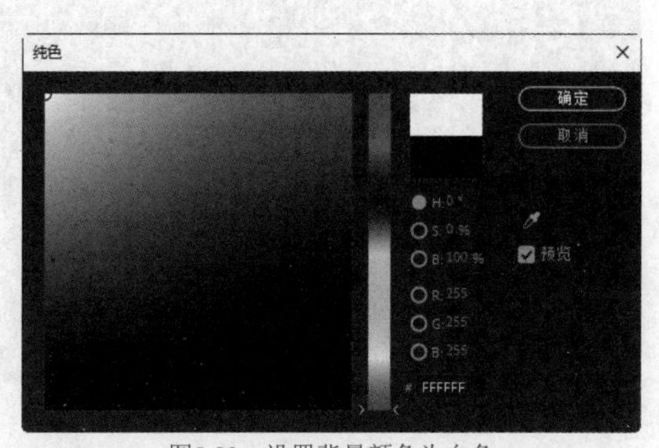

图5-22　设置背景颜色为白色

02 选择【图层】|【新建】|【文本】菜单命令，新建一个文本图层，输入文字内容，如图5-23所示。

03 选中文本图层，在工具箱中选择【椭圆工具】，如图5-24所示，然后绘制一个椭圆蒙版，如图5-25所示。

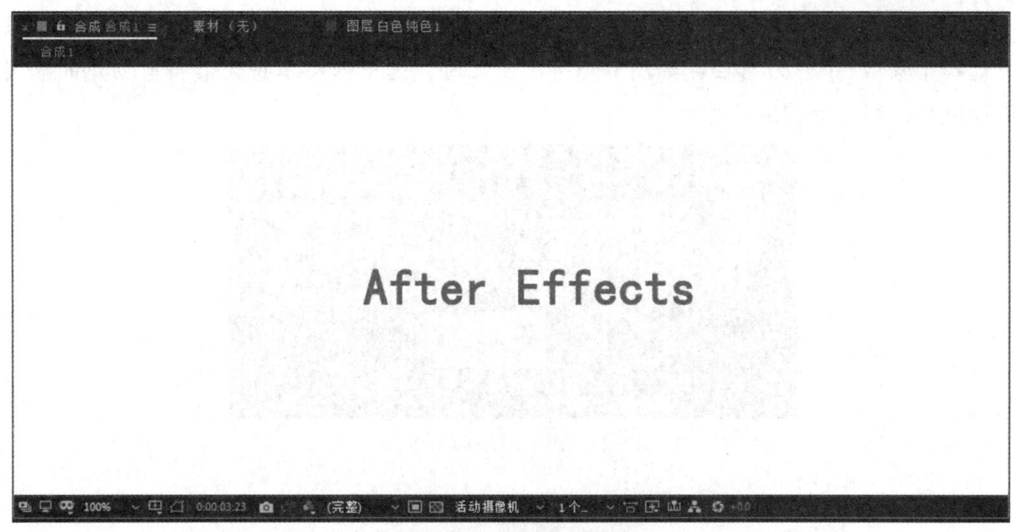

图5-23　创建文本图层

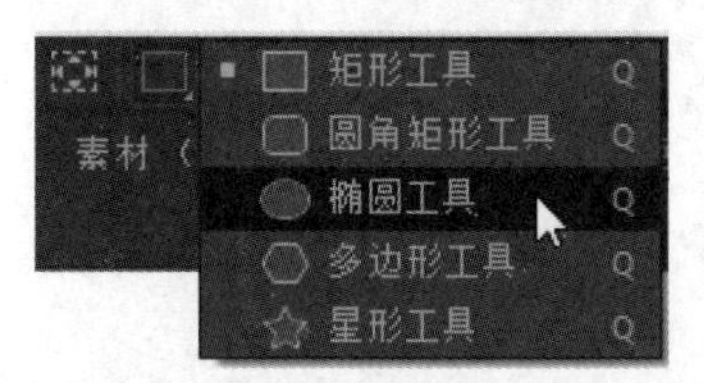

图5-24　选择【椭圆工具】

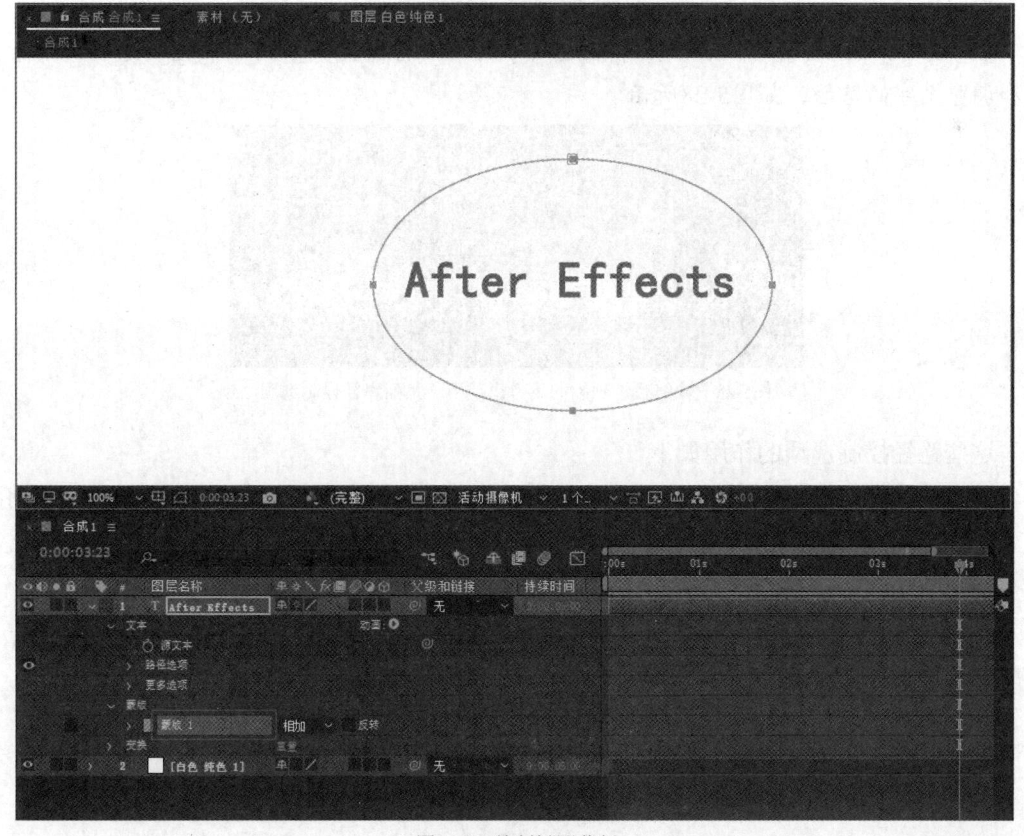

图5-25　绘制椭圆蒙版

04 在【时间轴】面板中，展开【文本】属性组中的【路径选项】，在【路径】下拉列表中选择【蒙版1】作为路径，如图5-26所示。此时，选中的文本将会沿当前创建的椭圆蒙版路径进行排列，如图5-27所示。

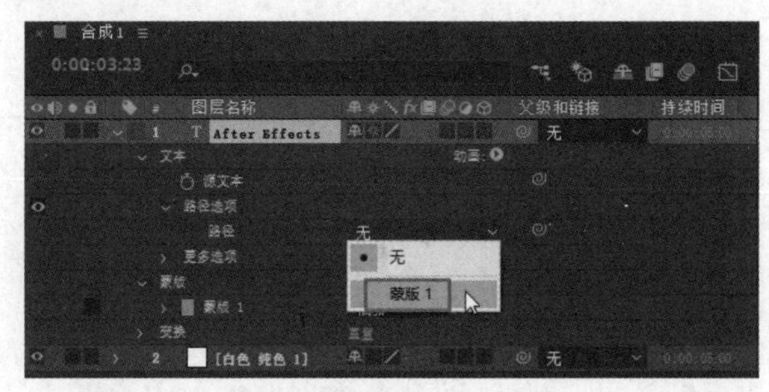

图5-26　更改路径为【蒙版1】

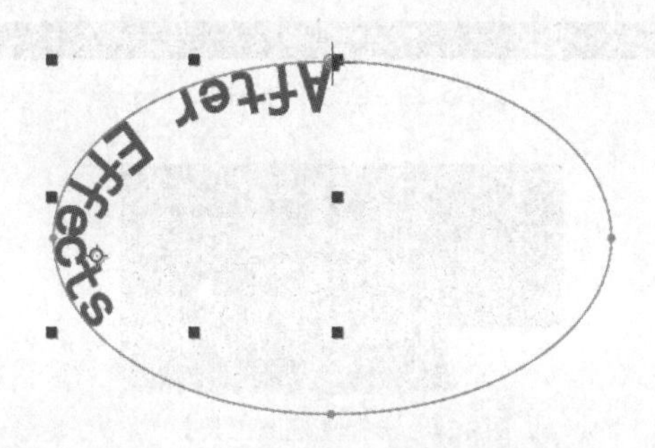

图5-27　沿椭圆蒙版路径排列文本

05 选择【蒙版1】路径后，【路径选项】的下方将出现一系列路径控制选项，用于控制和调整文字的路径，如图5-28所示。

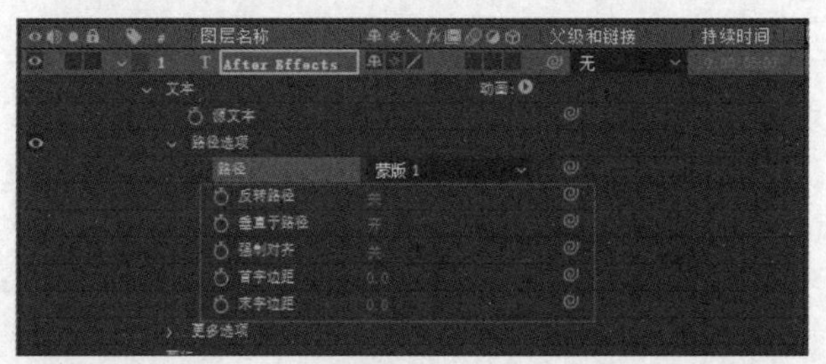

图5-28　【路径选项】的下方出现了一系列路径控制选项

这些路径控制选项的作用如下。

- 【反转路径】：选择后，原本沿着椭圆蒙版路径内圈排列的文本将变为沿着椭圆蒙版路径外圈排列，如图5-29所示。

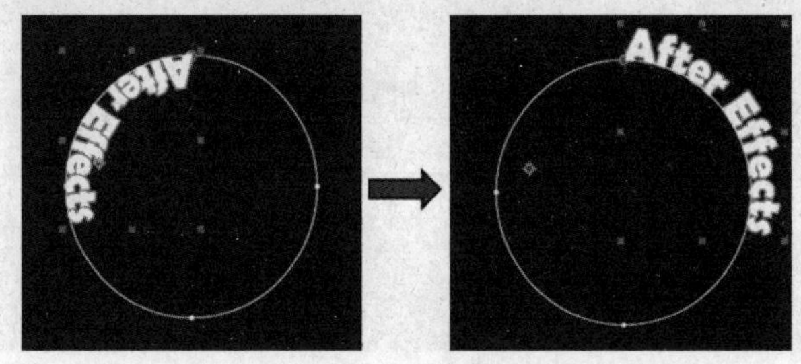

图5-29　反转路径

- 【垂直于路径】：选择后，所选文本的每个字符都将以竖直的形式排列在蒙版路径上，如图5-30所示。

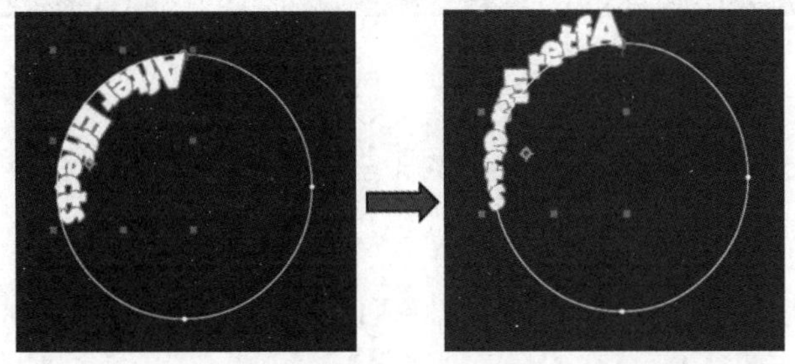

图5-30　垂直于路径

- 【强制对齐】：选择后，所有文本之间的间距将被强制对齐，并均匀排列于蒙版路径上，如图5-31所示。

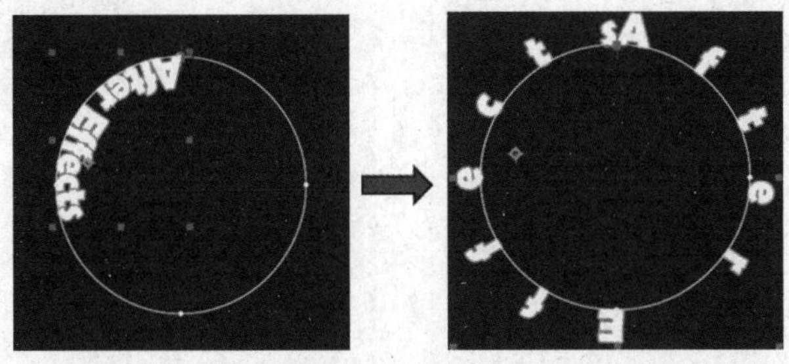

图5-31　强制对齐

- 【首字边距】：用于调整首文本所在的位置，如图5-32所示。

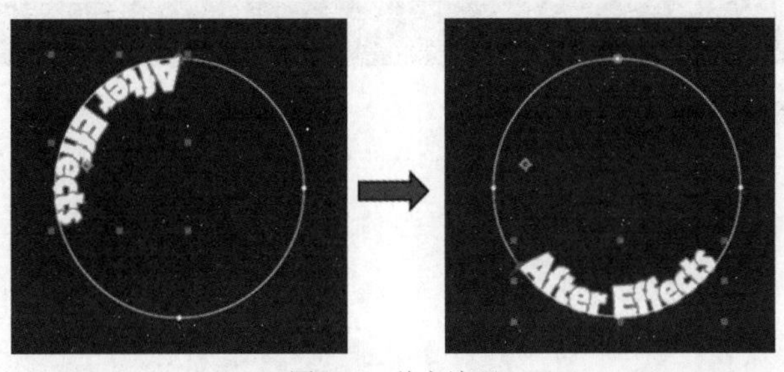

图5-32　首字边距

- 【末字边距】：用于调整尾文本所在的位置，如图5-33所示。

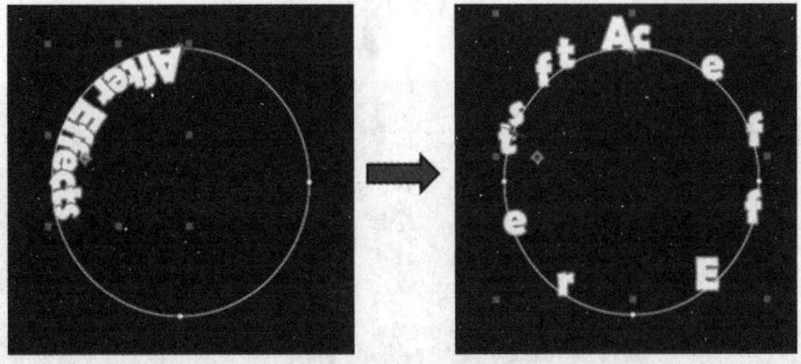

图5-33　末字边距

06 在时间点0:00:00:00将【首字边距】的初始数值设置为0，单击【首字边距】左侧的【关键帧控制器】按钮，设置一个关键帧，如图5-34所示。然后移动时间指示器到另一时间点，调整【首字边距】的数值，即可创建一个简单的文本路径动画，如图5-35所示。

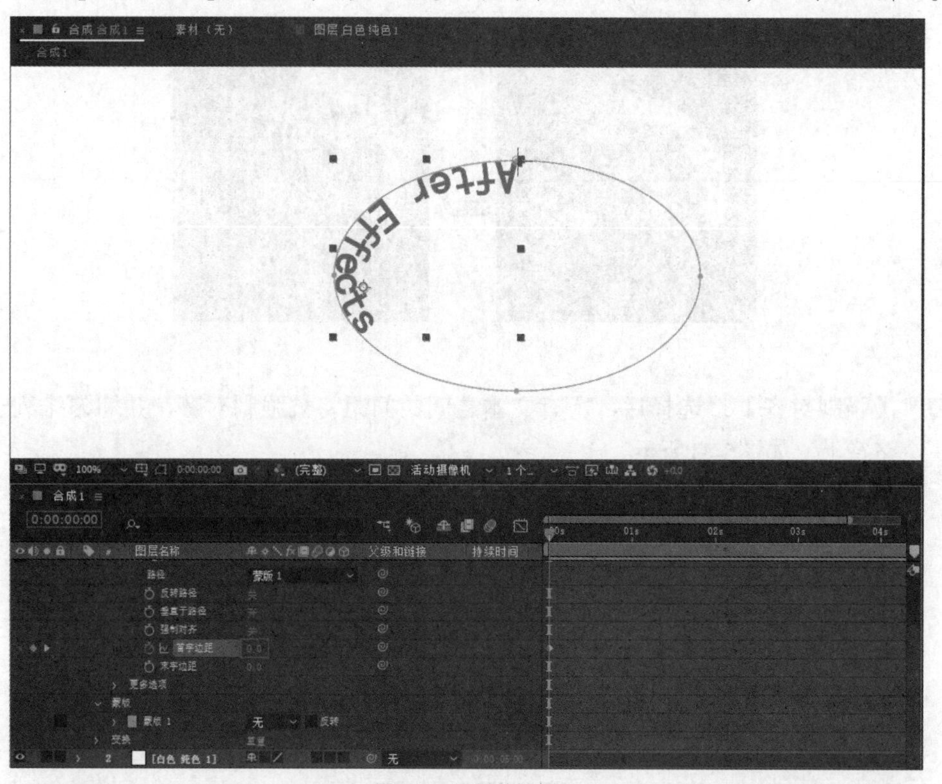

图5-34　设置关键帧

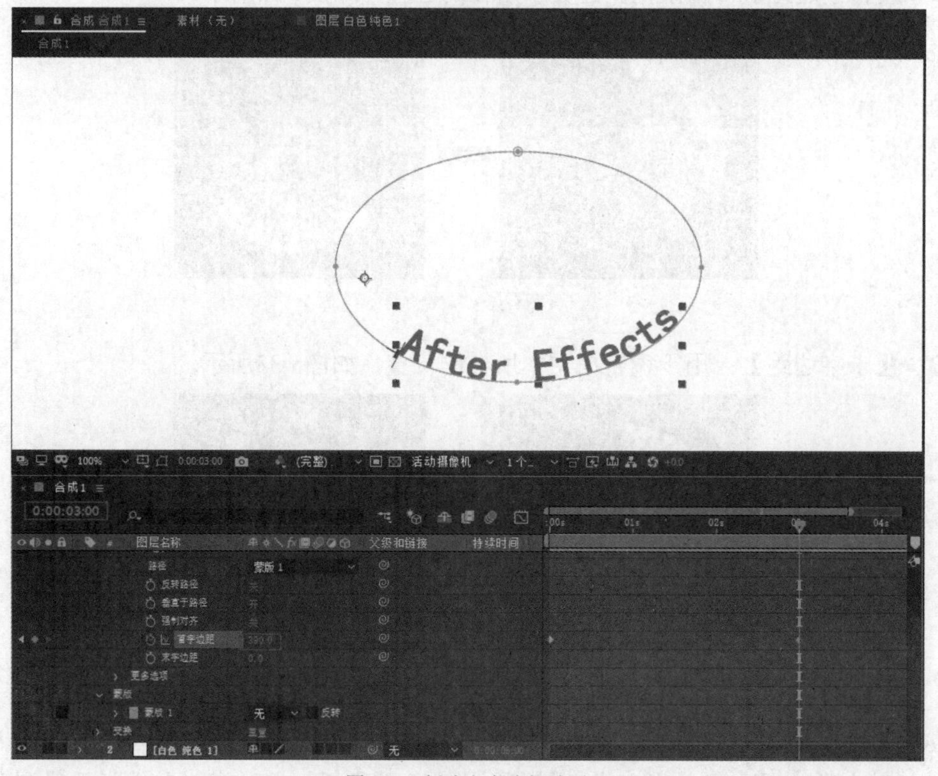

图5-35　创建文本路径动画

❖ **提示：**

此处的文本路径动画不同于【源文本】属性动画的显示方式，在两个关键帧之间的时间段内，可看到渐变的路径动画效果。

07 展开【文本】属性组中的【更多选项】，下方有一系列效果可供用户选择，如图5-36所示。

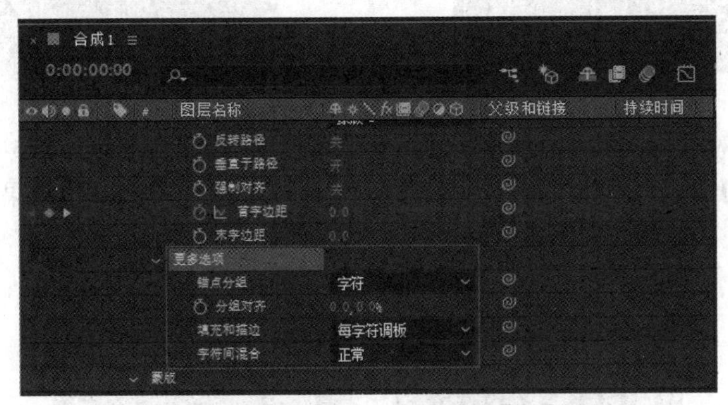

图5-36　展开【更多选项】

○ 【锚点分组】：对于文本锚点，有4种不同的分组方式，分别为【字符】【词】【行】【全部】，如图5-37所示。

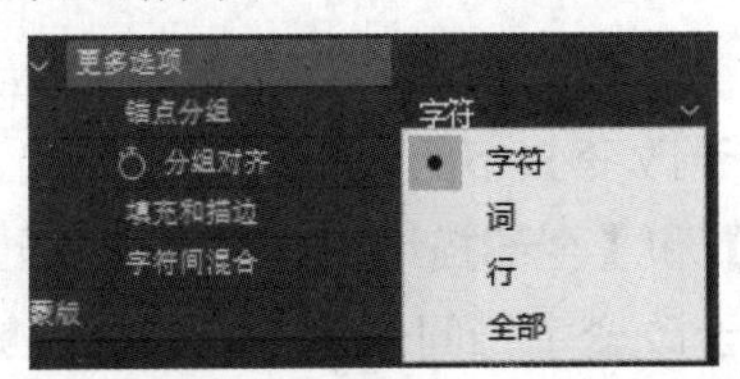

图5-37　文本锚点的分组分式

➢ 在【字符】分组方式下，可以将文本中的每个字符作为独立的个体，分别排列于路径上，如图5-38所示。

➢ 在【词】分组方式下，可以将文本中的每个单词作为独立的个体，分别排列于路径上，如图5-39所示，文本After和Effects将分别垂直排列于路径上。

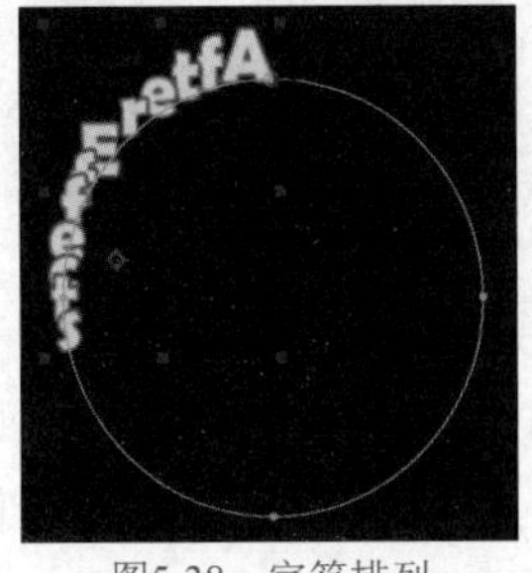

图5-38　字符排列

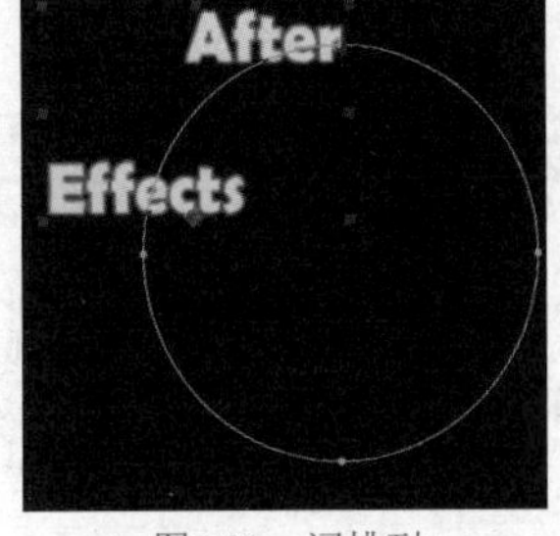

图5-39　词排列

➢ 在【行】分组方式下，可以将每一行文本作为独立的个体，分别排列于路径上，如图5-40所示。

➢ 在【全部】分组方式下，可以将文本图层中的所有文字作为个体排列于路径上，如图5-41所示。

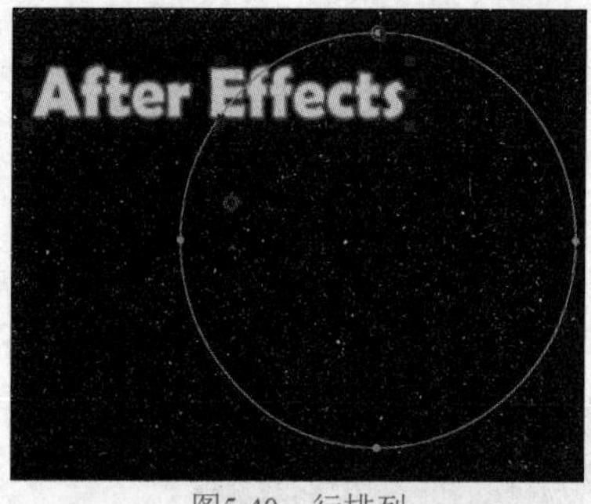

图5-40　行排列

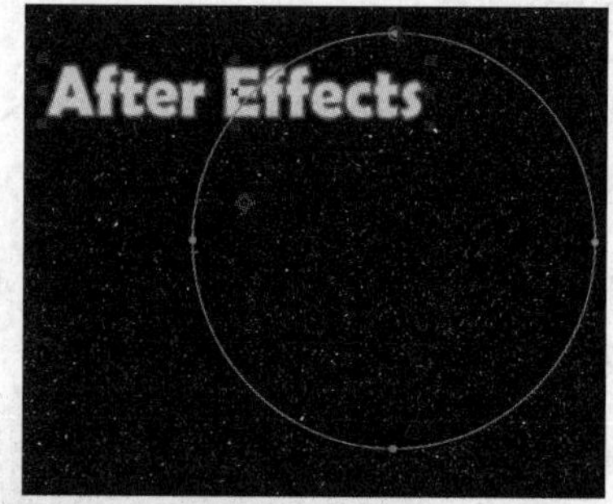

图5-41　全部排列

- 【分组对齐】：用于调整文本沿路径排列的分散度和随机度。图5-42展示了在【锚点分组】为【字符】分组方式的情况下，分组对齐不同数值的效果。

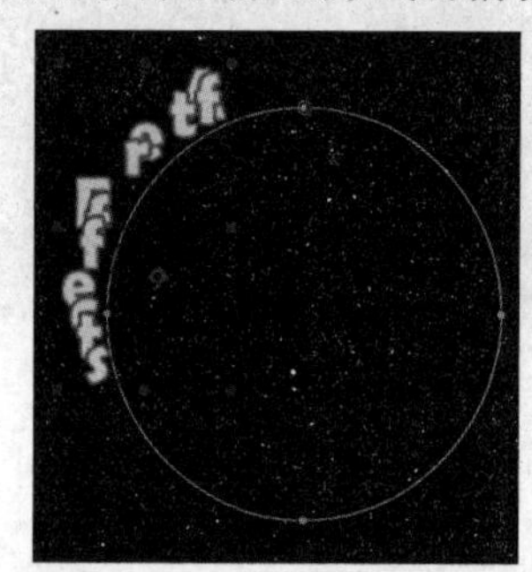

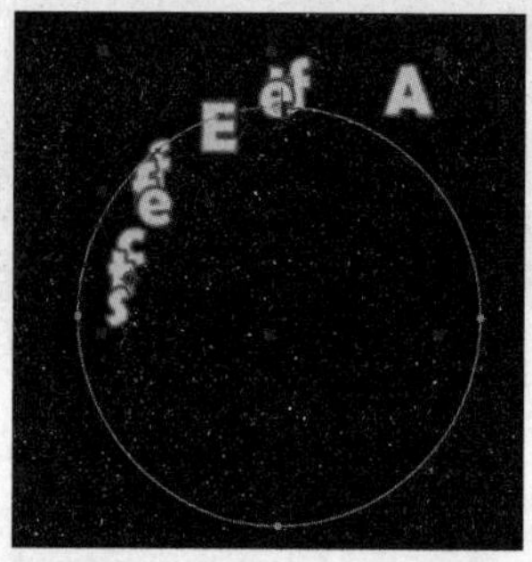

图5-42　分组对齐

- 【填充和描边】：用于改变文字的填充和描边模式，共有【每字符调板】【全部填充在全部描边之上】和【全部描边在全部填充之上】3种模式。
- 【字符间混合】：用于改变字符间的混合模式，能够达到类似于Photoshop中的图层混合效果。

5.3　应用动画制作工具

使用文本动画工具可以在文本图层中创建丰富的动画效果，下面讲解文本动画工具的启用方法和具体应用。

5.3.1　启用动画制作工具

在After Effects中，启用动画制作工具的方法有如下两种。

- 选择【动画】|【动画文本】菜单命令，在弹出的子菜单中选择其中一种属性。
- 在【时间轴】面板中单击【文本】属性组右侧的【动画】属性三角形图标动画:，在弹出的文本动画菜单中选择其中一种属性，如图5-43所示。

执行上述操作后，【时间轴】面板中将出现动画制作工具及相关属性，如图5-44所示。

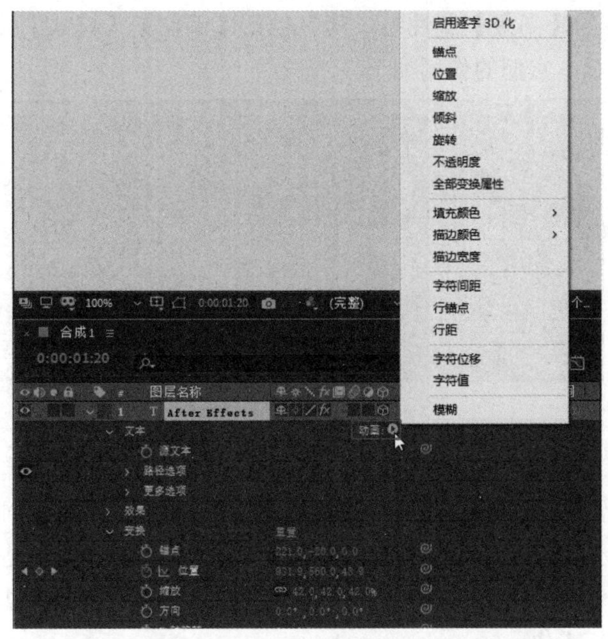

图5-43　文本动画菜单

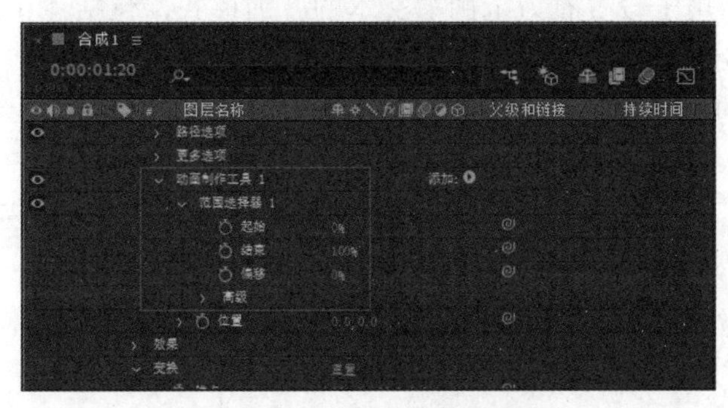

图5-44　动画制作工具及相关属性

❖ 提示：

用户可以建立一个或多个文本动画属性，相应地，【时间轴】面板中也会出现一个或多个动画制作工具和范围选择器。在将不同的动画属性叠加后，便可以得到丰富的动画效果。

展开范围选择器，下方将出现【起始】【结束】和【偏移】属性，它们的作用如下。

- 【起始】：用于设置有效范围的起始点。
- 【结束】：用于设置有效范围的结束点。
- 【偏移】：用于调节【起始】与【结束】属性的偏移值，从而创建一块可以随时间变化的选择区域，也就是文本起始点与范围选择器的距离。当偏移值为0%时，【起始】与【结束】属性将不起任何作用，仅保持在用户设置的位置；当偏移值为100%时，【起始】与【结束】属性的位置将移至文本末端；当偏移值介于0%和100%时，【起始】与【结束】属性的位置也将做出相应调整。

展开范围选择器的【高级】属性组，其中包括【单位】【模式】【数量】和【形状】等属性，如图5-45所示，它们的作用如下。

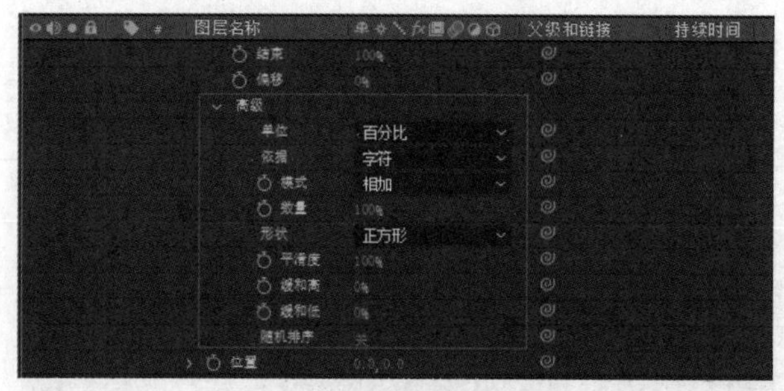

图5-45　展开【高级】属性组

- 【单位】：用于设置动画有效范围的单位，也就是以什么样的模式为单元进行动画变换。在【依据】属性的下拉列表中，有【字符】【词】和【行】等单位可选，如果选择【字符】，动画将以一个字母(字符)为单位进行变化；如果选择【词】，动画将以一个单词为单位进行变化；如果选择【行】，动画将以一行字符为单位进行变化。
- 【模式】：用于设置有效范围与文本的叠加模式，包括【相加】【相减】【相交】【最小值】【最大值】和【差值】。
- 【数量】：用于控制动画制作工具对文本的影响程度。数值越大，影响越大。
- 【形状】：用于设置有效范围内字符的排列形状。
- 【平滑度】：用于设置文本动画过渡时的平滑程度，【平滑度】仅在【形状】设置为【正方形】的情况下才出现。
- 【缓和高】/【缓和低】：用于设置文本动画过渡时速率的高低。
- 【随机排序】：用于控制有效范围的随机性。
- 【随机植入】：仅在【随机排序】设置为【开】时才会出现，用于控制有效范围变化的随机程度。

5.3.2　范围选择器动画

启用文本动画效果后，After Effects将在【时间轴】面板中建立范围选择器，并分别在【起始】【结束】与【偏移】等属性上进行变换和设置，这样就可以创建出不同的文字运动效果。下面通过实例来演示范围选择器动画效果的设置。

【例5-3】演示范围选择器动画效果的设置。

01 新建一个合成。然后选择【图层】|【新建】|【文本】菜单命令，创建一个文本图层并输入文字，如图5-46所示。

02 选中文本图层，选择【动画】|【动画文本】|【缩放】菜单命令，或单击【时间轴】面板中【文本】属性组右侧的【动画】属性三角形图标 动画:▶，在弹出的菜单中选择【缩放】命令，激活【范围选择器1】属性组和【缩放】属性，如图5-47所示。

图5-46 创建文本图层并输入文字

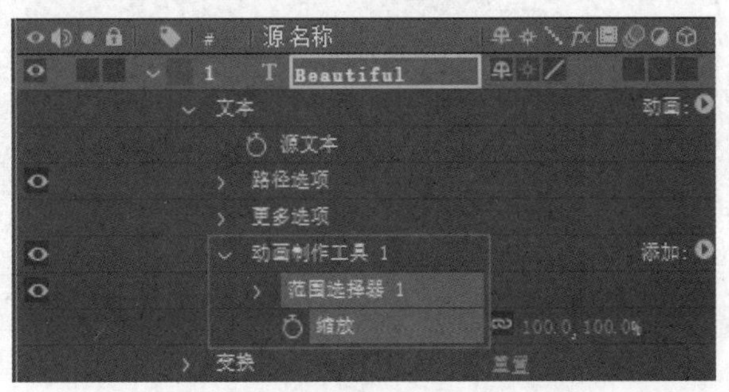

图5-47 激活【范围选择器1】属性组和【缩放】属性

03 在【时间轴】面板中，将时间指示器移至0:00:00:00，单击【范围选择器1】属性组中【偏移】属性前面的【关键帧控制器】按钮，设置第1个偏移关键帧，此处偏移值为0%，如图5-48所示。

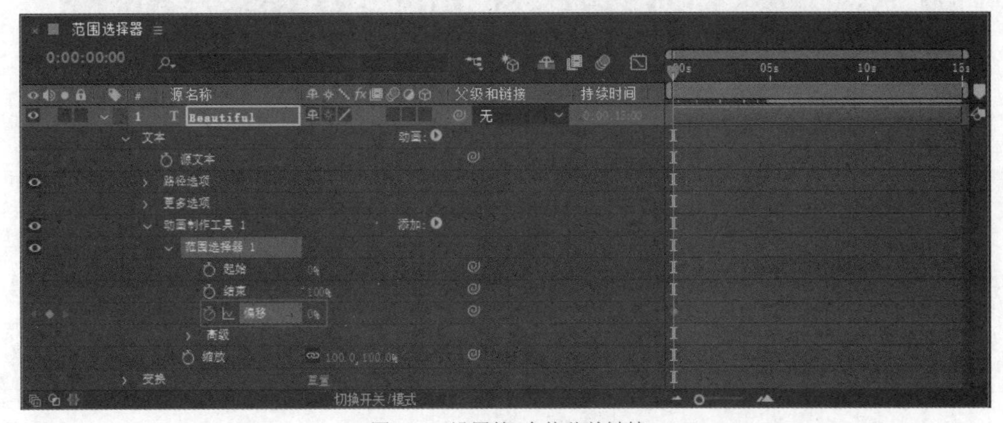

图5-48 设置第1个偏移关键帧

04 在【时间轴】面板中，将时间指示器调整至0:00:05:00，然后设置第2个偏移关键帧，并调整偏移值为100%，如图5-49所示。

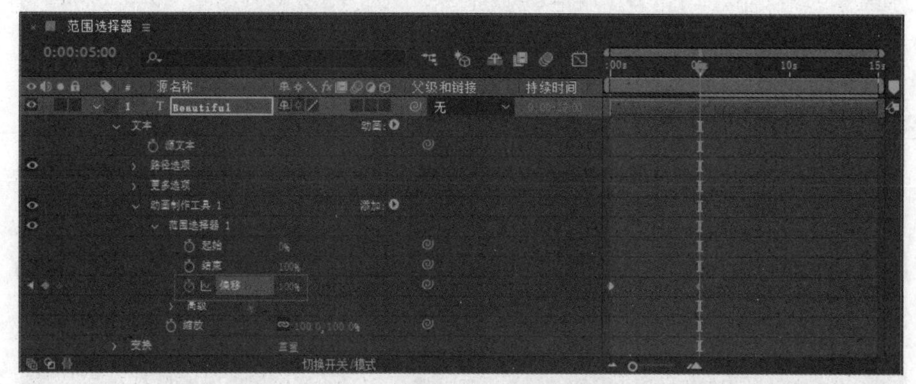

图5-49　设置第2个偏移关键帧

05 在【范围选择器1】属性组中，将缩放值调整为50%，如图5-50所示。

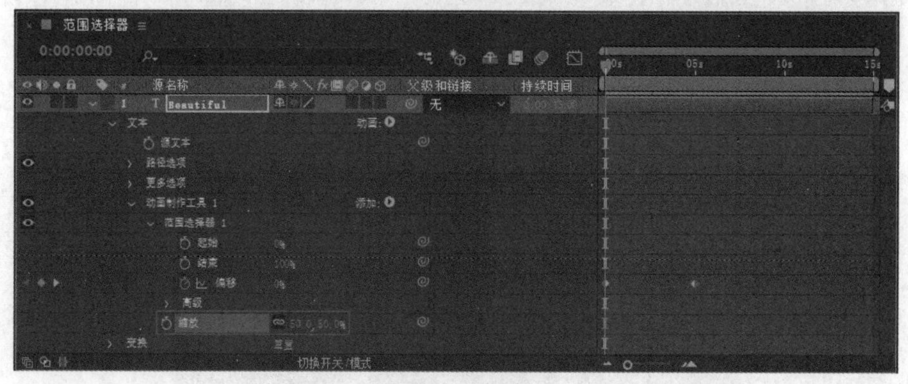

图5-50　设置缩放值

06 将时间指示器移到起始位置，按空格键播放影片，即可看到文本逐渐缩放的动画效果，如图5-51所示。

图5-51　文本逐渐缩放的动画效果

❖ 提示：

【偏移】属性用于控制文字动画效果范围的偏移值大小，因此只要对【偏移】属性的不同值设置关键帧，就可以调整文字的动画变换。在上面的例5-3中，我们只对【偏移】属性设置了关键帧，而没有为【缩放】属性设置关键帧。当【偏移】属性为负值或正值时，文本动画的运动方向正好相反。

5.3.3　【不透明度】属性动画

在After Effects中，可通过调整文本动画工具中的【不透明度】属性来创建各种形式的不透明度文本动画效果。

【例5-4】制作【不透明度】属性动画。

01 新建一个合成。然后在【时间轴】面板中右击，在弹出的菜单中选择【新建】|【纯色】命令，创建两个纯色图层，如图5-52所示。

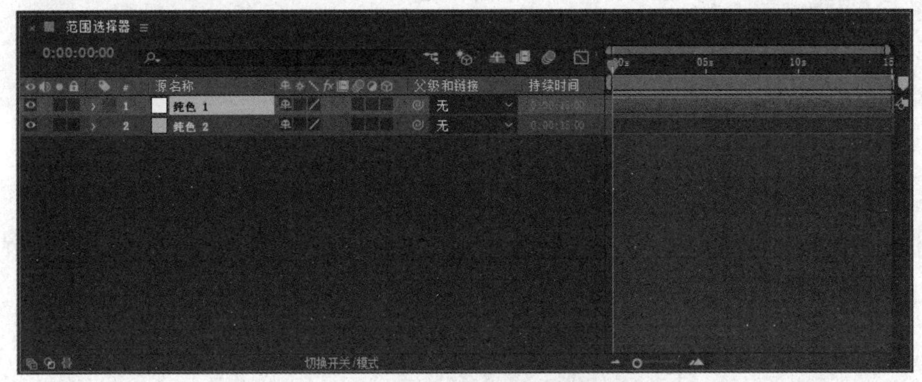

图5-52　创建两个纯色图层

02 选中“纯色1”图层，使用【星形工具】绘制一个星形蒙版，如图5-53所示。

图5-53　绘制星形蒙版

03 在【时间轴】面板的【蒙版】属性组中，将【蒙版羽化】设置为30像素，此时星形蒙版的边缘将变得模糊，如图5-54所示。

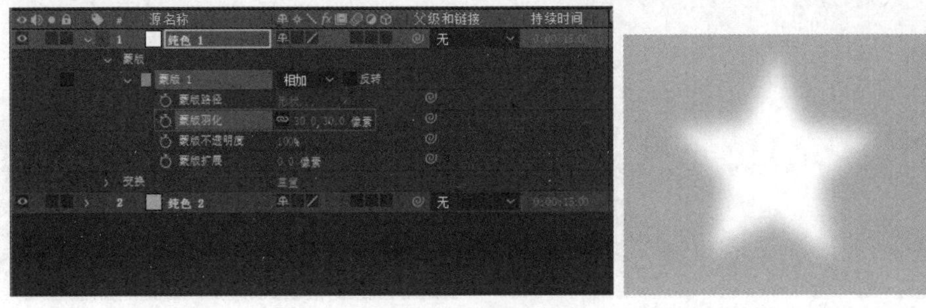

图5-54　羽化蒙版边缘

04 展开“纯色1”图层的【变换】属性组，分别在起始时间位置和第3秒的位置改变【位置】和【缩放】属性的值并设置关键帧，如图5-55和图5-56所示。

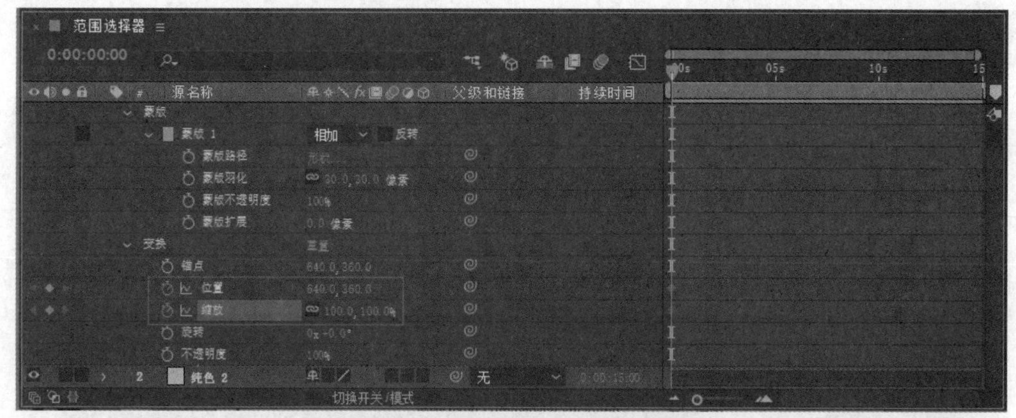

图5-55　设置位置和缩放关键帧(一)

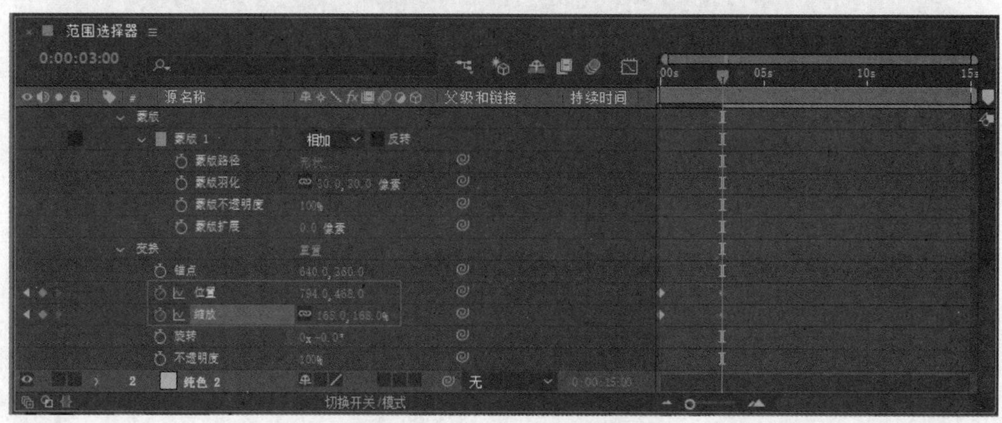

图5-56　设置位置和缩放关键帧(二)

05 选择【图层】|【新建】|【文本】菜单命令，创建一个文本图层并输入文字，如图5-57所示。

06 选择【动画】|【动画文本】|【不透明度】命令，或单击【时间轴】面板中【文字】属性组右侧的【动画】属性三角形图标，在弹出的菜单中选择【不透明度】命令，激活【范围选择器1】属性组和【不透明度】属性，如图5-58所示。

图5-57　创建文本图层并输入文字

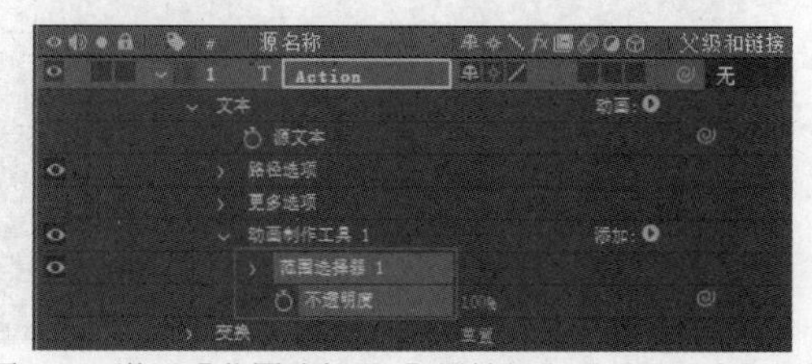

图5-58　激活【范围选择器1】属性组和【不透明度】属性

07 将【时间轴】面板中的时间指示器移至起始时间位置，为【范围选择器1】属性组中的【偏移】属性设置关键帧，并设置偏移值为0%，如图5-59所示。

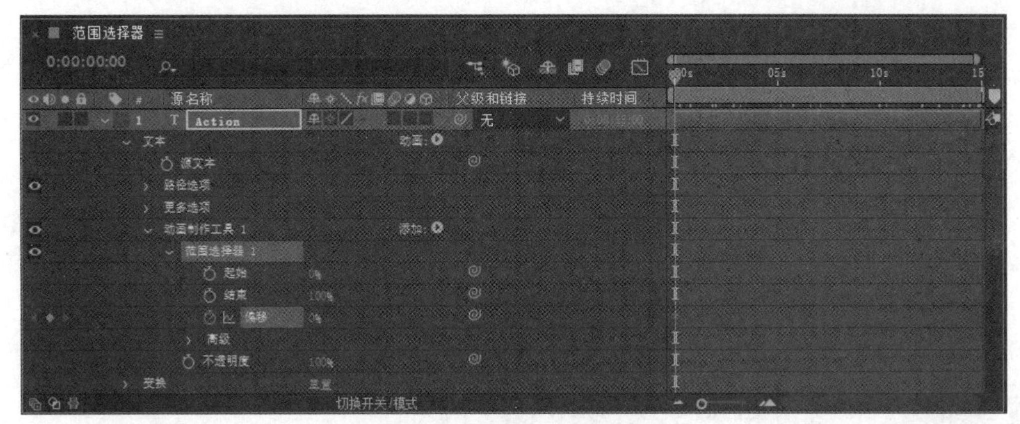

图5-59　设置第1个偏移关键帧

08 将【时间轴】面板中的时间指示器移至第1秒的位置，为【范围选择器1】属性组中的【偏移】属性设置关键帧，并设置偏移值为50%，如图5-60所示。

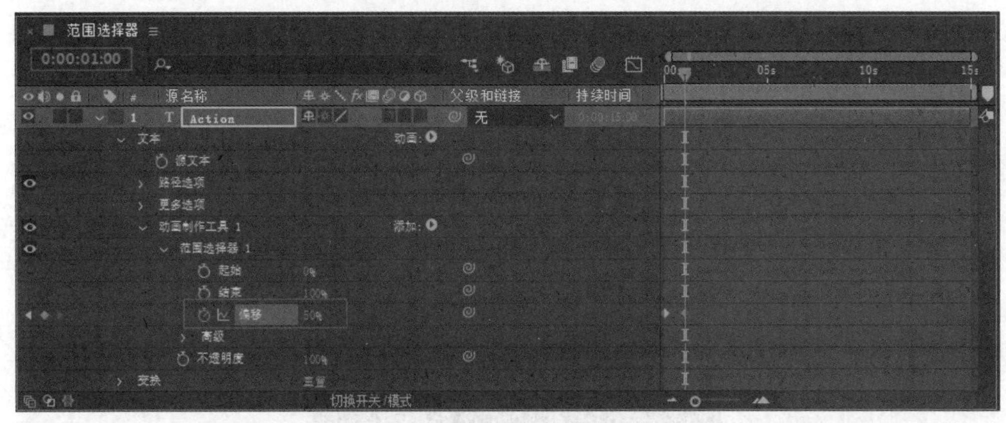

图5-60　设置第2个偏移关键帧

09 将时间指示器移至第2秒的位置，将偏移值调整为100%，并设置关键帧，然后将【不透明度】属性设置为0%，如图5-61所示。

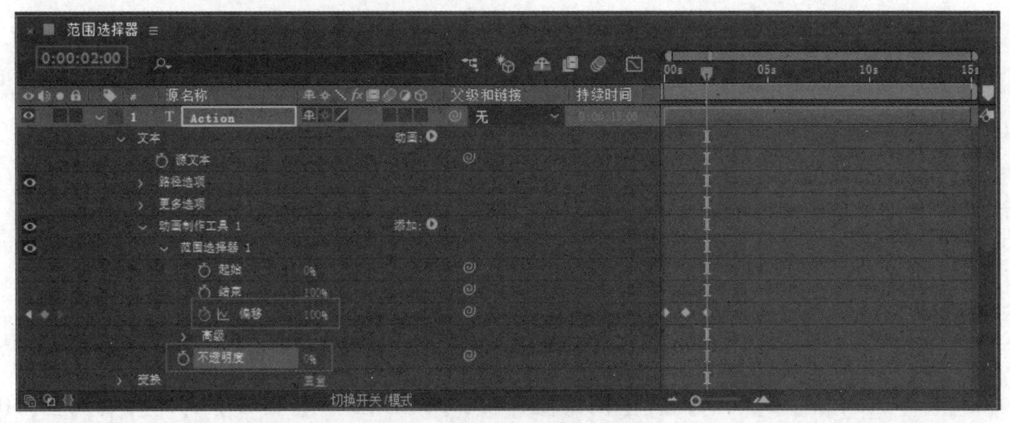

图5-61　设置第3个偏移关键帧

10 按空格键预览影片，即可看到文本动画的渐变与逐显效果，如图5-62所示。

图5-62　动画效果

❖ 提示：

使用【图层】下拉菜单中的【从文本创建蒙版】命令可将所选文本转换为蒙版，但在转换为蒙版之后，将无法再添加文本属性。

5.3.4 【起始】与【结束】属性动画

利用【范围选择器】属性组中的【起始】和【结束】属性，可对范围选择器动画影响的有效范围进行设置。

【例5-5】创建【起始】与【结束】属性动画。

01 新建一个合成。然后创建一个文本图层并输入文字，如图5-63所示。

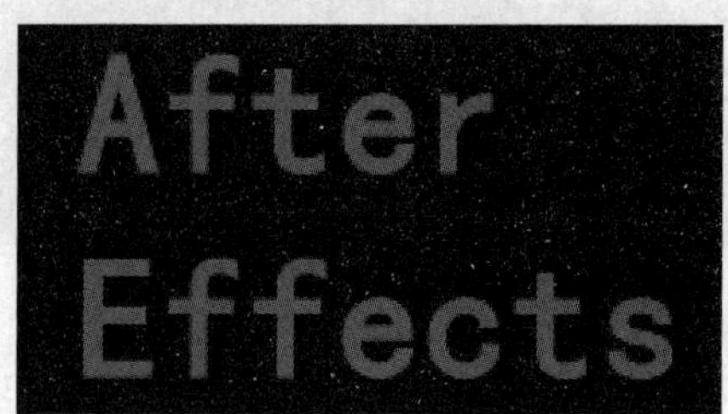

图5-63　创建文本图层并输入文字

02 选中文本图层，选择【动画】|【动画文本】|【缩放】菜单命令，激活【范围选择器1】属性组和【缩放】属性，如图5-64所示。

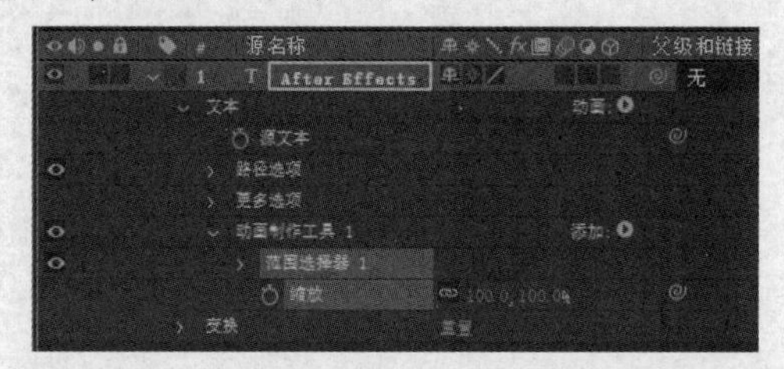

图5-64　激活【范围选择器1】属性组和【缩放】属性

03 在【时间轴】面板中，将【范围选择器1】属性组中【起始】属性的值调整为0%(这是默认值)，并将【结束】属性的值设置为50%，如图5-65所示。这时我们可以看到，文本图层的光标在字符A前和字符E后都有体现，这说明已对当前动画影响的有效范围进行了设置，效果如图5-66所示。

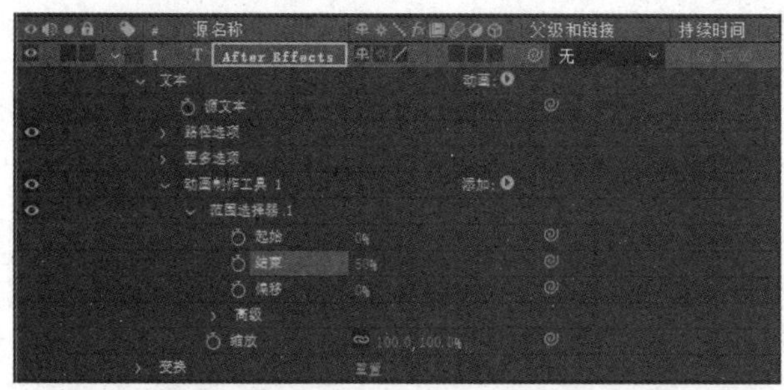

图5-65　设置【起始】和【结束】属性的值

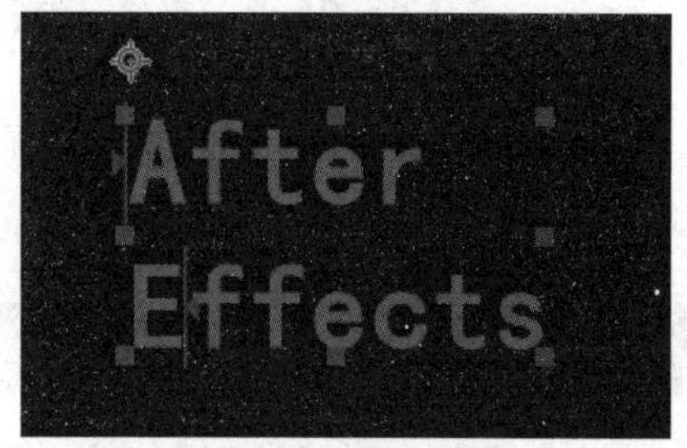

图5-66　设置效果

04 在【范围选择器1】属性组中选择【偏移】属性，将时间指示器移至第1秒处，设置偏移值为0%，并设置关键帧，如图5-67所示；再将时间指示器移至第3秒处，设置偏移值为100%，并设置关键帧，如图5-68所示。

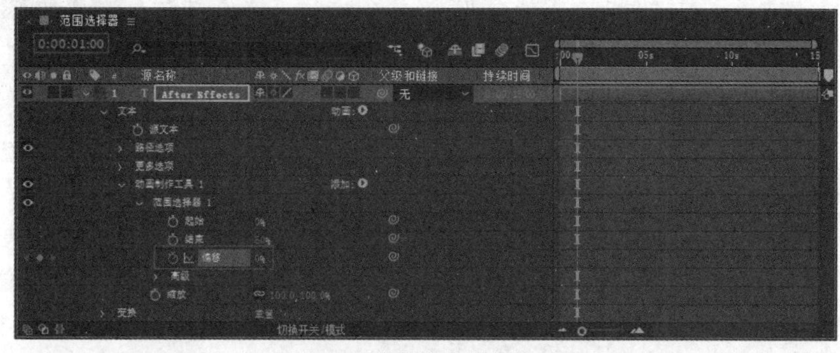

图5-67　设置偏移关键帧(一)

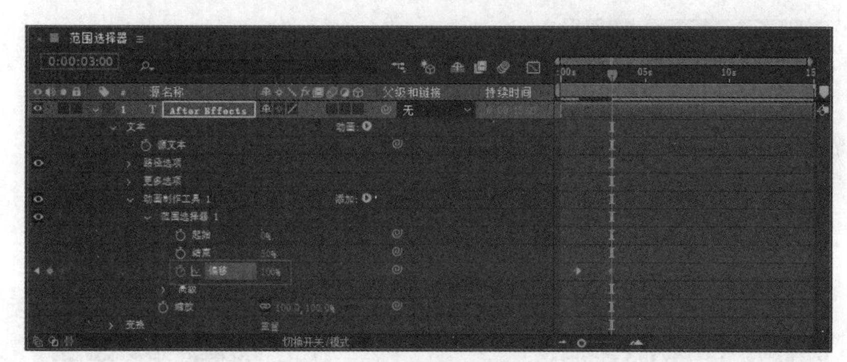

图5-68　设置偏移关键帧(二)

05 将【文本】属性组中【缩放】属性的值调整为60%，这时按空格键或拖动时间指示器即可预览影片，我们可以看到：从第1秒开始，文本的缩放动画出现了变化，并且只在50%的有效范围内变化，有效范围之外的字符没有发生缩放，如图5-69所示。

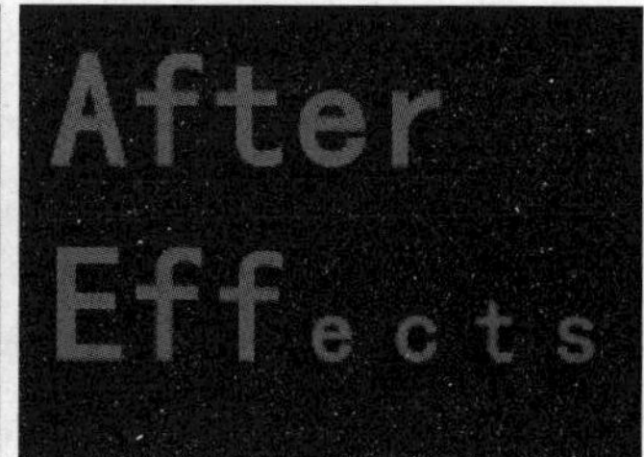

图5-69　预览缩放动画效果

5.4 【绘画】面板和【画笔】面板

在绘图操作中，用户可在【绘画】面板和【画笔】面板中对绘图效果和画笔工具进行设置。

5.4.1 【绘画】面板参数

选择【窗口】|【绘画】菜单命令，打开【绘画】面板，从中可以对画笔工具和仿制图章工具进行设置，如图5-70所示。

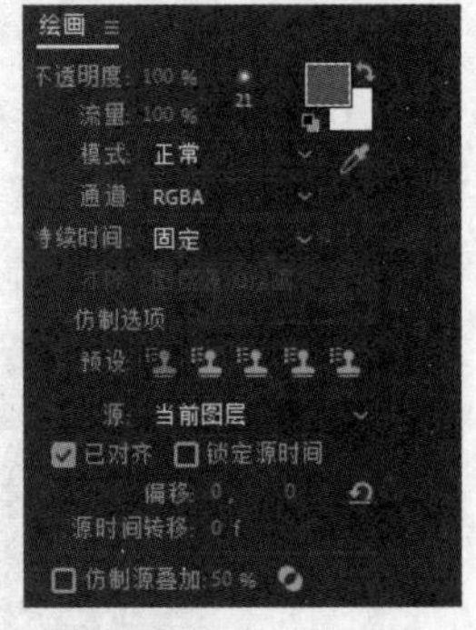

图5-70 【绘画】面板

【绘画】面板中主要选项的作用如下。

- 【不透明度】：用于设置当前画笔工具的不透明度。
- 【流量】：用于设置画笔的流量。流量越大，画笔颜色越重。
- 【模式】：用于设置叠加或混合模式，作用与图层间的叠加模式较为相似，分别有【正常】【变暗】【相乘】和【颜色加深】等多种叠加或混合模式，如图5-71所示。
- 【通道】：用于设置当前画笔工具的使用通道。【通道】下拉列表中共有3个通道可选，如图5-72所示。其中，RGBA表示当前画笔工具将同时影响图像的所有通道，RGB表示当前画笔工具仅影响图像的RGB通道，Alpha表示当前画笔工具仅影响图像的Alpha通道。

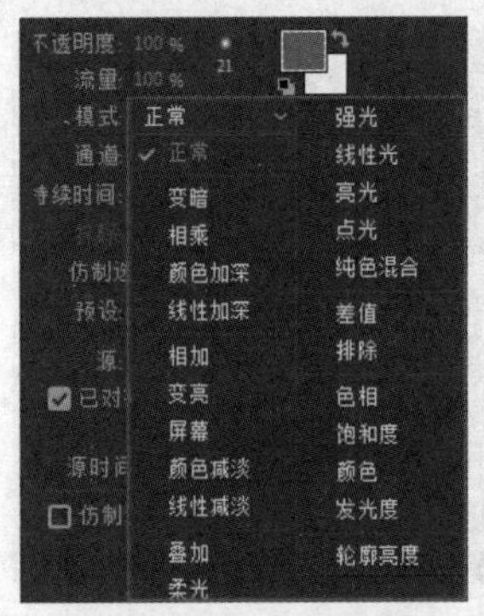

图5-71 叠加或混合模式

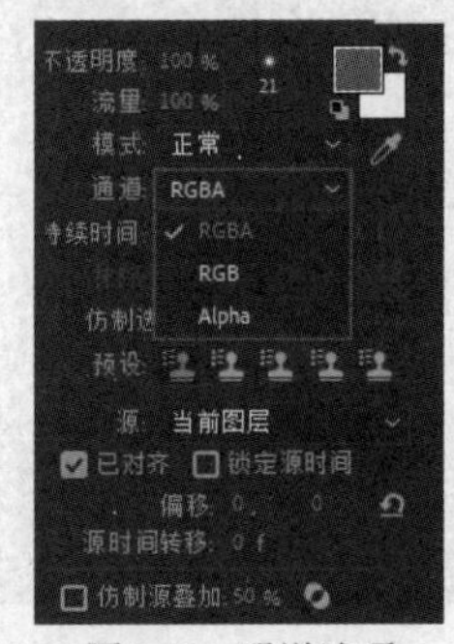

图5-72 通道选项

- 【持续时间】：用于设置画笔不同的持续时间，【持续时间】下拉列表中共有4个选项，如图5-73所示。其中：【固定】表示画笔从当前帧开始，持续绘画到最后一帧；【写入】表示画笔可以产生动画；【单帧】表示画笔只能在当前帧中进行绘画；【自定义】表示可以设置画笔在自定义的帧中进行绘画。
- 【抹除】：在激活橡皮擦工具时用于更改橡皮擦的擦除方式，【抹除】下拉列表中共有3个选项，如图5-74所示。其中：选择【图层源和绘画】选项后，在使用橡皮擦工具擦除画笔的同时，画笔所在的图层也会被擦除；选择【仅绘画】选项后，将仅擦除使用画笔绘制的内容；选择【仅最后描边】选项后，擦除时将仅影响最后一次的绘画效果。

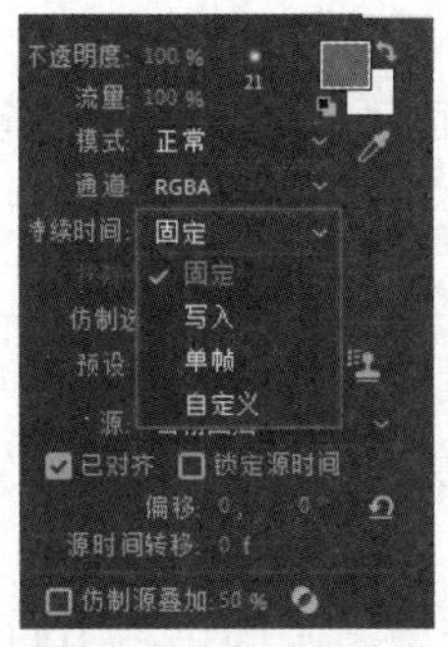

图5-73　持续时间选项

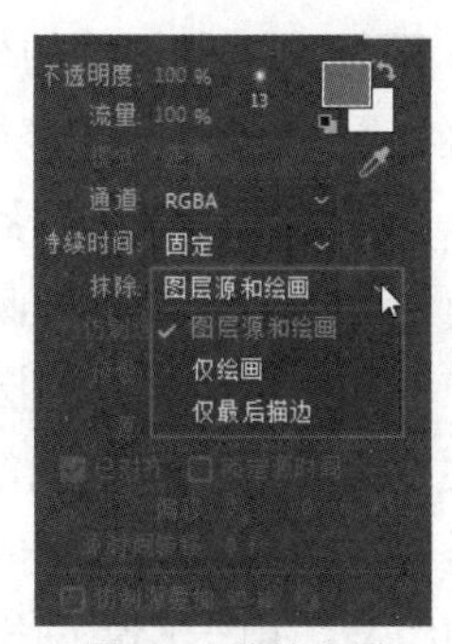

图5-74　涂抹选项

- 仿制选项：这是一些在使用仿制图章工具时出现的设置选项。其中：【预设】选项可存储预先设定的取样点，存储后可方便用户使用；【源】选项可设置取样点图层，若选取的图层发生变化，相应的取样点图案也会发生变化；【已对齐】选项可设置对每个描边使用相同的位移；【锁定源时间】选项可设置对每个仿制描边源使用相同的帧。
- 【偏移】：取样后，光标在图层中的坐标是以取样点为中心的，在使用仿制图章工具后，这个坐标将不再改变，直到下次取样为止。
- 【源时间转移】：用于设置被取样图层的时间。当仿制/克隆一段动画或某个序列帧时，可以改变克隆源的时间。
- 【画笔颜色】：用于设置画笔的颜色，上层为前景色，下层为背景色。单击可以切换前景色和背景色，单击可以重置前景色和背景色。

5.4.2　【画笔】面板参数

选择【窗口】|【画笔】菜单命令，在打开的【画笔】面板中可对画笔的各种属性进行调整和更改，以适应不同用户的需求，【画笔】面板如图5-75所示。

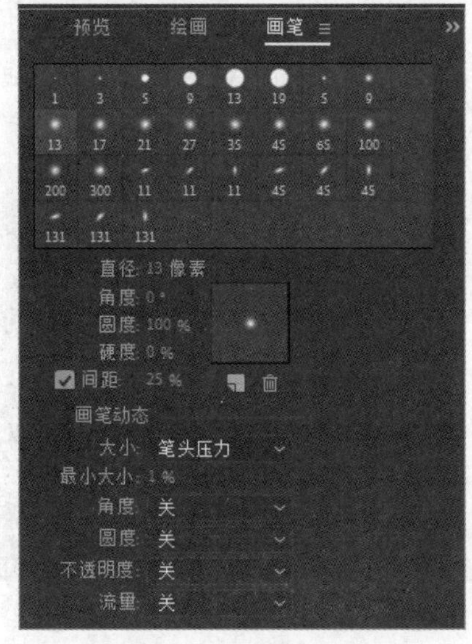

图5-75　【画笔】面板

【画笔】面板中主要选项的作用如下。

- 【直径】：用于设置当前画笔笔尖的直径大小，可手动输入像素值，也可拖动光标以设置需要的数值。数值越大，画笔笔尖的直径越大。
- 【角度】：用于设置椭圆画笔的方向。
- 【圆度】：用于设置椭圆画笔的笔尖，可将画笔设置为椭圆形。
- 【硬度】：用于调节画笔笔尖的羽化程度。当硬度为100%时，笔刷完全无羽化，不透明。当硬度为较小的值时，仅笔刷的中心是不透明的。
- 【间距】：用于设置画笔笔尖标记之间的距离，取值范围为1%～1000%。
- 【画笔动态】：在使用数位屏的压感笔时，可通过【画笔动态】下方的选项来对画笔的属性进行设置和更改。
- 【大小】：用于设置画笔的直径。【大小】下拉列表中共有4个选项，分别是【关】【笔头压力】【笔倾斜】和【笔尖转动】。
- 【最小大小】：用于设置画笔笔尖的最小大小。但是，当【大小】为【关】时，【最小大小】将不可用。
- 【角度】：用于对画笔角度的动态进行设置。【角度】下拉列表中共有4个选项，分别是【关】【笔头压力】【笔倾斜】和【笔尖转动】。
- 【圆度】：用于对画笔圆度的动态进行设置，也就是设置笔刷圆度的变化程度。【圆度】下拉列表中共有4个选项，分别是【关】【笔头压力】【笔倾斜】和【笔尖转动】。
- 【不透明度】：用于对笔刷的不透明度进行设置，共有【关】【笔头压力】【笔倾斜】和【笔尖转动】4个选项。
- 【流量】：用于对画笔流量的变化进行控制，流量越大，笔刷的墨水量越大，共有【关】【笔头压力】【笔倾斜】和【笔尖转动】4个选项。

单击【画笔】旁边的图标，可在弹出的下拉菜单中对【画笔】面板的不同显示方式进行设置，如图5-76所示。

- 【仅文本】：选择后，【画笔】面板中将仅显示每种画笔类型的名称，如图5-77所示。在这种显示方式下，无法直接看到画笔的样式。

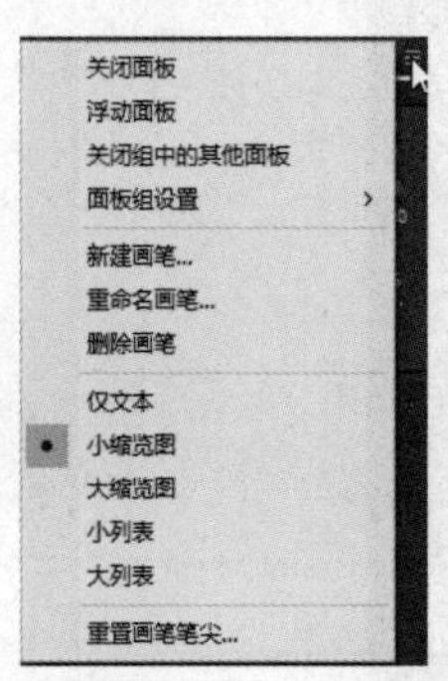

图5-76 设置【画笔】面板的显示方式

图5-77 仅文本方式

- 【小缩览图】：画笔类型的默认显示方式。在这种方式下，可通过面板观察画笔样式，画笔的选择也将更加方便，如图5-78所示。

○ 【大缩览图】：在这种方式下，可通过较大的显示方式观察画笔样式，如图5-79所示。

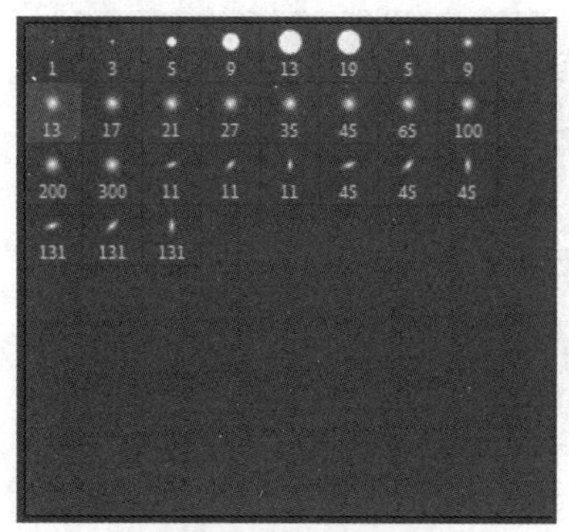

图5-78　小缩览图方式

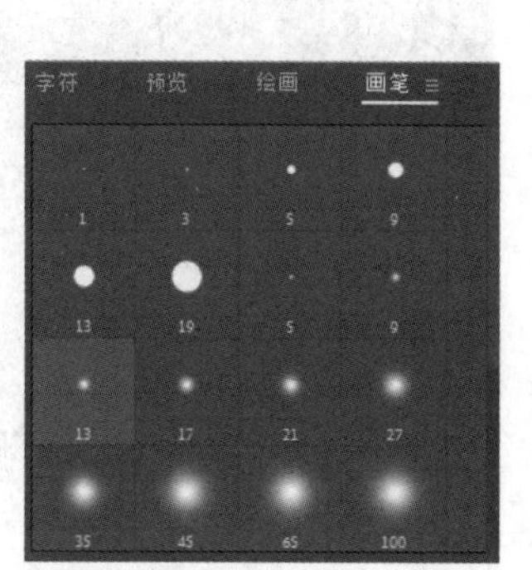

图5-79　大缩览图方式

○ 【小列表】：在这种方式下，将同时显示画笔样式和画笔名称，但列表较小，如图5-80所示。

○ 【大列表】：在这种方式下，将同时显示画笔样式和画笔名称，并以较大的列表显示，从而方便用户选择，但显示的画笔样式较少，如图5-81所示。

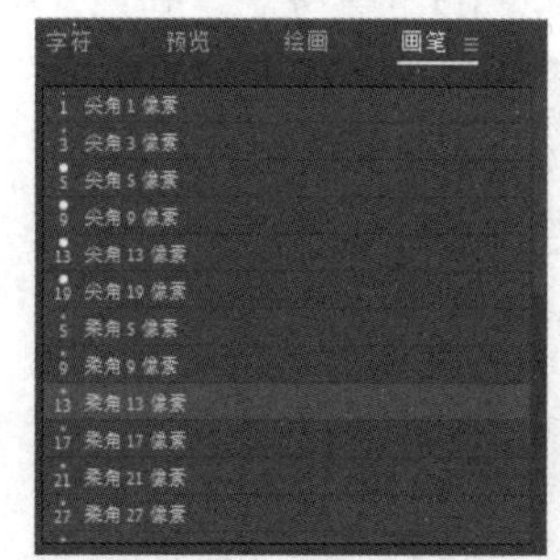

图5-80　小列表方式

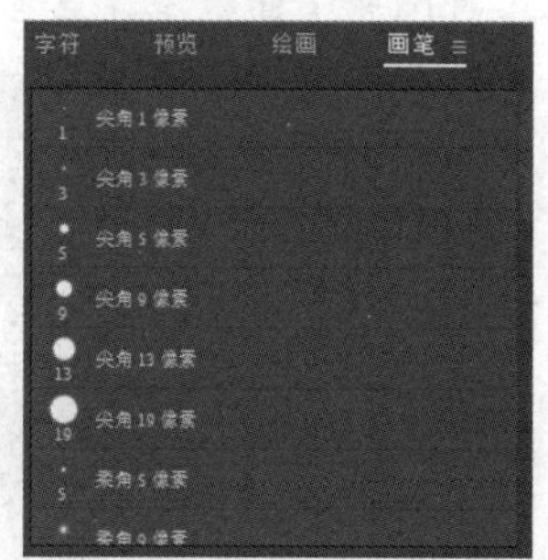

图5-81　大列表方式

5.5　上机练习——文字动画影片

本节将制作动态的包含多种形态的文字动画效果，并将它们串联起来，形成一段文字动画影片。通过本节的练习，可帮助读者更好地掌握文本和文本动画的基本操作方法及技巧。

01 选择【合成】|【新建合成】菜单命令，在打开的【合成设置】对话框中设置【预设】为PAL D1/DV，设置【持续时间】为0:00:06:00，如图5-82所示。然后单击【确定】按钮，创建一个新的合成。

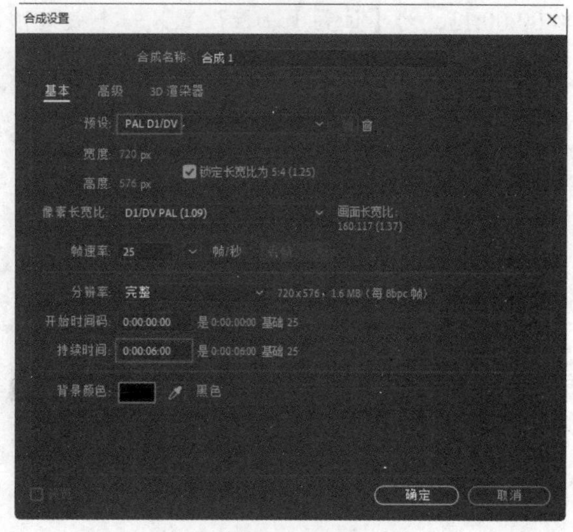

图5-82　设置合成

02 在【时间轴】面板的空白处右击，从弹出的快捷菜单中选择【新建】|【文本】命令，创建一系列文字图层并输入字符，如图5-83所示。

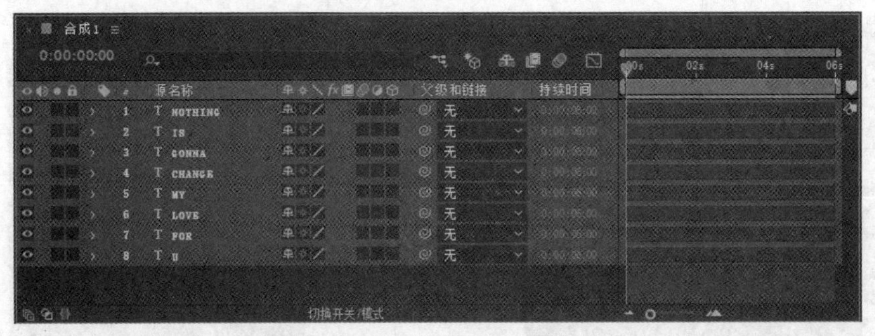

图5-83 创建一系列文字图层并输入字符

❖ 提示：

在这里，输入的字符内容为NOTHING IS GONNA CHANGE MY LOVE FOR U，我们已经将每个单词单独创建为文本图层，以方便进行不同的变换操作。

03 在【时间轴】面板中开启各文本图层的运动模糊和3D图层功能，如图5-84所示。

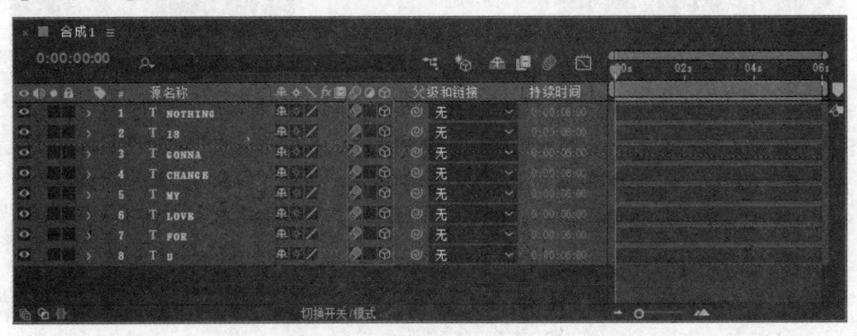

图5-84 开启各文本图层的运动模糊和3D图层功能

04 选择第1个文本图层，将时间指示器移至00:00:00:00，为【位置】属性设置一个关键帧，并将图层中的文本拖到画面之外，如图5-85所示；然后将时间指示器移至00:00:00:13，为【位置】属性设置另一个关键帧，并将文本拖至画面中央，如图5-86所示。

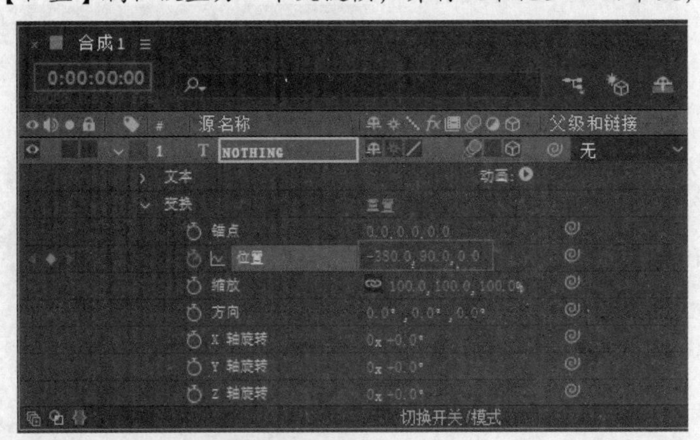

图5-85 设置一个位置关键帧

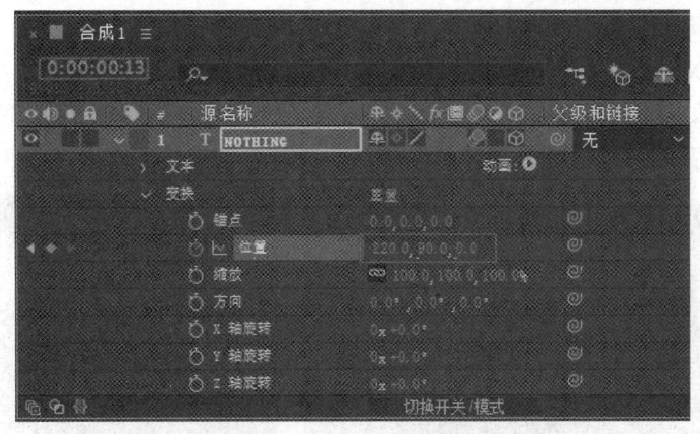

图5-86　设置另一个位置关键帧

05 按空格键或拖动时间指示器即可预览影片，请观察文字的运动模糊效果，如图5-87所示。

图5-87　文字的运动模糊效果

❖ 提示：

由于这里开启了运动模糊功能，因此文字给人一种高速运动的视觉感。如果不开启运动模糊功能，生成的将是较为清晰和生硬的变换效果。

06 选择【位置】属性，打开图表编辑器，可以看到位置关键帧的运动曲线。位置运动曲线由三条线段组成，它们分别代表文本在不同坐标轴上的运动情况，如图5-88所示。

07 选中线段末端的点，使线段以实心黄点显示，然后单击工具栏下方的【缓动】图标，使曲线的运动变得较为平滑，如图5-89所示。

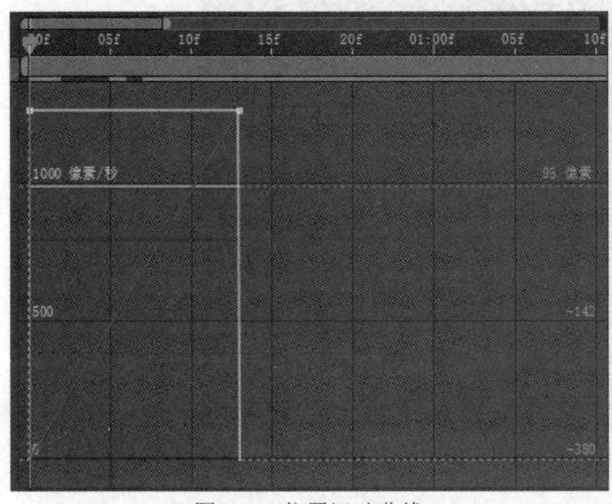

图5-88　位置运动曲线

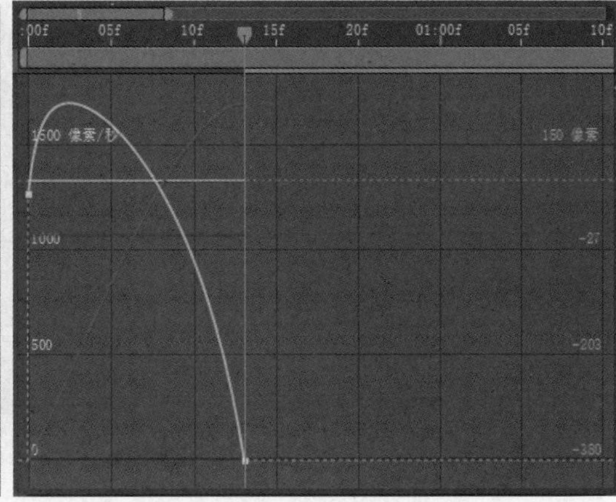

图5-89　使曲线的运动变得较为平滑

08 再次选中线段末端的点，单击工具栏下方的【单独尺寸】图标，此时【位置】属性将被扩展为【X位置】【Y位置】【Z位置】属性，如图5-90所示。

09 最后一次选中线段末端的点，此时将会出现曲线控制手柄，通过调整手柄的方向和长短，可调整位置运动曲线的节奏，调整后的位置运动曲线如图5-91所示。

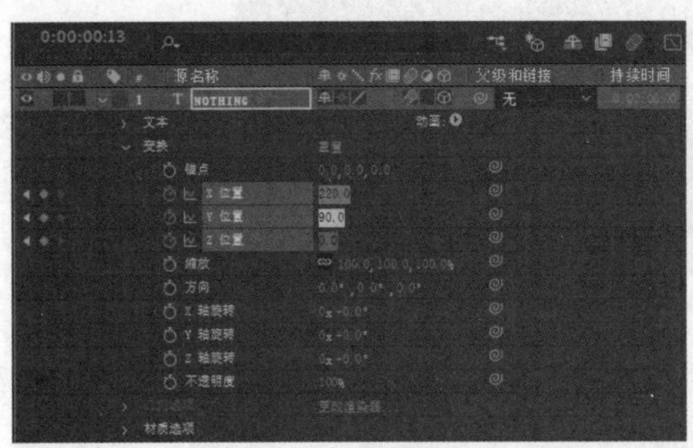

图5-90 扩展【位置】属性

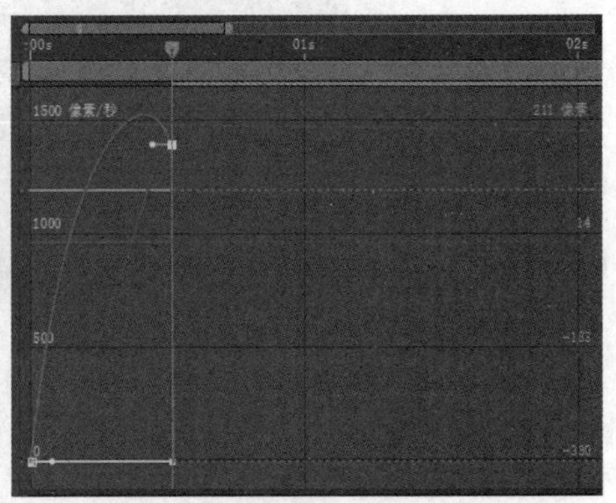

图5-91 调整后的位置运动曲线

❖ 提示：

调整曲线控制手柄时，如果发现无法沿直线拖动，那么可以按住Shift键，此时即可沿直线拖动。

10 按空格键或拖动时间指示器，预览影片效果，可以看到，字符的运动节奏将变得较为平滑。

11 选中第2个文本图层，对【变换】属性组中的【位置】属性进行调整，如图5-92所示。

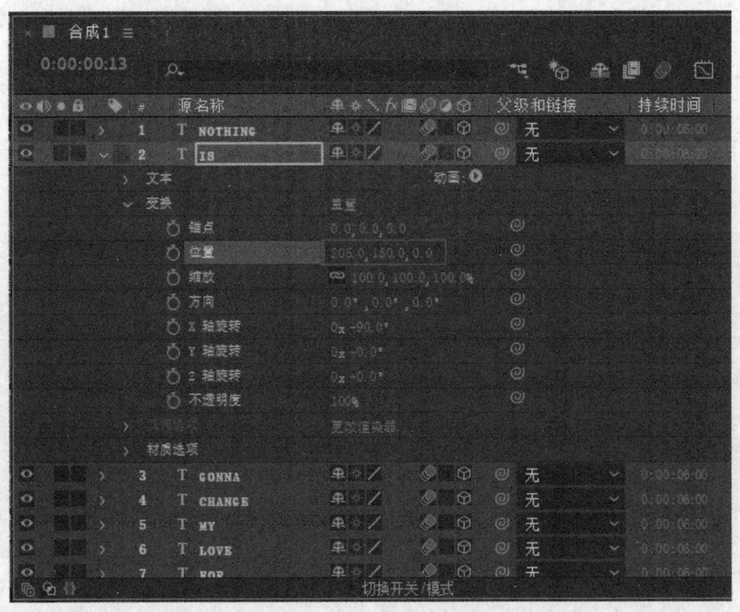

图5-92 调整【位置】属性

12 将时间指示器移至00:00:00:13(也就是使第1个文本图层中的字符完全显示所需的时

间)，为【X轴旋转】属性设置一个关键帧，并将属性值设置为-90°，如图5-93所示。

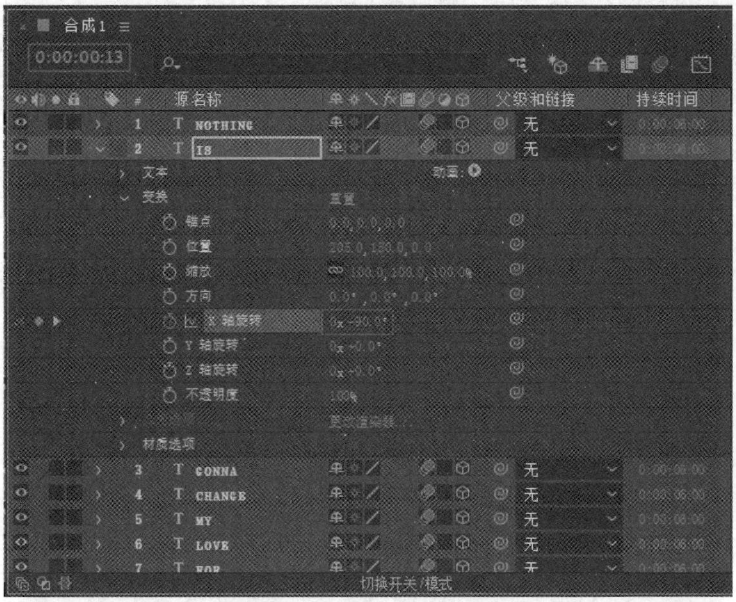

图5-93　设置一个X轴旋转关键帧

13 将时间指示器移至00:00:01:00，设置另一个X轴旋转关键帧，并将属性值设置为0°，如图5-94所示。按空格键对影片进行预览，即可看到IS文本图层由X轴旋转直至完全显示的过程。

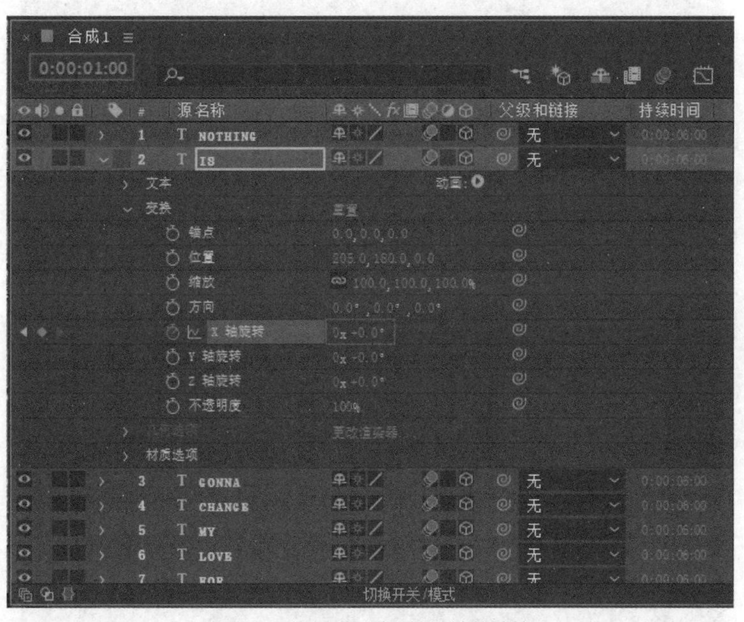

图5-94　设置另一个X轴旋转关键帧

14 选中【不透明度】属性，在时间点00:00:00:13设置一个关键帧，并将属性值设置为0%，这样当上一层文本仍显示时，本层文本将不显示。在时间点00:00:01:00设置另一个关键帧，将【不透明度】属性的值设置为100%，按空格键预览影片效果，即可看到本层文字逐渐显示的过程，如图5-95所示。

图5-95　预览文字逐渐显示的效果

15 选中第3个文本图层，对【变换】属性组中的【位置】属性进行设置，如图5-96所示。

图5-96　设置【位置】属性

16 选中【变换】属性组中的【Y轴旋转】属性，在时间点00:00:01:00设置一个关键帧，并将属性值设置为-90°，如图5-97所示；在时间点00:00:01:13设置另一个关键帧，并将属性值设置为0°，如图5-98所示。

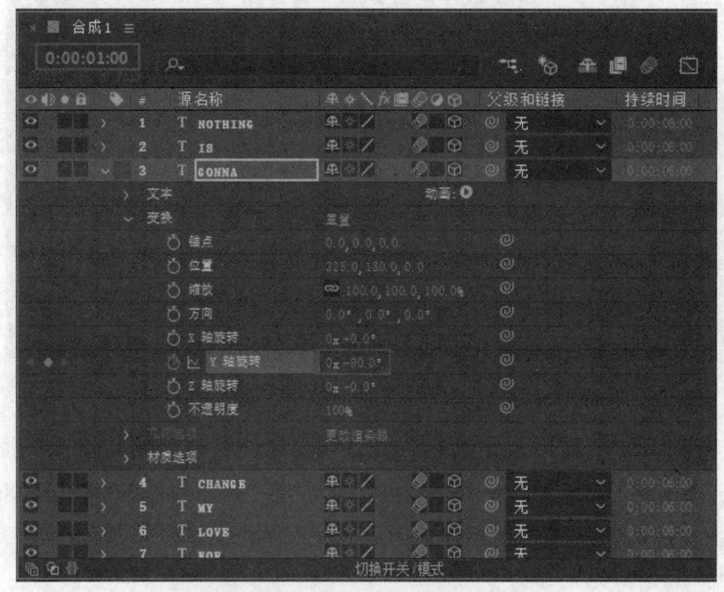

图5-97　设置一个Y轴旋转关键帧

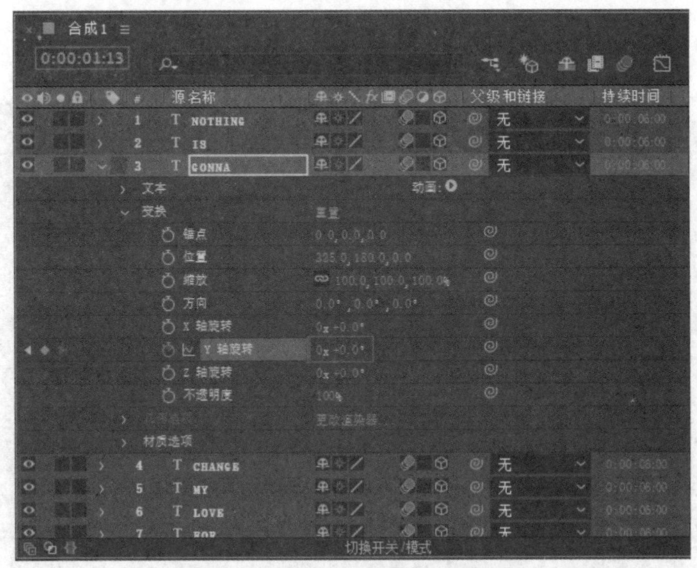

图5-98　设置另一个Y轴旋转关键帧

17 选中【不透明度】属性，在时间点00:00:01:00设置一个关键帧，并将属性值设置为0%；在时间点00:00:01:02设置另一个关键帧，并将属性值设置为100%，预览影片效果，如图5-99所示。

图5-99　预览影片效果

18 选中第4个文本图层，对【变换】属性组中的【位置】属性进行设置，如图5-100所示。

图5-100　设置【位置】属性

19 单击【动画】属性三角形图标动画:，在弹出的菜单中选择【缩放】命令，激活【范围选择器1】属性组，并将【缩放】属性调整为0，如图5-101所示。

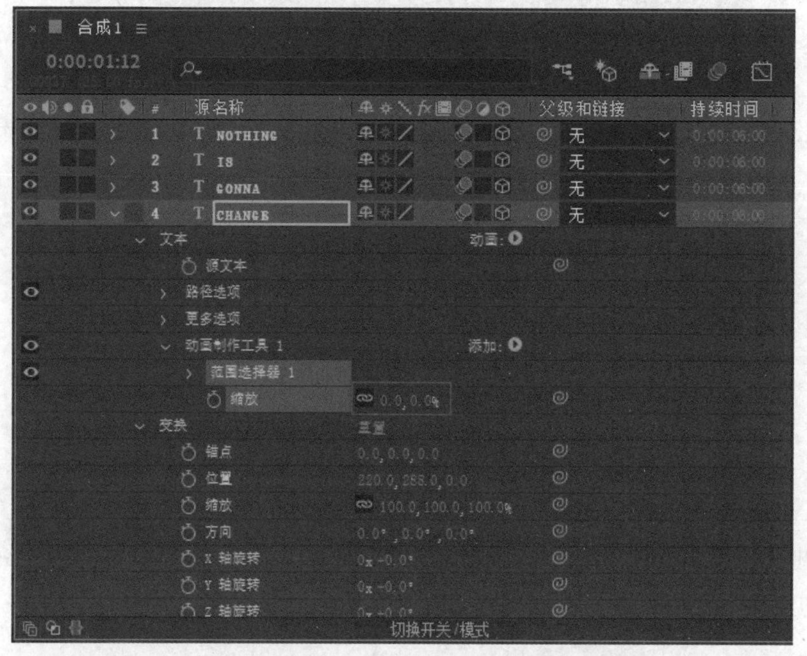

图5-101 设置【缩放】属性

20 将时间指示器移至00:00:01:13，选择【范围选择器1】属性组中的【偏移】属性，设置一个关键帧，并将偏移值设置为0%，如图5-102所示；再将时间指示器移至00:00:02:00，设置另一个偏移关键帧，并将偏移值设置为100%，如图5-103所示。

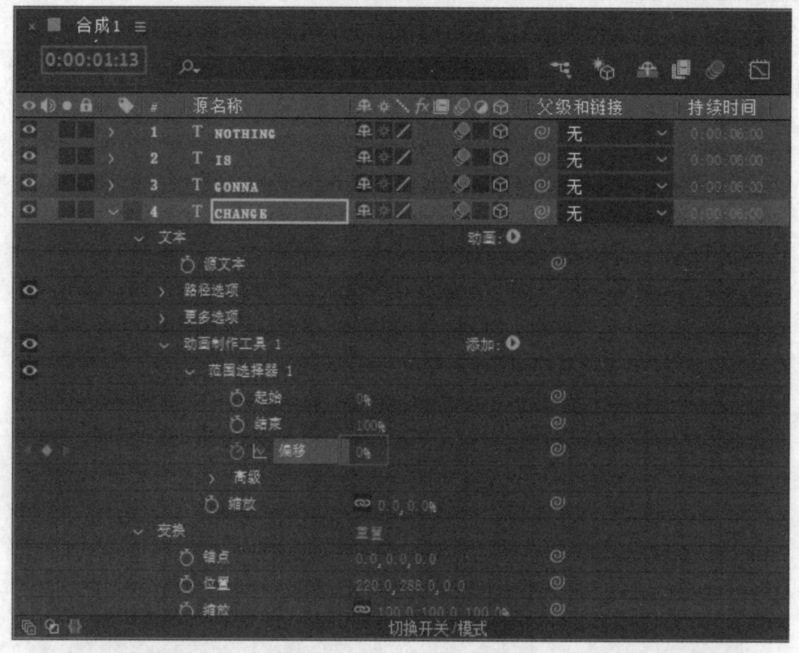

图5-102 设置一个偏移关键帧

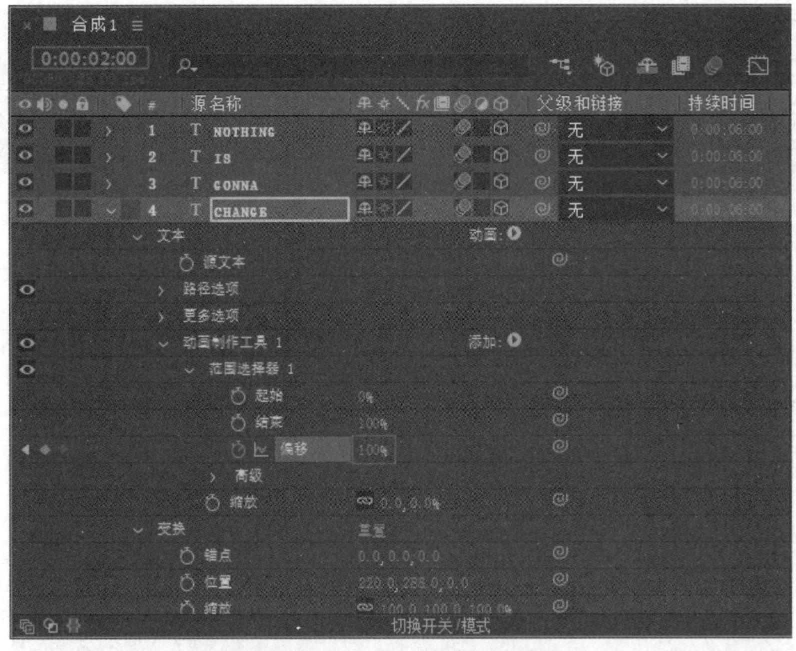

图5-103　设置另一个偏移关键帧

21 打开【范围选择器1】属性组中【随机排序】属性的开关，如图5-104所示。此时，第4个文本图层中的字符将打乱顺序随机显示，而不再从左至右依次显示。

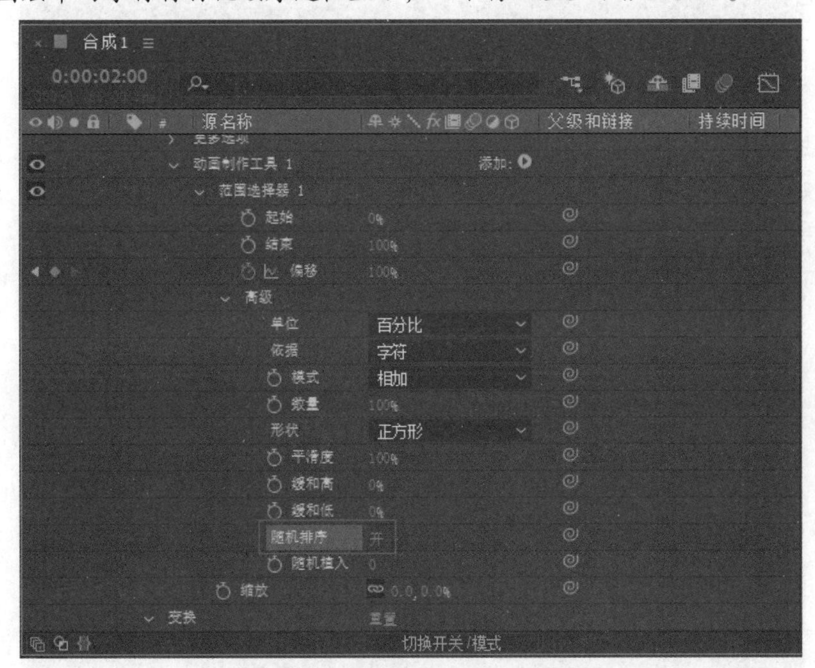

图5-104　打开【随机排序】属性的开关

22 在同一时间点，打开【随机排序】属性开关前后的字符显示对比效果如图5-105和图5-106所示。

图5-105　关闭随机排序时的效果

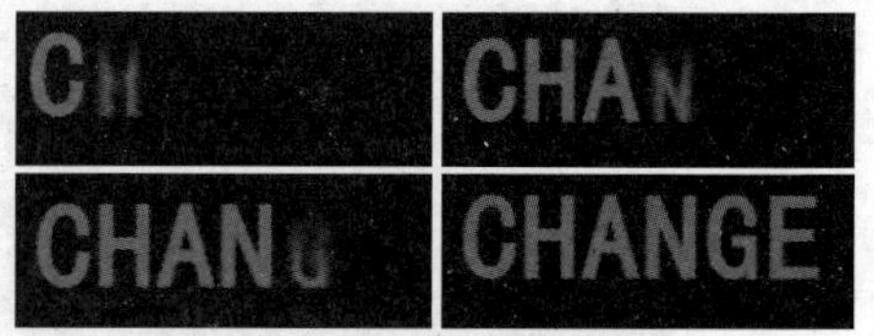

图5-106　打开随机排序时的效果

23 选中第5个文本图层，对【变换】属性组中的【位置】属性进行修改，如图5-107所示。

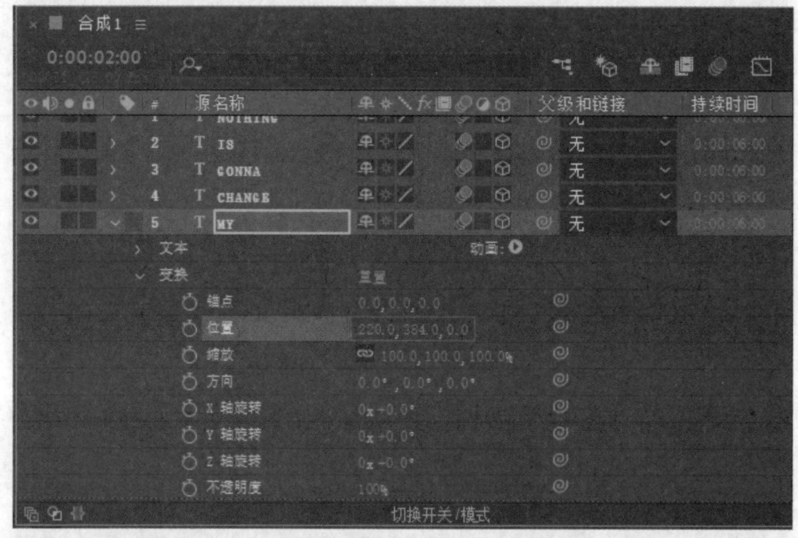

图5-107　修改【位置】属性

24 单击【动画】属性三角形图标动画:，在弹出的菜单中选择【不透明度】命令，然后将【不透明度】属性设置为0%，如图5-108所示。

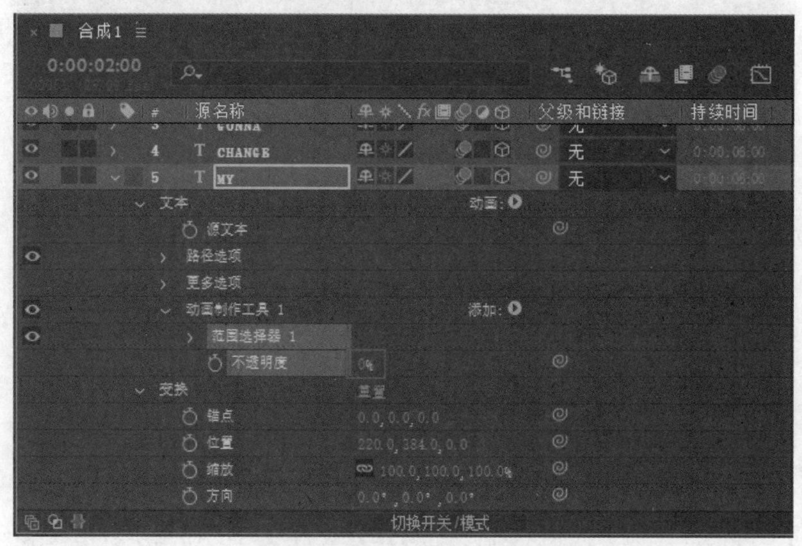

图5-108　设置【不透明度】属性

25 展开【范围选择器1】属性组，在时间点00:00:02:00设置一个偏移关键帧，并将偏移值设置为0%，如图5-109所示；在时间点00:00:02:13设置另一个偏移关键帧，并将偏移值设置为100%，如图5-110所示。

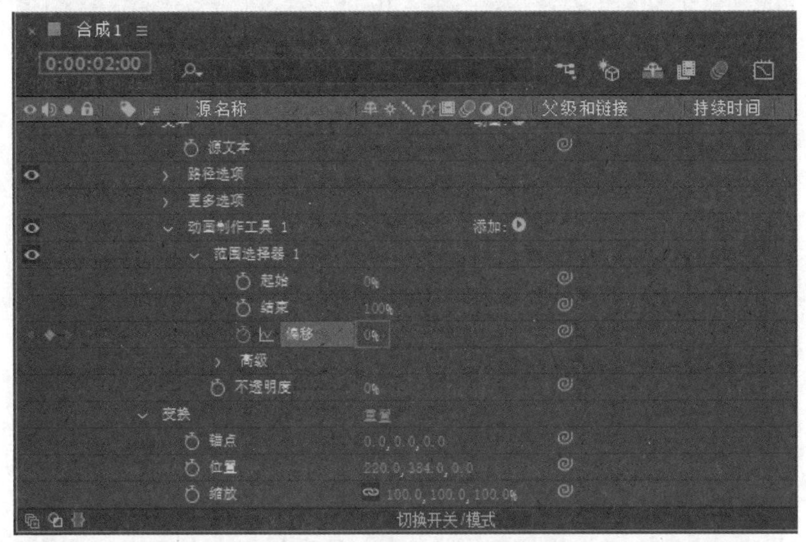

图5-109　设置一个偏移关键帧

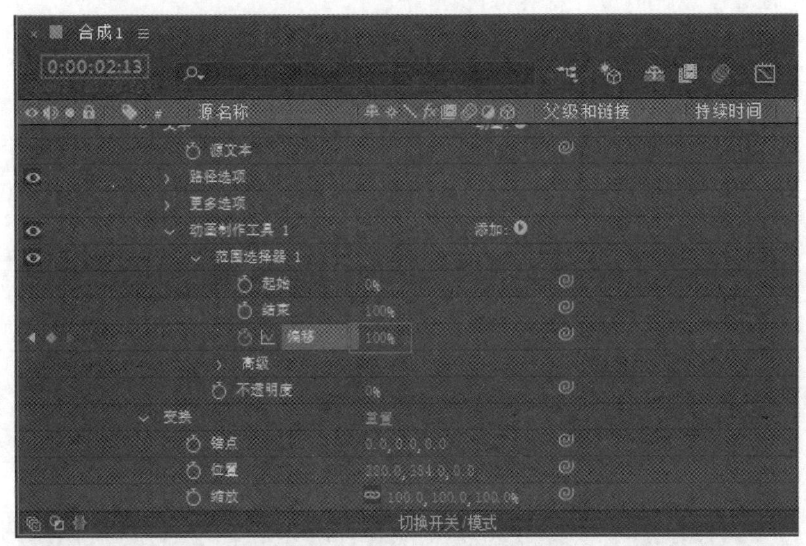

图5-110　设置另一个偏移关键帧

26 按空格键对影片进行预览，即可看到本层文字在这段时间内逐渐显示的效果，如图5-111所示。

图5-111　预览文字逐渐显示的效果

27 选中第6个文本图层，单击【动画】属性三角形图标 动画:，在弹出的菜单中选择【位置】命令。展开【范围选择器1】属性组，对【位置】属性进行修改，并设置位置关键帧，将字符移到画面外，然后设置偏移关键帧，并设置偏移值为0%，如图5-112所示。

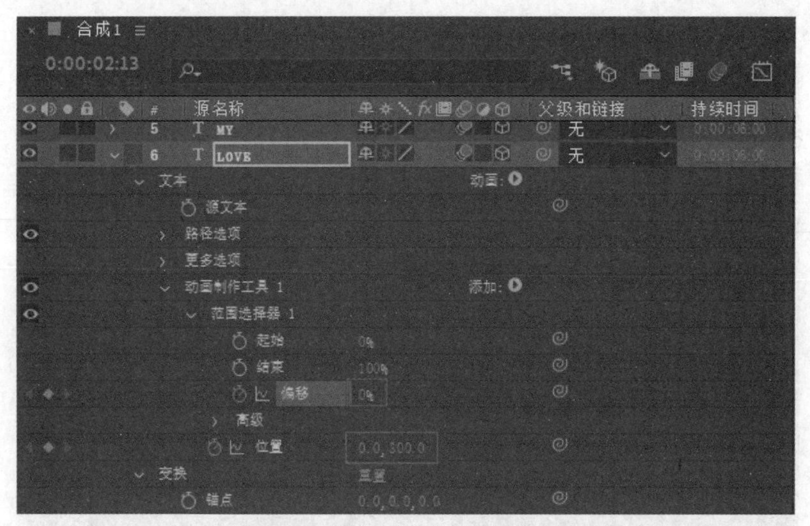

图5-112　设置偏移和位置关键帧(一)

28 在时间点00:00:03:00设置偏移关键帧，并设置偏移值为100%，然后设置位置关键帧，并修改【位置】属性的值，如图5-113所示。

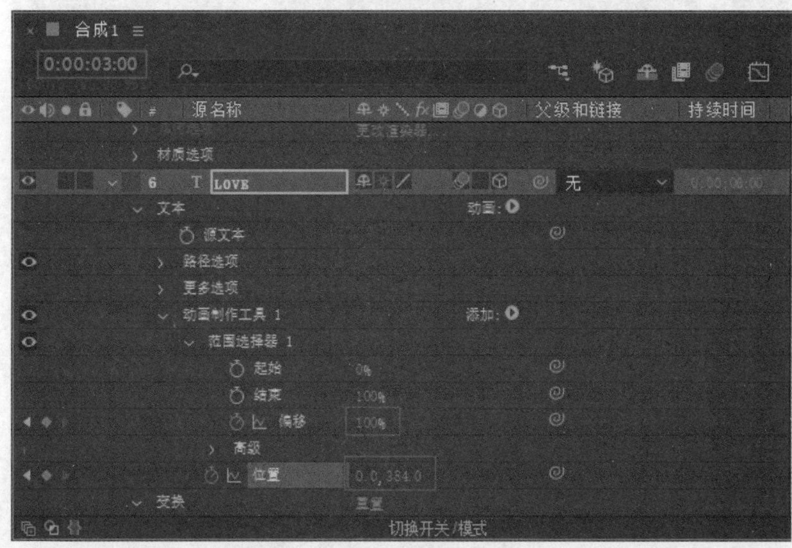

图5-113　设置偏移和位置关键帧(二)

29 按空格键对影片进行预览，这段时间内的文字动画效果如图5-114所示。

图5-114　预览文字动画效果

30 选中第7个文本图层，对【变换】属性组中的【位置】属性进行修改，如图5-115所示。

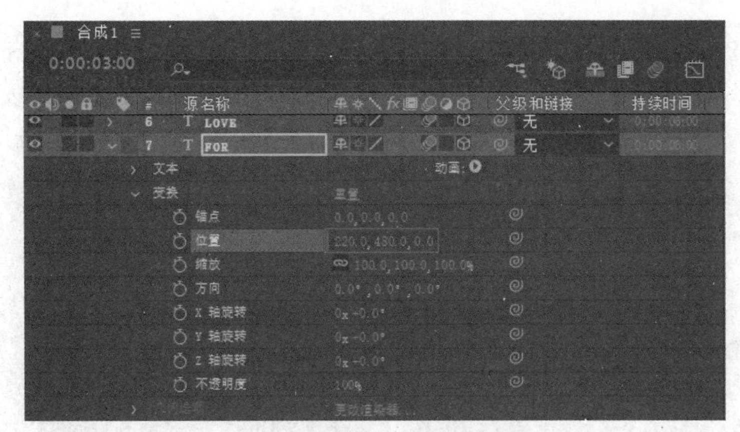

图5-115 修改【位置】属性

31 单击【动画】属性三角形图标动画:，在弹出的菜单中选择【旋转】命令，并将【旋转】属性的值设置为-180°，如图5-116所示。

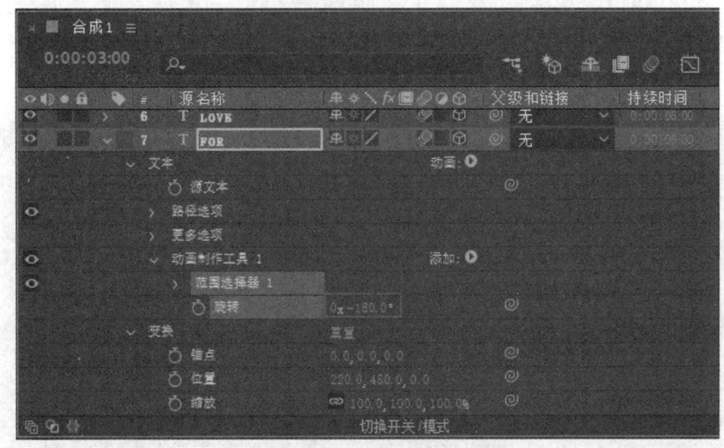

图5-116 修改【旋转】属性

32 展开【范围选择器1】属性组，将时间指示器移至00:00:03:00，设置一个偏移关键帧，并将偏移值设置为0%，如图5-117所示；再将时间指示器移至00:00:03:13，设置另一个偏移关键帧，并将偏移值设置为100%，如图5-118所示。

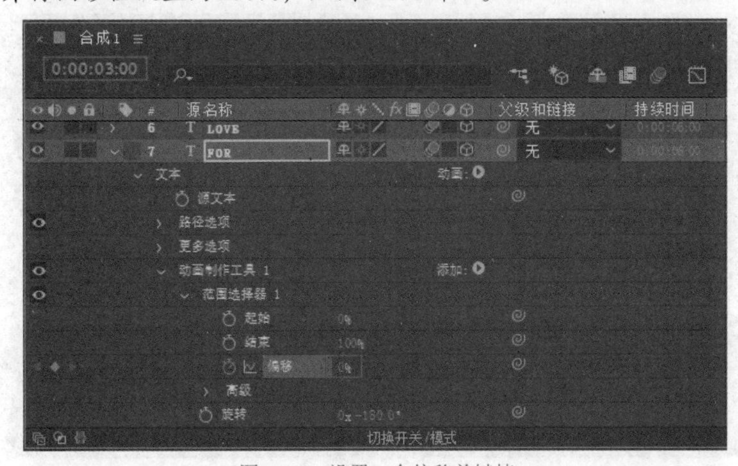

图5-117 设置一个偏移关键帧

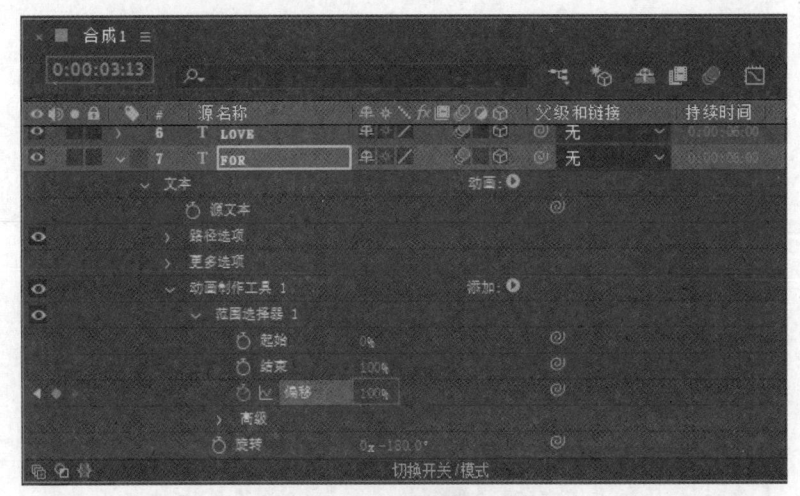

图5-118　设置另一个偏移关键帧

33 在时间点00:00:03:00将【变换】属性组中的【不透明度】属性设置为0%，设置一个不透明度关键帧，如图5-119所示；在时间点00:00:03:13将【不透明度】属性设置为100%，设置另一个不透明度关键帧，如图5-120所示。

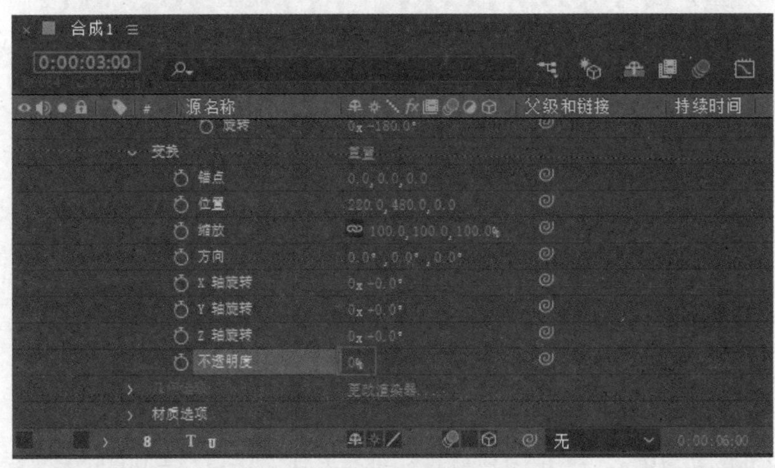

图5-119　设置一个不透明度关键帧

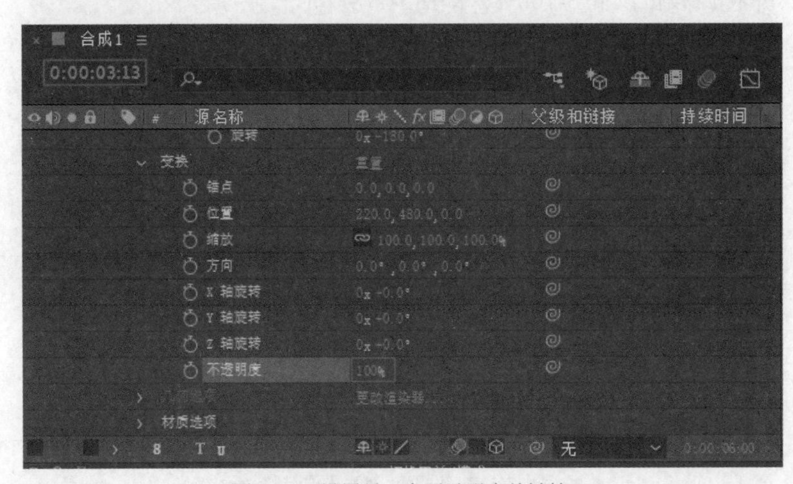

图5-120　设置另一个不透明度关键帧

34 按空格键对影片进行预览，这段时间内的文字动画效果如图5-121所示。

图5-121 预览文字动画效果

35 选中最后一个文本图层，对【变换】属性组中的【位置】属性进行修改，如图5-122所示。

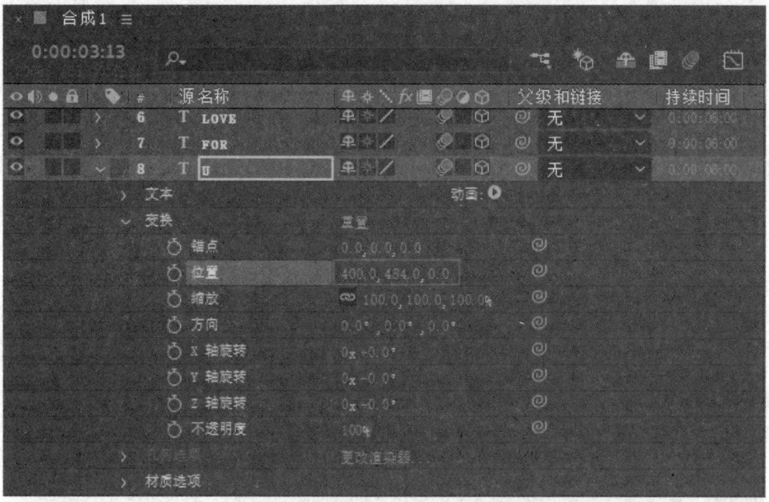

图5-122 修改【位置】属性

36 下面为最后这个文本图层设置字符摇摆的效果。单击工具栏中的【向后平移(锚点)工具】图标，如图5-123所示。然后将字符U的锚点移至其左上角，如图5-124所示。

图5-123 单击【向后平移(锚点)工具】图标

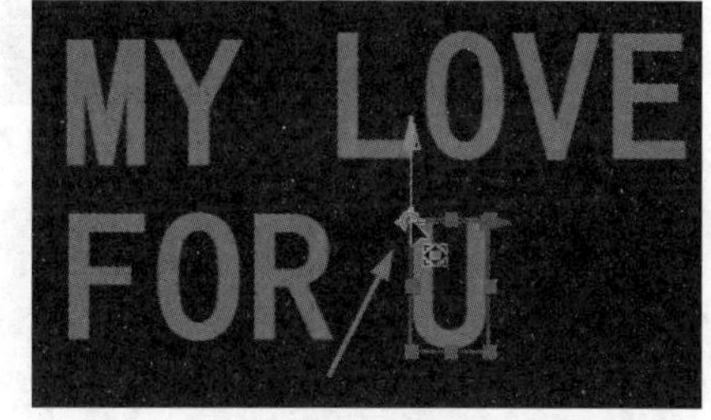

图5-124 移动锚点

37 选中【变换】属性组中的【*X*轴旋转】属性，在时间点00:00:03:13，将属性值调整为-90°并设置关键帧；在时间点00:00:03:19，将属性值设置为60°并设置关键帧；在时间点00:00:04:00，将属性值调整为-45°并设置关键帧；在时间点00:00:04:06，将属性值调整为45°并设置关键帧；在时间点00:00:04:12，将属性值调整为30°并设置关键帧；在时间点00:00:04:19，将属性值调整为0°并设置关键帧。

38 在时间点00:00:03:00，将【变换】属性组中的【不透明度】属性设置为0%，并设置一个不透明度关键帧，如图5-125所示；在时间点00:00:03:13，将【不透明度】属性设置另一个不透明度为100%，并设置关键帧，如图5-126所示。

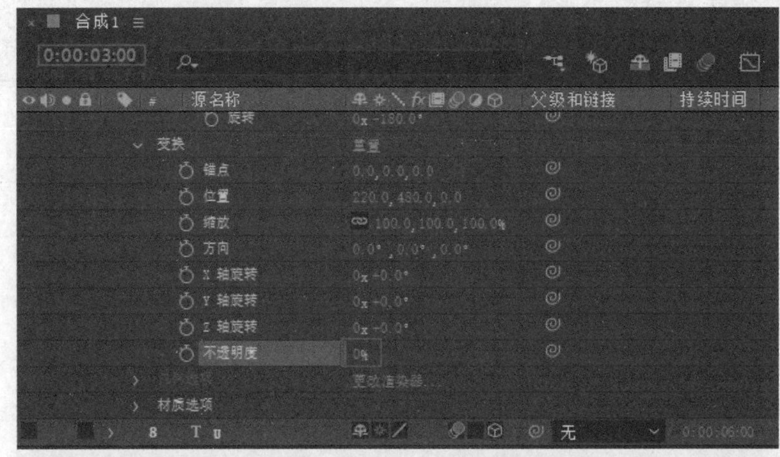

图5-125 设置一个不透明度关键帧

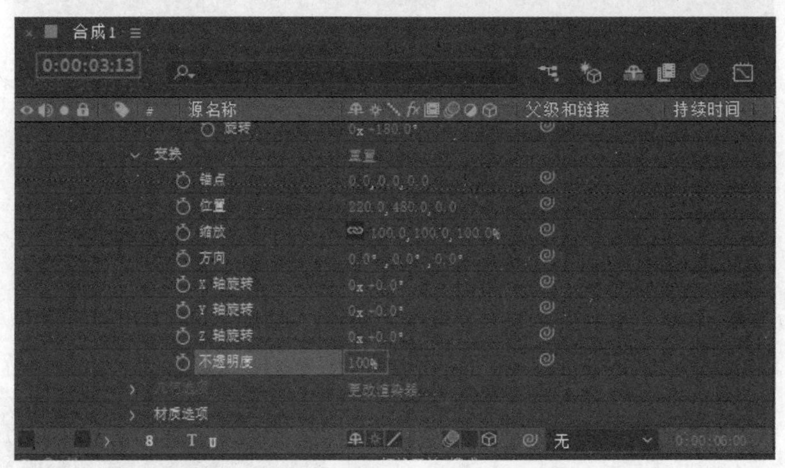

图5-126 设置另一个不透明度关键帧

39 在【时间轴】面板中右击，从弹出的快捷菜单中选择【新建】|【纯色】命令，创建一个纯色图层，然后将其拖至所有文本图层的最下方作为背景。

40 按空格键播放影片，在【合成】面板中可以观看最终的动画效果，如图5-127所示。

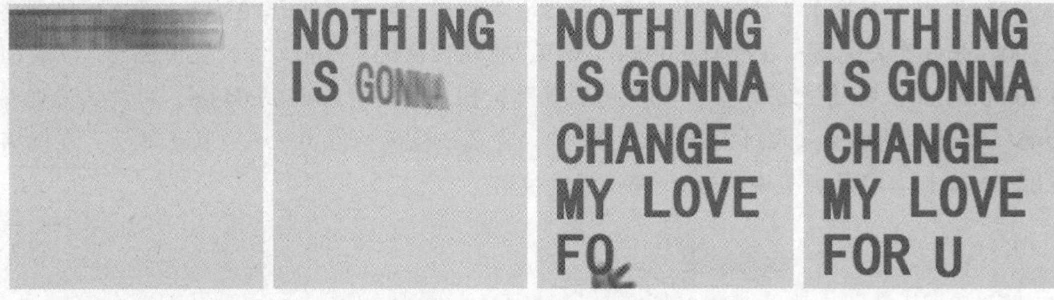

图5-127 最终的动画效果

❖ 提示：

使用运动模糊功能可以模拟文字高速运动的视觉效果，在实际操作中，可以根据影片的需要为相应的图层添加这种功能。

5.6　习　题

1. 创建文本，使其沿指定的路径运动。
2. 创建文本，为其制作字符跳跃动画。

第6章

应用蒙版

在After Effects合成中，有时需要将图层的一部分遮盖或去除，从而突出或抹去一部分内容，这时就需要用到蒙版。本章将详细讲解蒙版和形状图层的创建方法以及蒙版动画的应用。

本章重点

- 蒙版的创建方法
- 形状图层的创建
- 蒙版动画

二维码教学视频

【例6-1】为图层添加蒙版

【例6-2】制作蒙版动画

【例6-3】使用【Roto笔刷工具】抠像

上机练习——水墨动画

6.1 蒙　版

蒙版在图层中起“遮罩”作用，可用于控制图层的透明和不透明区域。此外，蒙版还可用于提取或抠像得到需要显示的部分。

6.1.1 创建蒙版

After Effects提供了蒙版路径的多种创建方法，其中较为常用的是使用形状工具和钢笔工具绘制蒙版。

【例6-1】为图层添加蒙版。

01 新建一个合成，然后创建一个纯色图层。

02 选中纯色图层，然后在工具栏中选择【矩形工具】，如图6-1所示。此时，光标的形状将变为，在纯色图层上绘制矩形蒙版，如图6-2所示。

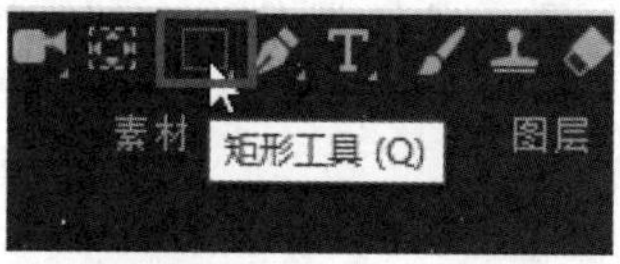

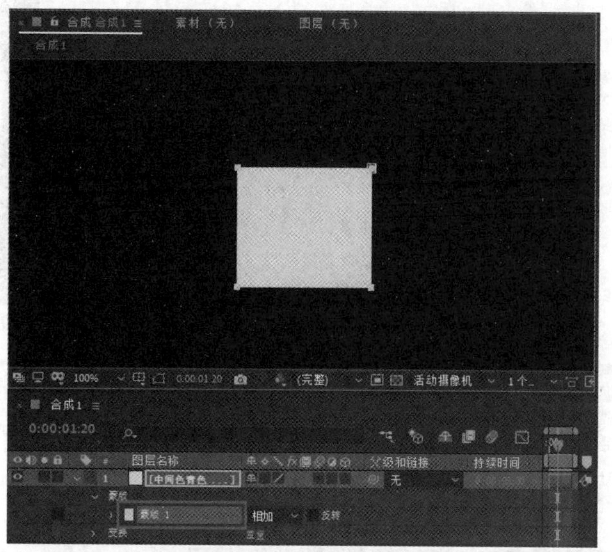

图6-1 选择【矩形工具】

图6-2 绘制矩形蒙版

❖ 提示：

绘制的矩形蒙版除了蒙版图形内为原有的图层颜色之外，其余部分均为黑色，代表当前蒙版的选区在这个矩形之内。另外，注意在绘制蒙版时，必须先选择想要添加蒙版的图层。如果没有选择图层，绘制形状时将生成新的形状图层。

03 在工具栏中单击并按住【矩形工具】图标，可以打开形状工具列表，用户可以从中选择需要使用的形状工具，比如图6-3所示的【星形工具】。然后在图层中绘制图形，即可生成新的蒙版，如图6-4所示。

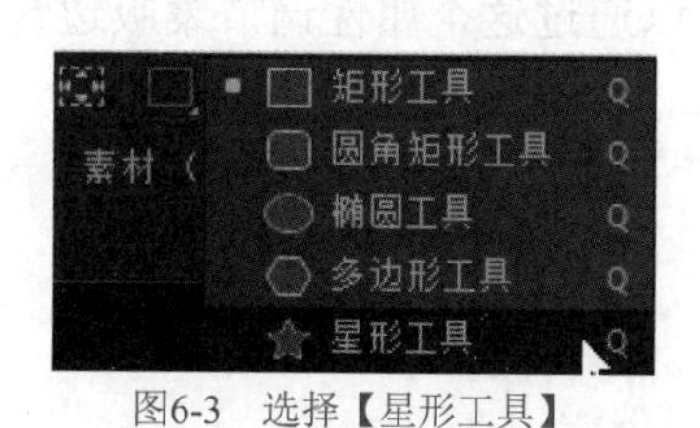

图6-3 选择【星形工具】

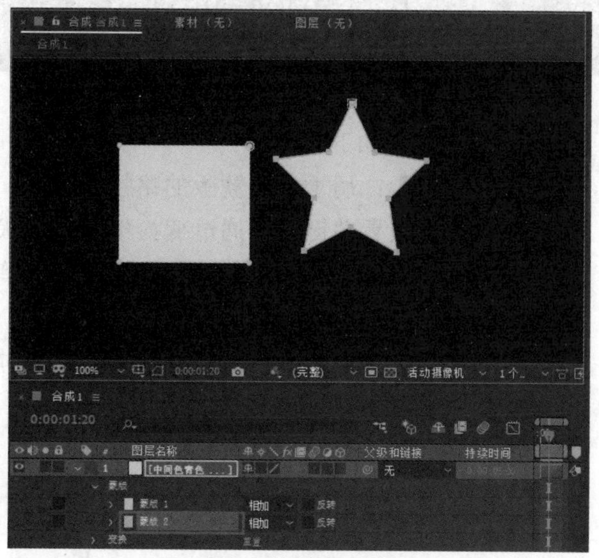

图6-4 绘制星形蒙版

04 为了创建不规则形状的蒙版，需要使用【钢笔工具】。在工具栏中选择【钢笔工具】，如图6-5所示。当光标的形状变为◙时，可在选中的图层上绘制所需形状，如图6-6所示。

图6-5 选择【钢笔工具】

图6-6 使用【钢笔工具】绘制形状

❖ 提示：

对于较为复杂的蒙版路径，在After Effects中绘制时并不方便，建议先在Photoshop和Illustrator中绘制它们，之后再将它们导入After Effects。

6.1.2 蒙版的基本设置

在创建蒙版后，可以在【图层】列表中展开【蒙版】属性组，然后对蒙版属性进行设置，如图6-7所示。在【蒙版1】的右侧单击【混合模式】下拉按钮，可从打开的下拉列表中选择蒙版的混合方式，如图6-8所示。

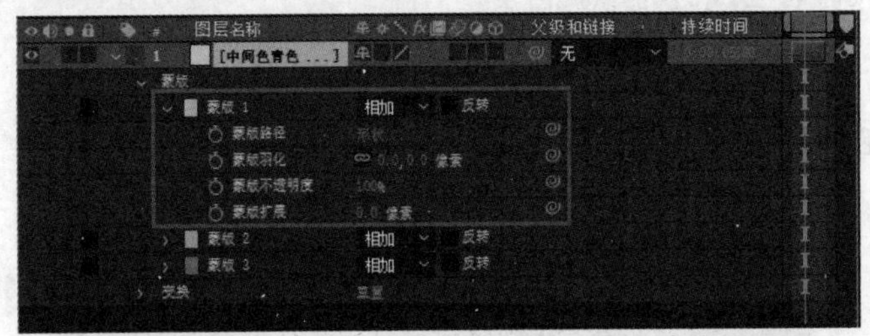

图6-7 展开【蒙版】属性组

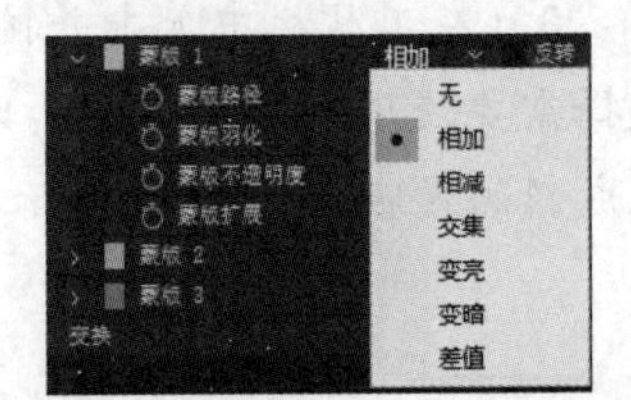

图6-8 选择蒙版的混合方式

各蒙版属性的作用如下。

- 【蒙版路径】：用于设置蒙版的路径和形状。在创建的蒙版中，每个控制点都可以被调整并设置关键帧，通过变换不同的形状，就可以做出动态的遮罩。在【蒙版路径】的右侧单击【形状...】按钮，可在弹出的对话框中设置蒙版的形状及参数，如图6-9所示。
- 【蒙版羽化】：当绘制的蒙版边缘不够圆滑时，可以通过这个属性调节蒙版边缘的羽化效果，如图6-10所示。

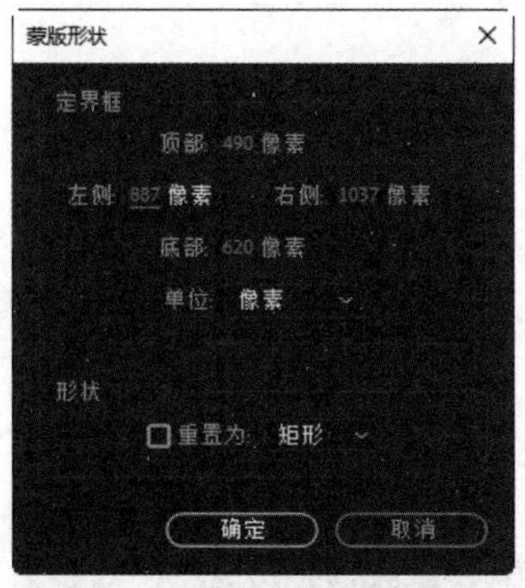

图6-9 【蒙版形状】对话框

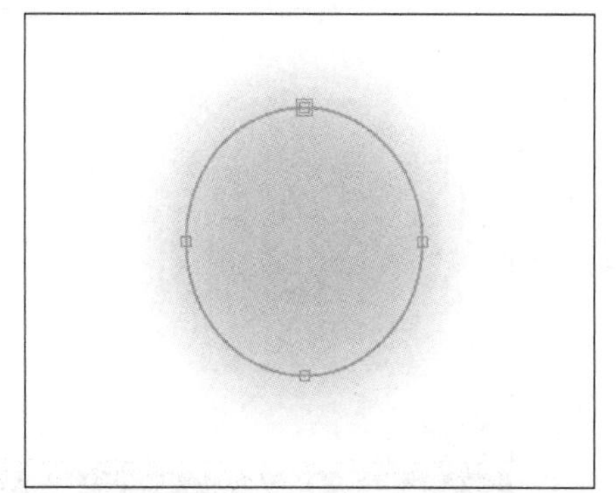

图6-10 蒙版边缘的羽化效果

❖ 提示：

默认状态下，蒙版羽化的约束比例是打开的，羽化边缘将成比例缩放；如果不需要成比例缩放，可将蒙版羽化后的∞图标关闭，再分别调整单独某侧的羽化效果，如图6-11所示。

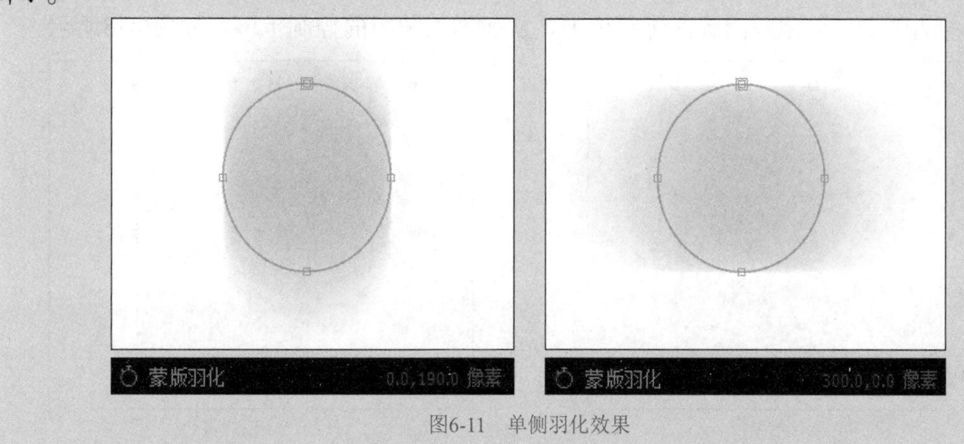

图6-11 单侧羽化效果

- 【蒙版不透明度】：用于设置蒙版的不透明度，如图6-12所示。

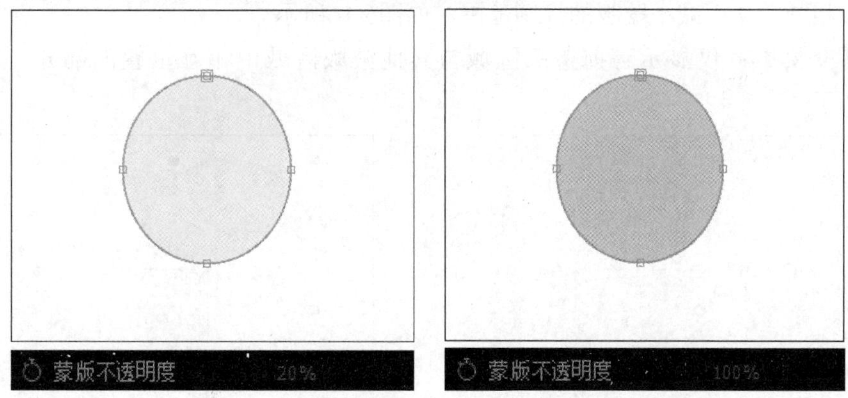

图6-12 设置蒙版的不透明度

- 【蒙版扩展】：用于设置蒙版选区边缘的扩展效果，当这个属性的值大于0像素时，原有的蒙版区域将向外扩展；当这个属性的值小于0像素时，原有的蒙版区域将向内收缩，如图6-13所示。

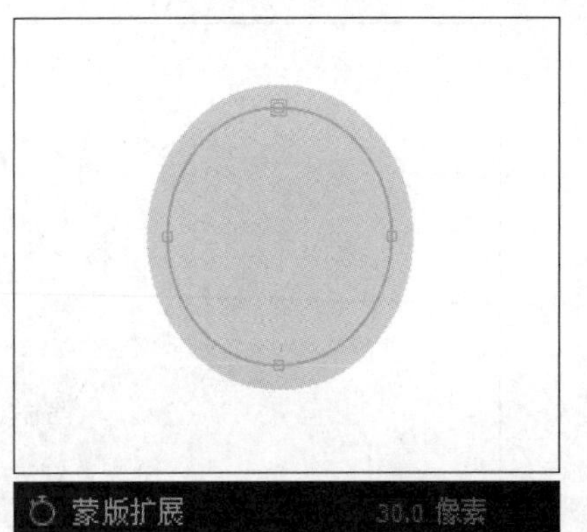

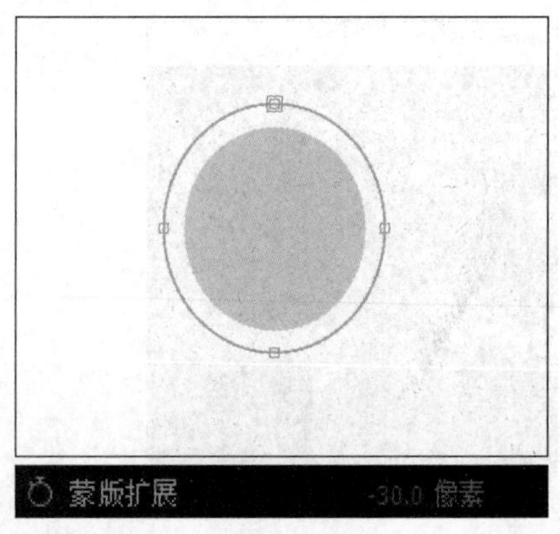

图6-13　蒙版的扩展效果

各种蒙版混合模式的作用如下。

- 【无】：代表蒙版之间无混合，如图6-14所示。
- 【相加】：当几个蒙版叠加在一起时，通过使用【相加】模式，可以将当前蒙版的选区与其他蒙版的选区进行相加，从而增大蒙版的控制范围，如图6-15所示。

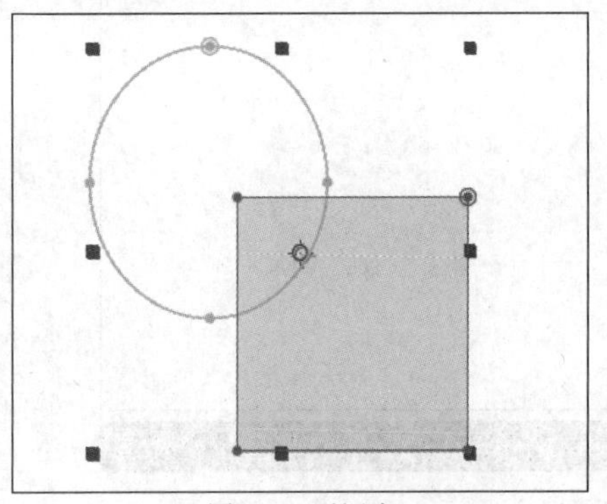

图6-14　无混合

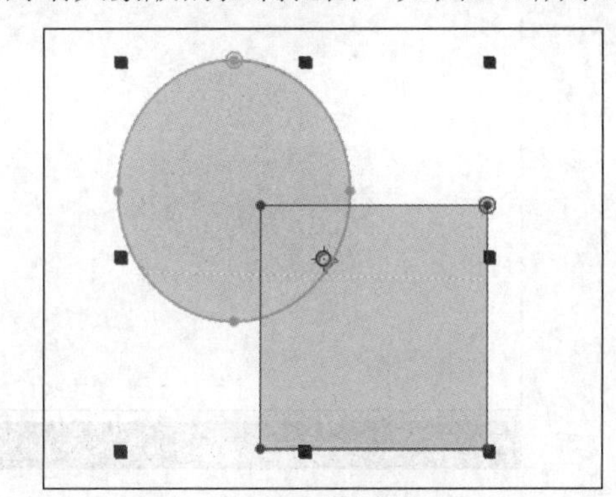

图6-15　相加混合

- 【相减】：通过使用【相减】模式，可以将当前蒙版的选区与其他蒙版的选区进行相减，从而减小蒙版的控制范围，如图6-16所示。
- 【交集】：仅显示当前蒙版区域与其他蒙版区域中相互重叠的部分，如图6-17所示。

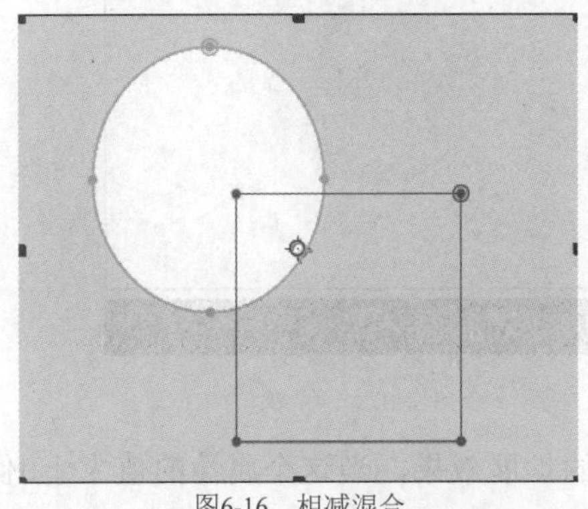

图6-16　相减混合

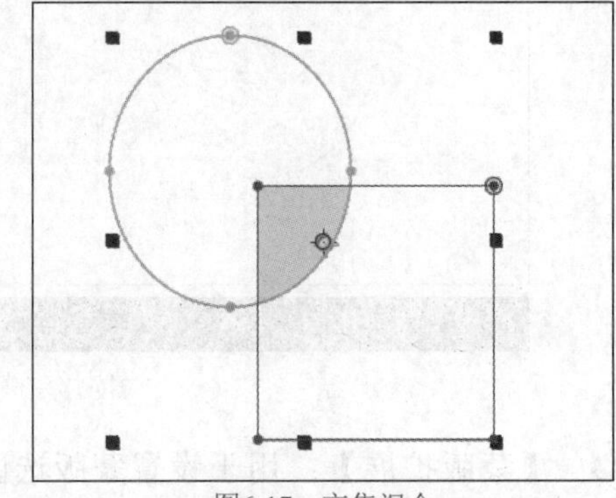

图6-17　交集混合

- 【变亮】：当蒙版的不透明度均为100%时，【变亮】模式产生的结果与【相加】模式是一致的；当蒙版的不透明度并非100%时，多个蒙版交叠区域的不透明度以较高的蒙版为准，如图6-18所示。

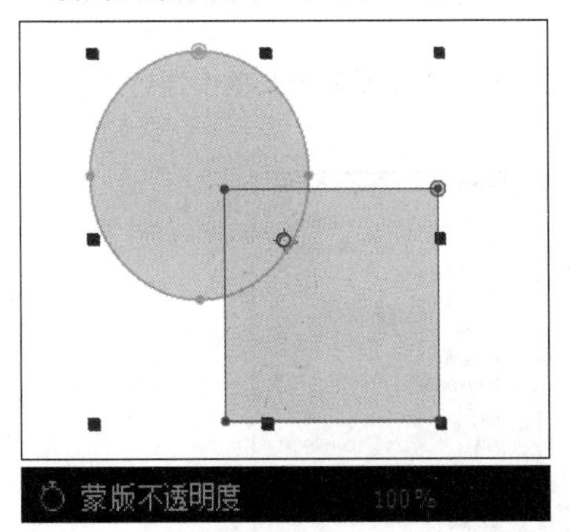

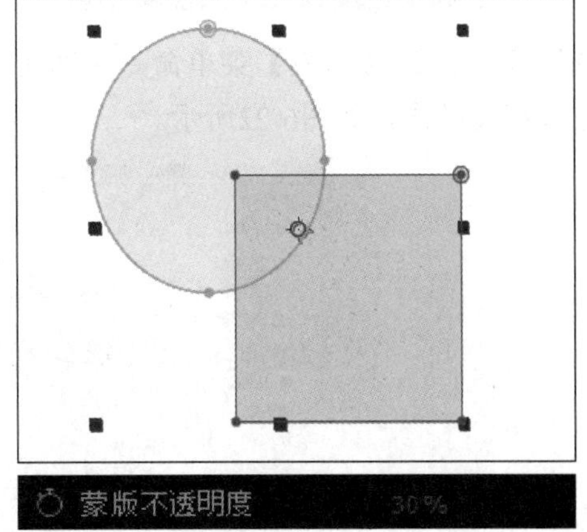

图6-18 变亮混合

- 【变暗】：当蒙版的不透明度并非100%时，多个蒙版交叠区域的不透明度以较低的蒙版为准，如图6-19所示。

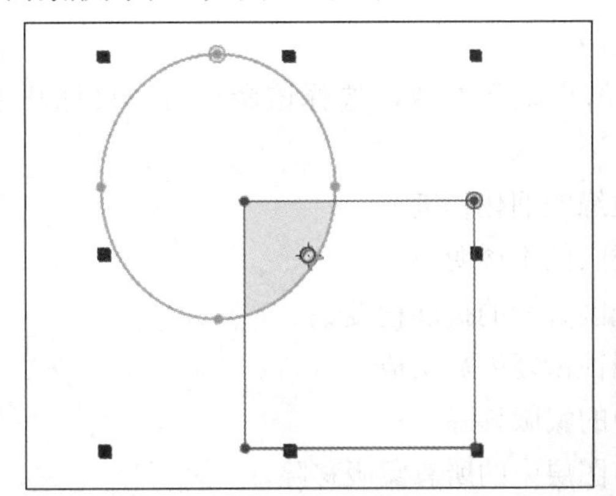
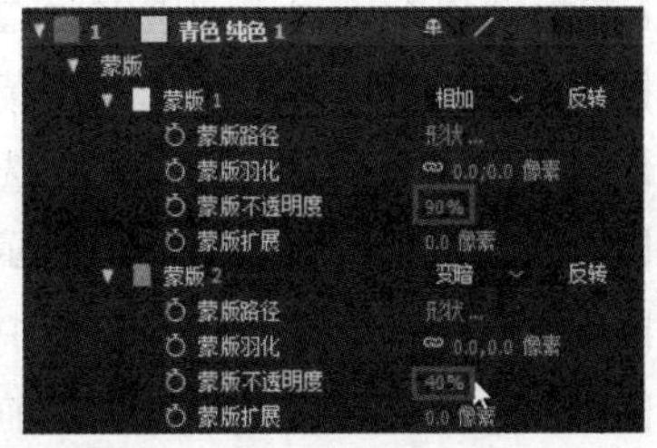

图6-19 变暗混合

- 【差值】：将多个蒙版叠加在一起时的相交区域移除，如图6-20所示。

❖ 提示：

选中【反转】复选框后，当前选择的蒙版混合模式将被反转，如图6-21所示。

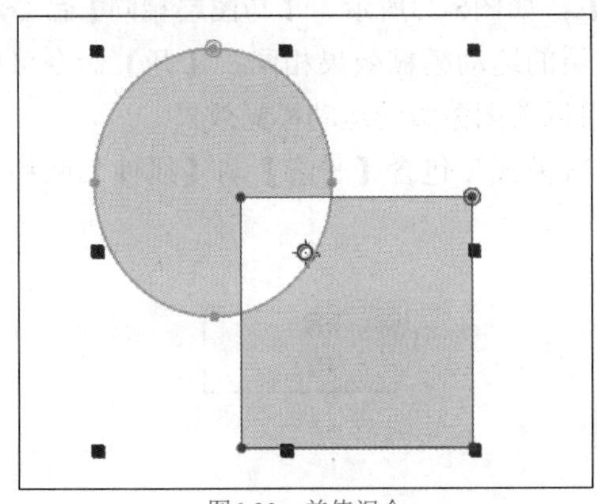

图6-20 差值混合

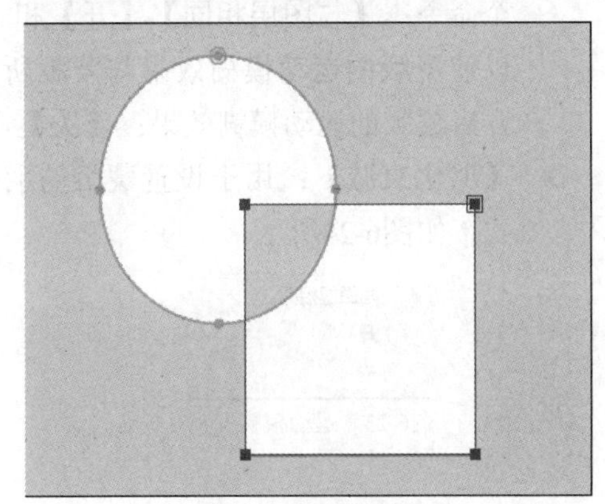

图6-21 反转混合

6.1.3 蒙版的相关操作

选择【图层】|【蒙版】菜单命令，即可在弹出的【蒙版】子菜单中通过选择命令来对蒙版进行相关操作，如图6-22所示。

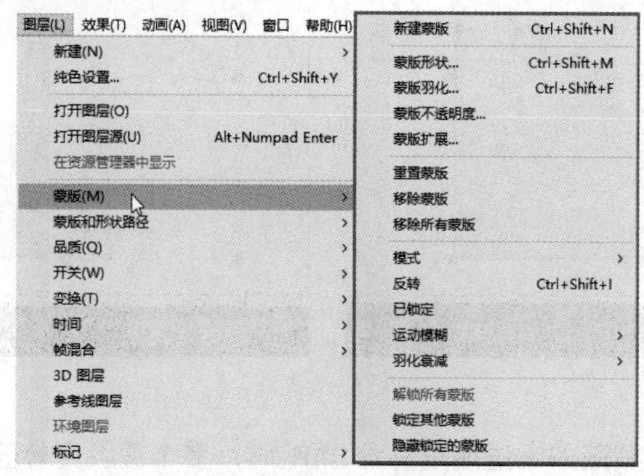

图6-22 【蒙版】子菜单

- 【新建蒙版】：用于创建新的蒙版。
- 【蒙版形状】：用于调整蒙版的形状和参数，选择该命令后，将打开【蒙版形状】对话框。
- 【蒙版羽化】：用于调整蒙版边缘的羽化程度。
- 【蒙版不透明度】：用于设置蒙版的不透明度。
- 【蒙版扩展】：用于调整蒙版选区边缘的扩展程度。
- 【重置蒙版】：用于将蒙版的属性恢复为默认值。
- 【移除蒙版】：用于将当前选中的蒙版移除。
- 【移除所有蒙版】：用于将当前图层中的所有蒙版移除。
- 【模式】：选择后，可在弹出的子菜单中选择蒙版的混合模式。
- 【反转】：用于反转当前蒙版的混合模式。
- 【已锁定】：用于锁定当前选中的蒙版，也可在【时间轴】面板中单击蒙版前的图标进行操作。
- 【运动模糊】：用于设置蒙版的运动模糊效果，选择后，弹出的子菜单中包含了3个命令：【与图层相同】【开】和【关】，如图6-23所示。【与图层相同】命令可以使蒙版的运动模糊效果与蒙版所在图层的运动模糊效果相同；【开】命令可以开启蒙版的运动模糊效果；【关】命令可以关闭蒙版的运动模糊效果。
- 【羽化衰减】：用于设置蒙版的羽化衰减模式，包含【平滑】与【线性】两种模式，如图6-24所示。

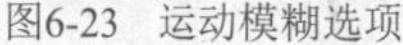
图6-23 运动模糊选项

图6-24 羽化衰减模式

- 【解锁所有蒙版】：用于解除锁定状态下的所有蒙版。
- 【锁定其他蒙版】：用于非锁定状态下的其他蒙版锁定。
- 【隐藏锁定的蒙版】：用于锁定状态下的蒙版隐藏。

6.2 编辑蒙版

无论使用哪种方式创建蒙版，创建完成后都可以对蒙版进行调整和修改。

6.2.1 调整蒙版形状

创建蒙版后，可以观察到有顶点分布在形状的周围，用户可以通过调节这些顶点来调整蒙版形状。

首先使用【选取工具】选中蒙版所在的图层，此时可以看到当前蒙版都有哪些顶点，如图6-25所示。然后单击所要调整的顶点，被选中的顶点会变为实心正方形，此时进行拖动等操作，蒙版形状将会发生相应变化，如图6-26所示。

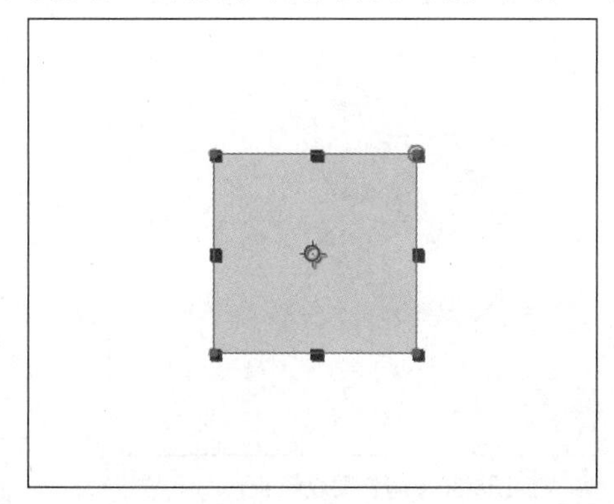

图6-25 选取蒙版

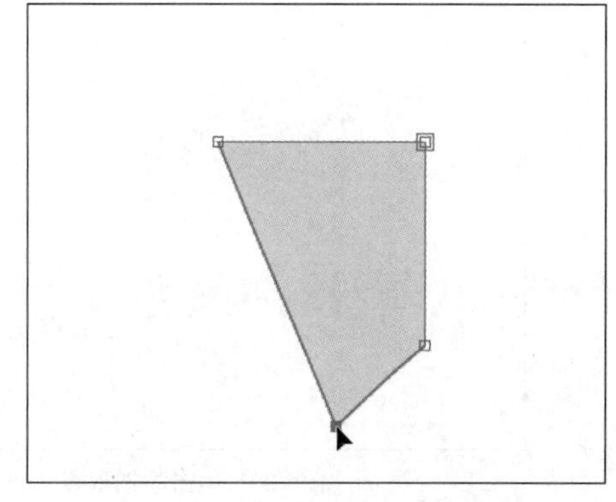

图6-26 通过顶点调整蒙版形状

❖ **提示：**

即使不选取某个特定的顶点，而是选取某条边或框选几个顶点，也可对蒙版形状做出调整，图6-27展示了通过边调整蒙版形状的效果。

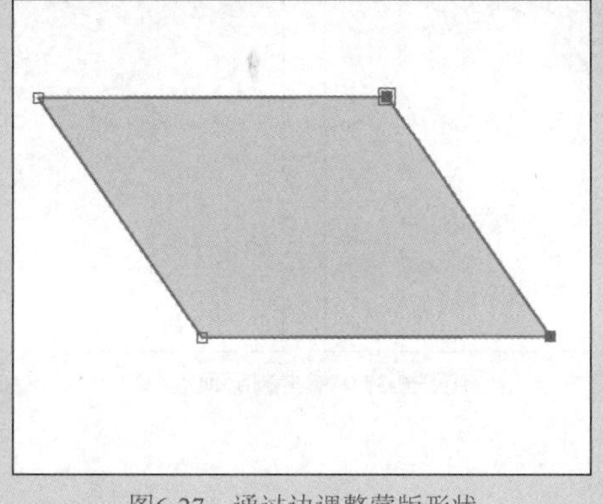

图6-27 通过边调整蒙版形状

6.2.2 添加/删除顶点

在工具栏中单击并按住【钢笔工具】图标，可以打开钢笔工具列表，除了【钢笔工具】，其中还包括【添加“顶点”工具】【删除“顶点”工具】【转换“顶点”工具】和【蒙版羽化工具】等，如图6-28所示。使用其中的【添加“顶点”工具】和【删除“顶点”工具】可以对形状的顶点进行编辑。

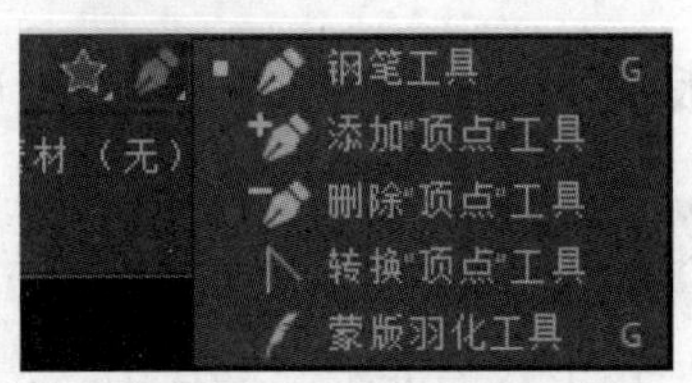

图6-28　钢笔工具列表

- 【添加“顶点”工具】：选择后，在已有的蒙版形状中的合适位置单击，即可添加新的顶点，如图6-29所示。拖动相应的顶点，即可调整蒙版形状，如图6-30所示。

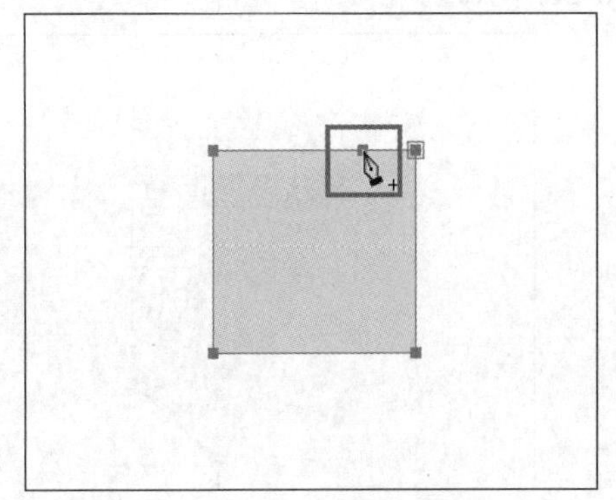

图6-29　单击添加顶点

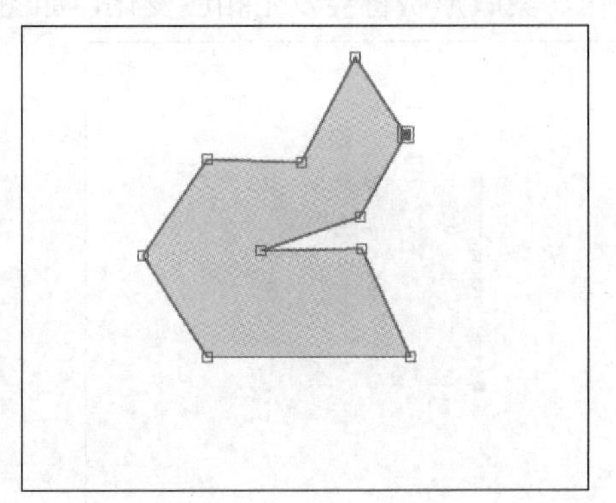

图6-30　调整蒙版形状

- 【删除“顶点”工具】：选择后，单击需要删除的顶点，即可将其删除，如图6-31所示。

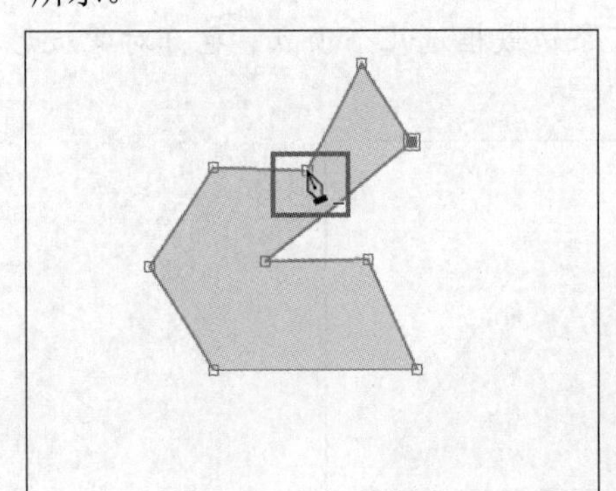

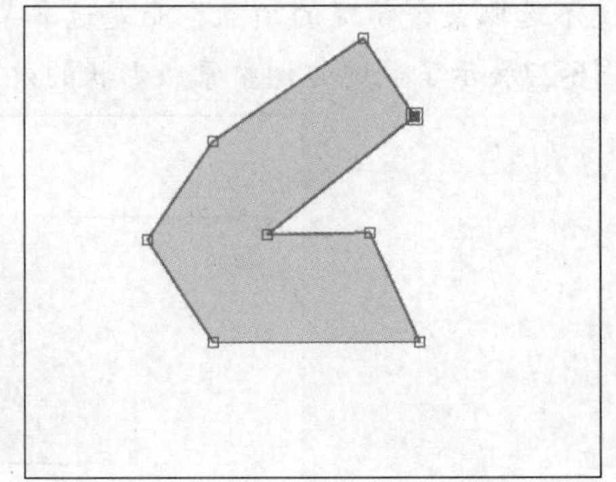

图6-31　单击删除顶点

6.2.3 转换顶点

在钢笔工具列表中选择【转换“顶点”工具】，拖动已有的顶点，即可激活调节方向杆，之后便可通过调整顶点进行蒙版形状的调整。蒙版形状上的顶点有两种：角点与曲线点。使用【转换“顶点”工具】可以使这两种顶点互相转换。

- 将角点转换为曲线点：选择【转换“顶点”工具】，单击并拖动蒙版形状上已有的顶点，即可将当前的角点转换为曲线点，如图6-32所示。

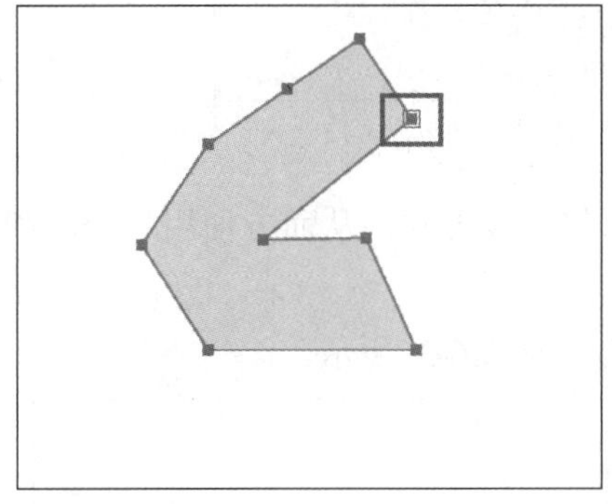
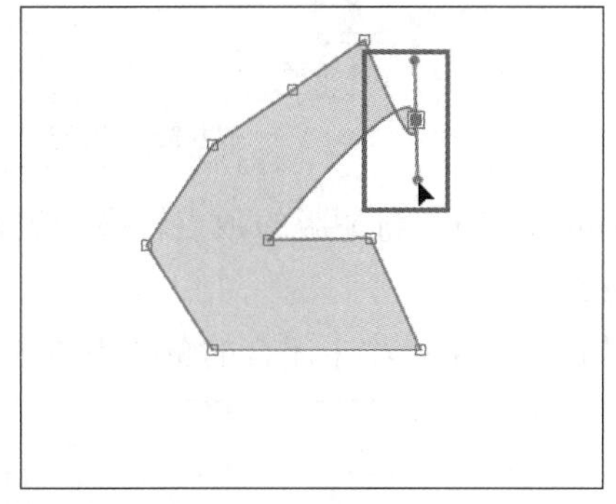

图6-32 将角点转换为曲线点

- 将曲线点转换为角点：选择【转换“顶点”工具】，单击蒙版形状上已有的曲线点，即可将当前的曲线点转换为角点，如图6-33所示。

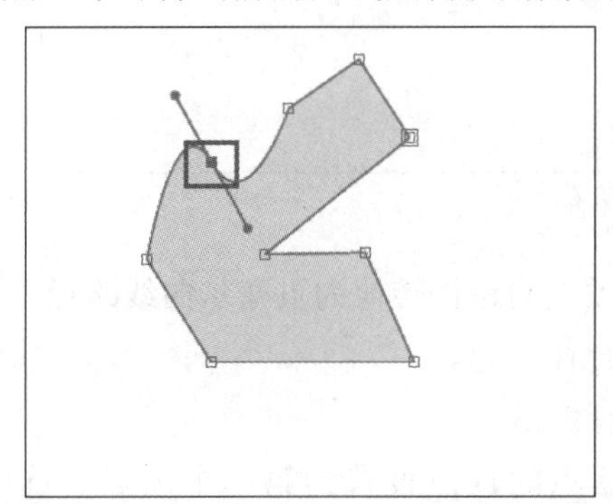
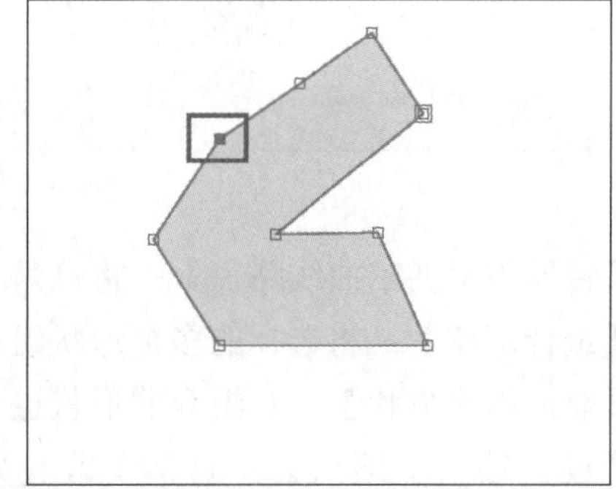

图6-33 将曲线点转换为角点

❖ 提示：

选择【蒙版羽化工具】后，在已有的曲线上单击，即可增加一个蒙版羽化的控制点，拖动这个控制点，便可以对蒙版边缘的羽化程度进行调整，如图6-34所示。

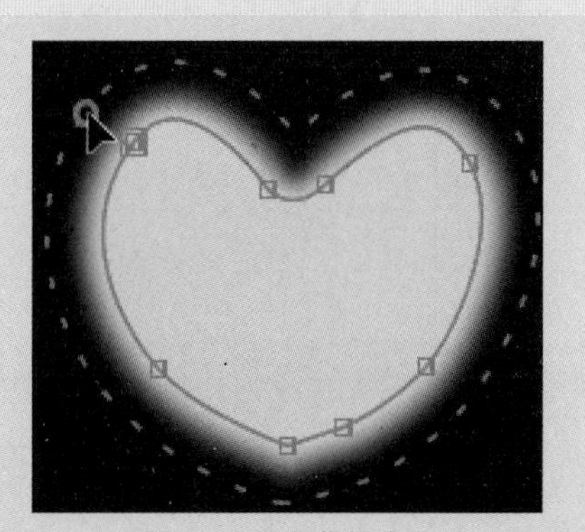

图6-34 羽化蒙版边缘

6.3 蒙版和形状路径

选择【图层】|【蒙版和形状路径】菜单命令，可通过弹出的子命令对蒙版和形状路径进行编辑，如图6-35所示。

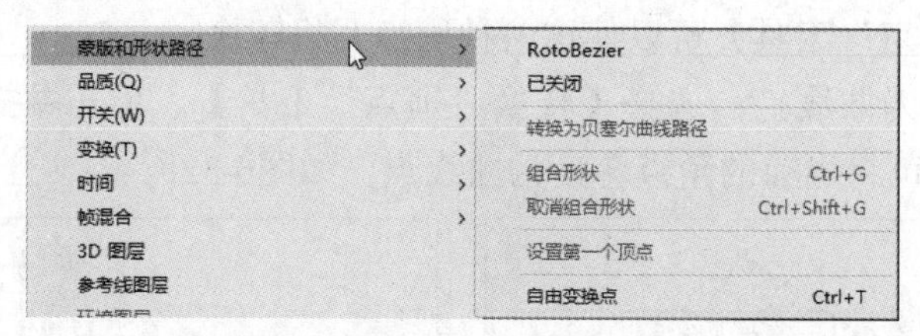

图6-35　蒙版和形状路径的编辑命令

- RotoBezier：将蒙版的顶点转换为贝塞尔曲线形式，从而方便用户控制和修改蒙版曲线。
- 【已关闭】：将未闭合的蒙版完成闭合，如图6-36所示。

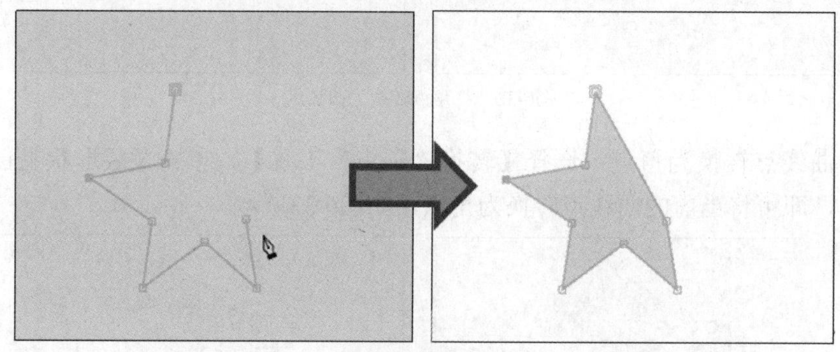

图6-36　闭合蒙版

- 【转换为贝塞尔曲线路径】：将直角顶点的路径转换为贝塞尔曲线路径。
- 【组合形状】：将选择的多个形状组合在一起。
- 【取消组合形状】：对组合的形状进行解散。
- 【设置第一个顶点】：将某个非起始点的顶点设置为第一个顶点。选中蒙版对象，然后选择希望设置的顶点，接下来选择【设置第一个顶点】命令，即可将当前选择的顶点设置为起始点，如图6-37所示。

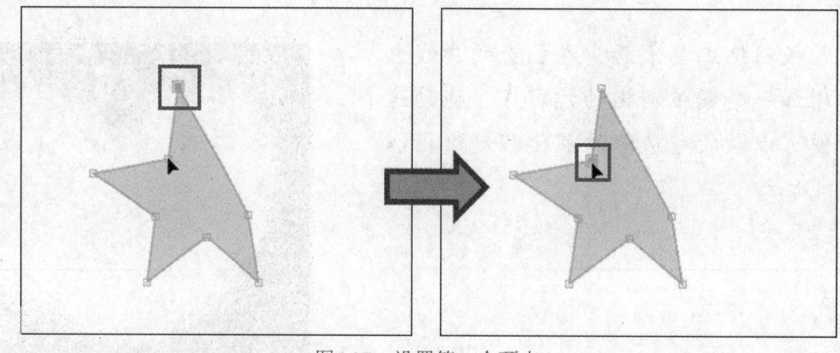

图6-37　设置第一个顶点

- 【自由变换点】：设置蒙版的自由变换点。

6.4 蒙版动画

蒙版动画是通过为蒙版的基本属性设置关键帧而制作出来的动画影片，可用来突出图层中的某部分内容或重点表现某部分画面。对蒙版的形状、羽化、不透明度及扩展参数等进行调整，便可以形成蒙版动画，在以后的操作中，即可根据需要为不同的参数设置关键帧，这样不仅能够突出重点，而且可以使影片内容变得更加丰富。

【例6-2】制作蒙版动画。

01 新建一个合成，然后创建一个背景为蓝色的纯色图层。

02 导入“生日背景”图片素材，将其添加到【时间轴】面板的图层列表中，如图6-38所示。

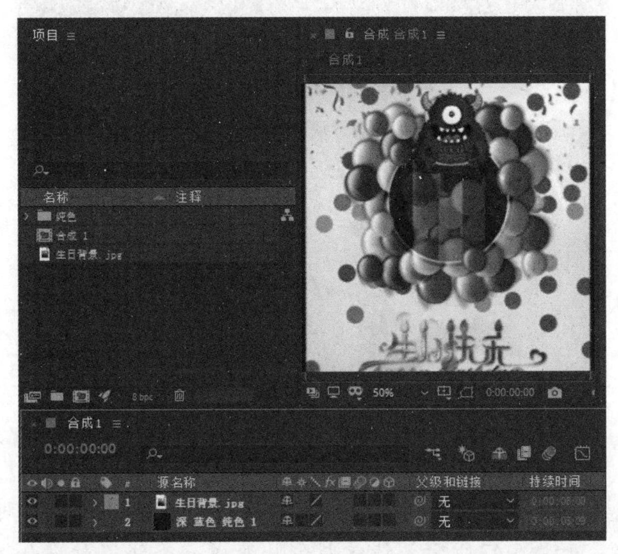

图6-38　导入并添加素材

03 使用【横排文字工具】T创建一个文本图层，并设置文字的属性，如图6-39所示。

图6-39　创建文本图层并设置文字的属性

04 选中文本图层，然后选择【图层】|【蒙版】|【新建蒙版】菜单命令，创建一个文本蒙版，如图6-40所示。

05 将时间指示器移至00:00:00:00，展开【蒙版1】属性组，并单击【蒙版路径】前面的【关键帧控制器】按钮，设置第一个蒙版路径关键帧，如图6-41所示。

图6-40　创建文本蒙版

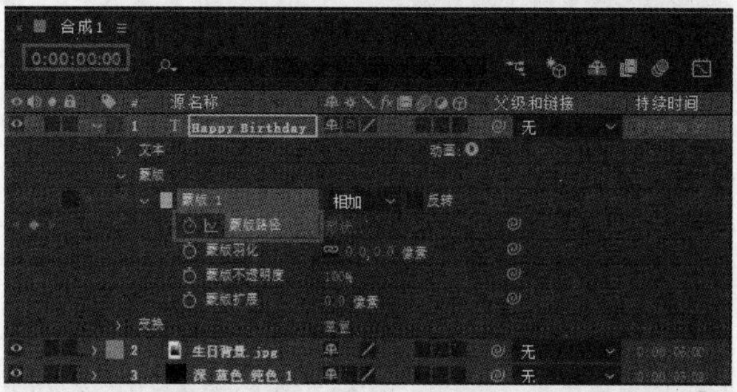

图6-41　设置第一个蒙版路径关键帧

06 单击【蒙版路径】后面的【形状...】按钮，打开【蒙版形状】对话框，调整【定界框】的【底部】参数，如图6-42所示，使蒙版形状变成一条线，效果如图6-43所示。

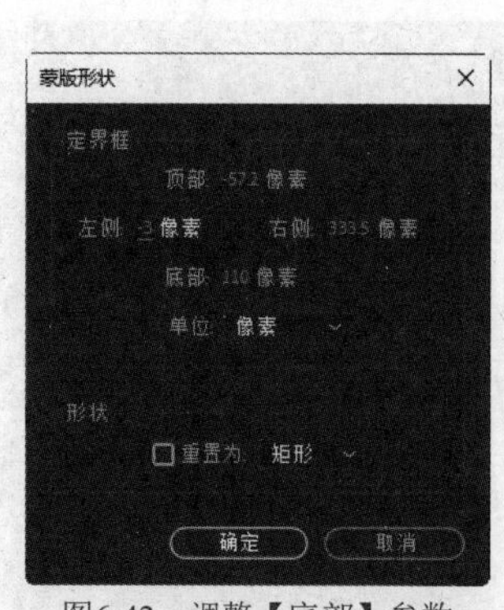

图6-42　调整【底部】参数

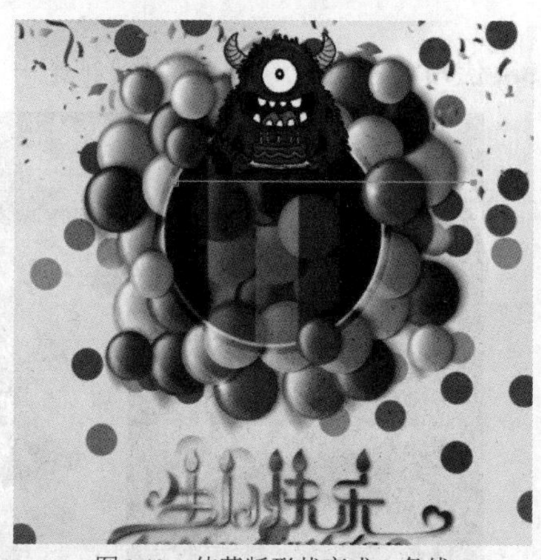

图6-43　使蒙版形状变成一条线

07 将时间指示器移至00:00:02:00，设置第二个蒙版路径关键帧。单击【蒙版路径】后面的【形状...】按钮，打开【蒙版形状】对话框，调整【定界框】的【底部】参数，如图6-44所示，使蒙版形状的效果如图6-45所示。

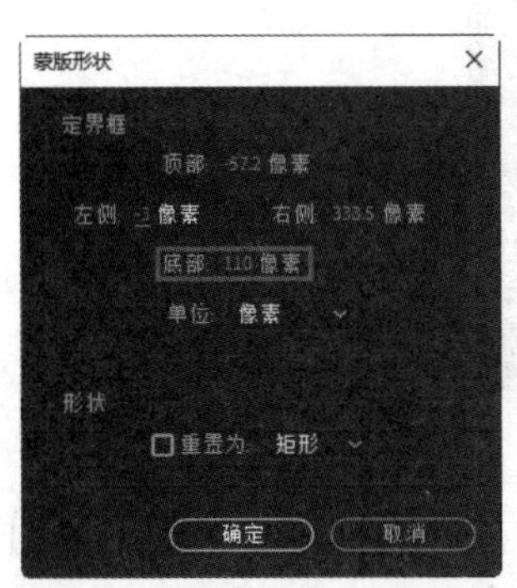

图6-44 再次调整【底部】参数

图6-45 蒙版形状的效果

08 拖动时间指示器，在时间点00:00:00:00与00:00:02:00之间拖动，可以观察到蒙版路径的变化效果，如图6-46所示。

图6-46 蒙版路径的变化效果

09 选中“生日背景”图层，然后选择【图层】|【蒙版】|【新建蒙版】菜单命令，创建一个背景蒙版，如图6-47所示。

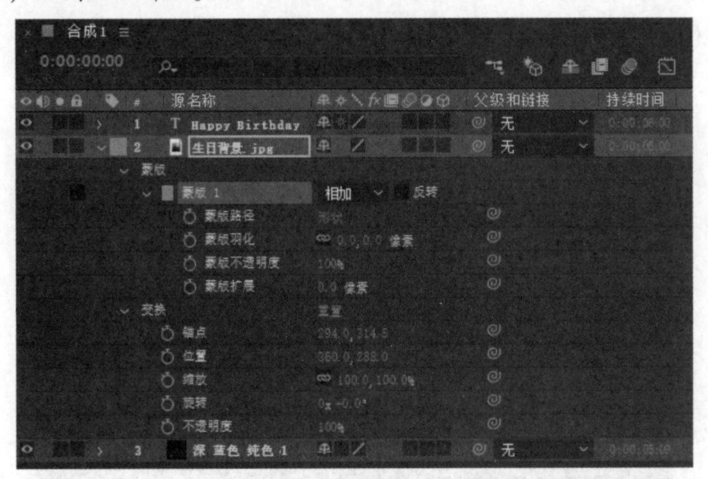

图6-47 创建背景蒙版

10 单击【蒙版路径】后面的【形状...】按钮，打开【蒙版形状】对话框，设置蒙版形状为【椭圆】，并调整【定界框】的各个参数，如图6-48所示。

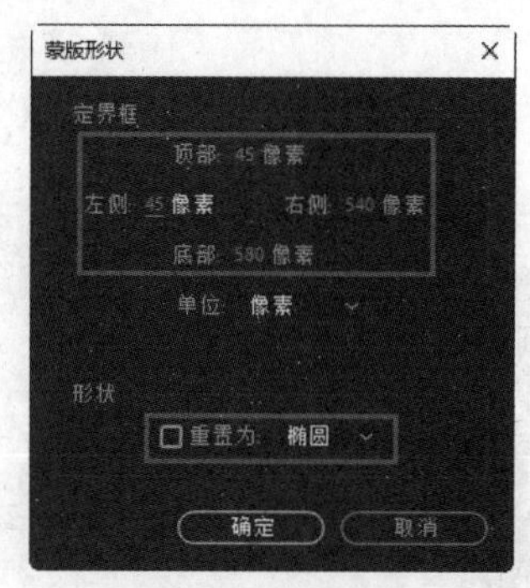

图6-48 调整蒙版形状

11 将时间指示器移至00:00:00:00，单击【蒙版羽化】前面的【关键帧控制器】按钮，并设置第一个蒙版羽化关键帧，然后设置【蒙版羽化】属性为0，如图6-49所示。

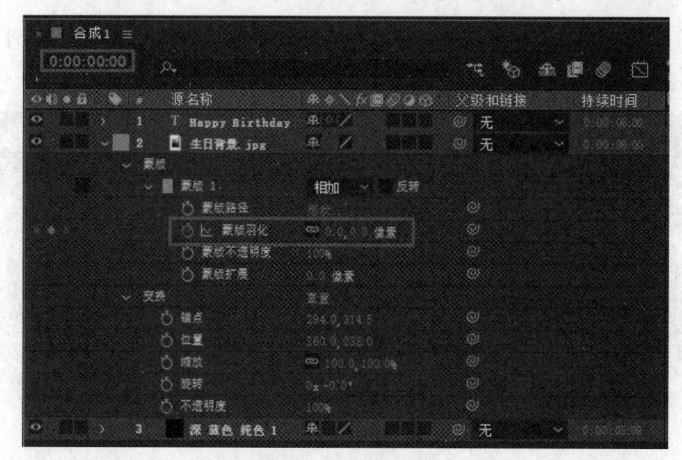

图6-49 设置第一个蒙版羽化关键帧

12 将时间指示器移至00:00:02:00，调整【蒙版羽化】属性的值，并设置第二个蒙版羽化关键帧，如图6-50所示。

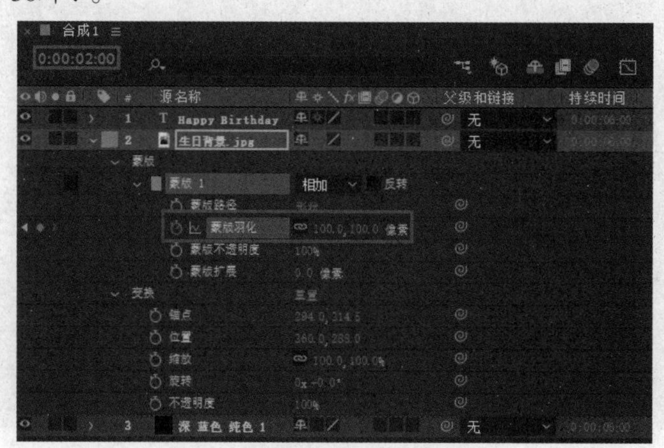

图6-50 设置第二个蒙版羽化关键帧

13 拖动时间指示器并预览动画，可以观察到00:00:00:00～00:00:02:00时间段内蒙版羽化的变化效果，如图6-51所示。

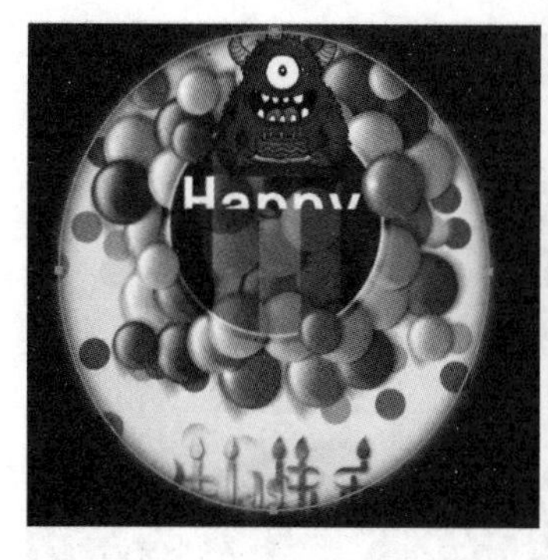

图6-51 蒙版羽化的变化效果

6.5 Roto笔刷工具

除了可以使用形状工具绘制选定区域之外，在After Effects中，还可以使用【Roto笔刷工具】选定较为复杂的、不规则的选区形状，从而将物体从背景中分离出来。

【例6-3】使用【Roto笔刷工具】抠像。

01 新建一个合成，然后在【项目】面板中导入素材文件，如图6-52所示。

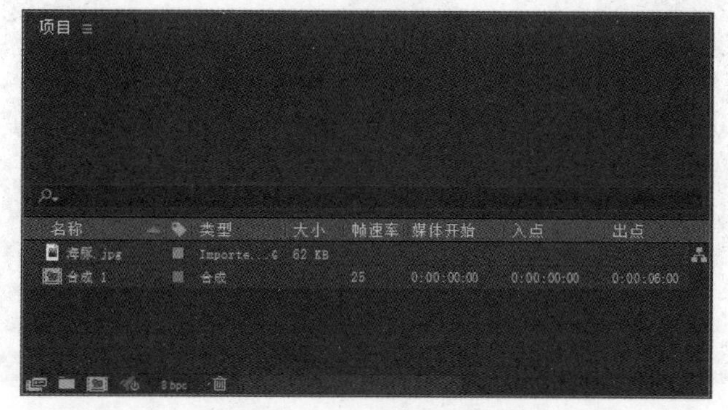

图6-52 导入素材到【项目】面板中

02 将素材添加到【时间轴】面板的图层列表中，如图6-53所示。

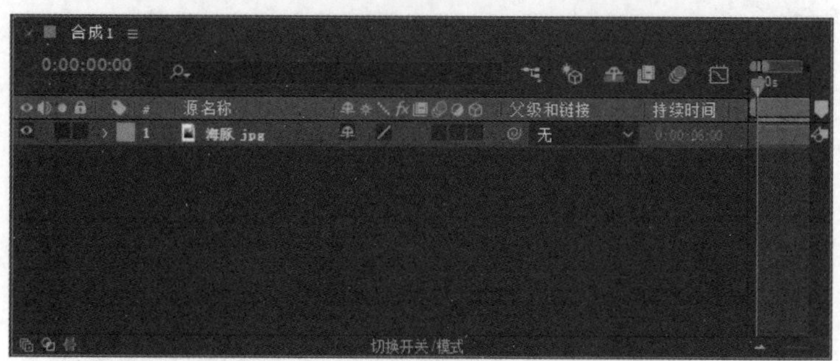

图6-53 添加素材到【时间轴】面板的图层列表中

03 双击打开“海豚”图层，然后在工具栏中选择【Roto笔刷工具】，如图6-54所示。在【合成】面板中沿着需要保留的区域的边缘绘制选区，将需要的图像部分包含在内，如图6-55所示。

图6-54　选择【Roto笔刷工具】

图6-55　绘制选区

04 通过观察可以发现，刚才绘制的选区不太精确，有些需要的图像部分没有选中，而不需要的图像部分又包含在选区内，如图6-56所示。

图6-56　绘制的选区还不够精确

05 对于选区内需要的图像部分，可以再次使用【Roto笔刷工具】进行较为细致的抠像，如图6-57所示。

图6-57　继续绘制选区

❖ 提示：

在对选区进行修改时，可以先将图片放大到合适的尺寸，之后再进行更为细致的抠像。

06 对于不需要的图像部分，可以按住Alt键，笔刷将由绿色变为红色，这时使用【Roto笔刷工具】可将不需要的图像部分剔除，如图6-58所示。

图6-58 剔除不需要的图像部分

07 再次回到【合成】面板中，通过观察可以发现抠像后的选区已有所改善，如图6-59所示。

图6-59 抠像后的选区

08 在【合成】面板中单击【切换Alpha】按钮，可以显示Alpha蒙版效果，如图6-60所示；单击【切换透明网格】按钮，可以显示抠图的透明效果，如图6-61所示。

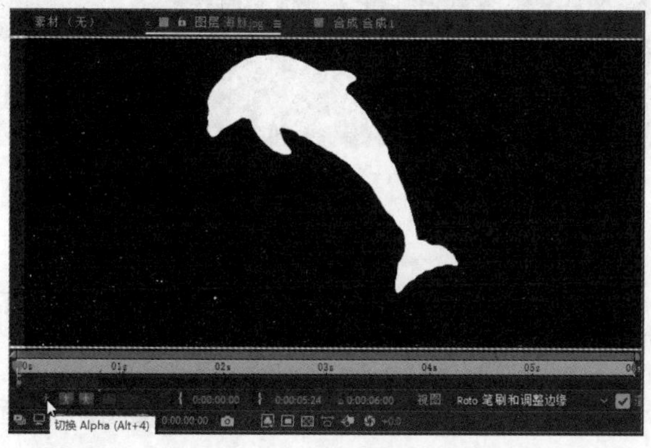

图6-60 Alpha蒙版效果

图6-61　抠图的透明效果

09 在图层列表中添加新的背景素材，并将背景素材放在抠图的下方，如图6-62所示，从而为图像更换背景效果，如图6-63所示。

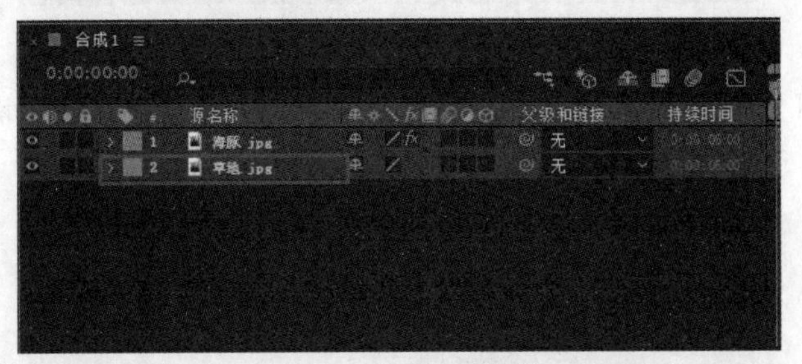

图6-62　添加背景素材

图6-63　更换背景效果

6.6　上机练习——水墨动画

本节将制作水墨动画，步骤如下：首先制作水墨画里山水内容逐步显现的动画效果，然后利用蒙版制作文字显现的动画效果。通过本节的练习，可以帮助读者更好地掌握蒙版和蒙版动画的基本操作方法及技巧。

01 选择【合成】|【新建合成】命令，在打开的【合成设置】对话框中设置【预设】为HDV/HDTV 720 25，设置【持续时间】为0:00:15:00，然后单击【确定】按钮，建立一个新的合成，如图6-64所示。

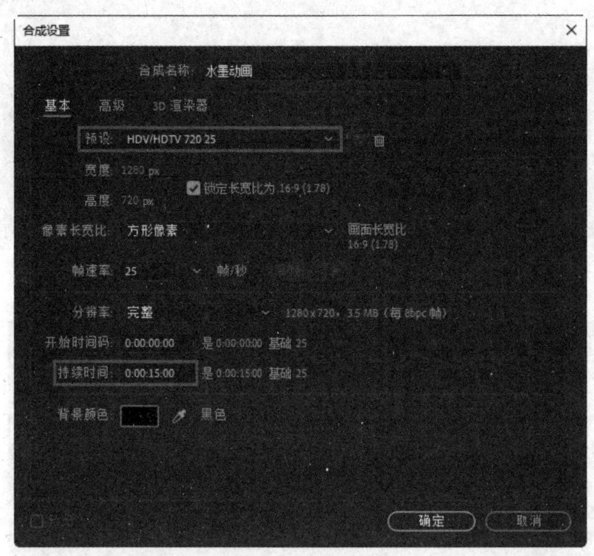

图6-64 新建合成

02 执行【文件】|【导入】|【导入文件】命令，打开【导入文件】对话框，在计算机中找到素材所在的文件夹，然后单击【导入文件夹】按钮，如图6-65所示。

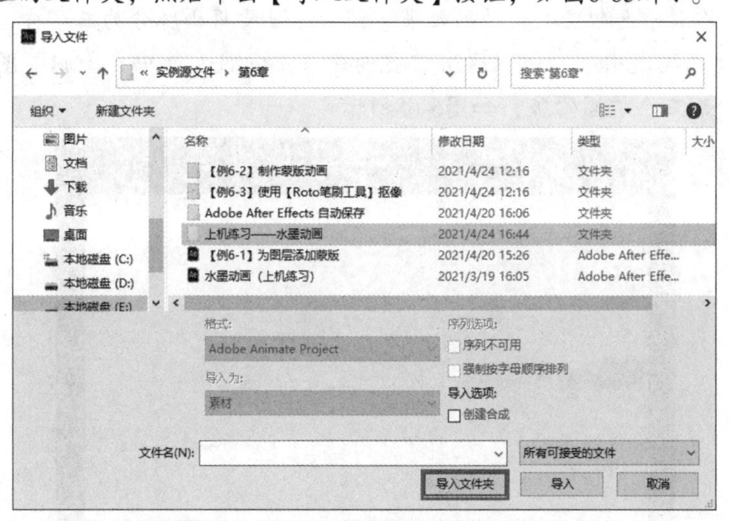

图6-65 导入素材所在的文件夹

03 在【时间轴】面板的图层列表中展开刚才导入的文件夹，可以显示其中导入的素材，如图6-66所示。将导入的素材按顺序添加到图层列表中，如图6-67所示。

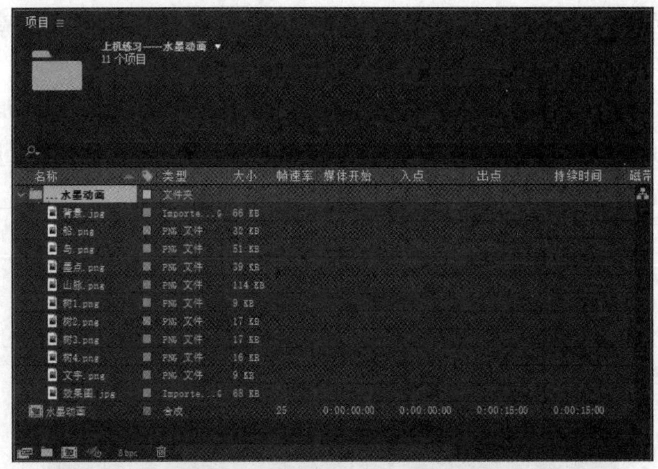

图6-66　展开刚才导入的文件夹

图6-67　将导入的素材添加到图层列表中

04 下面制作山脉逐渐显现的动画效果。因为这里要将山脉分为三部分，并使这三部分依次使用蒙版动画显现出来，所以这里需要创建三个蒙版。选中“山脉”图层，然后使用【椭圆工具】绘制三个椭圆蒙版，如图6-68所示。

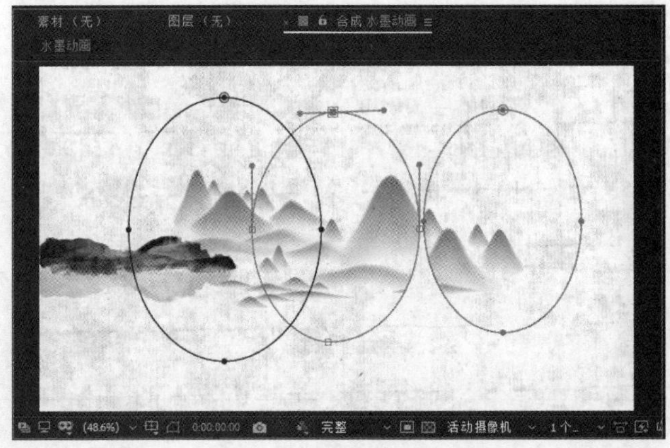

图6-68　绘制三个椭圆蒙版

❖ 提示：

在绘制蒙版时，为了便于对图像进行观察，可以先将其他图层关闭，等到需要时再将它们打开。

05 将时间指示器移至0:00:02:00，为“山脉”图层的【蒙版1】属性组中的【蒙版路径】属性添加关键帧，记录蒙版1最后的位置和样式，如图6-69所示。

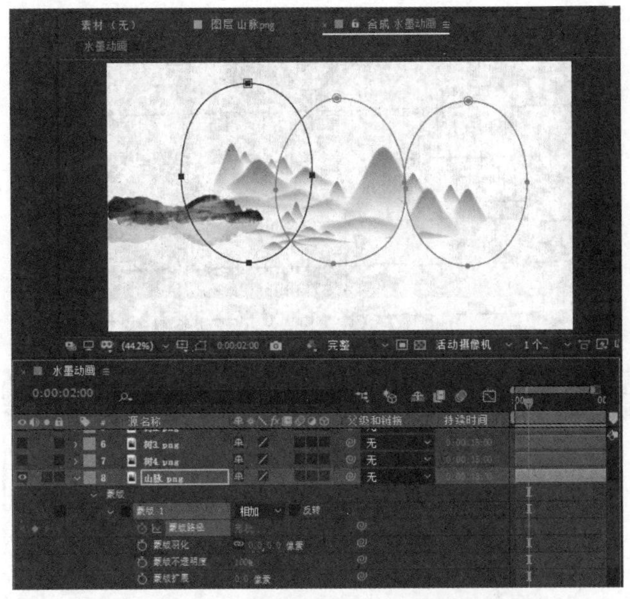

图6-69 记录蒙版1最后的位置和样式

06 将时间指示器移至0:00:00:00，将蒙版1的椭圆路径居中收缩至看不到山脉，为【蒙版路径】属性添加关键帧，记录蒙版1最初的位置和样式，如图6-70所示。

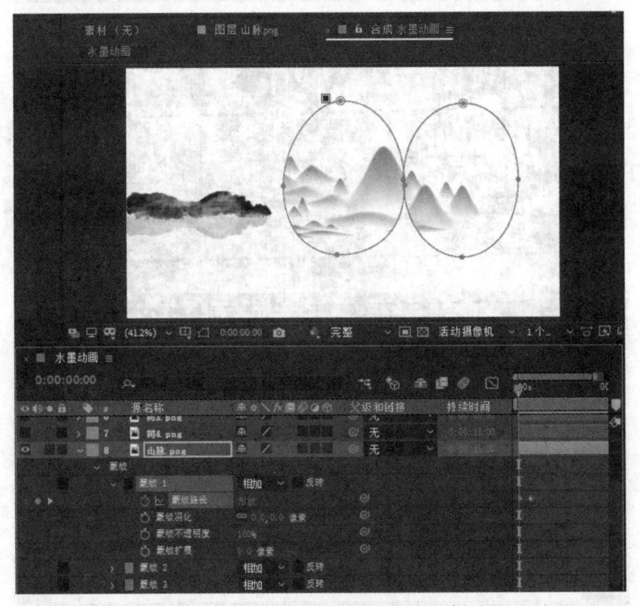

图6-70 记录蒙版1最初的位置和样式

❖ 提示:

蒙版之外的图层内容都不显示，而仅显示蒙版内的图层内容，为了让山脉逐渐显现，需要从最开始就使山脉完全消失不见。因此，这里倒着进行动画设置——先添加用于确定蒙版最终路径样式的关键帧。

07 为了实现水墨动画的动态视觉感，这里将时间指示器移至0:00:02:00，并将【蒙版1】属性组中的【蒙版羽化】属性设置为200，如图6-71所示，蒙版边缘的羽化效果如图6-72所示。

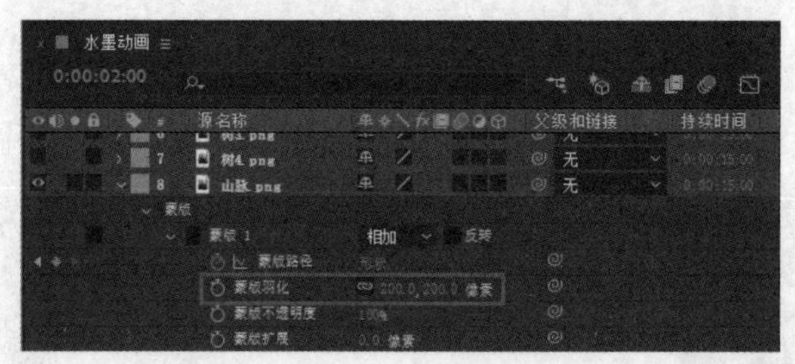

图6-71　设置【蒙版羽化】属性

图6-72　蒙版边缘的羽化效果

08 将“山脉”图层的【蒙版2】属性组中的【蒙版羽化】属性设置为200，然后将时间指示器移至0:00:03:12，为【蒙版路径】属性添加关键帧，记录蒙版2最后的位置和样式，如图6-73所示。接下来，将时间指示器移至0:00:01:12，将蒙版2的椭圆路径居中收缩至看不到山脉，再一次为【蒙版路径】属性添加关键帧，记录蒙版2最初的位置和样式，如图6-74所示。

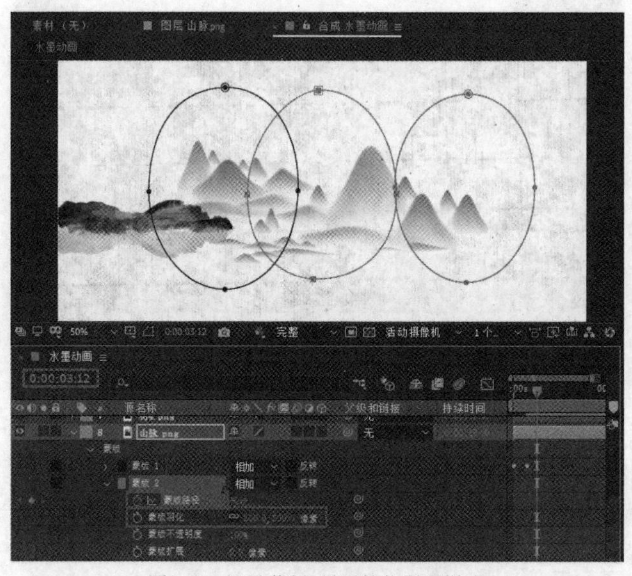

图6-73　记录蒙版2最后的位置和样式

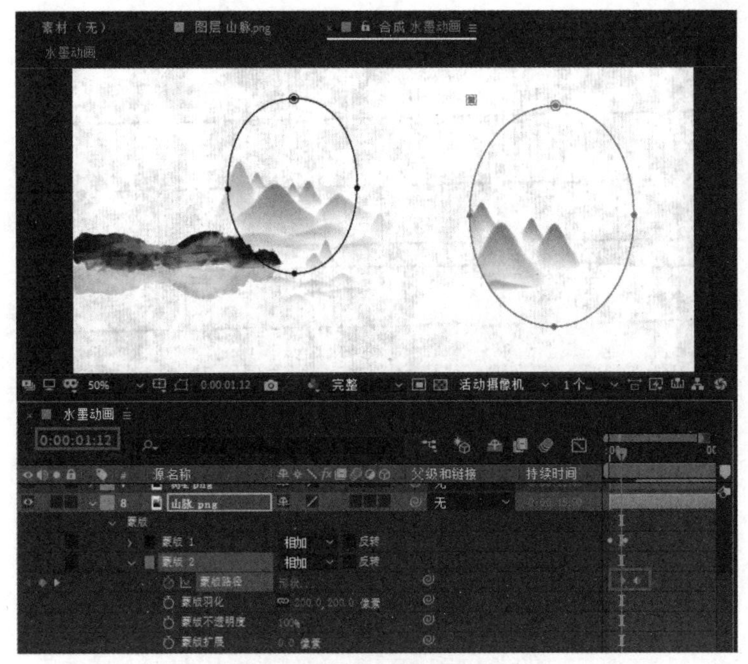

图6-74 记录蒙版2最初的位置和样式

09 将“山脉”图层的【蒙版3】属性组中的【蒙版羽化】属性设置为200，然后将时间指示器移至0:00:05:00，为【蒙版路径】属性添加关键帧，记录蒙版3最后的位置和样式，如图6-75所示。接下来，将时间指示器移至0:00:03:00，将蒙版3的椭圆路径居中收缩至看不到山脉，再次为【蒙版路径】属性添加关键帧，记录蒙版3最初的位置和样式，如图6-76所示。

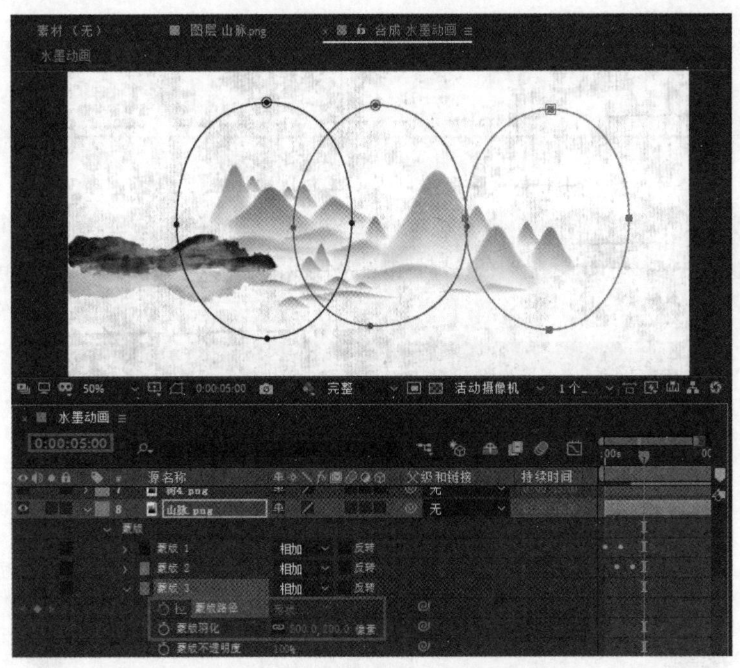

图6-75 记录蒙版3最后的位置和样式

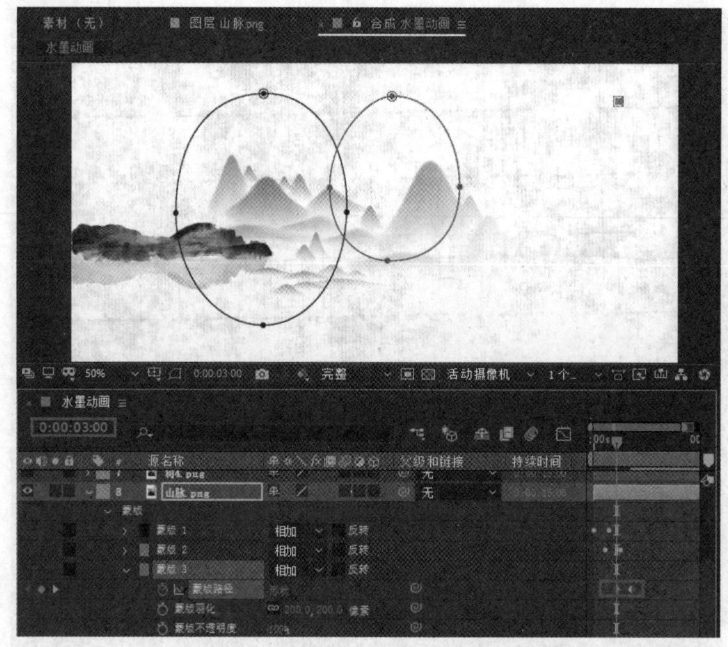

图6-76　记录蒙版3最初的位置和样式

10 拖动时间指示器并预览动画，可以观察到山脉逐渐显现的动画效果，如图6-77所示。

图6-77　山脉逐渐显现的动画效果

11 下面制作岛屿逐渐显现的动画效果，使岛屿由左向右逐步显现。选中“岛”图层，使用【矩形工具】在岛屿的最左侧绘制一个与岛屿大小相同的矩形蒙版，如图6-78所示。将时间指示器移至0:00:06:11，然后将【蒙版羽化】属性设置为50.0，如图6-79所示。

图6-78　绘制矩形蒙版

图6-79 设置【蒙版羽化】属性

12 将时间指示器移至0:00:08:00，为“岛”图层的【蒙版1】属性组中的【蒙版路径】属性添加关键帧，记录蒙版路径最后的位置和样式，如图6-80所示。然后将时间指示器移至0:00:05:00，将蒙版1的矩形路径向左收缩至看不到岛屿，再次为【蒙版路径】属性添加关键帧，记录蒙版路径最初的位置和样式，如图6-81所示。

图6-80 记录蒙版路径最后的位置和样式

13 拖动时间指示器并预览动画，可以观察到岛屿逐渐显现的动画效果，如图6-82所示。

14 下面制作树木生长动画。打开“树1”图层并调整图像的位置，然后选中该图层，使用矩形工具绘制一个矩形蒙版，将树和倒影部分包含在其中，如图6-83所示。将【蒙版羽化】属性设置为40.0，如图6-84所示。

图6-81　记录蒙版路径最初的位置和样式

图6-82　岛屿逐渐显现的动画效果

图6-83　绘制矩形蒙版

图6-84　设置【蒙版羽化】属性

15 将时间指示器移至0:00:09:00，将蒙版形状调整为与树木加上倒影后的大小相同的矩形，并为“树1”图层的【蒙版1】属性组中的【蒙版路径】属性添加关键帧，记录蒙版路径最后的位置和样式，如图6-85所示。然后将时间指示器移至0:00:08:00，将蒙版1的矩形路径向树木和倒影之间收缩至看不到树木和倒影，再次为【蒙版路径】属性添加关键帧，记录蒙版路径最初的位置和样式，如图6-86所示。

图6-85 记录蒙版路径最后的位置和样式

图6-86 记录蒙版路径最初的位置和样式

❖ 提示：

蒙版之外的图层内容都不显示，而仅显示蒙版内的图层内容。树木生长动画需要从最开始就使树木和倒影完全消失不见，然后树木和倒影同步出现。因此在这里，最初的蒙版状态需要处在树木和倒影的中间位置。

16 拖动时间指示器并预览动画，可以观察到树木和倒影逐渐显现的动画效果，如图6-87所示。

图6-87 树木和倒影逐渐显现的动画效果

17 使用同样的方法制作剩余树木的生长动画。拖动时间指示器并预览动画，可以观察到所有树木和倒影逐渐显现的动画效果，如图6-88所示。

图6-88 所有树木的生长动画

18 使用同样的方法制作文字和墨点显现动画。拖动时间指示器并预览动画，可以观察到文字逐个显现和墨点显现的动画效果，如图6-89所示。

图6-89 文字和墨点显现动画

19 最后制作小船移动动画，这里使用了位移关键帧动画。选择“船”图层，将时间指示器移至0:00:00:00，为“船”图层的【变换】属性组中的【位置】属性设置关键帧，并将小船移出画面左侧，如图6-90所示。然后将时间指示器移至0:00:14:24，将小船移至画面中间偏右的位置，如图6-91所示。

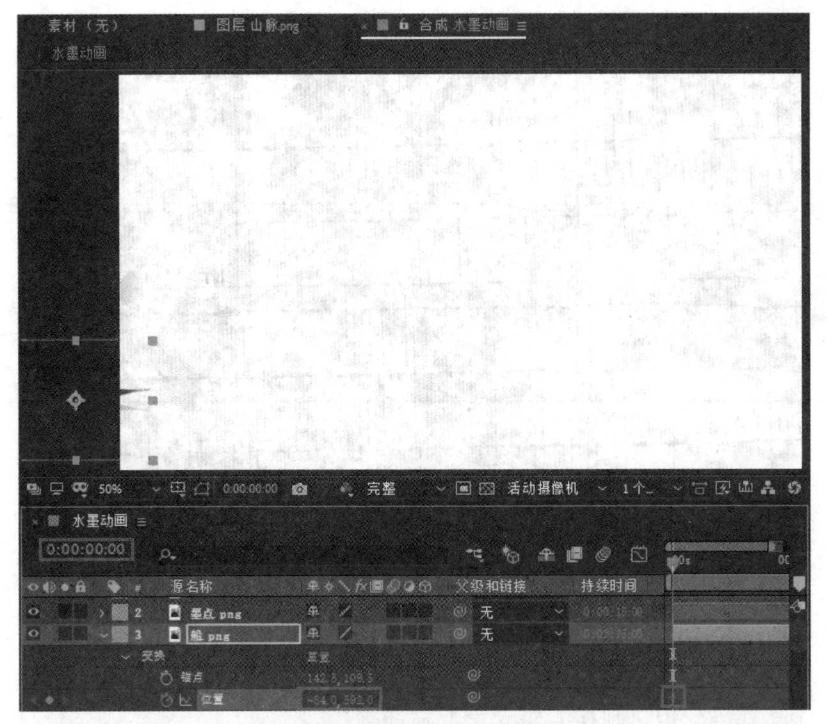

图6-90　设置小船的位置关键帧(一)

图6-91　设置小船的位置关键帧(二)

20 拖动时间指示器并预览动画，观察水墨动画的最终效果，如图6-92所示。

图6-92　水墨动画的最终效果

6.7 习　题

1. 创建两个不同形状的蒙版，并调整它们的混合方式，观察不同混合方式呈现的效果。

2. 运用本章所学知识，制作一段文字书写动画。

第 7 章

三维空间动画效果

After Effects 不仅可以帮助用户高效且精准地创建二维动态影片和精彩的平面视觉效果，而且在三维效果的应用上也有多样化的表现。在After Effects的3D图层效果中，灯光的应用和摄像机的架设可以使画面的光线和最终呈现的效果更加直观和显著。本章将详细讲解After Effects中3D图层的概念与应用方法，以及3D图层中灯光与摄像机的设置。掌握本章内容后，用户就可以结合其他三维软件，创建出更为丰富的动画效果。

本章重点

- 应用3D图层
- 应用灯光
- 创建摄像机

二维码教学视频

【例7-1】文本图层的3D属性
【例7-2】聚光图层的控制
上机练习——制作3D动态相册

7.1 3D图层的应用

在After Effects中，通过将图层转换为3D图层，可使图层之间相互投影、遮挡，从而体现透视关系。架设摄像机后，可以为摄像机位置设定关键帧，从而产生推拉摇移等镜头运动的动态效果。

7.1.1 认识3D图层

通常意义上的三维是指在二维平面中又增加一个方向向量后构成的立体空间。我们所看到的画面，不论静态还是动态，都是在二维空间中形成的，但画面呈现的效果可以是立体的，这就是三维给人的视觉造成的立体感、深度感、空间感。

三维即3个坐标轴：*X*轴、*Y*轴、*Z*轴。其中，*X*轴表示左右空间，*Y*轴表示上下空间，*Z*轴表示前后空间。*Z*轴坐标是体现三维空间的关键要素。三维空间具有立体性，但其3个坐标轴所代表的空间方向都是相对的，没有绝对意义上的左右、上下、前后。

7.1.2 创建3D图层

选择【合成】|【新建合成】菜单命令，新建一个合成。然后选择【图层】|【新建】|【纯色】菜单命令，创建一个纯色图层，如图7-1所示。

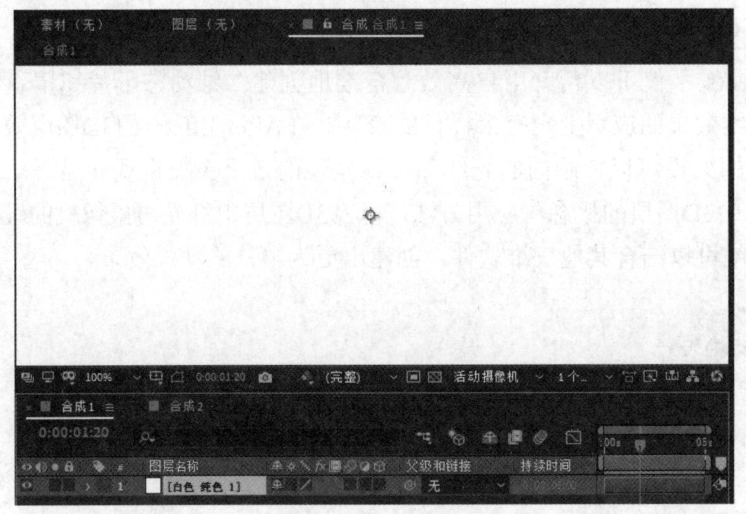

图7-1　新建纯色图层

选中创建的纯色图层，在【时间轴】面板中找到【3D图层】图标，将【3D图层】图标对应的方框激活，即表示图层已转换为3D图层，如图7-2所示。也可选择【图层】|【3D图层】菜单命令来进行3D图层的转换。

图7-2　激活3D图层

可以观察到，开启【3D图层】功能后，图层相比未开启【3D图层】功能时多了许多属性，如图7-3所示。

使用【旋转工具】拖动图层，可以看到图层有了立体的视觉效果，并且图层上出现了三色的坐标控制器。图7-4所示是拖动图层*X*轴的旋转效果，图7-5所示是拖动图层*Y*轴的旋转效果，图7-6所示是拖动图层*Z*轴的旋转效果。

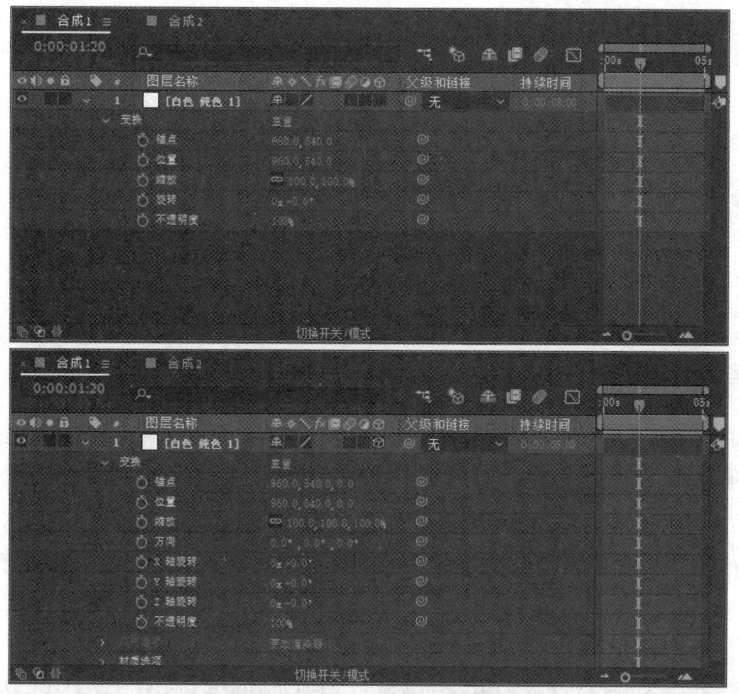

图7-3　普通图层与3D图层属性对比

图7-4　旋转*X*轴效果

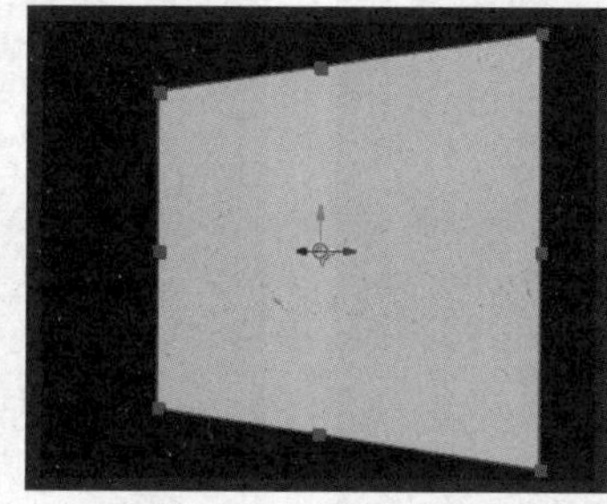

图7-5　旋转*Y*轴效果

图7-6　旋转*Z*轴效果

❖ 提示：

在创建纯色图层后，如果想改变图层的颜色，可以按Ctrl+Shift+Y组合键，再次打开纯色设置面板，并从中更改图层的颜色。

7.1.3　3D图层的基本操作

将普通图层转换为3D图层后，图层在原有属性的基础上又增加了许多3D图层特有的属性。例如，在*X*轴(水平方向)、*Y*轴(垂直方向)坐标的基础上，又增加了*Z*轴(深度)坐标。在【合成】面板中直接拖动相应的坐标轴，即可调整图层在某个方向上的位置。也可在【时间轴】面板中选中某个坐标轴，通过改变属性值来调整图层位置。

1. 选择坐标轴

在旋转3D图层时，可以在【合成】面板中通过控制各个坐标轴直观地调整图层的旋转变换。当在【合成】面板中移动指针以靠近图层的坐标时，【合成】面板中会显示相应坐标的名称，如图7-7所示。

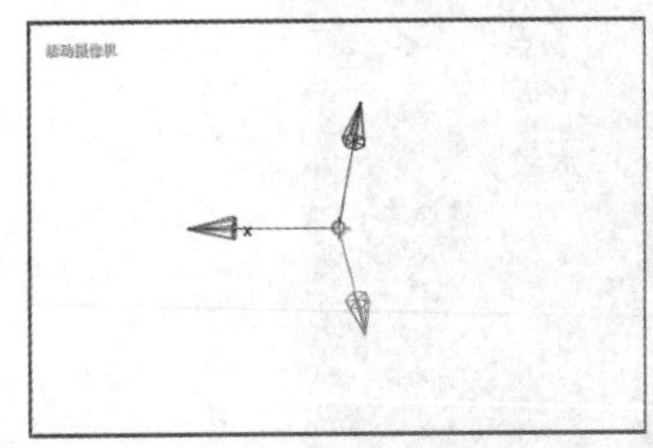

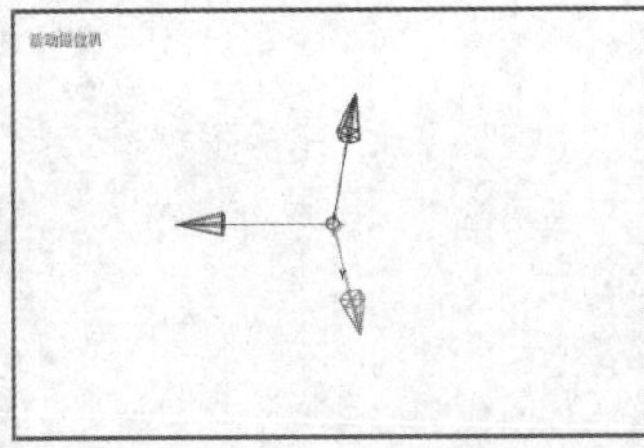

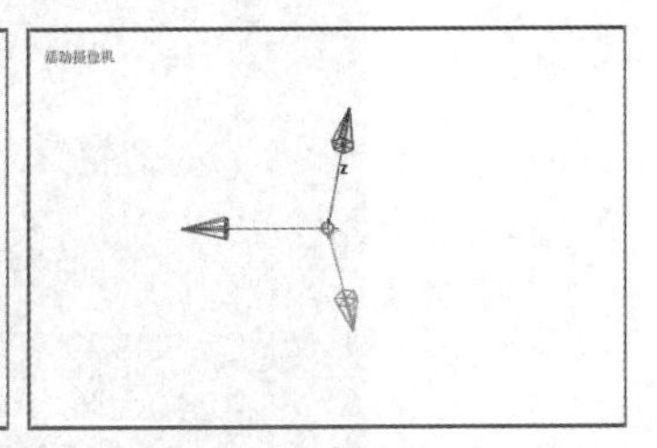

图7-7　显示坐标的名称

2. 3D 图层之间的关系

通过前面的学习我们可以了解到，在After Effects的2D图层中，图层位置越靠前，图层内容在【合成】面板中也会越靠前显示。例如，如果将文字图层放置于纯色图层下方，那么在2D图层的显示结果中，文字图层将无法显示，如图7-8所示。

从图7-8所示的结果中可以看出，在2D模式下，图层的先后顺序影响着图层的显示情况；但在3D模式下，图层显示的先后顺序与它们的排列顺序并无联系，而是取决于它们在3D空间中所在的位置。

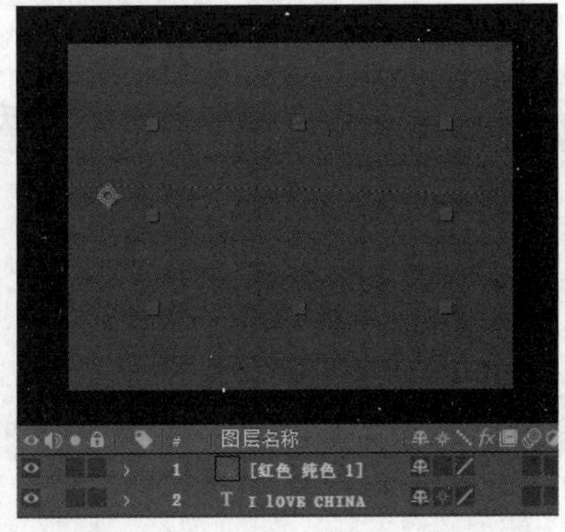

图7-8　2D图层的排列顺序

从图7-9所示的结果中可以看出，开启3D图层效果后，图层排列的先后顺序将不再影响合成影片的显示。

图7-9　3D图层的排列顺序

3. 切换 3D 视图

单击【合成】面板底部的【活动摄像机】下拉按钮，将弹出3D视图下拉菜单，用户可以根据需要从中选择不同的视图角度，如图7-10所示。用户也可以通过选择【视图】|【切换3D视图】菜单命令来进行3D视图的切换，如图7-11所示。

图7-10　单击【活动摄像机】下拉按钮

图7-11　切换3D视图

通过选择不同的视角来对合成进行观察，可以更好地了解图层之间的位置关系。在图7-12中，我们可以看到不同角度下显示的不同画面。

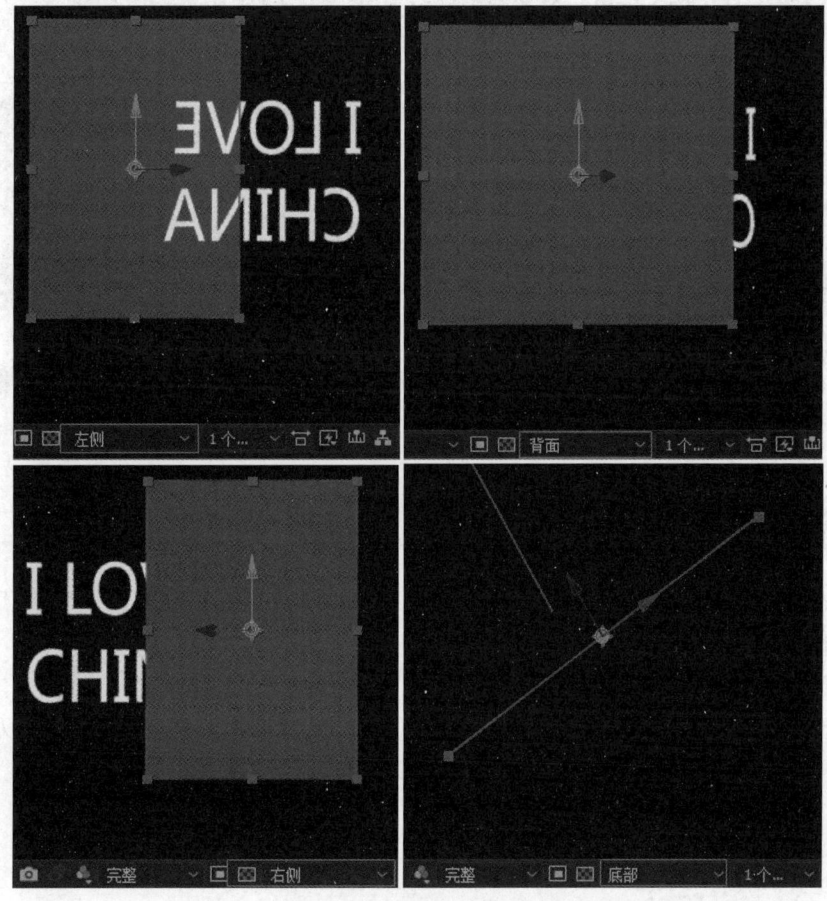

图7-12　不同视角下的效果

❖ 提示：

单击【选择视图布局】下拉按钮，可在弹出的下拉菜单中选择以何种方式同时显示多个视图，图7-13和图7-14分别显示了【2个视图-水平】和【4个视图】方式下的预览效果。

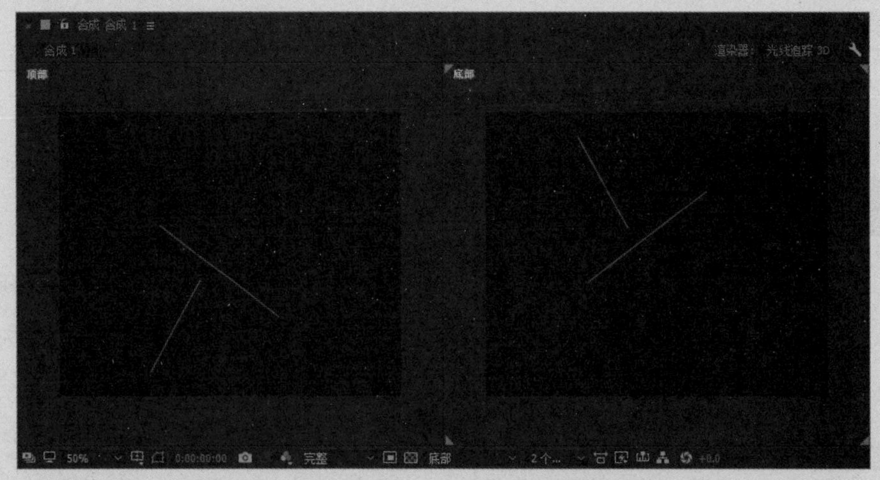

图7-13　【2个视图-水平】方式下的预览效果

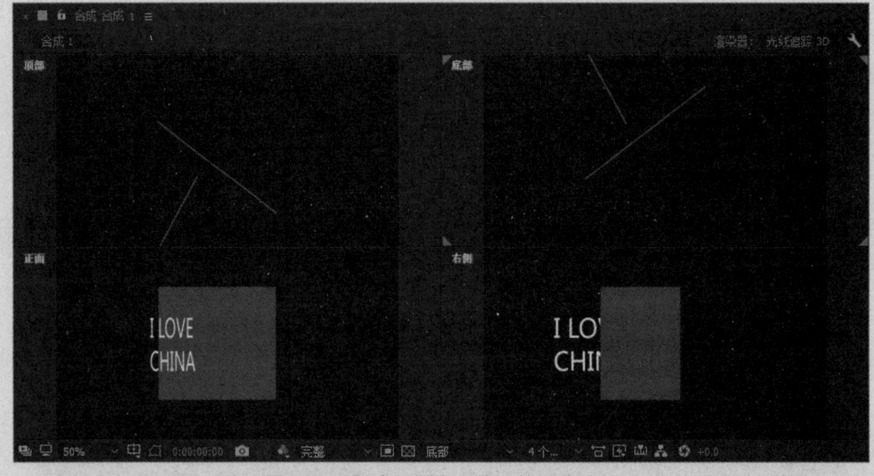

图7-14　【4个视图】方式下的预览效果

7.1.4　设置几何选项和材质选项

在将普通图层转换为3D图层后，图层列表中将增加【几何选项】和【材质选项】两组属性，下面介绍一下图层属性的变化及设置。

【例7-1】文本图层的3D属性。

01 打开项目素材文件。在【时间轴】面板中开启文本图层的3D模式，可以观察到，文本图层中增加了【几何选项】和【材质选项】两组属性，如图7-15所示。

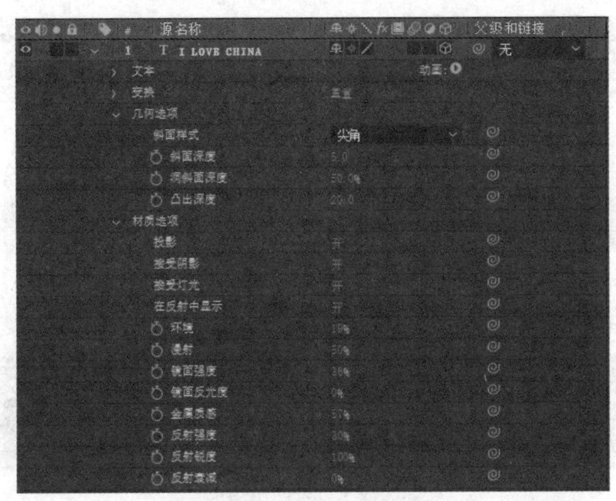

图7-15　3D图层的属性

02 在【几何选项】属性组中，【斜面样式】默认被设置为【无】，可通过选择右侧下拉列表中的【尖角】【凹面】【凸面】等选项来设置不同的文本效果，如图7-16所示。

图7-16　设置斜面样式

03 使用【斜面深度】属性可以调整斜面样式的倒角程度，属性值越大，字符边缘的角度越宽。

04 使用【洞斜面深度】属性可以调整有洞面角字符的倒角深度，使文本更有立体感。图7-17所示的字符O与A展示了设置【洞斜面深度】属性前后的对比效果。

图7-17　设置洞斜面深度

05 使用【凸出深度】属性可以设置字符凸出的深度，属性值越大，深度越大，如图7-18所示。

图7-18　设置凸出深度

06 在【材质选项】属性组中，【投影】的开关决定了灯光阴影的形成。如果没有开启【投影】，则无法显示阴影效果。除【开】与【关】选项外，还有【仅】选项，代表仅显示物体投影，不显示图层物体，这几种选项的投影效果如图7-19所示。

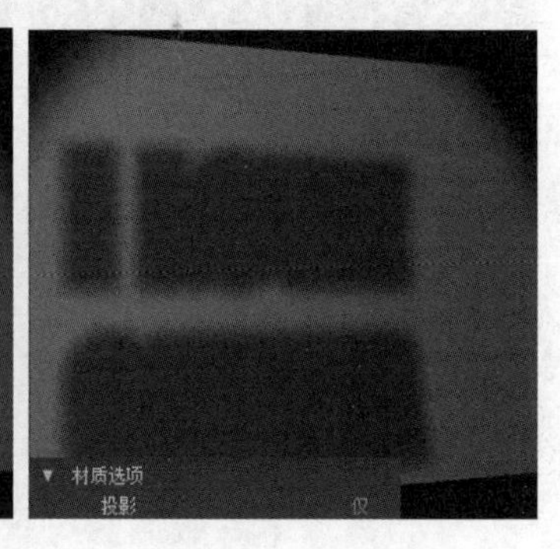

图7-19　投影效果

07 打开【接受阴影】的开关，可以使图层接受其他图层投射的阴影。

08 打开【接受灯光】的开关，当前图层才接受灯光的影响，如图7-20所示。

图7-20　接受灯光

09 通过【在反射中显示】属性，可以修改当前图层的反射效果，如图7-21所示。

图7-21 修改反射效果

【材质选项】属性组中还有如下属性可供用户调整。

- 【环境】：调节图层对周围其他物体反射的程度。
- 【漫射】：调节当前图层中的物体在受到灯光照射时，所反射出的光线的强度，如图7-22所示。

图7-22 漫射

- 【镜面强度】：设置灯光被图层反射的程度。
- 【镜面反光度】：控制镜面高光的范围。
- 【金属质感】：调节高光的颜色，当设置为最大值100%时，高光颜色与图层颜色相同；当设置为最小值时，高光颜色与灯光颜色一致。
- 【反射强度】：调节其他物体对当前图层的反射程度。
- 【反射锐度】：设置反射光线的锐利程度，数值越大，反射越锐利。
- 【反射衰减】：设置光线反射的衰减程度。

7.2 灯光的运用

在影片合成中，通过合理地使用灯光图层，可借助影片画面光线的变化表现丰富的内容。使用灯光可以营造场景中的气氛，不同的灯光颜色还可以使3D场景中的素材图层渲染出不同的效果。

在After Effects中创建灯光图层，对3D效果的实现有着不可替代的作用。光线和阴影的效果不仅在各种场景中影响着视觉效果的表达，而且在3D场景中，对图层的三维效果也有很好的渲染表现。灯光图层在After Effects中除了常规的图层属性之外，还具备一些特有的属性，以方便用户更好地控制影片的画面视觉效果。

7.2.1 创建灯光图层

选择【图层】|【新建】|【灯光】菜单命令，打开【灯光设置】对话框，如图7-23所示。设置好灯光参数后，单击【确定】按钮，即可创建灯光图层，如图7-24所示。

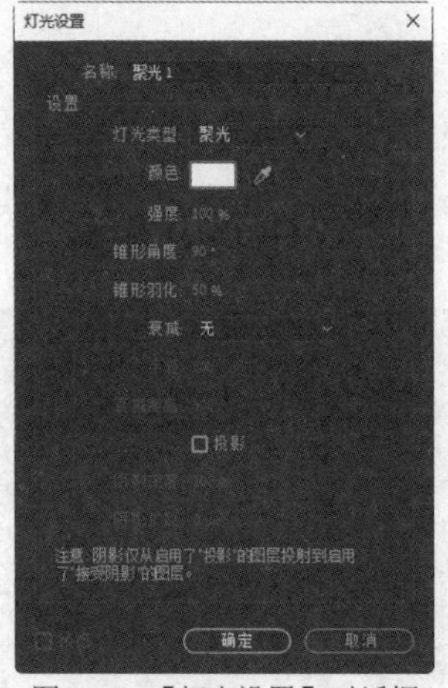

图7-23 【灯光设置】对话框

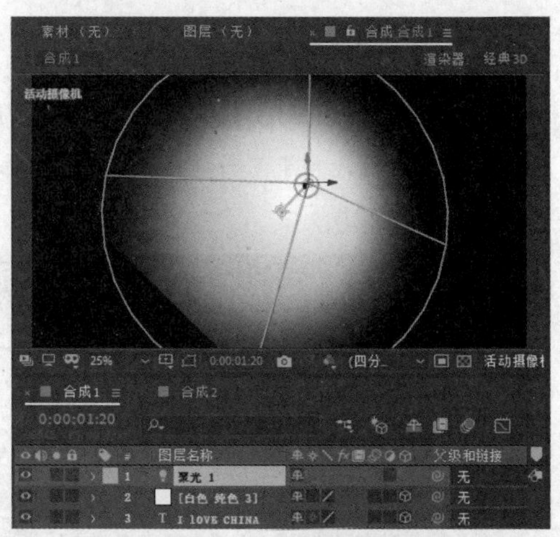

图7-24 创建灯光图层

在【灯光设置】对话框中，可以对【灯光类型】【颜色】【强度】等进行调整，以满足不同影片的需求。【灯光类型】下拉列表中有【平行】【聚光】【点】和【环境】4种类型，默认设置为【聚光】类型，如图7-25所示。

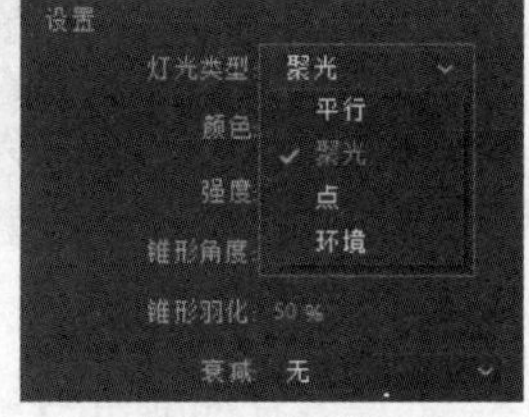

图7-25 4种常见的灯光类型

这4种灯光类型在很多三维软件中十分常见，它们分别有着不同的渲染效果。

- 平行光：光线以平行的方式从某条线发出，向目标位置照射。平行光可以照亮场景中目标位置的每一处画面，如图7-26所示。
- 聚光：光线从某个点发出，以圆锥形并呈放射状向目标位置照射，受影响的物体会显示出圆形的光照范围，光照范围的大小可以在灯光图层的属性中进行调整，如图7-27所示。

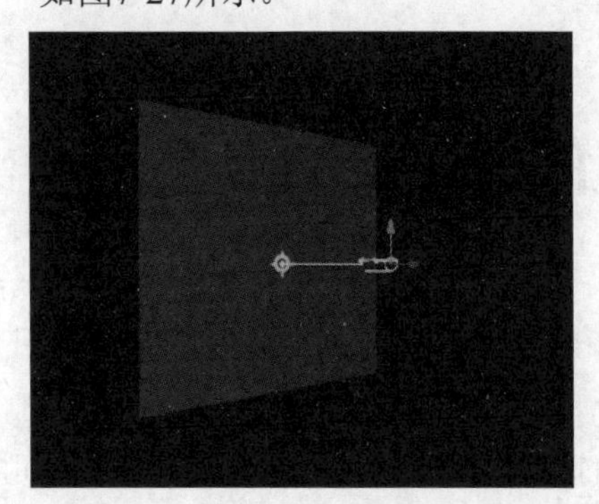

图7-26 平行光

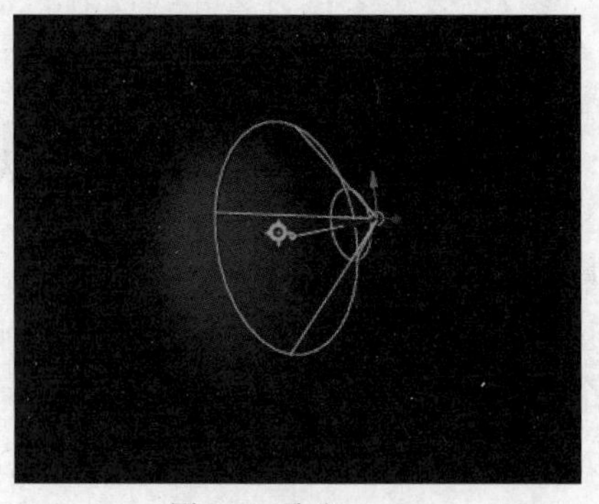

图7-27 聚光

- 点光：光线从某个点发出，向四周扩散。光源离物体越近，光照的强度就会越强，如图7-28所示。
- 环境光：光线对整个物体起照亮作用，没有固定的发射点，无法产生投影，但可调节和统一整个合成画面的色调，如图7-29所示。

图7-28 点光

图7-29 环境光

7.2.2 控制灯光图层

灯光的坐标轴控制不同于其他3D图层。下面以聚光图层为例，讲解灯光图层的调节和控制。

【例7-2】聚光图层的控制。

01 打开项目素材文件。在【合成】面板中选中灯光对象后，将出现三维坐标控制器(位于圆锥体控制器的顶部)和目标点控制器(位于圆锥体底面的圆心)，如图7-30所示。

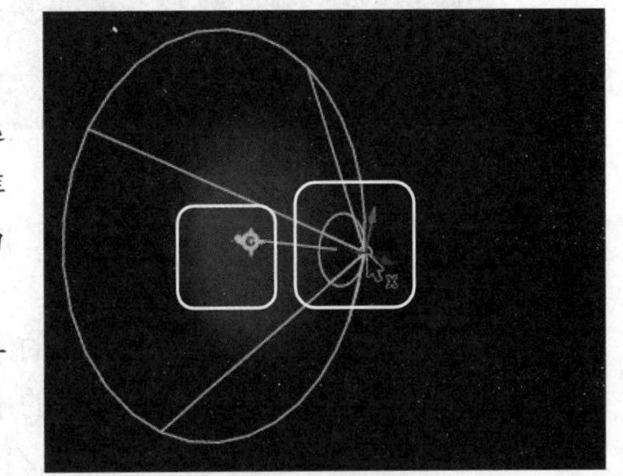
图7-30 灯光控制器

02 拖动三维坐标控制器，可以根据场景需要对整个灯光的照射位置进行调整，如图7-31所示。

图7-31 调整灯光的照射位置

03 拖动目标点控制器，可以对光源的方向做出调整，如图7-32所示。

❖ 提示：

在图层列表中调整【目标点】和【位置】属性的值，也可以改变聚光灯的目标点位置和照射点位置。

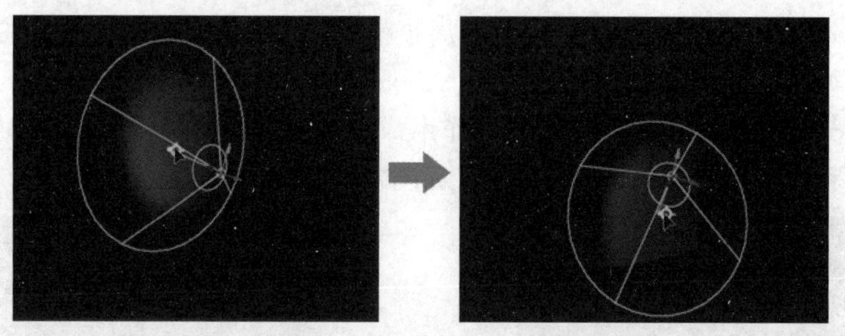

图7-32　改变灯光的目标点位置

7.2.3　设置灯光图层的属性

各种灯光的图层属性相似，下面以聚光为例，介绍灯光图层的属性。在创建灯光图层后，可在【时间轴】面板中对灯光图层的【变换】及【灯光选项】属性组中的属性进行调整，如图7-33和图7-34所示。

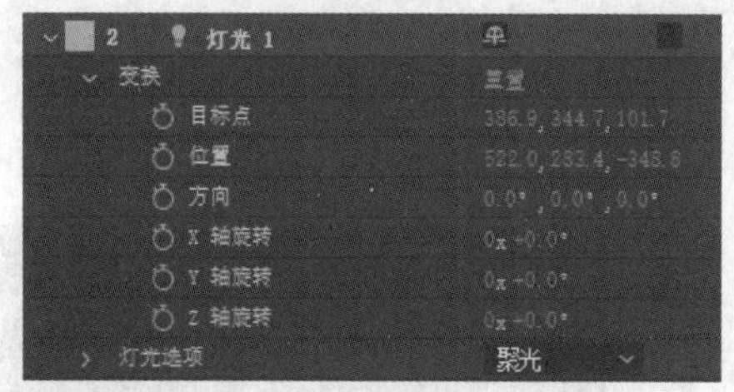

图7-33　灯光变换属性

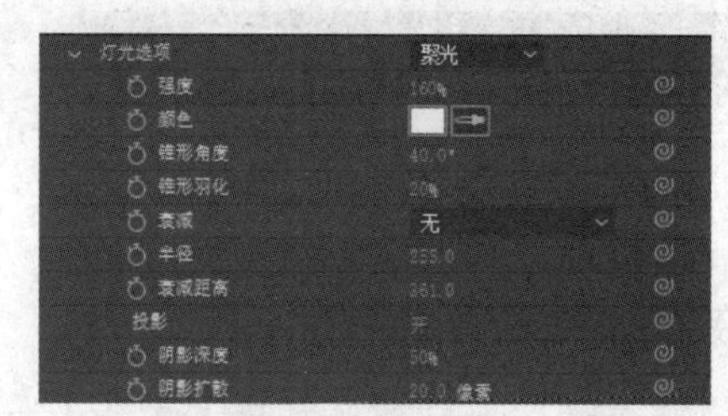

图7-34　灯光选项属性

- 【目标点】：用于调整灯光照射的目标点位置，可通过拖动鼠标或直接修改数值来进行调整。
- 【位置】：用于调整灯光照射的位置，可通过拖动鼠标或直接修改数值来进行调整。
- 【方向】：用于调整灯光照射的角度，可通过拖动鼠标或直接修改数值来进行调整。
- 【*X*轴旋转】/【*Y*轴旋转】/【*Z*轴旋转】：用于调节所选灯光在不同坐标轴上的旋转角度。
- 【强度】：用于调节灯光的强弱。强度越强，灯光越亮。当【强度】为0%时，灯光不发射光线，场景将会变黑。
- 【颜色】：用于调节灯光颜色。不同颜色的灯光对合成有不同的渲染效果，如图7-35所示。

图7-35　灯光颜色

❍ 【锥形角度】：聚光图层特有的属性，用于调整圆锥体控制器范围的大小。数值越大，光照范围越大；数值越小，光照范围越小，如图7-36所示。

图7-36　锥形角度

❍ 【锥形羽化】：聚光图层特有的属性，羽化的原理是使衔接的部分虚化，起到渐变的效果，使边缘交界处变得柔和。【锥形羽化】属性主要用于调整圆锥体控制器边缘的虚化程度，数值越高，灯光边缘的光线越柔和，数值越低，光线边缘越锐利，如图7-37所示。

图7-37　锥形羽化

❍ 【衰减】：现实生活中的灯光都有衰减特性，站在不同的距离观察同一束光线，我们感受到的光线强度是不同的。在After Effects中，【衰减】属性默认为【无】，此外还有【平滑】和【反向正方形已固定】可选，效果如图7-38所示。

图7-38　灯光的衰减效果

❍ 【半径】：用于设置灯光的衰减半径。

❍ 【衰减距离】：用于设置灯光的衰减距离。

- 【投影】：可打开或关闭投影。当打开投影时，合成中会显示灯光的投影效果。如果看不到投影效果，可在灯光图层的【材质选项】属性中将【接受阴影】的开关打开。
- 【阴影深度】：用于设置阴影的颜色深度，数值越大，颜色越深，如图7-39所示。

图7-39 阴影深度

- 【阴影扩散】：用于调整阴影的漫反射效果，数值越大，阴影边缘越柔和，如图7-40所示。

图7-40 阴影扩散

7.3 摄像机的运用

在合成窗口中，默认使用【活动摄像机】对视图进行观察，除了系统自动创建的摄像机，用户还可以自行创建摄像机，从而方便观察和调整图层间的位置关系。创建摄像机后，即可为摄像机设置关键帧，以丰富合成影片的效果。就像拍摄电影时通过架设不同的机位可以表达不同的叙事内容一样，通过不同的摄像机位置也可以创造精彩的视觉效果。

7.3.1 创建摄像机

选择【图层】|【新建】|【摄像机】菜单命令，即可创建摄像机图层；也可以在【合成】面板中右击，在弹出的快捷菜单中选择【新建】|【摄像机】命令，然后在打开的【摄像机设置】对话框中对摄像机的基本设置进行调整，如图7-41所示。

在【预设】下拉列表中可以选择摄像机镜头，After Effects中的镜头类型在15毫米和200毫米之间，用户可根据需要调节镜头类型和焦距，如图7-42所示。常见的摄像机镜头有以下两种。

- 15毫米：广角镜头，视野范围很广，可以包容的场面较大，因此在表现空间方面有很强的优势，可用来制作一些气势恢宏的全景场面，画面有很好的透视感。
- 35毫米：标准镜头，焦距与所拍摄画面的对角线长度大致相等，表现出来的景物透视效果与我们目视的效果也基本一致，应用范围非常广泛。

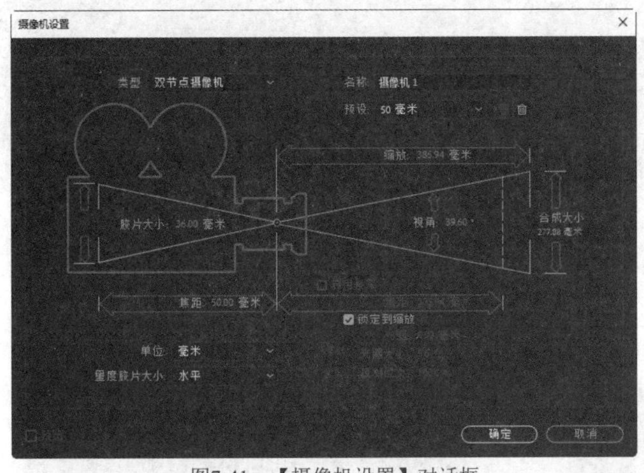

图7-41　【摄像机设置】对话框

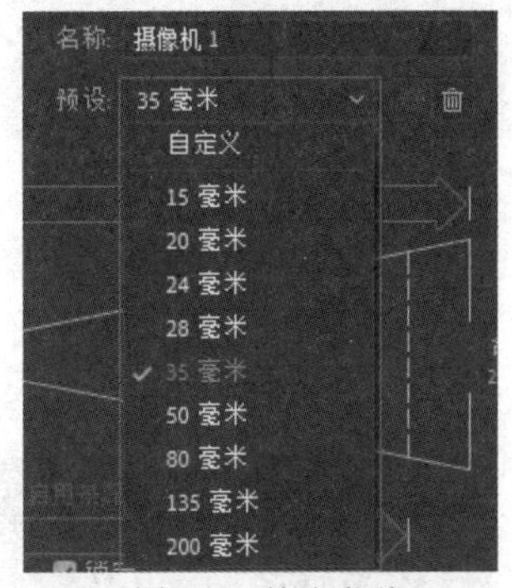

图7-42　镜头类型

【摄像机设置】对话框的设置面板中显示了摄像机的摄像参数，用户从中可以了解所要调节和设置的对象属于摄像机的哪一部分。

- 【视角】：控制摄像机的可视范围。
- 【焦距】：设置摄像机的焦距。
- 【胶片大小】：设置胶片用于合成的尺寸，调整【胶片大小】时，【缩放】和【视角】参数的值也会发生相应改变。

7.3.2　设置摄像机参数

在创建摄像机后，可在图层列表中对摄像机的属性进行设置，除了普通图层的【变换】属性组之外，还包括【摄像机选项】属性组，如图7-43所示。

【变换】属性组中各个属性的作用如下。

- 【目标点】：调整摄像机的目标点位置，可通过拖动鼠标或直接修改数值来进行调节。
- 【位置】：调整摄像机的投射位置，可通过拖动鼠标或直接修改数值来进行调节。
- 【方向】：调整摄像机的方向，可通过拖动鼠标或直接修改数值来进行调节。

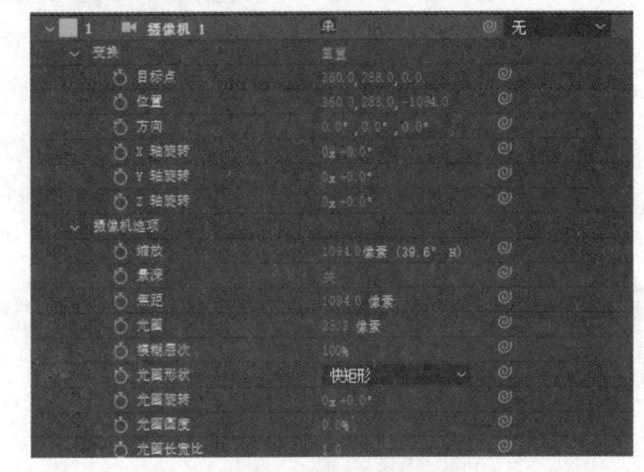

图7-43　摄像机的属性

- 【X轴旋转】/【Y轴旋转】/【Z轴旋转】：调节摄像机在不同坐标轴上的旋转角度。

【摄像机选项】属性组中各个属性的作用如下。

- 【缩放】：调整摄像机镜头到所拍摄图片的视线框的距离，如图7-44和图7-45所示。

图7-44　缩放设置一

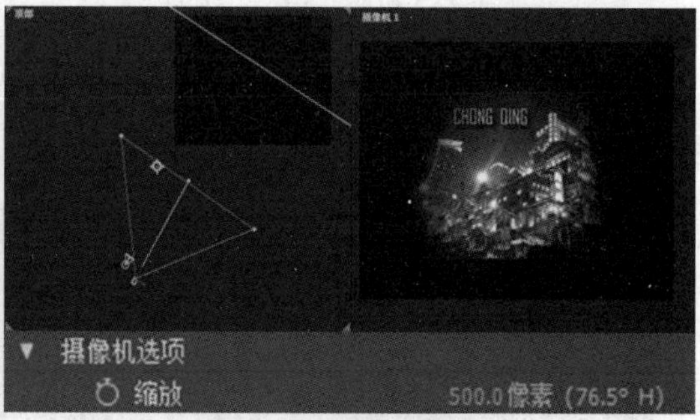

图7-45　缩放设置二

- 【景深】：用于开启或关闭景深效果。聚焦完成后，在焦点前后的范围内将呈现清晰的图像。焦点前后的距离范围就叫景深。
- 【焦距】：用于调整焦点到面镜中心点的距离，效果如图7-46和图7-47所示。

图7-46　焦距设置一

图7-47　焦距设置二

- 【光圈】：设置镜头快门尺寸。镜头快门越大，受到焦距影响的像素点就越多。
- 【模糊层次：设置聚焦效果的模糊程度。
- 【光圈形状】：设置光圈的形状，默认设置为【快矩形】，此外还包括【三角形】【正方形】等形状。
- 【光圈旋转】：设置光圈的旋转角度。
- 【光圈圆度】：设置光圈的圆润程度。
- 【光圈长宽比】：设置光圈的长宽比。

7.4　上机练习——制作3D动态相册

本节将练习制作3D动态相册。练习的内容主要是制作动态的三维立体相册效果，并利用摄像机制作动态的镜头移动效果。通过本节的练习，可以帮助读者更好地掌握3D图层和摄像机的基本操作方法及技巧。

01 选择【合成】|【新建合成】菜单命令，在打开的【合成设置】对话框中设置【预设】为HDTV 1080 25，设置【持续时间】为0:00:15:00，单击【确定】按钮，建立一个新的合成，如图7-48所示。

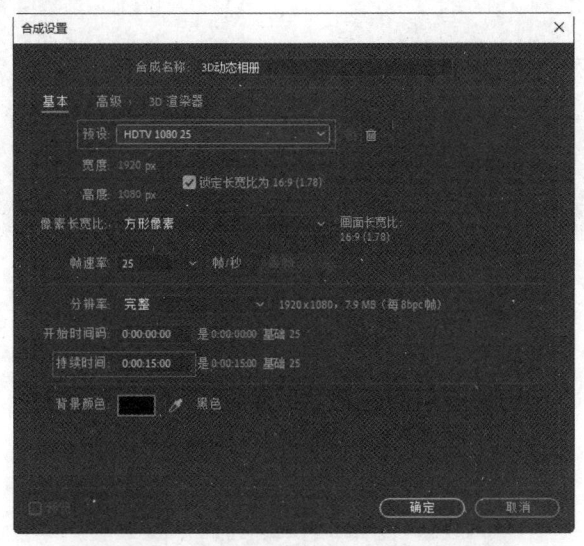

图7-48　新建合成

02 执行【文件】|【导入】|【文件】菜单命令，打开【导入文件】对话框，找到“3D动态相册”素材文件夹，然后单击【导入文件夹】按钮以导入素材，如图7-49所示。

03 将导入的图片素材按照顺序添加到【时间轴】面板的图层列表中，如图7-50所示。

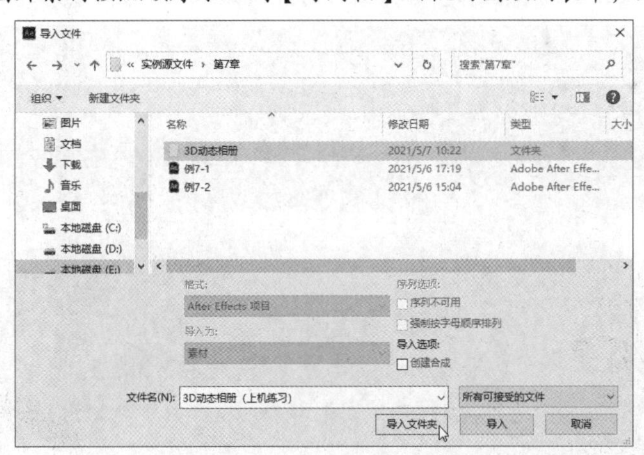

图7-49　【导入文件】对话框

04 下面制作3D相册效果。在【时间轴】面板中为各个图层开启三维图层效果，从而为所有图层激活三维属性，如图7-51所示。

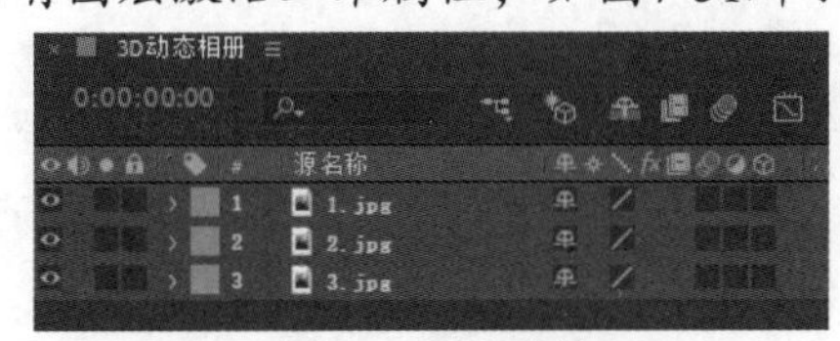

图7-50　导入素材

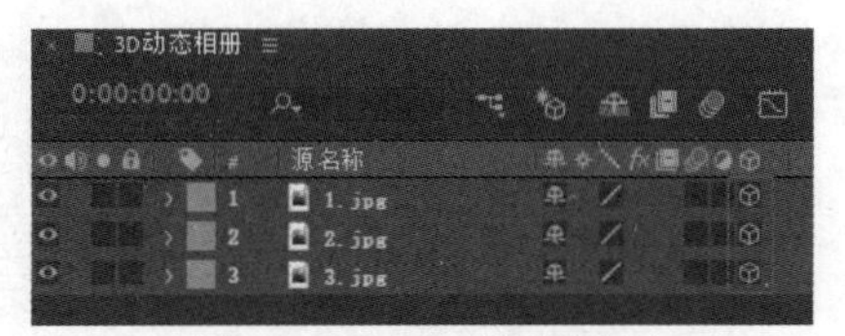

图7-51　开启三维图层效果

05 选中图层1，将【位置】设为256、540、-173，将【缩放】设为20%、20%、20%，将【方向】设为0.0°、300.0°、0.0°，如图7-52所示。

06 选中图层2，将【缩放】设为20%、20%、20%，其他不变，如图7-53所示。

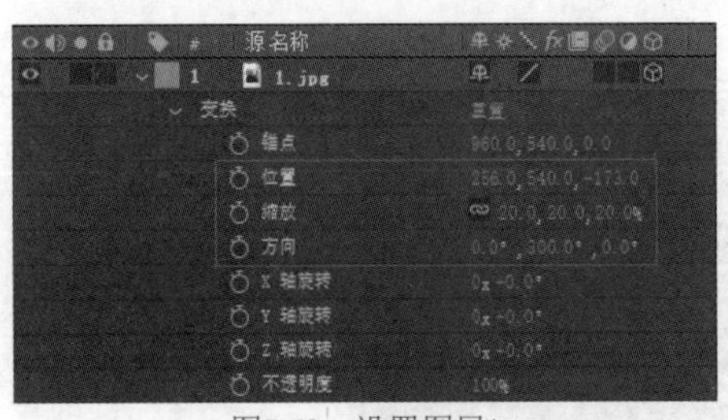

图7-52 设置图层1

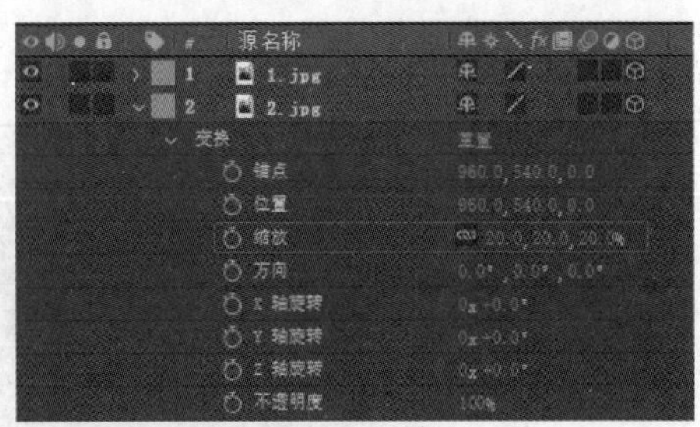

图7-53 设置图层2

07 选中图层3，将【位置】设为1758、540、38，将【缩放】设为20%、20%、20%，将【方向】设为0.0°、60.0°、0.0°，如图7-54所示。

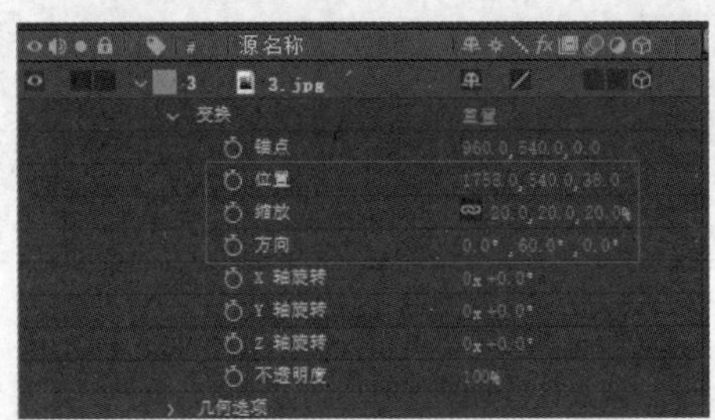

图7-54 设置图层3

08 在【合成】面板中预览创建的3D相册的静态效果，如图7-55所示。

图7-55 3D相册的静态效果

09 选择【图层】|【新建】|【摄像机】菜单命令，打开【摄像机设置】对话框，如图7-56所示。然后单击【确定】按钮，创建摄像机，如图7-57所示。

10 接下来为摄像机添加动画，制作由左向右的平摇镜头效果，用于展示电子相册。将时间指示器移至0:00:00:00，将摄像机图层的【变换】属性组中的【方向】属性设为0.0°、320°、0.0°，使镜头移至图像的最左侧，如图7-58所示。

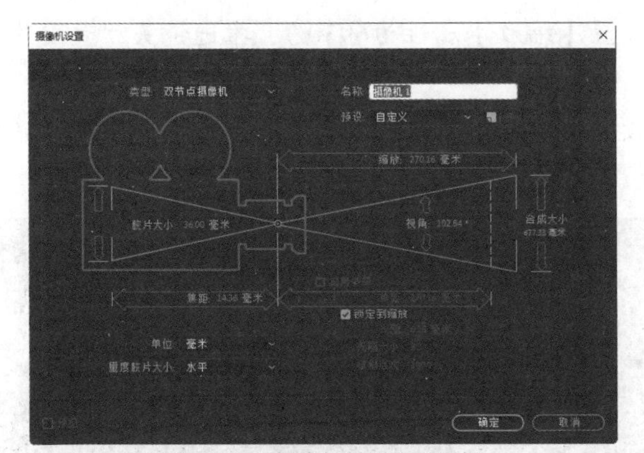

图7-56　【摄像机设置】对话框

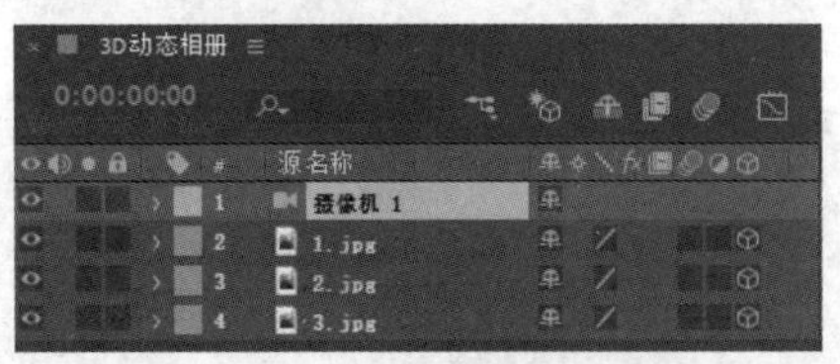

图7-57　创建摄像机

11 将时间指示器移至0:00:02:00，设置【方向】属性为0.0°、14°、0.0°，使镜头移至图像的最右侧，如图7-59所示。

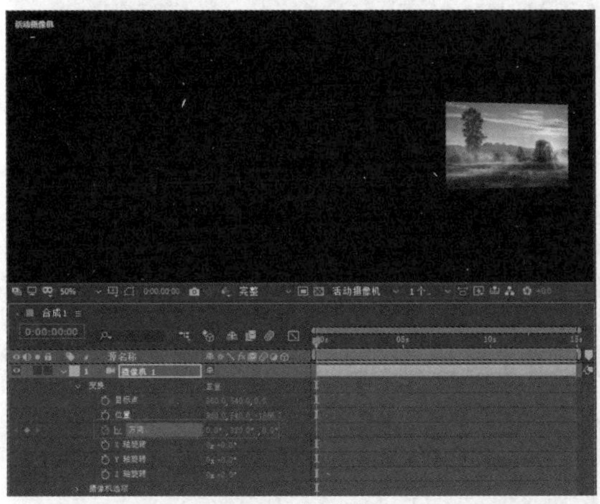

图7-58　平摇镜头(一)

图7-59　平摇镜头(二)

12 将时间指示器移至0:00:04:00，设置【方向】属性为0.0°、0.0°、0.0°，使镜头恢复到中间位置，如图7-60所示。

13 下面在镜头移动的过程中增加推进效果，使图片的展示更清晰。将时间指示器移至0:00:00:00，将摄像机图层的【摄像机选项】属性组中的【缩放】属性设为2666.7，如图7-61所示。

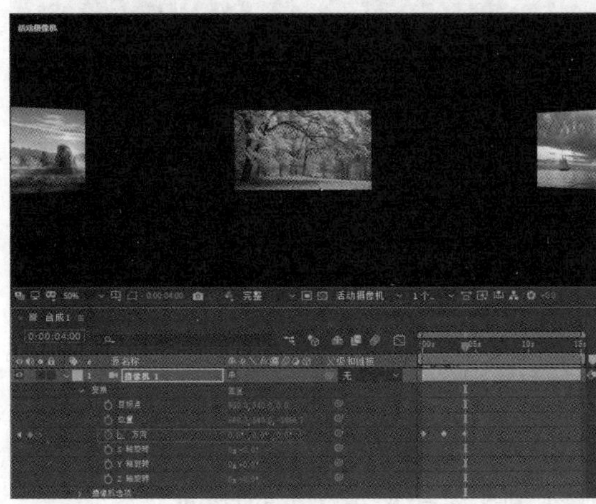

图7-60　平摇镜头(三)

图7-61　推进镜头(一)

14 将时间指示器移至0:00:02:00，设置【缩放】属性为6930.7，推进镜头放大图片，如图7-62所示。

15 将时间指示器移至0:00:04:00，设置【缩放】属性为2666.7，使镜头恢复到初始位置，如图7-63所示。

图7-62　推进镜头(二)

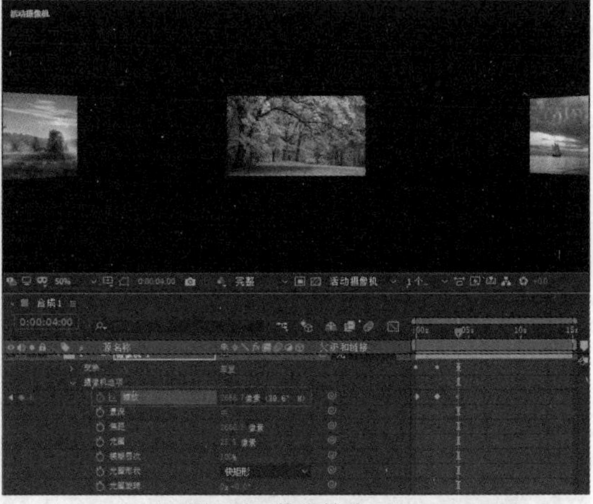

图7-63　推进镜头(三)

16 下面制作单幅图片的全屏展示动画。选择图层1，将时间指示器移至0:00:05:00，为图层1的【变换】属性组中的【位置】【缩放】【方向】属性添加关键帧，并保持原有参数不变，如图7-64所示。

17 将时间指示器移至0:00:06:00，设置【位置】属性为912、540、-173.2，设置【缩放】属性为100%、100%、100%，设置【方向】属性为0.0°、0.0°、0.0°，使图片1全屏展示，如图7-65所示。

图7-64　为图片1设置变换属性(一)

图7-65　为图片1设置变换属性(二)

18 对刚才在时间点0:00:06:00处设置的3个属性的关键帧进行复制，然后将时间指示器移至0:00:07:00，对复制的关键帧进行粘贴，使图片的全屏展示状态持续1秒钟，如图7-66所示。

19 对刚才在时间点0:00:05:00处设置的3个属性的关键帧进行复制，将时间指示器移至0:00:08:00，对复制的关键帧进行粘贴，使图片恢复到初始样式，如图7-67所示。

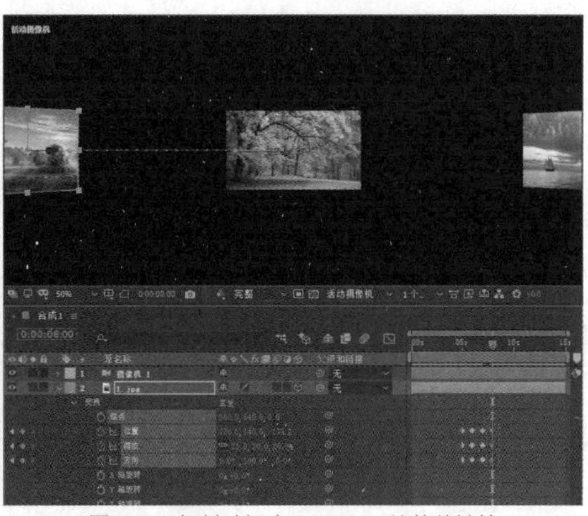

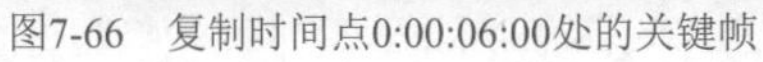

图7-66　复制时间点0:00:06:00处的关键帧

图7-67　复制时间点0:00:05:00处的关键帧

20 下面制作图片2的全屏展示动画。选择图层2，将时间指示器移至0:00:08:00，为图层2的【变换】属性组中的【位置】和【缩放】属性添加关键帧，并保持原有参数不变，如图7-68所示。

21 将时间指示器移至0:00:09:00，设置【位置】属性为960、540、-346，设置【缩放】属性为100%、100%、100%，使图片2全屏展示，如图7-69所示。

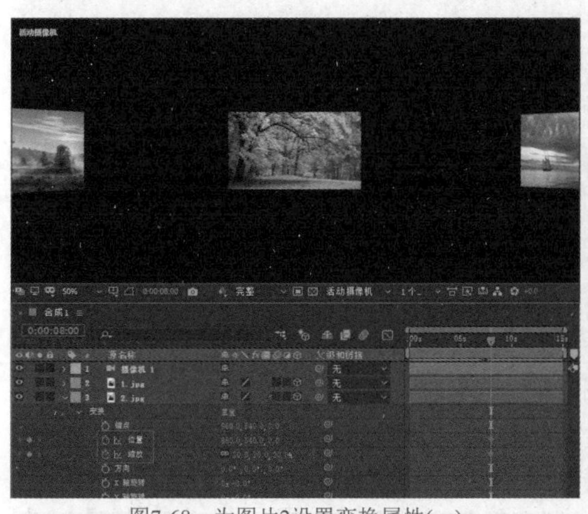

图7-68　为图片2设置变换属性(一)

图7-69　为图片2设置变换属性(二)

22 对刚才在时间点0:00:09:00处设置的两个属性的关键帧进行复制，然后将时间指示器移至0:00:10:00，对复制的关键帧进行粘贴，使图片的全屏展示状态持续1秒钟，如图7-70所示。

23 对刚才在时间点0:00:08:00处设置的两个属性的关键帧进行复制，然后将时间指示器移至0:00:11:00，对复制的关键帧进行粘贴，使图片恢复到初始样式，如图7-71所示。

24 下面制作图片3的全屏展示动画。选择图层3，将时间指示器移至0:00:11:00，为图层3的【变换】属性组中的【位置】【缩放】和【方向】属性添加关键帧，并保持原有参数不变，如图7-72所示。

25 将时间指示器移至0:00:12:00，设置【位置】属性为1016、540、-390.9，设置【缩放】属性为100%、100%、100%，设置【方向】属性为0.0°、0.0°、0.0°，使图片3全屏展示，如图7-73所示。

图7-70　复制时间点0:00:09:00处的关键帧

图7-71　复制时间点0:00:08:00处的关键帧

图7-72　为图片3设置变换属性(一)

图7-73　为图片3设置变换属性(二)

26 对刚才在时间点0:00:12:00处设置的3个属性的关键帧进行复制，然后将时间指示器移至0:00:13:00，对复制的关键帧进行粘贴，使图片的全屏展示状态持续1秒钟，如图7-74所示。

27 对刚才在时间点0:00:11:00处设置的3个属性的关键帧进行复制，然后将时间指示器移至0:00:14:00，对复制的关键帧进行粘贴，使图片恢复到初始样式，如图7-75所示。

图7-75　复制时间点0:00:11:00处的关键帧

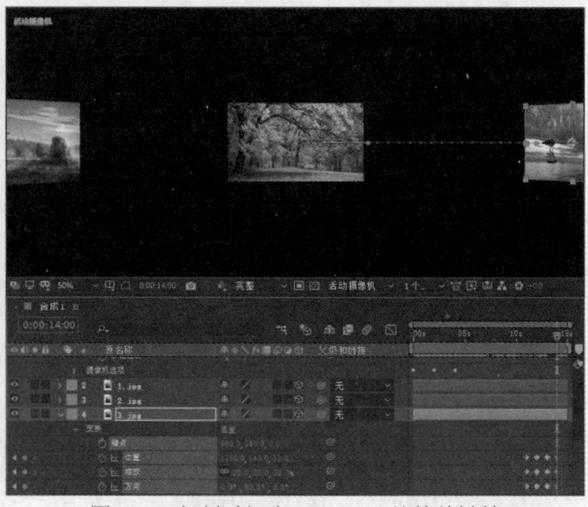

图7-74　复制时间点0:00:12:00处的关键帧

28 按空格键对影片进行播放，在【合成】面板中可以观看最终效果，如图7-76所示。

图7-76 最终效果

7.5 习 题

1. 创建一段文本，为其制作3D效果。

2. 创建一个拥有3D效果的几何模型，为其创建灯光和摄像机图层，制作摄像机围绕模型旋转的动画。

第 8 章

特效的基本操作

特效是After Effects里一项非常重要的功能，要想用After Effects做出优秀的作品，就一定要熟练地掌握各种特效的使用方法。After Effects中的特效不仅可以优化素材，而且可以为作品添加丰富的动画效果。本章主要介绍关于特效的一些基本操作方法，包括添加特效、设置特效和编辑特效等。

本章重点

- 添加特效
- 设置特效
- 编辑特效

二维码教学视频

【例8-1】为图片设置模糊效果
【例8-2】为彩色图片添加三色调特效
【例8-3】为照片添加油画效果
【例8-4】添加镜头光晕特效
【例8-5】为图片添加逐渐模糊的动画
上机练习——制作动态照片

8.1 添加特效

在After Effects中，添加特效是制作特效的第一步。用户可以通过两种方式来添加特效：一种是通过【效果】菜单来添加特效，另一种是通过【效果和预设】面板来添加特效。

1. 通过【效果】菜单添加特效

选中需要添加特效的图层，然后选择【效果】|【模糊和锐化】菜单命令，在打开的命

令列表中选择一种命令(如【高级闪电】命令)，如图8-1左图所示，即可为选中的图层添加相应特效，如图8-1右图所示。

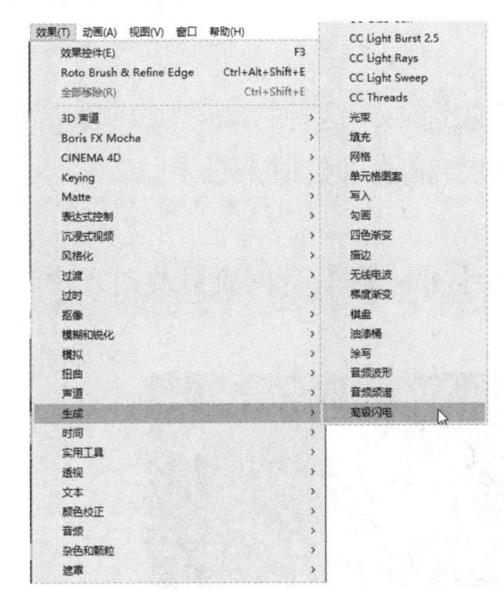
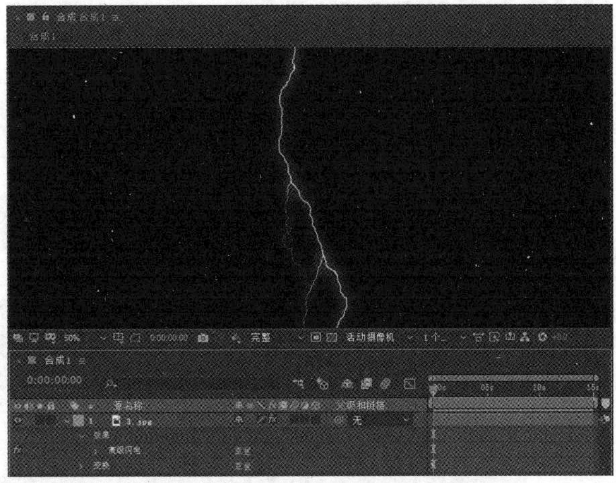

图8-1　通过【效果】菜单添加特效

❖ 提示：

在After Effects中添加特效时，必须提前选中需要添加特效的素材图层。对于同一个图层，可以添加多个特效。如果需要为多个图层添加同一个特效，那么需要同时选中多个图层，然后执行添加特效的命令。

2. 通过【效果和预设】面板添加特效

选中需要添加特效的图层，然后在【效果和预设】面板中选择并拖动所需的特效(比如【波纹】)到【合成】面板中的素材上，即可为素材添加相应的特效，如图8-2所示。

图8-2　拖动特效到素材上

8.2　设置特效

在将特效添加到素材上之后，可以通过设置特效选项来展现不同的效果。常见的特效选项有特效数值、特效颜色、特效控制器和特效坐标4种，下面分别对它们进行介绍。

8.2.1 特效数值

数值类的参数是After Effects特效中最常见的一种特效选项。这种特效选项一般可通过两种方式来设置：一种是通过鼠标来设置，另一种是通过直接输入数值来设置。

【例8-1】为图片设置模糊效果。

01 新建一个合成，然后导入素材，并将素材添加到【时间轴】面板的图层列表中，如图8-3所示。

图8-3　新建合成并添加素材

02 选中素材所在的图层，然后选择【效果】|【模糊和锐化】|【高斯模糊】菜单命令，将高斯模糊特效添加到素材上，【效果控件】面板中将出现高斯模糊特效的相关参数，如图8-4所示。

03 将光标放置在【模糊度】属性值的上方，此时光标的形状会由箭头变为手形，如图8-5所示。按住鼠标左键并左右拖动光标，属性值会随着光标的移动发生改变，如图8-6所示。

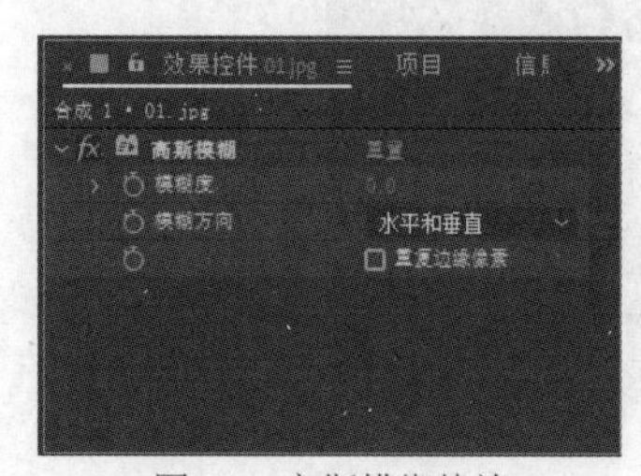

图8-4　高斯模糊特效

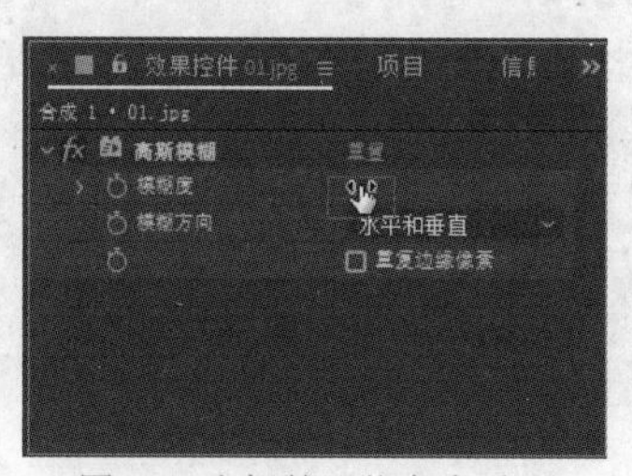

图8-5　光标的形状变为手形

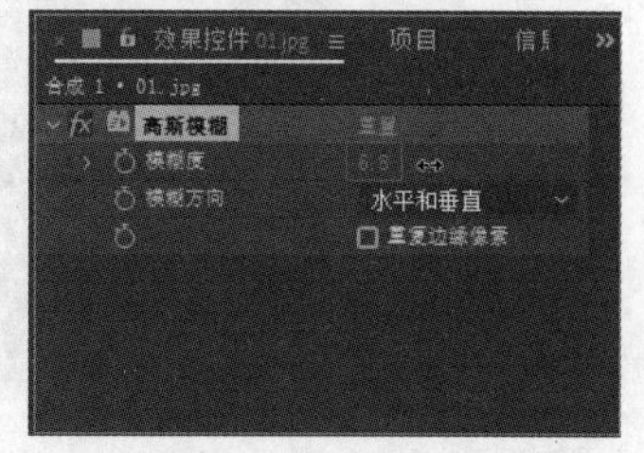

图8-6　通过左右拖动光标调整属性值

04 将光标放置在【模糊度】属性值的上方并单击，将出现一个文本框，这个文本框中的数值为可编辑状态，如图8-7所示。对数值进行修改，如图8-8所示。

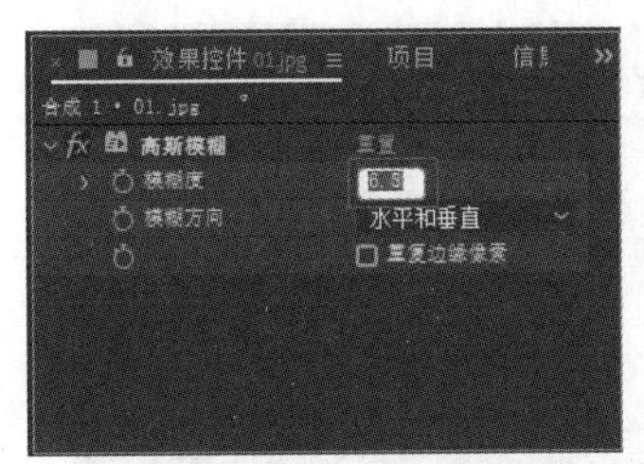

图8-7　属性值变为可编辑状态

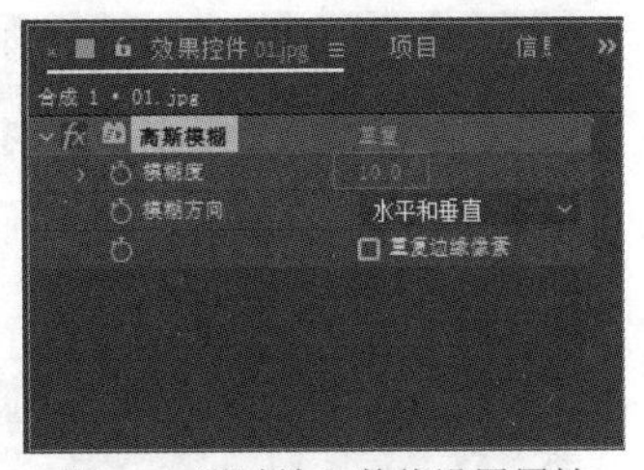

图8-8　通过输入数值设置属性

05 修改【模糊度】属性，即可调整图片的模糊效果，如图8-9所示。

图8-9　图片的模糊效果

❖ 提示：

当按下鼠标左键并左右拖动光标时，光标的形状会由手形变为向左和向右的两个小箭头。在拖动光标的过程中，向左拖动时数值将减小，向右拖动时数值将增大。

8.2.2　特效颜色

特效的颜色选项一般存在于与颜色有关的特效参数中，这种特效选项可以通过使用颜色面板和颜色拾取器两种方式来进行设置。

【例8-2】为彩色图片添加三色调特效。

01 新建一个合成。然后导入素材，并将素材添加到【时间轴】面板的图层列表中，如图8-10所示。

02 选中素材所在的图层，选择【效果】|【颜色校正】|【三色调】菜单命令，素材图片将从彩色图像变为只有白、棕、黑3种颜色，同时【效果控件】面板中也将显示三色调特效的相关参数，如图8-11所示。

03 单击【中间调】对应的色块，打开【中间调】颜色面板，将中间调的颜色设为红色，素材图片中原来的棕色部分将变为红色，如图8-12所示。

图8-10　新建合成并添加素材

图8-11　为素材图片添加三色调特效

图8-12　通过颜色面板设置参数

04 单击【中间调】对应的吸管图标，光标的形状将由箭头变为吸管，将光标放置在所需的颜色上并单击，就可以将素材图片的中间调部分修改为相应的颜色(如灰色)，如图8-13所示。

图8-13　通过颜色拾取器设置颜色

8.2.3　特效控制器

在After Effects中，特效控制器可通过输入数值和调整控制器两种方式来进行设置。最常见的特效控制器是角度控制器，一般存在于与方向或角度有关的特效参数中。

【例8-3】为照片添加油画效果。

01 新建一个合成。然后导入素材，并将素材添加到【时间轴】面板的图层列表中，如图8-14所示。

图8-14　新建合成并添加素材

02 选中素材所在的图层，然后选择【效果】|【风格化】|【画笔描边】菜单命令，【效果控件】面板中将出现画笔描边特效的相关参数，如图8-15所示。

图8-15　添加画笔描边特效

03 单击并拖动【描边角度】右下方的角度控制器，可以对角度参数进行修改，如图8-16所示。

04 单击【描边角度】右侧的属性值，属性值将变为可编辑状态，可通过直接输入数值来对角度参数进行修改，如图8-17所示。

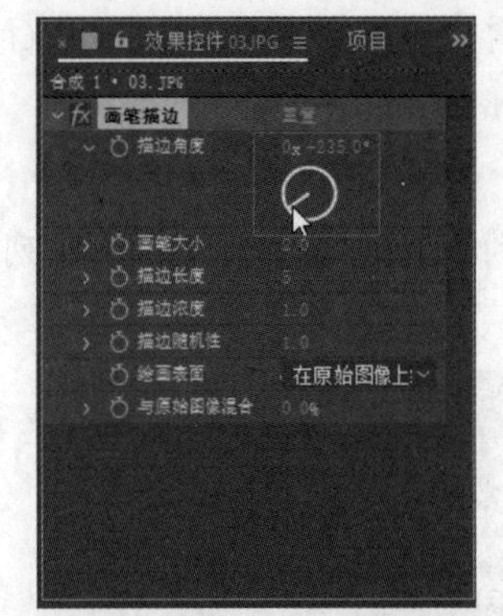

图8-16　通过角度控制器调整角度参数

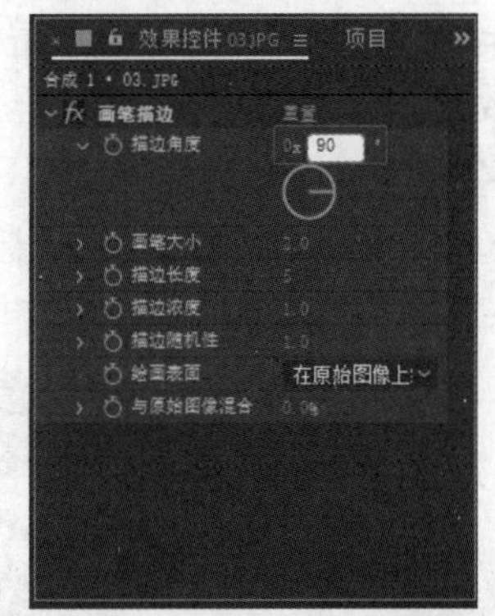

图8-17　通过输入数值修改角度参数

8.2.4 特效坐标

特效坐标一般存在于与位置有关的特效参数中。特效坐标可通过输入数值和单击【坐标】按钮两种方式来进行设置。

【例8-4】添加镜头光晕特效。

01 新建一个合成。然后导入素材，并将素材添加到【时间轴】面板的图层列表中，如图8-18所示。

图8-18　新建合成并添加素材

02 选中素材所在的图层，然后选择【效果】|【生成】|【镜头光晕】菜单命令，【效果控件】面板中将出现镜头光晕特效的相关参数，如图8-19所示。

图8-19　添加镜头光晕特效

03 单击【光晕中心】右侧的【坐标】按钮，光标的形状将由箭头变为十字形，如图8-20所示。将光标放置在需要设置光晕中心的位置并单击即可，光晕中心的坐标将发生相应的变化，如图8-21所示。

❖ 提示：

单击【光晕中心】右侧的坐标值，坐标值将变为可编辑状态，直接输入新的坐标值，即可修改光晕中心的位置。

图8-20　光标变为十字形

图8-21　设置光晕中心的位置

8.3　编辑特效

在After Effects中，不仅可以对特效自带的参数进行设置，而且可以对特效本身进行复制、删除、禁用等。

8.3.1　复制特效

当用户需要对多个对象运用同一个特效或对同一对象多次运用同一个特效时，可以首先为对象添加特效并调整好参数，然后将设置好的特效复制到其他对象或同一对象上。

复制特效的操作步骤如下。

01 在【效果控件】面板中选中添加的特效，然后选择【编辑】|【复制】菜单命令，或按Ctrl+C组合键，对特效进行复制。

02 在【时间轴】面板的图层列表中选择需要添加这种特效的图层，然后选择【编辑】|【粘贴】菜单命令或按Ctrl+V组合键，对复制的特效进行粘贴，即可完成特效的复制操作。

8.3.2 禁用特效

如果需要临时取消图层中的某个特效，可以采用禁用特效的方式。禁用特效操作可用来观察某个图层应用特效前后的对比效果。

在【效果控件】面板中单击特效名称左侧的fx特效按钮即可禁用特效，如图8-22所示。当特效被禁用时，特效按钮处什么也不显示；当特效被启用时，特效按钮显示为fx，如图8-23所示。

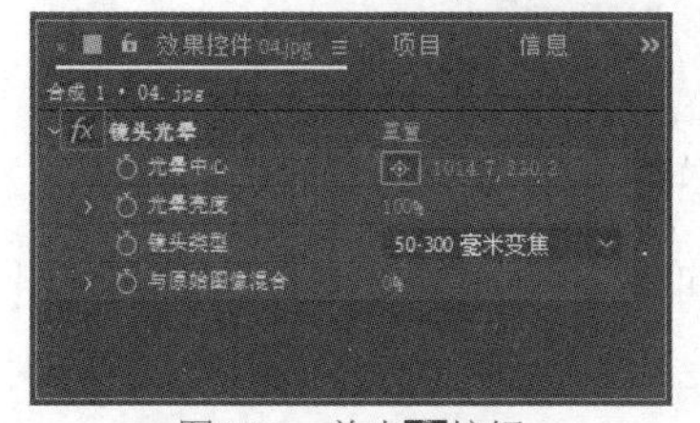

图8-22 单击fx按钮

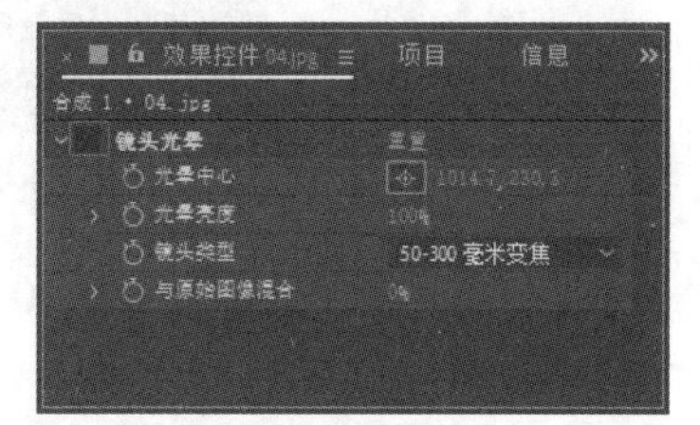

图8-23 禁用特效

8.3.3 删除特效

当确定不再使用图层中的某个特效时，就可以将这个特效删除。

在【效果控件】面板中选中想要删除的特效，然后选择【编辑】|【清除】菜单命令或按Delete键，即可将选中的特效删除。

8.4 制作特效动画

在After Effects中，为了制作更丰富的特效，除了可以对特效自带的参数进行设置以外，还可以为特效添加动画效果。

【例8-5】为图片添加逐渐模糊的动画。

01 新建一个合成。然后导入素材，并将素材添加到【时间轴】面板的图层列表中，如图8-24所示。

图8-24 新建合成并添加素材

02 选中素材所在的图层，然后选择【效果】|【模糊和锐化】|【高斯模糊】菜单命令，为素材添加高斯模糊效果，【效果控件】面板中将显示高斯模糊特效的相关参数，如图8-25所示。

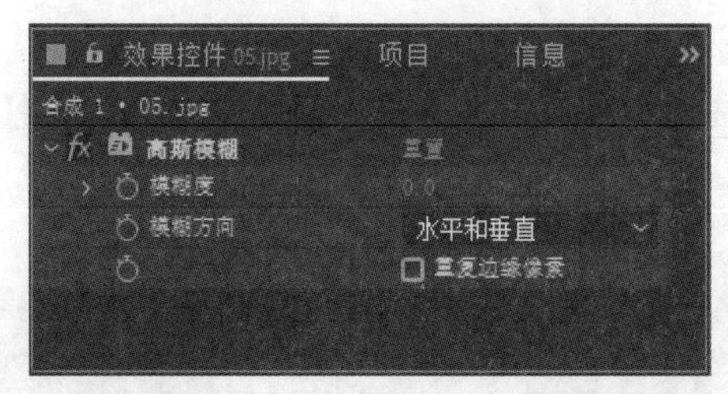

图8-25 添加高斯模糊特效

03 将时间指示器调至00:00:00:00，然后在【时间轴】面板的图层列表中展开【效果】|【高斯模糊】属性组，单击【模糊度】前面的【关键帧控制器】按钮，在当前时间位置添加一个关键帧，如图8-26所示。

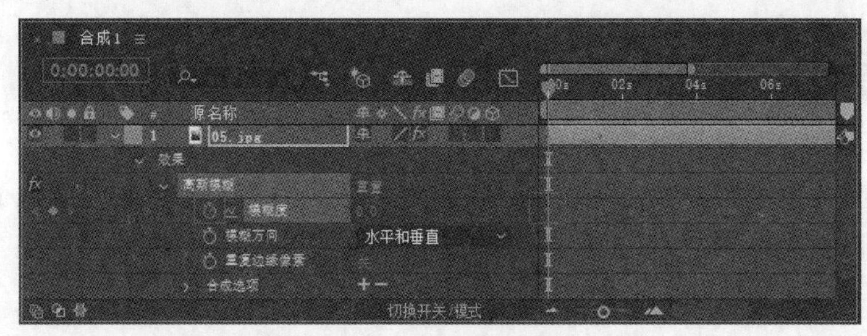

图8-26 设置关键帧(一)

04 将时间指示器调至00:00:05:00，然后将【模糊度】修改为100.0，系统将自动添加另一个关键帧，如图8-27所示。

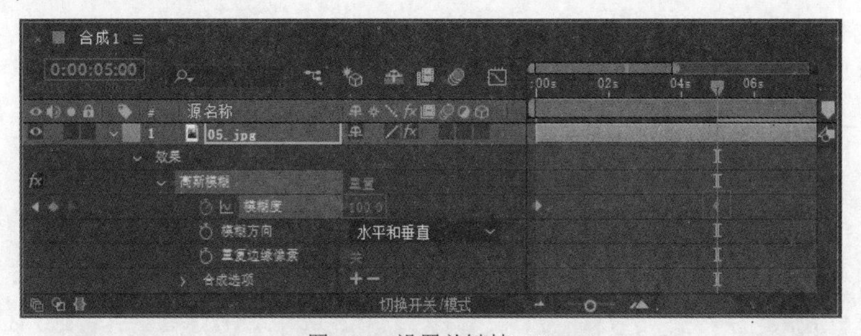

图8-27 设置关键帧(二)

05 在【合成】面板中对影片进行播放，最终的动画效果如图8-28所示。

图8-28 最终的动画效果

8.5 上机练习——制作动态照片

本节将制作动态照片效果，主要练习如何为静态图片添加动态的过渡效果，以及如何通过添加径向擦除特效将静态的图片转换为动态的视频形式。通过本节的练习，可以帮助读者更好地掌握添加、设置和编辑特效的基本操作方法及技巧。

01 选择【合成】|【新建合成】命令，在打开的【合成设置】对话框中设置【预设】为HDV/HDTV 720 25，设置【持续时间】为0:00:10:00，单击【确定】按钮，建立一个新的合成，如图8-29所示。

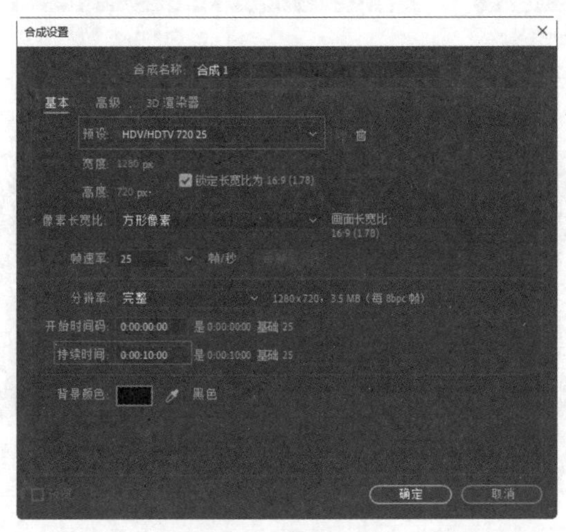

图8-29 新建合成

02 选择【文件】|【导入】|【文件】菜单命令，打开【导入文件】对话框，先将需要的素材导入【项目】面板中，再将导入的素材添加到【时间轴】面板的图层列表中，如图8-30所示。

图8-30 导入并添加素材

03 选择【图层】|【新建】|【纯色】菜单命令，打开【纯色设置】对话框，设置图层颜色为黑色，如图8-31所示。然后单击【确定】按钮，新建一个纯色图层，如图8-32所示。

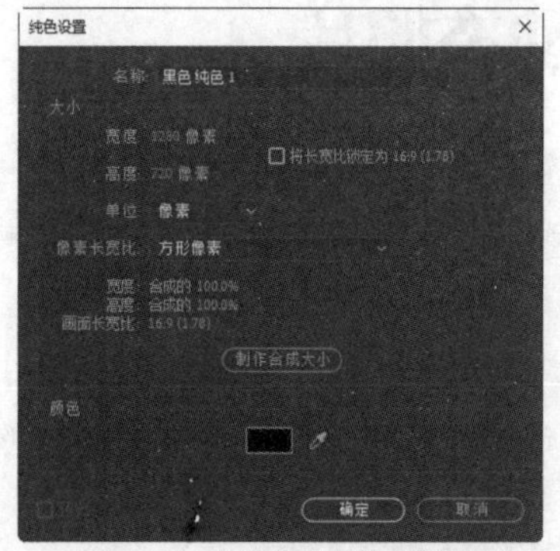

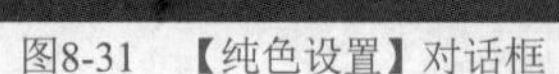

图8-31 【纯色设置】对话框　　图8-32 新建纯色图层

04 在【时间轴】面板中选中创建的纯色图层，然后选择【效果】|【过渡】|【径向擦除】菜单命令，为纯色图层添加径向擦除特效，如图8-33所示。

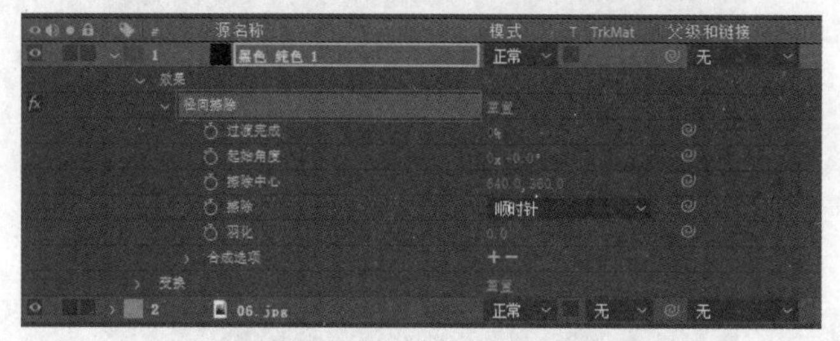

图8-33 添加径向擦除特效

❖ 提示：

图层在添加了径向擦除特效后并没有发生任何变化，展开【效果】|【径向擦除】属性组，其中的【过渡完成】属性默认为0%。【过渡完成】属性为0%意味着径向擦除特效还未开始，只有当【过渡完成】属性为100%时，径向擦除特效才完全完成。

05 在【时间轴】面板中将时间指示器调至00:00:00:00，单击【过渡完成】属性左边的【关键帧控制器】按钮⏱，保持属性值为0%不变，设置起始关键帧，如图8-34所示。

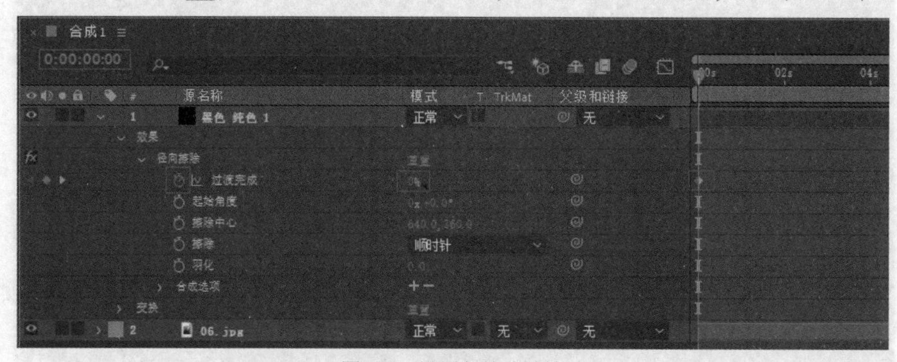

图8-34 设置起始关键帧

06 在【时间轴】面板中将时间指示器调至00:00:05:00，将【过渡完成】属性设置为100%，设置终止关键帧，如图8-35所示。

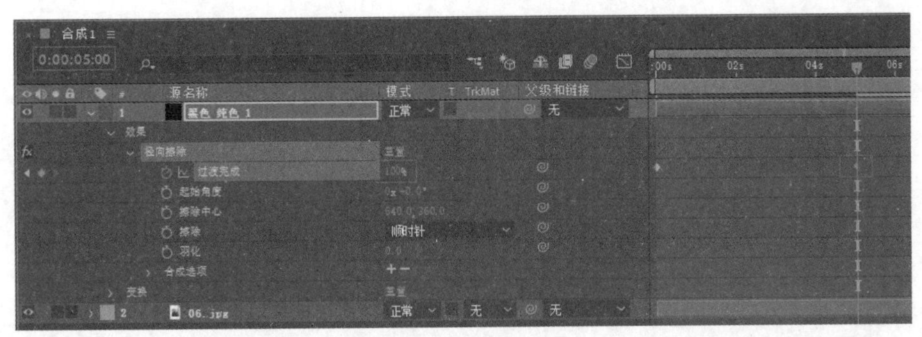

图8-35　设置终止关键帧

07 在【合成】面板中对影片进行播放，可以观察到在为图层运用径向擦除特效后，影片从黑场过渡到全景图像的动态视频效果，如图8-36所示。

图8-36　影片的动态视频效果

8.6 习　　题

1. 选择一张风景照，为其添加浮雕特效。
2. 带颜色拾取器的参数有哪几种设置方式？具体操作方法是什么？

第 9 章

视频过渡

视频过渡也叫视频切换，是指在编辑电视节目或影视媒体时，在不同的镜头间加入过渡效果。视频过渡是影视媒体创作中十分常见的技术手段之一。本章主要介绍如何使用过渡特效来创建视频过渡的动画效果。

本章重点

- 过渡特效
- 视频过渡案例

二维码教学视频

上机练习——制作古诗诵读动画

9.1 过渡特效

过渡特效主要用于为视频添加转场效果，从而实现视频镜头的转换效果。After Effects与其他视频编辑软件的不同之处在于，After Effects的过渡特效可以直接添加在图层之上，并且具有更丰富的转场效果。

在菜单栏中选择【效果】|【过渡】菜单命令，弹出的命令列表中显示了所有的过渡特效，如图9-1所示。用户也可在【效果和预设】面板中展开【过渡】选项组，从中选择需要使用的过渡特效，如图9-2所示。

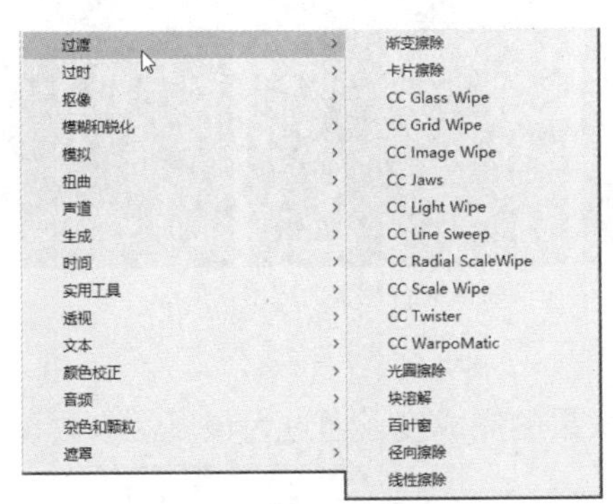

图9-1 所有的过渡特效

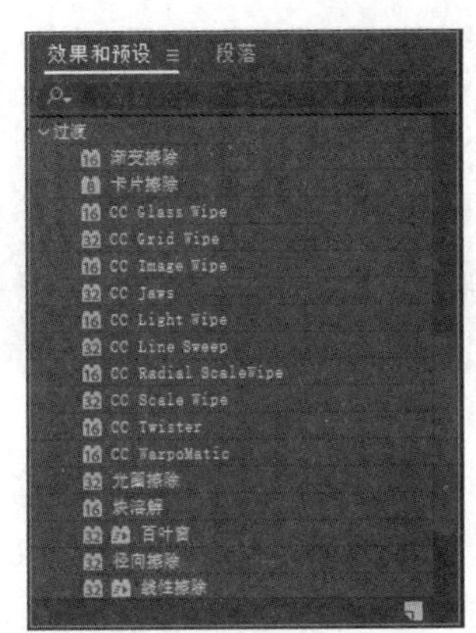

图9-2 展开【过渡】选项组

9.1.1 CC Glass Wipe

CC Glass Wipe特效可以为原始图层添加一层模拟玻璃融化的效果。该特效需要结合两个图层来使用：等到特效图层上的玻璃效果融化后，才显示另一个图层，从而实现转场效果。CC Glass Wipe特效的属性参数如图9-3所示，应用效果如图9-4所示。

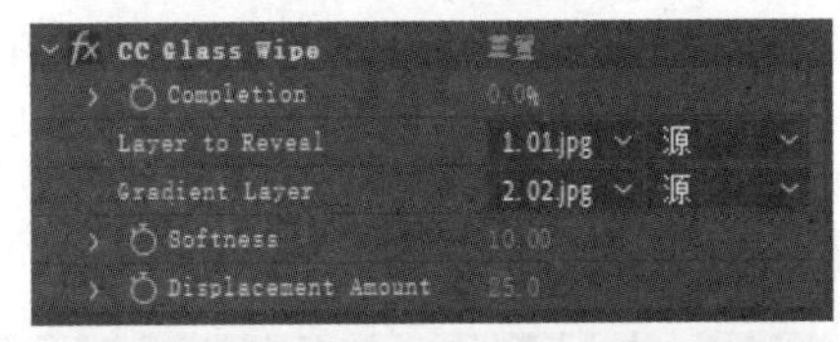

图9-3 CC Glass Wipe特效的属性参数

图9-4 CC Glass Wipe特效的应用效果

CC Glass Wipe特效中主要属性参数的作用如下。

- Completion：用来设置特效对于图像产生效果的完成度。通过为该属性参数设置动画关键帧，可以实现玻璃融化的动态效果。
- Layer to Reveal：用来选择特效结束后显示的图层。
- Gradient Layer：用来选择应用特效的图层。
- Softness：用来设置效果的柔化程度。
- Displacement Amount：用来设置过渡时的效果扭曲度。数值越大，效果越明显。

9.1.2 CC Grid Wipe

CC Grid Wipe特效用于将原来的素材图层转换成菱形网格图案，从而实现擦除式的转场效果。CC Grid Wipe特效的属性参数如图9-5所示，应用效果如图9-6所示。

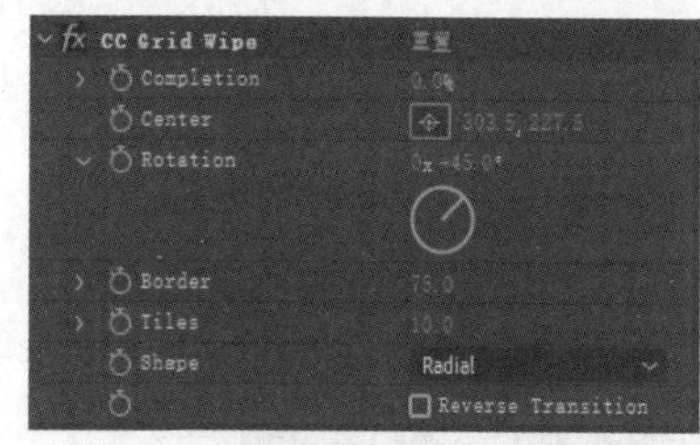

图9-5　CC Grid Wipe特效的属性参数

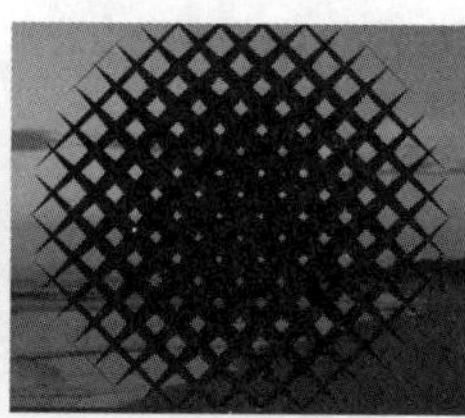

图9-6　CC Grid Wipe特效的应用效果

CC Grid Wipe特效中主要属性参数的作用如下。

- Completion：用来设置特效对于图像产生效果的完成度。通过为该属性参数设置动画关键帧，可以实现网格擦除的动态效果。
- Center：用来选择网格生成时的中心点。
- Rotation：用来设置网格的整体旋转角度。
- Border：用来设置网格的整体大小。
- Tiles：用来设置网格的密度大小。
- Shape：用来选择网格的类型。共有3种类型，分别是Doors、Radial和Rectangle。
- Reverse Transition：选中后，就会反转过渡效果。

9.1.3　CC Image Wipe

CC Image Wipe特效主要通过原有素材的明暗度来实现擦除式的转场效果。CC Image Wipe特效的属性参数如图9-7所示，应用效果如图9-8所示。

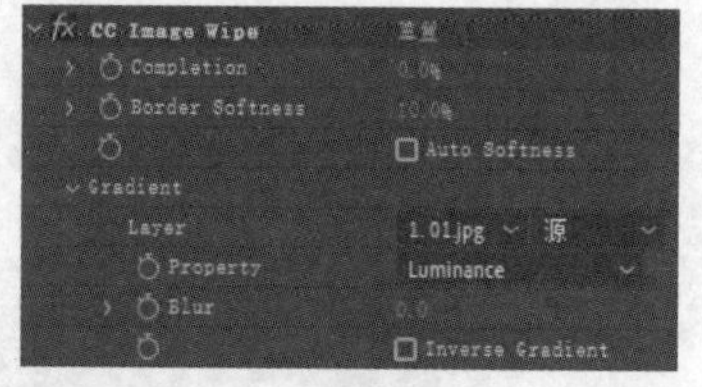

图9-7　CC Image Wipe特效的属性参数

图9-8　CC Image Wipe特效的应用效果

CC Image Wipe特效中主要属性参数的作用如下。

- Completion：用来设置特效对于图像产生效果的完成度。通过为该属性参数设置动画关键帧，可以实现图像逐渐擦除的动态效果。
- Border Softness：用来设置效果边缘的柔和度。
- Auto Softness：选中后，将自动调节效果边缘的柔和度以适应运动效果。
- Layer：用来选择应用特效的图层。
- Property：用来选择控制过渡效果的通道，共有8个通道可选。
- Blur：用来设置效果的模糊度。
- Inverse Gradient：选中后，就会反转过渡效果。

9.1.4 CC Jaws

CC Jaws特效主要通过将原有素材分割成锯齿状图形来实现擦除式的转场效果。CC Jaws特效的属性参数如图9-9所示，应用效果如图9-10所示。

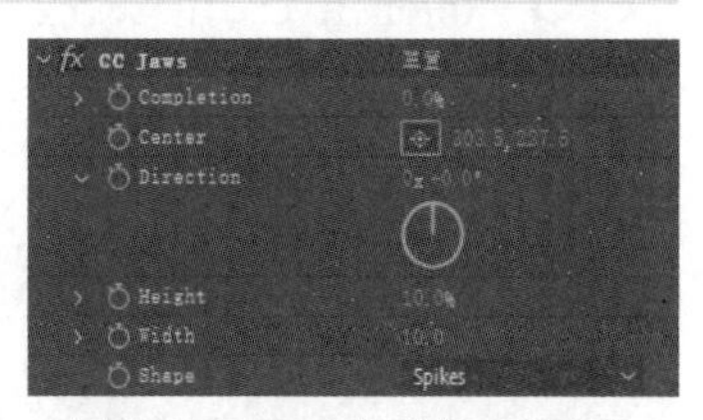

图9-9　CC Jaws特效的属性参数

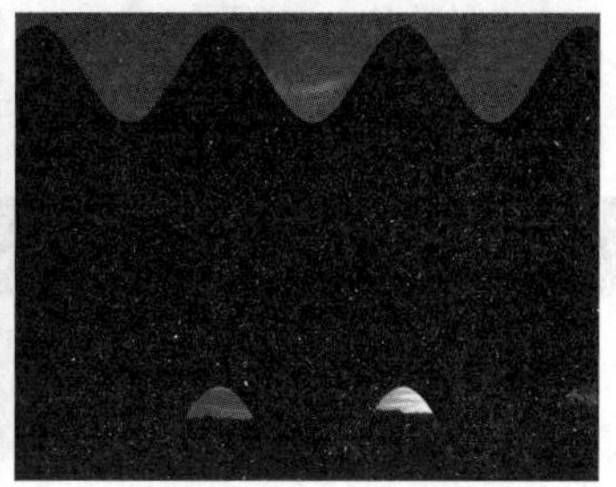

图9-10　CC Jaws特效的应用效果

CC Jaws特效中主要属性参数的作用如下。

- Completion：用来设置特效对于图像产生效果的完成度。通过为该属性参数设置动画关键帧，可以实现图像逐渐擦除的动态效果。
- Center：用来设置效果的中心位置。
- Direction：用来设置整体效果的角度。
- Height：用来设置锯齿形状的高度。
- Width：用来设置锯齿形状的宽度。
- Shape：用来选择锯齿形状的类型。共有4种类型，分别是Spikes、RoboJaw、Block和Waves。

9.1.5 CC Light Wipe

CC Light Wipe特效主要通过模拟灯光的扩大来实现擦除式的转场效果。CC Light Wipe特效的属性参数如图9-11所示，应用效果如图9-12所示。

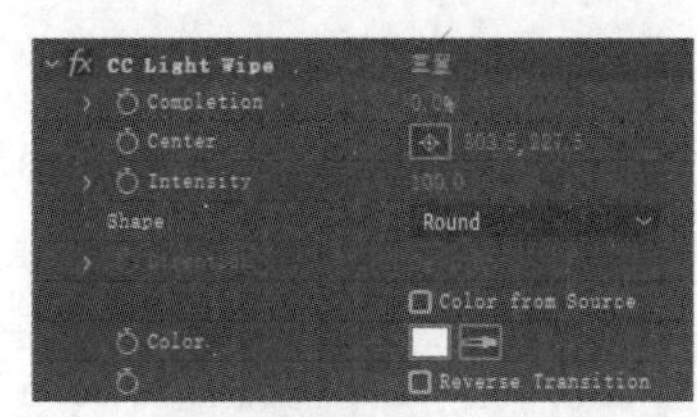

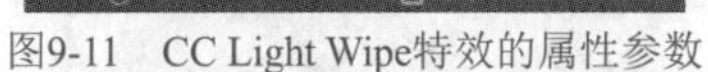

图9-11　CC Light Wipe特效的属性参数

图9-12　CC Light Wipe特效的应用效果

CC Light Wipe特效中主要属性参数的作用如下。

- Completion：用来设置特效对于图像产生效果的完成度。通过为该属性参数设置动画关键帧，可以实现图像逐渐擦除的动态效果。

- Center：用来设置效果的中心位置。
- Intensity：用来调控灯光的强度。数值越大，光照越强。
- Shape：用来选择灯光的形状类型。共有3种类型，分别是Doors、Radial和Rectangle。
- Direction：用来设置整体效果的角度。
- Color from Source：选中后，灯光的颜色将从原有的素材图层中选取。
- Color：用来选择灯光的颜色。当Color from Source复选框被选中时，Color属性参数将被禁用。
- Reverse Transition：选中后，就会反转过渡效果。

9.1.6 CC Line Sweep

CC Line Sweep特效可以生成线性或梯形斜边的擦除式转场效果。CC Line Sweep特效的属性参数如图9-13所示，应用效果如图9-14所示。

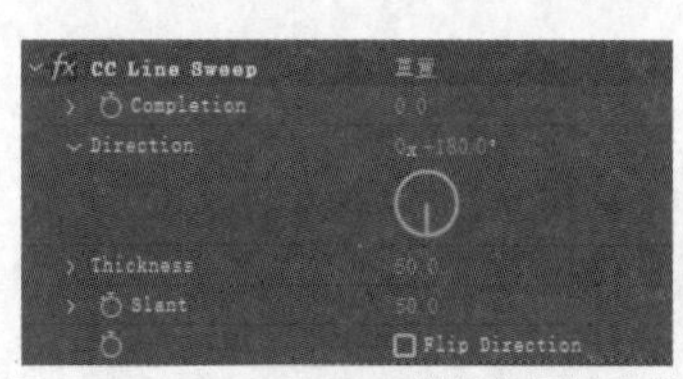

图9-13　CC Line Sweep特效的属性参数

图9-14　CC Line Sweep特效的应用效果

CC Line Sweep特效中主要属性参数的作用如下。

- Completion：用来设置特效对于图像产生效果的完成度。通过为该属性参数设置动画关键帧，可以实现图像逐渐擦除的动态效果。
- Direction：用来设置整体效果的角度。
- Thickness：用来设置阶梯的高度。数值越大，阶梯越高。
- Slant：用来设置阶梯的宽度。数值越大，阶梯越窄。
- Flip Direction：选中后，就会反转过渡的方向。在这里，是指反转阶梯线运动的方向。

9.1.7 CC Radial ScaleWipe

CC Radial ScaleWipe特效可以生成球状扭曲的径向擦除式转场效果。CC Radial ScaleWipe特效的属性参数如图9-15所示，应用效果如图9-16所示。

图9-15　CC Radial ScaleWipe特效的属性参数

图9-16　CC Radial ScaleWipe特效的应用效果

CC Radial ScaleWipe特效中主要属性参数的作用如下。

- Completion：用来设置特效对于图像产生效果的完成度。通过为该属性参数设置动画关键帧，可以实现图像逐渐擦除的动态效果。
- Center：用来设置效果的中心位置。
- Reverse Transition：选中后，就会反转过渡效果。

9.1.8 CC Scale Wipe

CC Scale Wipe特效主要通过对原有的素材图层进行拉伸来实现转场效果。CC Scale Wipe特效的属性参数如图9-17所示，应用效果如图9-18所示。

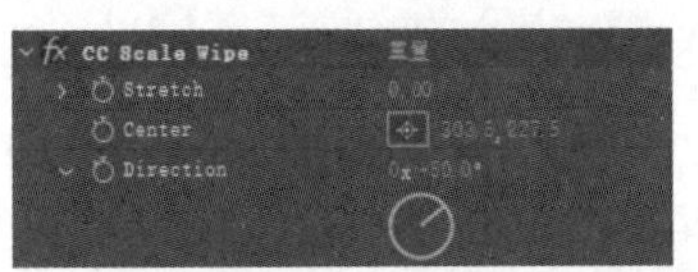

图9-17　CC Scale Wipe特效的属性参数

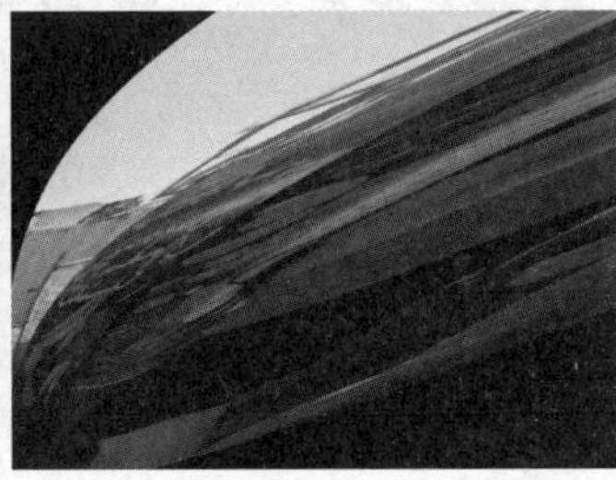

图9-18　CC Scale Wipe特效的应用效果

CC Scale Wipe特效中主要属性参数的作用如下。

- Stretch：用来设置图像产生拉伸的程度。通过为该属性参数设置动画关键帧，可以实现图像转场的动态效果。
- Center：用来设置效果的中心位置。
- Direction：用来设置拉伸效果的角度。

9.1.9 CC Twister

CC Twister特效主要通过对原有的素材图层进行3D扭曲反转来实现转场效果。CC Twister特效的属性参数如图9-19所示，应用效果如图9-20所示。

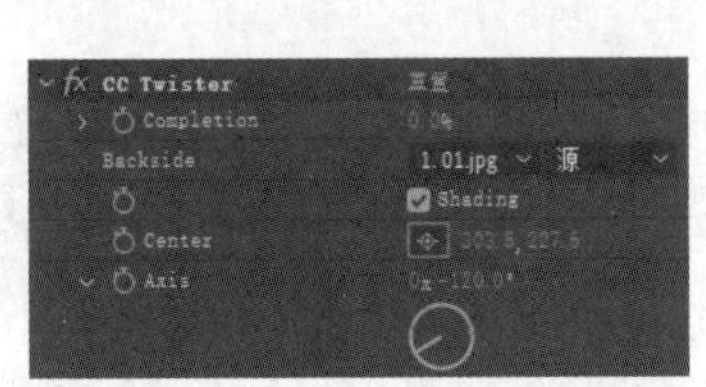

图9-19　CC Twister特效的属性参数

图9-20　CC Twister特效的应用效果

CC Twister特效中主要属性参数的作用如下。

- Completion：用来设置特效对于图像产生效果的完成度。通过为该属性参数设置动画关键帧，可以实现图像逐渐擦除的动态效果。
- Backside：用来设置应用效果图像的背面图案，以此实现两个场景的过渡。如果不选择背面图案，那么特效完成后，原有的素材图层将消失。如果选择素材图层本身作为背面图案，那么实现的将是原有图像自行扭转并恢复原状的效果。

- Shading：选中后，扭转时的3D效果将会更加明显。
- Center：用来设置效果的中心位置。
- Axis：用来设置旋转扭曲的方向。

9.1.10 CC WarpoMatic

CC WarpoMatic特效主要通过对两个素材图层进行特殊扭曲和融合来实现转场效果。CC WarpoMatic特效的属性参数如图9-21所示，应用效果如图9-22所示。

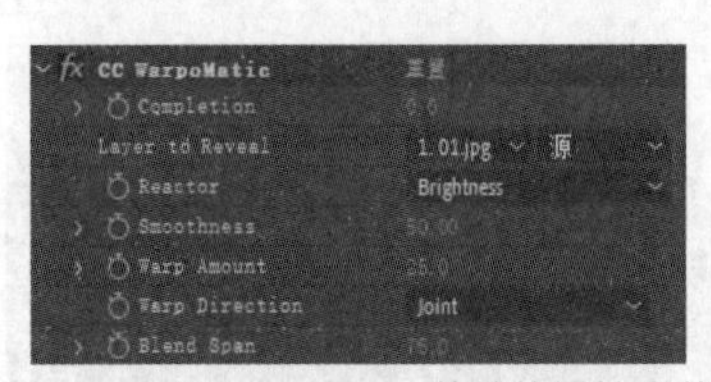

图9-21 CC WarpoMatic特效的属性参数

图9-22 CC WarpoMatic特效的应用效果

CC WarpoMatic特效中主要属性参数的作用如下。

- Completion：用来设置特效对于图像产生效果的完成度。通过为该属性参数设置动画关键帧，可以实现图像转场的动态效果。
- Layer to Reveal：用来选择需要与素材图层进行融合转场的图层。
- Reactor：用来选择两个图层的融合方式。一共有4种方式，分别是Brightness、Contrast Differences、Brightness Differences和Local Differences。
- Smoothness：用来设置扭曲效果的平滑度。
- Warp Amount：用来设置扭曲效果的程度。数值越大，扭曲越明显，设置为负值时将向反方向进行扭曲。
- Warp Direction：用来选择扭曲效果的类型。一共有3种类型，分别是Joint、Opposing和Twisting。
- Blend Span：用来设置两个图层在进行过渡时的融合度。

9.1.11 渐变擦除

渐变擦除特效主要根据两个图层的亮度差来实现擦除式转场效果。渐变擦除特效的属性参数如图9-23所示，应用效果如图9-24所示。

图9-23 渐变擦除特效的属性参数

图9-24 渐变擦除特效的应用效果

渐变擦除特效中主要属性参数的作用如下。

- 【过渡完成】：用来设置特效对于图像产生效果的完成度。通过为该属性参数设置动画关键帧，可以实现图像转场的动态效果。
- 【过渡柔和度】：用来设置效果边缘的羽化程度。
- 【渐变图层】：用来选择生成渐变效果的图层。
- 【渐变位置】：用来选择渐变图层相对于素材图层的位置。共有3个选项，分别是【拼贴渐变】【中心渐变】和【伸缩渐变以适合】。
- 【反转渐变】：选中后，渐变效果将被反转。

9.1.12 卡片擦除

卡片擦除特效主要通过将原有图层分为若干卡片，并对这些卡片进行旋转来实现擦除式转场效果。卡片擦除特效的属性参数如图9-25所示，应用效果如图9-26所示。

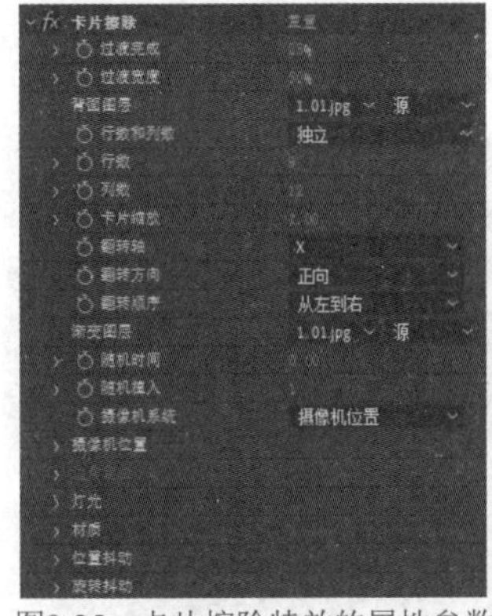

图9-25 卡片擦除特效的属性参数

图9-26 卡片擦除特效的应用效果

卡片擦除特效中主要属性参数的作用如下。

- 【过渡完成】：用来设置特效对于图像产生效果的完成度。通过为该属性参数设置动画关键帧，可以实现图像转场的动态效果。
- 【过渡宽度】：用来设置卡片之间旋转时的时间差。
- 【背面图层】：用来选择原有图层在进行卡片反转时的背面图层。
- 【行数和列数】：用来选择行数和列数的调控方式。【独立】选项表示行数和列数可以分开设置；【列数受行数控制】选项表示当设置行数时，列数也将随之改变。
- 【行数】/【列数】：用来设置行数或列数。
- 【卡片缩放】：用来设置效果对原有图层的缩放比例。
- 【翻转轴】：用来选择卡片翻转时的坐标轴。共有3个选项，分别是X、Y和【随机】。
- 【翻转方向】：用来选择卡片翻转时的方向。共有3个选项，分别是【正向】【反向】和【随机】。
- 【翻转顺序】：用来选择卡片翻转时的顺序，共有9个选项。
- 【渐变图层】：用来选择渐变图层以影响卡片翻转的效果。

- 【随机时间】：当卡片正在进行翻转时，用来设置时间差的随机性。
- 【随机植入】：用来设置卡片翻转效果的随机性。
- 【摄像机系统】：用来选择摄像机系统，共有【摄像机位置】【边角定位】和【合成摄像机】3种。
- 【摄像机位置】：用来设置摄像机位置的相关参数，仅当从【摄像机系统】下拉列表中选择【摄像机位置】选项时，这些参数才会被激活。
- 【边角定位】：用来设置擦除的边角参数，仅当从【摄像机系统】下拉列表中选择【边角定位】选项时，这些参数才会被激活。
- 【灯光】：用来设置卡片擦除特效的灯光效果。
- 【材质】：用来设置卡片擦除特效的材质效果。
- 【位置抖动】：用来设置卡片擦除特效的位置抖动参数。
- 【旋转抖动】：用来设置卡片擦除特效的旋转抖动参数。

9.1.13 光圈擦除

光圈擦除特效主要通过模拟多边形图形扩大的形式来实现擦除式转场效果。光圈擦除特效的属性参数如图9-27所示，应用效果如图9-28所示。

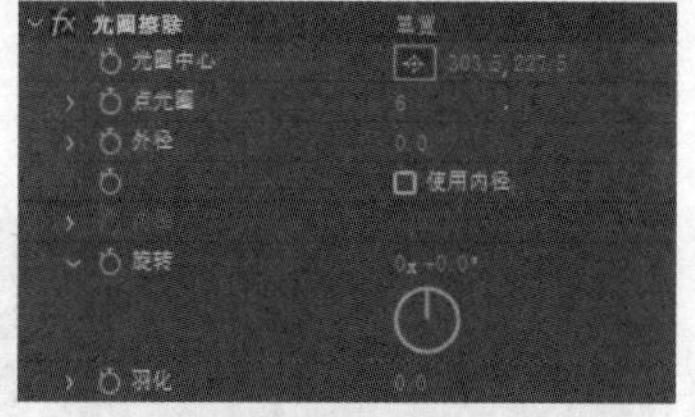

图9-27　光圈擦除特效的属性参数

图9-28　光圈擦除特效的应用效果

光圈擦除特效中主要属性参数的作用如下。

- 【光圈中心】：用来设置效果的中心位置。
- 【点光圈】：用来设置图形样式。
- 【外径】：用来设置图形外半径的大小。通过为该属性参数设置动画关键帧，可以实现图像转场的动态效果。
- 【内径】：用来设置图形内半径的大小。
- 【旋转】：用来设置图形的旋转角度。
- 【羽化】：用来设置图形边缘的模糊度。

9.1.14 块溶解

块溶解特效主要通过模拟斑驳形状并逐步溶解的过程来实现擦除式转场效果。块溶解特效的属性参数如图9-29所示，应用效果如图9-30所示。

图9-29 块溶解特效的属性参数

图9-30 块溶解特效的应用效果

块溶解特效中主要属性参数的作用如下。

- 【过渡完成】：用来设置特效对于图像产生效果的完成度。通过为该属性参数设置动画关键帧，可以实现图像转场的动态效果。
- 【块宽度】：用来设置块状图形整体的宽度。
- 【块高度】：用来设置块状图形整体的高度。
- 【羽化】：用来设置块状图形整体的羽化程度。
- 【柔化边缘】：选中后，就会为形状的边缘添加模糊效果。

9.1.15 百叶窗

百叶窗特效主要通过模拟百叶窗的关闭形式来实现擦除式转场效果。百叶窗特效的属性参数如图9-31所示，应用效果如图9-32所示。

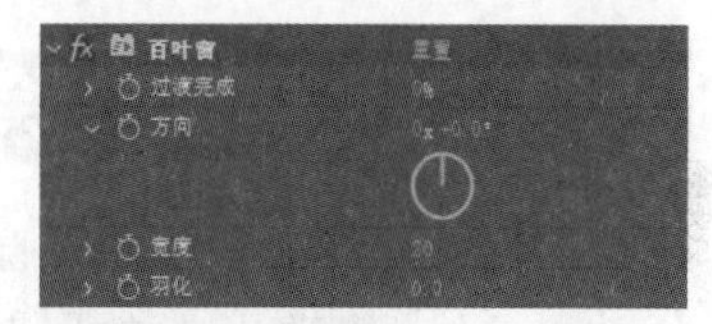

图9-31 百叶窗特效的属性参数

图9-32 百叶窗特效的应用效果

百叶窗特效中主要属性参数的作用如下。

- 【过渡完成】：用来设置特效对于图像产生效果的完成度。通过为该属性参数设置动画关键帧，可以实现图像转场的动态效果。
- 【方向】：用来设置效果的角度方向。
- 【宽度】：用来设置效果的宽度。
- 【羽化】：用来设置效果边缘的模糊程度。

9.1.16 径向擦除

径向擦除特效主要通过径向旋转来实现擦除式转场效果。径向擦除特效的属性参数如图9-33所示，应用效果如图9-34所示。

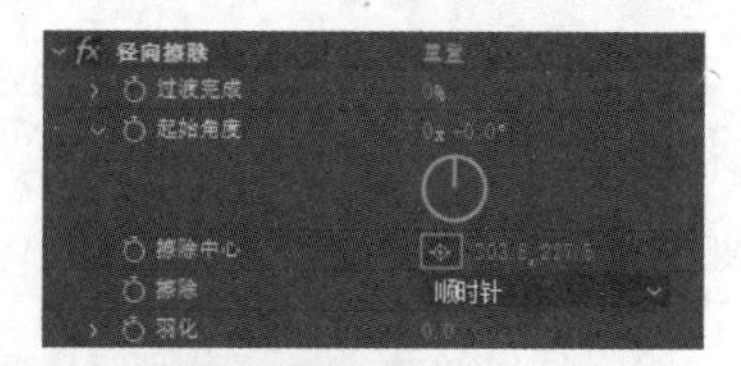

图9-33　径向擦除特效的属性参数

图9-34　径向擦除特效的应用效果

径向擦除特效中主要属性参数的作用如下。

- 【过渡完成】：用来设置特效对于图像产生效果的完成度。通过为该属性参数设置动画关键帧，可以实现图像转场的动态效果。
- 【起始角度】：用来设置效果的起始位置。
- 【擦除中心】：用来设置效果的中心位置。
- 【擦除】：用来选择擦除运动的方式。共有3个选项，分别是【顺时针】【逆时针】和【两者兼有】。
- 【羽化】：用来设置效果边缘的羽化程度。

9.1.17 线性擦除

线性擦除特效主要通过直线运动的方式来实现擦除式转场效果。线性擦除特效的属性参数如图9-35所示，应用效果如图9-36所示。

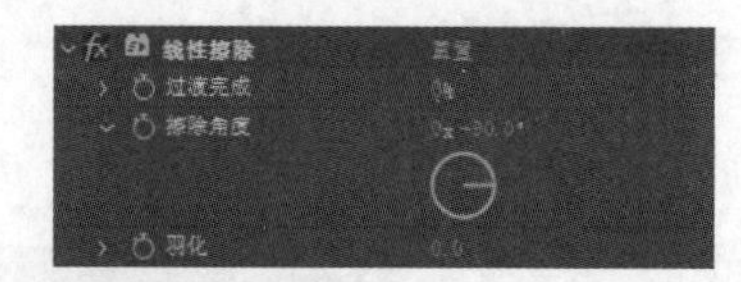

图9-35　线性擦除特效的属性参数

图9-36　线性擦除特效的应用效果

线性擦除特效中主要属性参数的作用如下。

- 【过渡完成】：用来设置特效对于图像产生效果的完成度。通过为该属性参数设置动画关键帧，可以实现图像转场的动态效果。
- 【擦除角度】：用来设置线条的角度。
- 【羽化】：用来设置过渡时线条部分的羽化程度。

9.2 上机练习——制作古诗诵读动画

本节将制作古诗诵读动画效果，练习内容是为文字图片添加线性擦除特效，并通过设置该特效的过渡完成关键帧，实现插入文字的效果。通过本节的练习，可以帮助读者更好地掌握过渡特效的基本操作方法和技巧。

01 选择【合成】|【新建合成】菜单命令，在打开的【合成设置】对话框中设置【预设】为NTSC DV，设置【持续时间】为0:00:18:00，然后单击【确定】按钮，建立一个新的合成，如图9-37所示。

02 选择【文件】|【导入】|【文件】菜单命令，打开【导入文件】对话框，找到并导入“画卷.jpg”和“诗句.psd”素材。在导入“诗句.psd”素材时，设置【导入种类】为【合成-保持图层大小】，如图9-38所示。

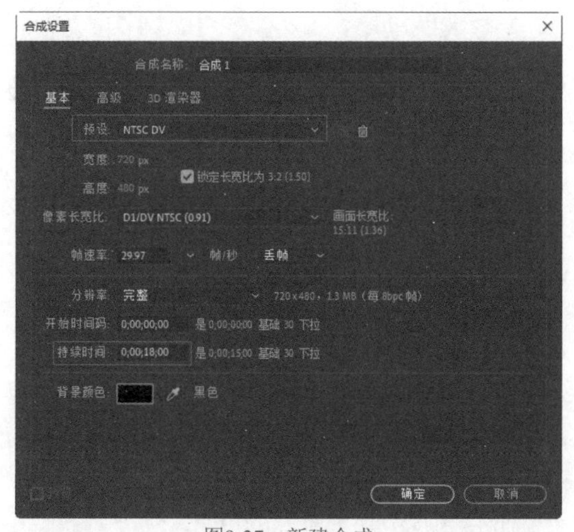

图9-37　新建合成

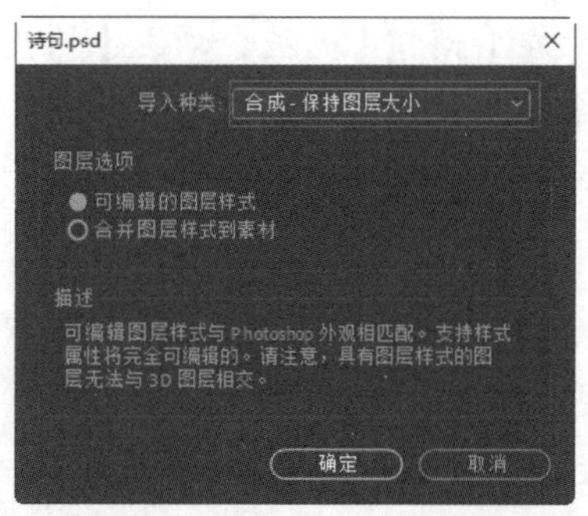

图9-38　设置“诗句.psd”素材的导入种类

03 将导入的素材添加到【时间轴】面板的图层列表中，按照图9-39所示的顺序对它们进行排列。

04 在【合成】面板中调整各文字图层的文字位置，使其与背景图片中的文字重合，效果如图9-40所示。

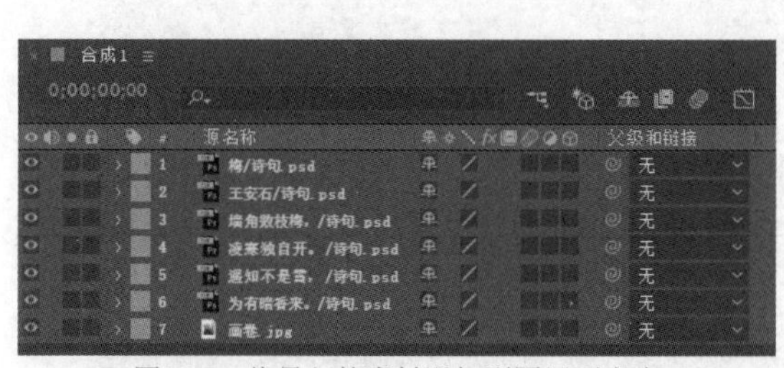

图9-39　将导入的素材添加到图层列表中

图9-40　调整各文字图层的文字位置

05 下面为文字制作擦除动画效果。选中图层列表中的“梅/诗句.psd”图层，然后选择【效果】|【过渡】|【线性擦除】菜单命令，为标题文字添加线性擦除效果。设置【擦除角度】，对文字从上到下进行擦除，如图9-41所示。

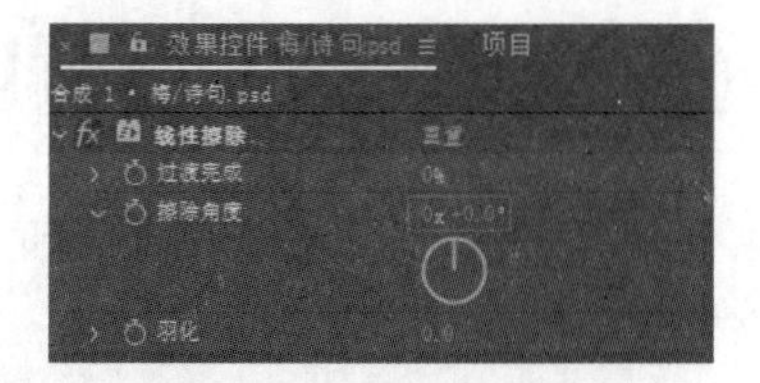

图9-41　设置线性擦除特效

06 将时间指示器移至0:00:00:00，在图层列表中将【过渡完成】属性设为100%并添加一个关键帧，如图9-42所示。然后将时间指示器调至0:00:03:00，将【过渡完成】属性设置为0%并添加另一个关键帧，如图9-43所示。

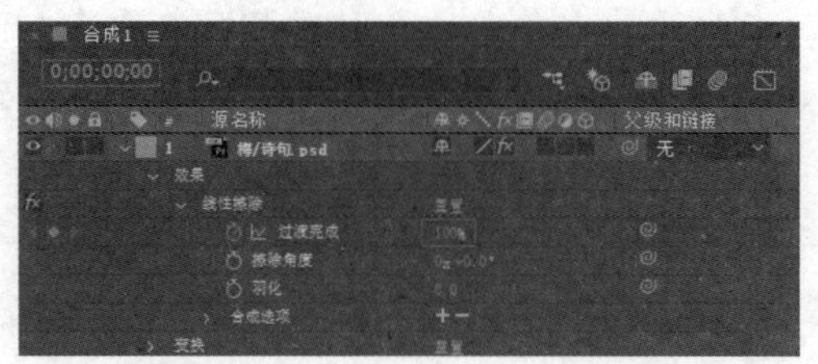

图9-42　设置一个过渡完成关键帧

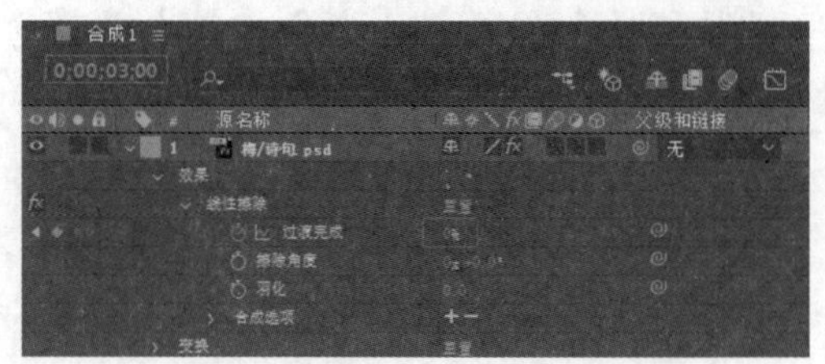

图9-43　设置另一个过渡完成关键帧

❖ 提示：

这里虽然使用的是线性擦除特效，但由于过渡完成关键帧是反着设置的，因此显示为插入图像的动画效果。

07 在【预览】面板中单击【播放/停止】按钮▶，即可在【合成】面板中观看标题文字产生的插入动画效果，如图9-44所示。

图9-44　观看标题文字产生的插入动画效果

08 在图层列表中选择编辑好的线性擦除特效，然后按Ctrl+C组合键对其进行复制。将时间指示器移至0:00:03:00，选择“王安石/诗句.psd”图层，按Ctrl+V组合键，将复制的线性擦除特效粘贴到该图层上，如图9-45所示。

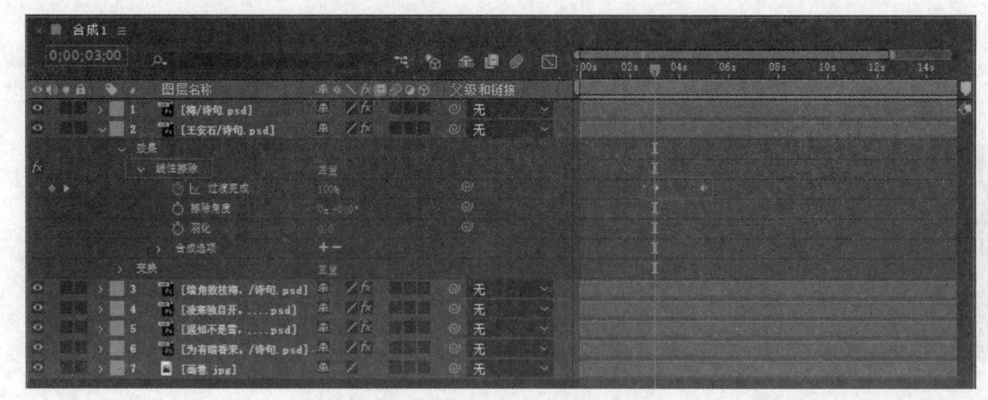

图9-45　复制并粘贴编辑好的线性擦除特效

09 使用同样的方法，分别在时间点0:00:06:00、0:00:09:00、0:00:12:00和0:00:15:00将复制的线性擦除特效依次粘贴到后面的4个文字图层上。

10 在【预览】面板中单击【播放/停止】按钮▶，即可在【合成】面板中观看插入文字的动画效果，如图9-46所示。

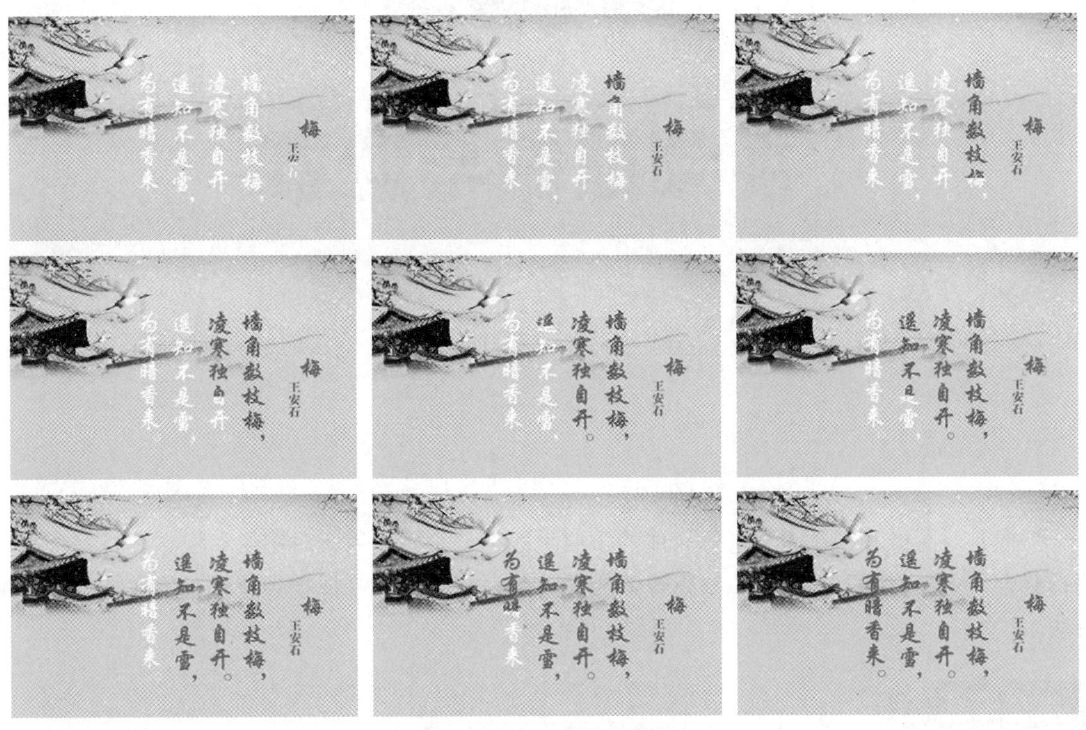

图9-46　插入文字的动画效果

9.3 习　题

1. 准备多张图片并为其添加不同的过渡效果。

2. 制作风景电子相册。选取10张同样大小的风景图片，以每张图片持续显示两秒钟的标准放置在【时间轴】面板中，然后在每两张图片之间添加不同的擦除过渡特效。

第 10 章

视频抠像与遮罩

抠像是对图像和视频素材进行合成的重要手段之一，主要用来对图像和视频素材本身进行编辑整合。本章将学习视频遮罩与抠像的相关特效，帮助读者掌握视频遮罩与抠像特效的使用方法。

本章重点

- 抠像特效
- 遮罩特效

二维码教学视频

上机练习——制作海上日落

10.1 抠像特效

抠像特效是After Effects中最具代表性的一类特效，主要用于去除素材的背景。主场景以外的背景可通过这类特效转换为透明状态，从而与其他的背景得以融合。

在菜单栏中选择【效果】|【抠像】菜单命令，弹出的命令列表中显示了所有的抠像特效，如图10-1所示。用户也可以在【效果和预设】面板中展开【抠像】选项组，从中选择需要使用的抠像特效，如图10-2所示。

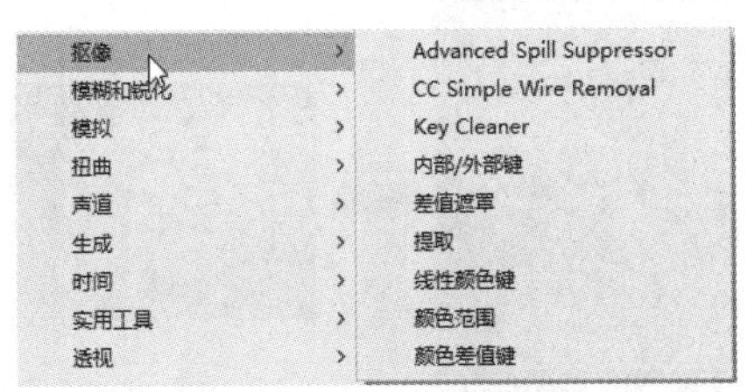

图10-1 所有的抠像特效

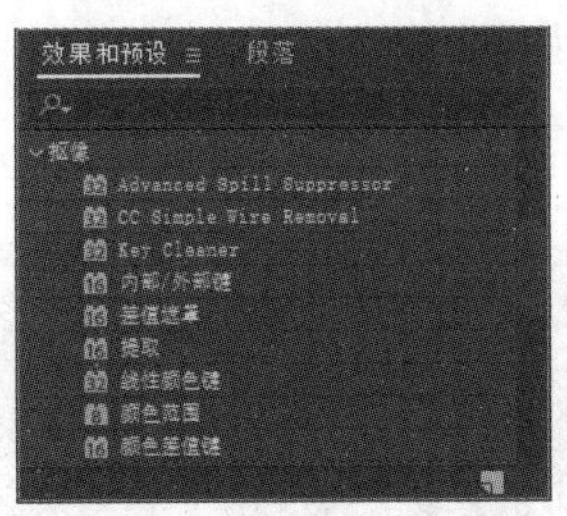

图10-2 展开【抠像】选项组

10.1.1 内部/外部键

内部/外部键特效的主要作用对象是利用蒙版进行抠图的素材，可用来调整蒙版的前景或背景属性。内部/外部键特效的属性参数如图10-3所示，应用前后的对比效果如图10-4所示。

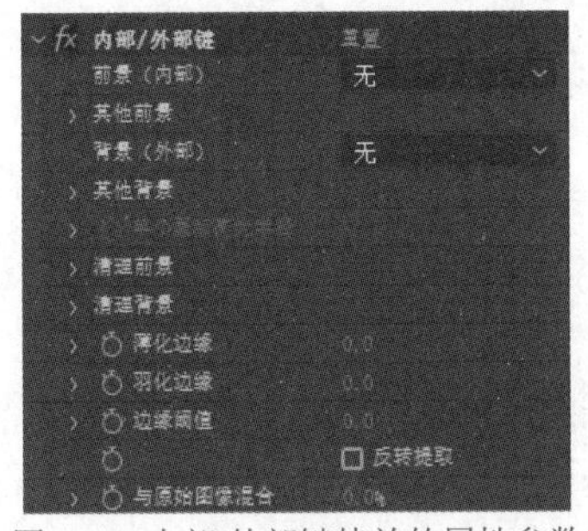

图10-3 内部/外部键特效的属性参数

图10-4 内部/外部键特效应用前后的对比效果

内部/外部键特效中各属性参数的作用如下。

- 【前景(内部)】：用于选择作为前景的蒙版层。
- 【背景(外部)】：用于选择作为背景的蒙版层。
- 【单个蒙版高光半径】：用于调整蒙版区域的高光范围。
- 【清理前景】：用于为前景设置另外的清理蒙版。
- 【清理背景】：用于为背景设置另外的清理蒙版。
- 【薄化边缘】：用于设置蒙版边缘的薄厚程度。
- 【羽化边缘】：用于调节蒙版边缘的羽化程度。
- 【边缘阈值】：用于整体调整蒙版的区域。
- 【反转提取】：选中后，就可以反转蒙版。
- 【与原始图像混合】：用于设置蒙版层与原始素材的混合程度。

10.1.2 差值遮罩

差值遮罩特效主要通过对两个图层的颜色进行筛选，选出相同颜色的区域并对特效层进行抠图来制作出两个图层相互融合的效果。差值遮罩特效的属性参数如图10-5所示，应用效果如图10-6所示。

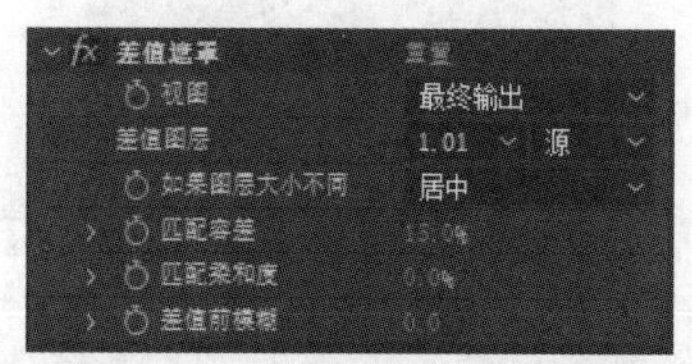

图10-5　差值遮罩特效的属性参数

图10-6　差值遮罩特效的应用效果

差值遮罩特效中各属性参数的作用如下。

- 【视图】：用于选择不同的视图模式。
- 【差值图层】：用于选择要与添加的特效图层进行颜色对比的图层。
- 【如果图层大小不同】：用于设置当两个图层的大小不同时的对齐方式。
- 【匹配容差】：用于设置被抠除部位的范围大小。
- 【匹配柔和度】：用于调节被抠除部位的柔和度。
- 【差值前模糊】：用于调节图像的模糊值。

10.1.3　提取

提取特效主要用于对明暗对比度特别强烈的素材进行抠像，并通过调整特效的数值来抠除素材的亮部或暗部区域。提取特效的属性参数如图10-7所示，应用效果如图10-8所示。

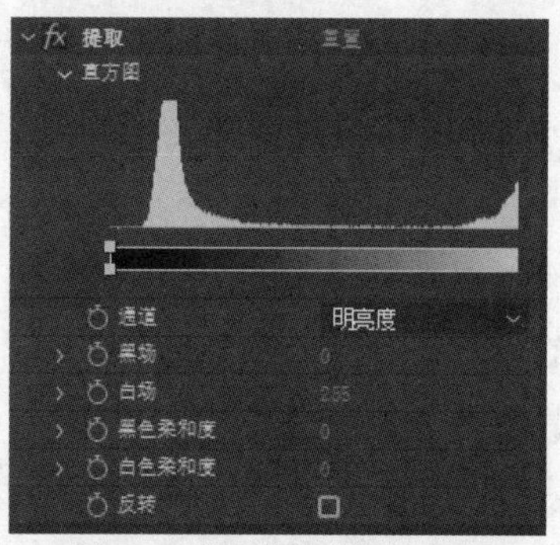

图10-7　提取特效的属性参数

图10-8　提取特效的应用效果

提取特效中各属性参数的作用如下。

- 【直方图】：用于显示和调整素材本身的明暗分布情况。
- 【通道】：用于设置素材被抠像的色彩通道。共有5个选项，分别是【明亮度】【红色】【绿色】【蓝色】和Alpha。
- 【黑场】：用于设置被抠除的暗部区域的范围。
- 【白场】：用于设置被抠除的亮部区域的范围。
- 【黑色柔和度】：用于调节暗部区域的柔和度。
- 【白色柔和度】：用于调节亮部区域的柔和度。
- 【反转】：选中后，就可以反转蒙版范围。

10.1.4　线性颜色键

线性颜色键特效主要通过RGB、色调、色度等信息来对素材进行抠像，多用于蓝屏或绿屏抠像。线性颜色键特效的属性参数如图10-9所示，应用效果如图10-10所示。

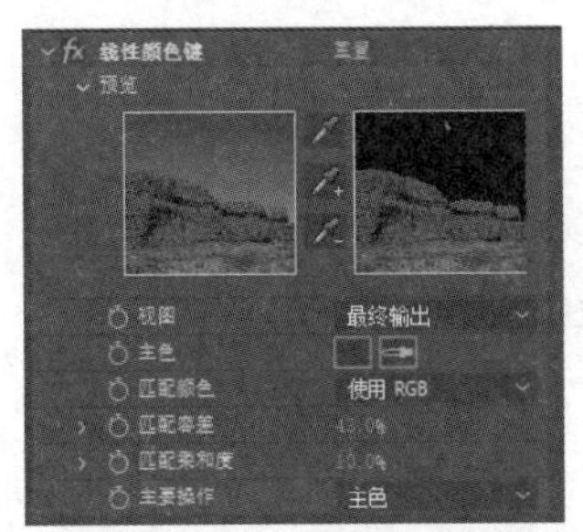

图10-9　线性颜色键特效的属性参数

图10-10　线性颜色键特效的应用效果

线性颜色键特效中各属性参数的作用如下。

- 【预览】：用于显示素材视图和抠像后的视图。吸管工具用来选取素材中需要抠除的颜色。带加号的吸管工具用来补充选取需要抠除的颜色。带减号的吸管工具用来排除不需要抠除的颜色。
- 【视图】：用于选择查看视图的模式。
- 【主色】：用于设置需要抠除的颜色。
- 【匹配颜色】：用于设置抠除时依据的色彩模式。
- 【匹配容差】：用于调节抠除区域与留下区域的容差。
- 【匹配柔和度】：用于调节抠除区域与留下区域的柔和度。
- 【主要操作】：用于设置抠除的颜色是删除还是保留原色。

10.1.5　颜色范围

颜色范围特效主要用于对颜色对比强烈的素材进行抠图，可通过调整特效的数值来抠除素材的某种颜色及相近颜色。颜色范围特效的属性参数如图10-11所示，应用效果如图10-12所示。

图10-11　颜色范围特效的属性参数

图10-12　颜色范围特效的应用效果

颜色范围特效中各属性参数的作用如下。

- 【预览】：用于显示抠除的区域。黑色部分就是抠除的区域，旁边的吸管按钮与【线性颜色键】属性面板中的3个吸管按钮的用途相同。
- 【模糊】：用于设置被抠除区域的模糊度。
- 【色彩空间】：用于选择素材颜色的模式。共有3个选项，分别是Lab、YUV和RGB。
- 【最小值(L，Y，R)】/【最小值(a，U，G)】/(最小值b，V，B)】：用于设置(L，Y，R)/(a，U，G)/(b，V，B)色彩控制的最小值。
- 【最大值(L，Y，R)】/【最大值(a，U，G)】/【最大值(b，V，B)】：用于设置(L，Y，R)/(a，U，G)/(b，V，B)色彩控制的最大值。

10.1.6 颜色差值键

颜色差值键特效主要通过颜色的差别来实现多色抠图效果。这种特效会把素材分为A被抠除的主要颜色区域以及B被抠除的次要颜色区域，将这两个颜色区域叠加，即可得到最终的Alpha透明区域。颜色差值键特效的属性参数如图10-13所示，应用效果如图10-14所示。

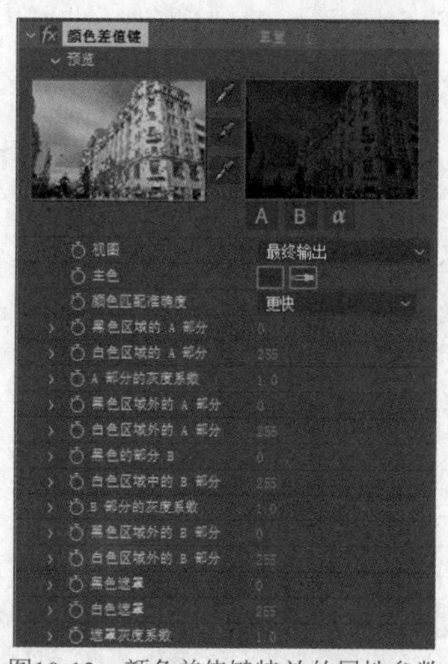

图10-13　颜色差值键特效的属性参数

图10-14　颜色差值键特效的应用效果

颜色差值键特效中各属性参数的作用如下。

- 【预览】：用于显示素材视图、A区域视图、B区域视图和最终的透明区域视图。
- 【视图】：用于选择查看视图的模式。
- 【主色】：用于设置需要抠除的颜色。
- 【颜色匹配准确度：用于设置颜色匹配方式，可选择【更好】或【更快】。
- 【黑色区域的A部分】：用于调整黑色区域A部分的不透明度水平。
- 【白色区域的A部分】：用于调整白色区域A部分的不透明度水平。
- 【A部分的灰度系数】：用于控制A部分的不透明度值遵循线性增长的严密程度。值为1(默认值)时增长呈线性，为其他值时可产生非线性增长。
- 【黑色区域外的A部分】：用于调整黑色区域外A部分的不透明度水平。
- 【白色区域外的A部分】：用于调整白色区域外A部分的不透明度水平。

- 【黑色的部分B】：用于调整黑色B部分的不透明度水平。
- 【白色区域中的B部分】：用于调整白色区域中B部分的不透明度水平。
- 【B部分的灰度系数】：用于控制B部分的不透明度值遵循线性增长的严密程度。
- 【黑色区域外的B部分】：用于调整黑色区域外B部分的不透明度水平。
- 【白色区域外的B部分】：用于调整白色区域外B部分的不透明度水平。
- 【白色区域外的A部分】/【白色区域外的B部分】：用于调节A区域视图和B区域视图，抠除区域的溢出白平衡。
- 【黑色遮罩】/【白色遮罩】/【遮罩灰度系数】：用于设置黑色遮罩、白色遮罩和抠除区域的黑白反差值。

10.1.7　Advanced Spill Suppressor

Advanced Spill Suppressor(高级溢出抑制器)特效不是单独的抠像特效，而是一种抠像辅助特效，主要作用于想要抠像的素材。Advanced Spill Suppressor特效可用来对抠完像的素材边缘部分的颜色进行二次调整。Advanced Spill Suppressor特效的属性参数如图10-15所示。

图10-15　Advanced Spill Suppressor特效的属性参数

10.1.8　Key Cleaner

与Advanced Spill Suppressor特效一样，Key Cleaner(抠像清除器)特效也不是单独的抠像特效，而是一种抠像辅助特效。Key Cleaner特效主要用来对素材进行二次抠像，其属性参数如图10-16所示。

图10-16　Key Cleaner特效的属性参数

10.1.9　CC Simple Wire Removal

CC Simple Wire Removal(CC简单拆线)特效主要通过参数Point A和Point B确定一条线，并通过这条线对素材执行抠像操作。CC Simple Wire Removal特效的属性参数如图10-17所示，应用效果如图10-18所示。

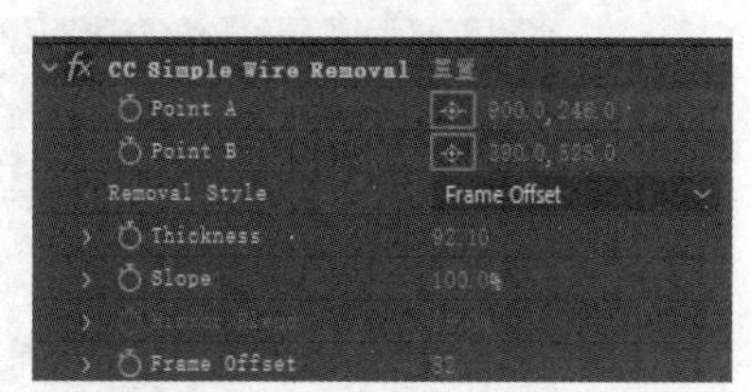

图10-17　CC Simple Wire Removal特效的属性参数

图10-18　CC Simple Wire Removal特效的应用效果

❖ 提示：

在影视编辑中，使用CC Simple Wire Removal特效确定威亚的两个端点后，便可以轻易地将威亚擦除。通过设置Thickness属性参数，可以调整抠像线条的粗细。

10.2 遮罩特效

遮罩特效是一种辅助特效，该类特效常与抠像特效结合使用，作用主要是在抠像特效完成后，对抠像的素材进行辅助调整，具有修整边缘、填补漏洞等作用。

在菜单栏中选择【效果】|【遮罩】菜单命令，弹出的命令列表中显示了所有的遮罩特效，如图10-19所示。下面介绍各种遮罩特效。

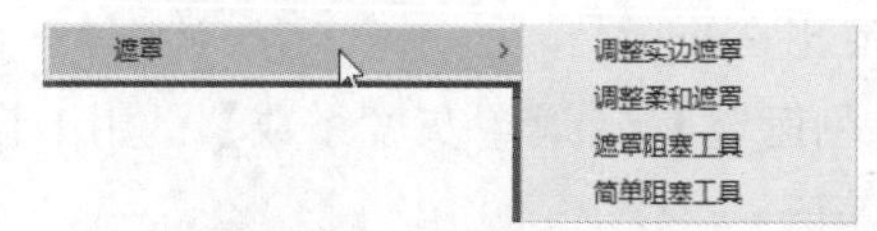

图10-19　所有的遮罩特效

10.2.1 调整实边遮罩

调整实边遮罩特效主要用于修整由于抠像造成的杂点、边缘锯齿、部分图像缺失等现象，针对的是动态素材的抠像。该特效多用于规则图形的抠像，其属性参数如图10-20所示。

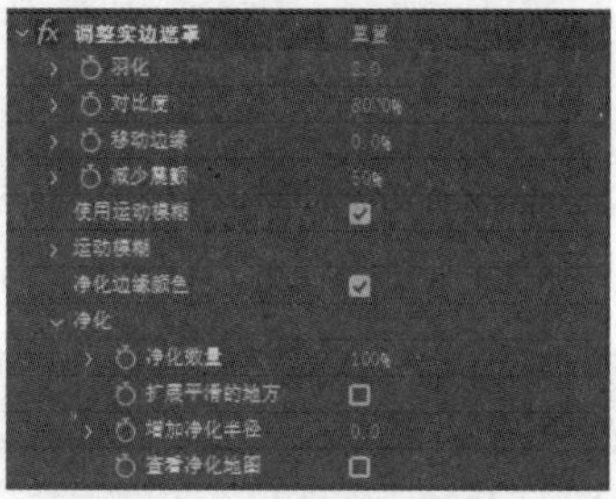

图10-20　调整实边遮罩特效的属性参数

调整实边遮罩特效中各属性参数的作用如下。

- 【羽化】：用于设置边缘和漏洞处的羽化程度。
- 【对比度】：用于设置边缘和漏洞处的对比度。
- 【移动边缘】：用于调整边缘的位置，使之扩张或收缩。
- 【减少震颤】：用于设置边缘的震颤程度。
- 【使用运动模糊】：选中后，可使抠像边缘产生运动模糊效果。
- 【运动模糊】：用于调整抠像边缘的运动模糊效果。
- 【净化边缘颜色】：选中后，【净化】参数将被启用。
- 【净化】：用于对抠像边缘进行调整，包括净化数量、扩展平滑的地方、增加净化半径和查看净化地图等。

10.2.2 调整柔和遮罩

与调整实边遮罩特效一样，调整柔和遮罩特效也主要用于修整由于抠像造成的杂点、边缘锯齿、部分图像缺失等现象，并且该特效多用于不规则图形的抠像，其属性参数如图10-21所示。

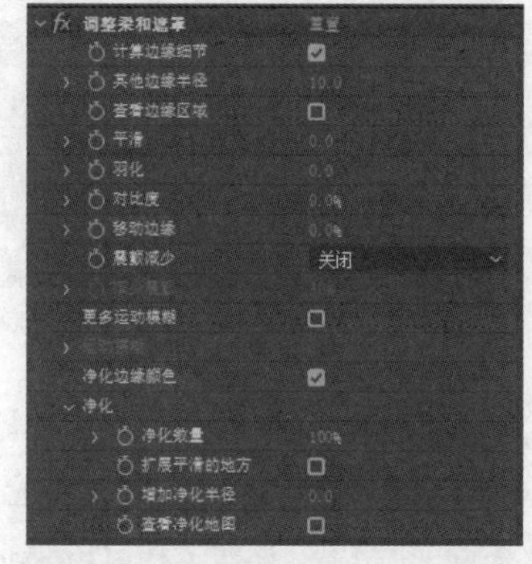

图10-21　调整柔和遮罩特效的属性参数

调整柔和遮罩特效中主要属性参数的作用如下。

- 【计算边缘细节】：选中后，就可以查看和调整不规则图形的边缘。
- 【其他边缘半径】：用于设置遮罩边缘的半径大小。

- 【查看边缘区域】：选中后，就可以较清楚地查看遮罩的边缘区域。
- 【平滑】：用于设置抠像层的边缘和漏洞处的平滑度。
- 【羽化】：用于设置边缘和漏洞处的羽化程度。
- 【对比度】：用于设置边缘和漏洞处的对比度。
- 【移动边缘】：用于调整边缘的位置，使之扩张或收缩。
- 【震颤减少】：用于选择能使震颤减少的类型，并将其用于动态素材。

10.2.3 简单阻塞工具

简单阻塞工具特效主要用于修整抠像后的边缘，其属性参数如图10-22所示，应用效果如图10-23所示。

图10-22 简单阻塞工具特效的属性参数

图10-23 简单阻塞工具特效的应用效果

简单阻塞工具特效中各属性参数的作用如下。

- 【视图】：用于选择查看抠像区域的模式。
- 【阻塞遮罩】：用于设置抠像区域的溢出程度。

10.2.4 遮罩阻塞工具

遮罩阻塞工具特效主要用于修整抠像后的效果。该特效相比简单阻塞工具特效多了一些控制参数，其属性参数如图10-24所示，应用效果如图10-25所示。

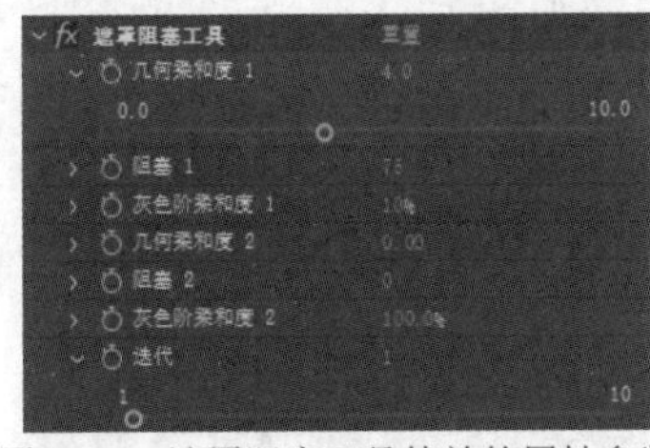

图10-24 遮罩阻塞工具特效的属性参数

图10-25 遮罩阻塞工具特效的应用效果

遮罩阻塞工具特效中各属性参数的作用如下。

- 【几何柔和度1】/【几何柔和度2】：用于设置抠像区域边缘的柔和度。
- 【阻塞1】/【阻塞2】：用于设置抠像区域的溢出程度。
- 【灰色阶柔和度1】/【灰色阶柔和度2】：用于设置抠像区域边缘的羽化程度。
- 【迭代】：用于设置特效的应用次数。

10.3 上机练习——制作海上日落

本节将制作海上日落的效果，主要练习如何通过使用颜色差值键特效将一段拍摄于阴天的大海视频与一张晚霞图片抠像并合成，从而制作出一段晚霞下的大海视频。通过本节的练习，可以帮助读者更好地掌握抠像特效的基本操作方法和技巧。

01 选择【合成】|【新建合成】菜单命令，在弹出的【合成设置】对话框中设置【预设】为HDTV 1080 25，设置【持续时间】为0:00:30:00，单击【确定】按钮，建立一个新的合成，如图10-26所示。

02 选择【文件】|【导入】|【文件】菜单命令，打开【导入文件】对话框。导入“大海.mov”视频和“晚霞.jpg”图片，然后将导入的视频和图片素材添加到【时间轴】面板的图层列表中，并将图片图层放置在视频图层的下方，如图10-27所示。

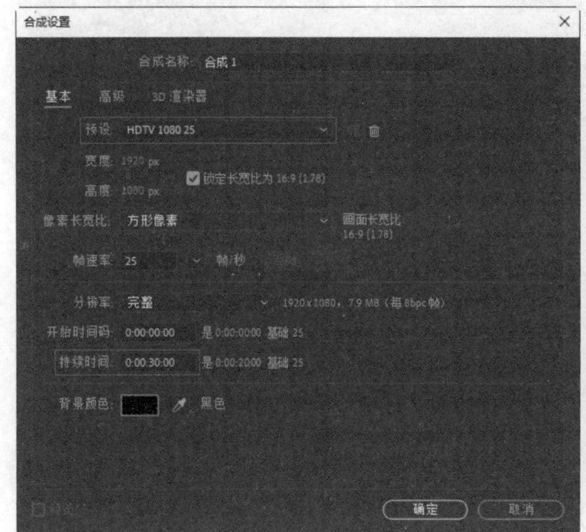

图10-26 新建合成

图10-27 导入素材

03 选中【时间轴】面板中的“大海.mov”视频图层，然后选择【效果】|【抠像】|【颜色差值键】菜单命令，为视频图层添加颜色差值键特效，在【效果控件】面板中调整特效的数值，如图10-28所示。

04 调整“晚霞.jpg”图片的位置。将图片的最底端与视频中的海平线对齐，如图10-29所示。

图10-28 设置颜色差值键特效的相关参数

图10-29 调整图片的位置

05 在【合成】面板中预览影片，可以看到，在为“大海.mov”视频添加了颜色差值键特效后，阴天部分被抠除，从而实现了晚霞下的海上日落效果，如图10-30所示。

图10-30　最终实现的海上日落效果

10.4 习　　题

1. 选取一张带有背景的人物图片，然后抠出人物图像。
2. 选取一张大晴天的风景图片，为其添加乌云和阴天的效果。

第 11 章

视频扭曲与透视

扭曲与透视特效是After Effects中较为常用的两类特效，它们的主要效果是使素材图像产生外形上的变化。用户可以为这些变化添加关键帧动画，从而实现更丰富的视觉效果。本章主要介绍如何使用扭曲特效创建画面扭曲的动画效果，以及如何使用透视特效为素材添加不同的立体效果。

本章重点

- 扭曲特效
- 透视特效

二维码教学视频

上机练习——制作翻页电子相册

11.1 扭曲特效

扭曲特效能使素材图像产生扭曲、拉伸、挤压等变形效果，从而制作更丰富的画面效果。After Effects 2020提供了37种扭曲特效，如图11-1所示。下面只对比较常用的扭曲特效进行讲解。

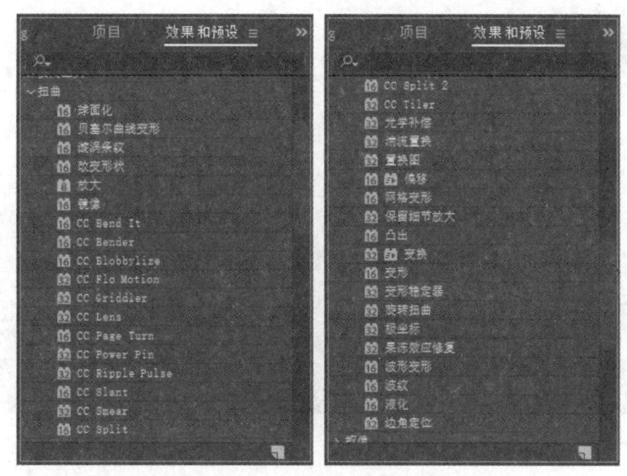

图11-1　扭曲特效

11.1.1　CC Bend It

CC Bend It特效用于截取素材的一部分并对其进行弯曲。CC Bend It特效的属性参数如图11-2所示，应用效果如图11-3所示。

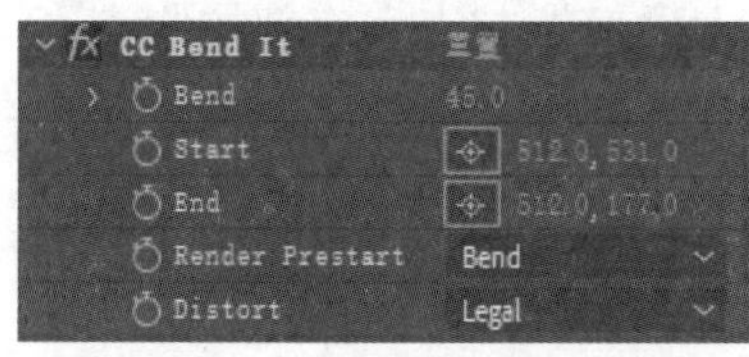

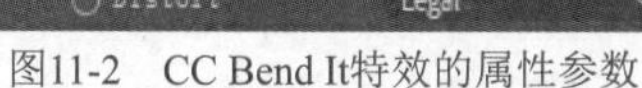

图11-2　CC Bend It特效的属性参数

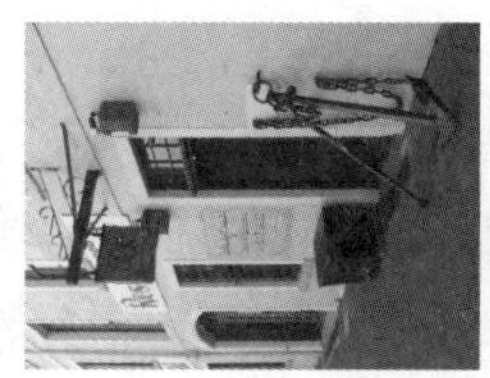

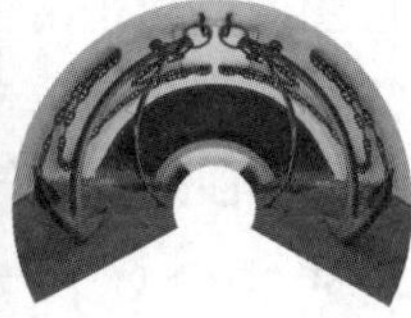

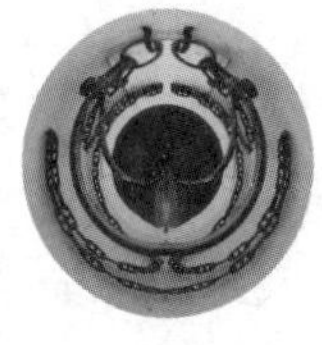

图11-3　CC Bend It特效的应用效果

CC Bend It特效中主要属性参数的作用如下。

- Bend：用于设置素材图像的弯曲程度。通过为该属性参数设置动画关键帧，可以实现图像逐渐弯曲的动态效果。
- Start：用于设置弯曲效果的中心点在什么位置。该位置在创建动画时将固定不动。
- End：用于设置弯曲效果的末端位置。该位置在创建动画时将围绕着中心点进行旋转。
- Render Prestart：用于选择对原始图层进行截取的方式，共有4种方式，如图11-4所示。 None用于选择原始图层中心点右侧的图像；Static用于选择原始图层中心点两侧的图像，但是仅右侧图像可以弯曲；Bend用于选择原始图层中心点两侧的图像，并且两侧的图像可以同时弯曲；Mirror用于选择原始图层中心点右侧的图像，并将其镜像到左侧，两侧的图像可以同时弯曲。
- Distort：用于选择图像的弯曲方式。共有两种方式，分别是Legal普通方式和Extended伸展方式，如图11-5所示。

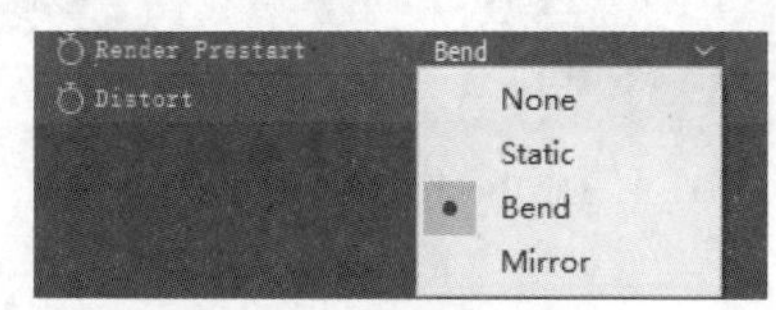

图11-4　4种截取方式

图11-5　两种弯曲方式

11.1.2 CC Bender

CC Bender特效可以使素材产生不同的扭曲效果。CC Bender特效的属性参数如图11-6所示，应用效果如图11-7所示。

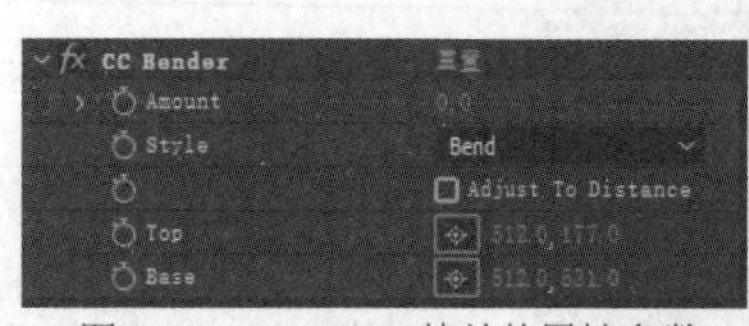

图11-6　CC Bender特效的属性参数

图11-7　CC Bender特效的应用效果

CC Bender特效中主要属性参数的作用如下。

- Amount：用于设置素材图像的弯曲程度。该属性参数为正值时，图像向右弯曲；该属性参数为负值时，图像向左弯曲。通过为该属性参数设置动画关键帧，可以实现图像逐渐弯曲的动态效果。
- Style：用于选择弯曲样式。共有4种样式，Bend表示以顶部控制点为中心点创建平滑的弯曲效果，底部控制点往下的部分不变；Marilyn表示为顶部控制点和底部控制点之间的图像创建平滑的弯曲效果；Sharp表示为顶部控制点和底部控制点之间的图像创建含有尖角的弯曲效果；Boxer表示为顶部控制点和底部控制点之间的图像创建平滑的弯曲效果，但弯曲时顶部控制点附近的效果更明显。
- Adjust To Distance：选中后，弯曲区域内的图像将产生较小的变化。
- Top：用于设置顶部控制点的位置。
- Base：用于设置底部控制点的位置。

11.1.3 CC Blobbylize

CC Blobbylize特效能根据素材本身的明暗对比度，将素材转换为具有玻璃质感的图像。CC Blobbylize特效的属性参数如图11-8所示，应用效果如图11-9所示。

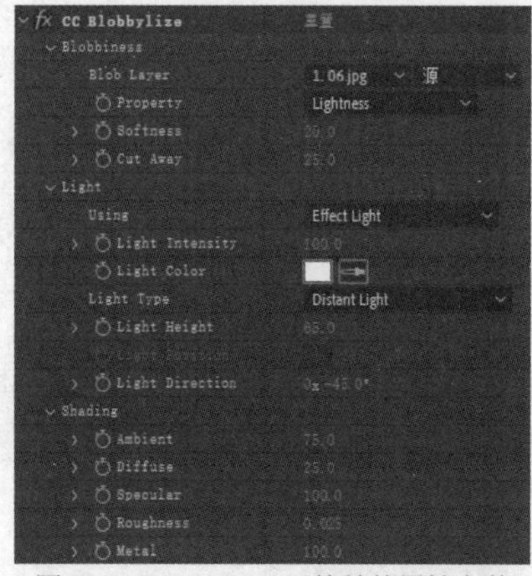

图11-8　CC Blobbylize特效的属性参数

图11-9　CC Blobbylize特效的应用效果

CC Blobbylize特效中主要属性参数的作用如下。

- Blobbiness：用于设置波纹的整体形态。

- Property：用于选择产生玻璃效果时依据的通道类型。
- Softness：用于设置玻璃效果的柔和度。
- Cut Away：用于设置添加玻璃效果后显示的区域。
- Light：用于设置灯光。
- Using：用于选择使用的灯光类型，这里有Effect Light和AE Lights两种灯光类型。其中，AE Lights为固定参数的灯光。
- Light Intensity：用于控制灯光的强弱。数值越大，光线越强。
- Light Color：用于设置灯光的颜色。
- Light Type：用于选择灯光的类型。共有两种类型，分别是平行光和点光源。
- Light Height：用于设置灯光的高度。
- Light Position：用于设置点光源的具体位置。
- Light Direction：用于设置平行光的角度。
- Shading：用于设置材质与反光程度。
- Ambient：用于设置光源的反射程度。
- Diffuse：用于设置漫反射。
- Specular：用于控制高光的强度。
- Roughness：用于设置玻璃表面的粗糙程度。
- Metal：用于设置玻璃材质的反光程度。

11.1.4　CC Flo Motion

CC Flo Motion特效用于模拟素材图像向某一点集中拉伸变形的效果。CC Flo Motion特效的属性参数如图11-10所示，应用效果如图11-11所示。

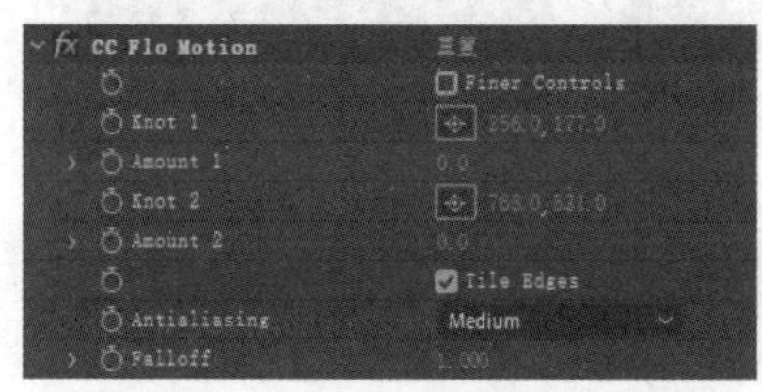

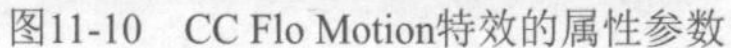
图11-10　CC Flo Motion特效的属性参数

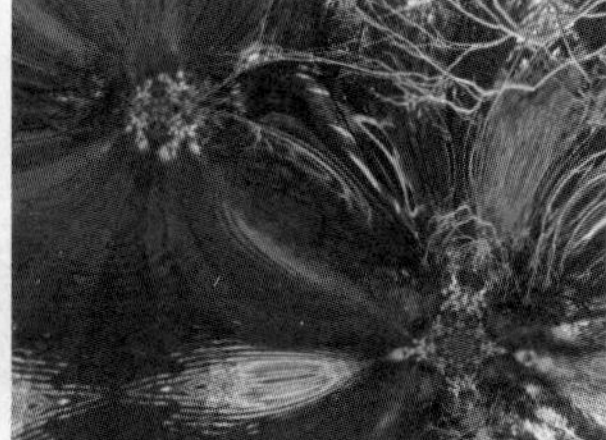

图11-11　CC Flo Motion特效的应用效果

CC Flo Motion特效中主要属性参数的作用如下。

- Finer Controls：选中后，效果会更柔和。
- Knot 1/Knot 2：用于设置两个拉伸点的中心位置。
- Amount 1/Amount 2：用于设置拉伸扭曲的程度。通过为这两个属性参数设置动画关键帧，可以实现图像逐渐扭曲的动态效果。
- Tile Edges：选中后，就可以保证素材图像的边缘线不发生扭曲。
- Antialiasing：用于选择原始图层在扭曲变形时抗锯齿的程度，这里有低、中、高3种程度。
- Falloff：用于微调扭曲的程度。

11.1.5 CC Griddler

CC Griddler特效用于将素材图像切割成条形格并使之产生旋转压缩的效果。CC Griddler特效的属性参数如图11-12所示，应用效果如图11-13所示。

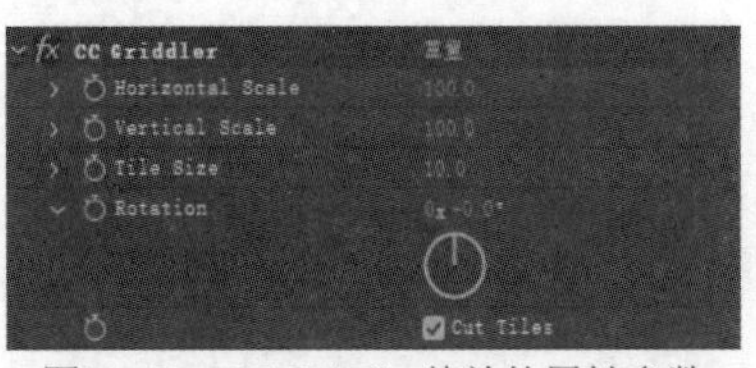

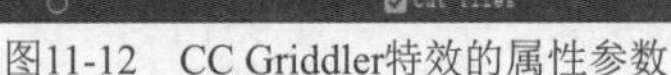
图11-12　CC Griddler特效的属性参数

图11-13　CC Griddler特效的应用效果

CC Griddler特效中主要属性参数的作用如下。

- Horizontal Scale：用于设置横向拉伸的力度。
- Vertical Scale：用于设置纵向拉伸的力度。
- Tile Size：用于控制条形格的大小。
- Rotation：用于控制条形格旋转的角度。
- Cut Tiles：取消选中后，切割图案皆为正方形。

11.1.6 CC Lens

CC Lens特效用于为素材图像添加球形镜头扭曲的效果。CC Lens特效的属性参数如图11-14所示，应用效果如图11-15所示。

图11-14　CC Lens特效的属性参数

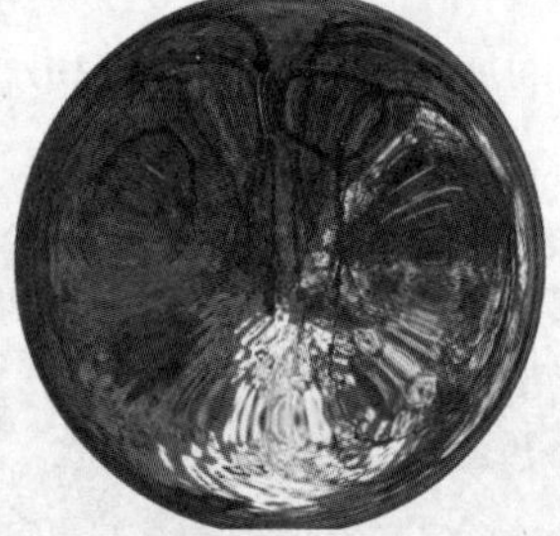

图11-15　CC Lens特效的应用效果

CC Lens特效中主要属性参数的作用如下。

- Center：用于设置扭曲效果的中心点。
- Size：用于设置球形整体的大小。
- Convergence：用于设置扭曲的程度。

11.1.7 CC Page Turn

CC Page Turn特效用于制作翻页动画。CC Page Turn特效的属性参数如图11-16所示，应用效果如图11-17所示。

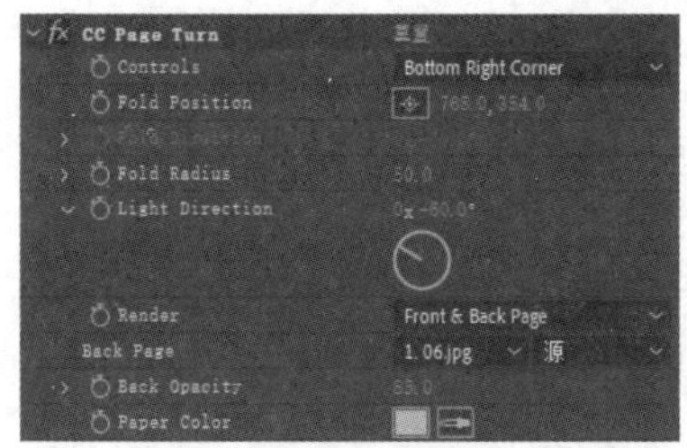

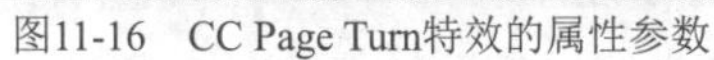

图11-16 CC Page Turn特效的属性参数

图11-17 CC Page Turn特效的应用效果

CC Page Turn特效中主要属性参数的作用如下。

- Controls：用于选择翻页类型。共有5种类型，分别是经典翻页、左上角翻页、右上角翻页、左下角翻页、右下角翻页。选择经典翻页类型时，将会有更多的参数被启用，从而方便用户更细致地调整效果。
- Fold Position：用于设置翻页效果所在的位置。通过为该属性参数设置动画关键帧，可以实现翻页的动态效果。
- Fold Direction：用于设置翻页时的角度，仅当选择经典翻页类型时才可用。
- Fold Radius：用于设置翻页时折叠线位置的柔和度。
- Light Direction：用于设置折叠线位置的反光角度。
- Render：用于选择效果被显示出来的部分。共有3个选项，分别是Front & Back Page(表示全部显示)、Back Page(表示只显示翻页部分)、Front Page(表示只显示未翻页部分)。
- Back Page：用于选择原始图层背面的图像。
- Back Opacity：用于设置翻页效果背面图像的不透明度。
- Paper Color：用于设置翻页效果背面的颜色。

11.1.8 CC Power Pin

CC Power Pin特效用于对4个角分别进行拉伸和压缩变形效果的处理。CC Power Pin特效的属性参数如图11-18所示，应用效果如图11-19所示。

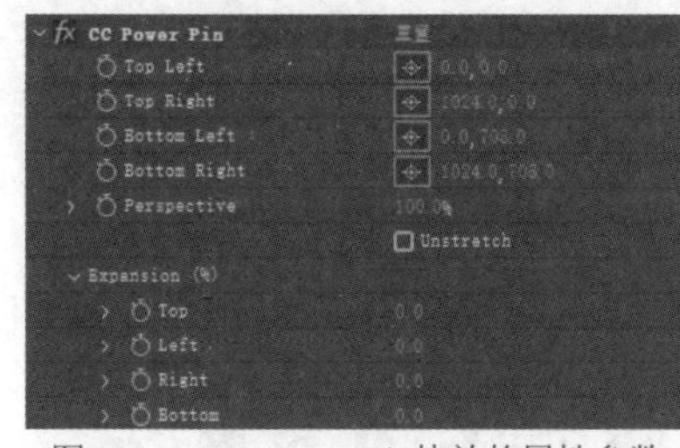

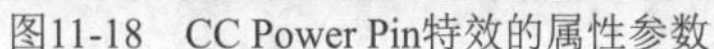

图11-18 CC Power Pin特效的属性参数

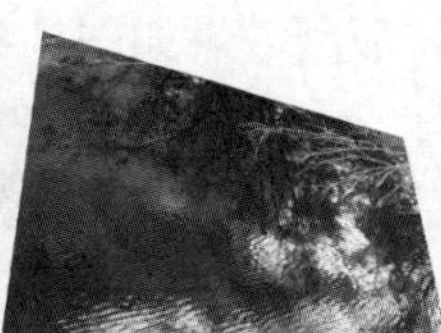

图11-19 CC Power Pin特效的应用效果

CC Power Pin特效中主要属性参数的作用如下。

- Top Left/Top Right/Bottom Left/Bottom Right：用于设置4个角被拉伸或压缩时的位置点。
- Perspective：用于设置4个角被拉伸时，素材图层随拉伸效果的旋转程度。

- Unstretch：选中后，拉伸效果将反作用于图像。不选中时，图片的外边框也会随4个角被拉伸。
- Expansion(%)：用于设置原素材图像的边缘拉伸程度。
- Top：用于调整顶部边线的位置，图像本身随之进行拉伸或压缩。
- Left：用于调整左侧边线的位置，图像本身随之进行拉伸或压缩。
- Right：用于调整右侧边线的位置，图像本身随之进行拉伸或压缩。
- Bottom：用于调整底部边线的位置，图像本身随之进行拉伸或压缩。

11.1.9 CC Slant

CC Slant特效用于对原始图层进行水平或垂直方向的倾斜扭曲。CC Slant特效的属性参数如图11-20所示，应用效果如图11-21所示。

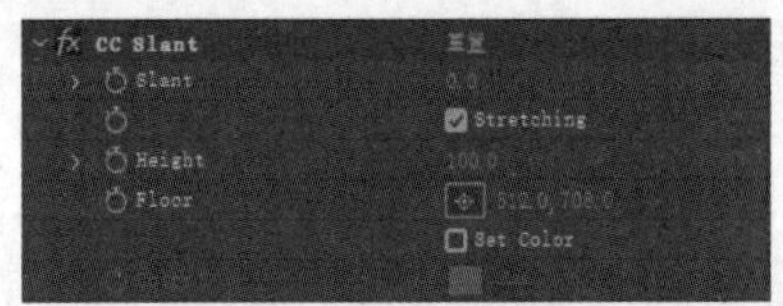

图11-20　CC Slant特效的属性参数

图11-21　CC Slant特效的应用效果

CC Slant特效中主要属性参数的作用如下。

- Slant：用于设置水平方向上的倾斜程度。
- Stretching：选中后，在保持倾斜的同时还将对图像进行拉伸。
- Floor：用于设置倾斜时中心点的位置。
- Set Color：选中后，就可以将原始图层设置为某种单一的颜色。
- Color：Set Color被选中后，该属性参数可用，用于选择原始图层的替代颜色。

11.1.10 CC Smear

CC Smear特效用于为原始图层的指定区域生成扭曲拉伸的效果。CC Smear特效的属性参数如图11-22所示，应用效果如图11-23所示。

图11-22　CC Smear特效的属性参数

图11-23　CC Smear特效的应用效果

CC Smear特效中主要属性参数的作用如下。

- From：用于设置扭曲区域的起点。
- To：用于设置扭曲区域的终点。

- Reach：用于设置扭曲拉伸的程度。数值越大，效果越强。数值为负时，扭曲拉伸的方向将被反转。
- Radius：用于设置扭曲区域的大小。

11.1.11 CC Split

CC Split特效用于为原始图层的指定区域生成拉开的效果。CC Split特效的属性参数如图11-24所示，应用效果如图11-25所示。

图11-24　CC Split特效的属性参数

图11-25　CC Split特效的应用效果

CC Split 特效中主要属性参数的作用如下。

- Point A：用于设置效果的起点。
- Point B：用于设置效果的终点。
- Split：用于设置拉开的程度。通过为该属性参数设置动画关键帧，可以实现拉开的动态效果。

11.1.12 CC Split 2

CC Split 2特效的作用与CC Split特效相同，它们都用于为原始图层的指定区域生成拉开的效果。不同之处在于：CC Split 2特效允许对拉开的上下边缘位置进行单独的调整。CC Split 2特效的属性参数如图11-26所示，应用效果如图11-27所示。

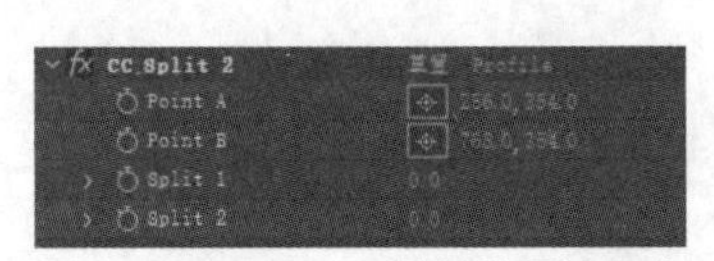

图11-26　CC Split 2特效的属性参数

图11-27　CC Split 2特效的应用效果

CC Split 2特效中主要属性参数的作用如下。

- Point A：用于设置效果的起点。
- Point B：用于设置效果的终点。
- Split 1：用于设置被拉开下边缘的位置。
- Split 2：用于设置被拉开上边缘的位置。

11.1.13 CC Tiler

CC Tiler特效用于为原始图层生成重复拼接且平铺的效果。CC Tiler特效的属性参数如图11-28所示，应用效果如图11-29所示。

fx CC Tiler 重置
Scale 100.0%
Center 512.0,354.0
Blend w. Original 0.0%

图11-28 CC Tiler特效的属性参数

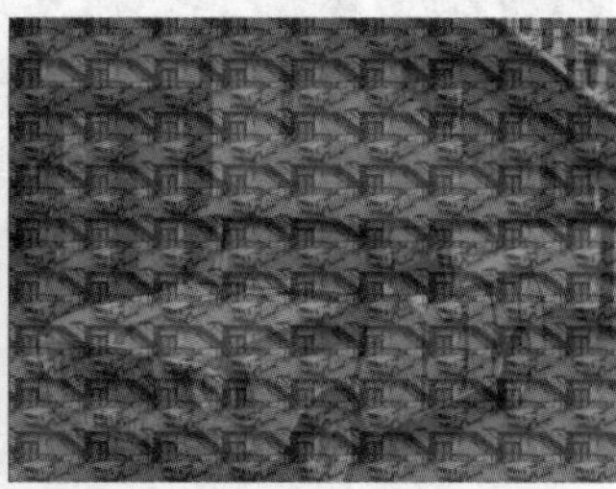

图11-29 CC Tiler特效的应用效果

CC Tiler特效中主要属性参数的作用如下。

- Scale：用于设置单张图片的大小。
- Center：用于设置整体效果的中心点在何处。
- Blend w. Original：用于设置生成的效果与原始图层之间的融合程度。

11.1.14 球面化

球面化特效用于为原始素材的某个部位制造球面凸起效果。球面化特效的属性参数如图11-30所示，应用效果如图11-31所示。

图11-30 球面化特效的属性参数

图11-31 球面化特效的应用效果

球面化特效中主要属性参数的作用如下。

- 【半径】：用于设置球面凸起效果的半径大小。
- 【球面中心】：用于设置球面凸起效果的中心点在何处。

11.1.15 贝塞尔曲线变形

贝塞尔曲线变形特效能为素材图像的边缘平均添加12个控制点，可通过改变这些控制点的位置，使原有的素材图层产生扭曲变形的效果。贝塞尔曲线变形特效的属性参数如图11-32所示，应用效果如图11-33所示。

贝塞尔曲线变形特效中主要属性参数的作用如下。

- 【上左顶点】/【右上顶点】/【下右顶点】/【左下顶点】：用于设置4个角顶点的位置。
- 【上左切点】/【上右切点】：用于设置上边缘中间的两个点的位置。
- 【右上切点】/【右下切点】：用于设置右边缘中间的两个点的位置。

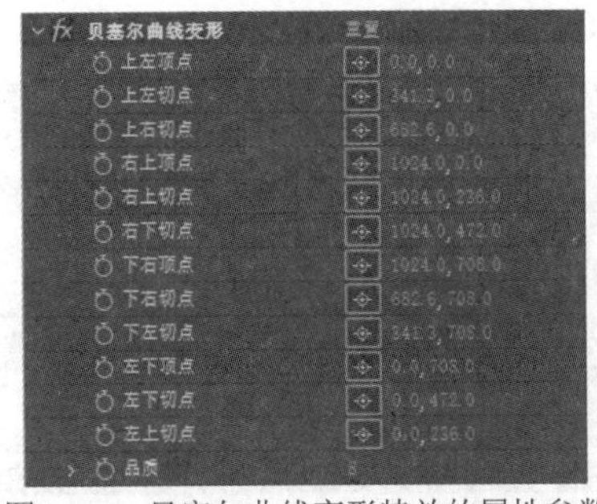

图11-32　贝塞尔曲线变形特效的属性参数

图11-33　贝塞尔曲线变形特效的应用效果

- 【下右切点】/【下左切点】：用于设置下边缘中间的两个点的位置。
- 【左下切点】/【左上切点】：用于设置左边缘中间的两个点的位置。
- 【品质】：用于设置扭曲后图像质量的高低。

11.1.16 放大

放大特效用于对素材图像的某个区域进行无损化放大，从而模拟放大镜效果。放大特效的属性参数如图11-34所示，应用效果如图11-35所示。

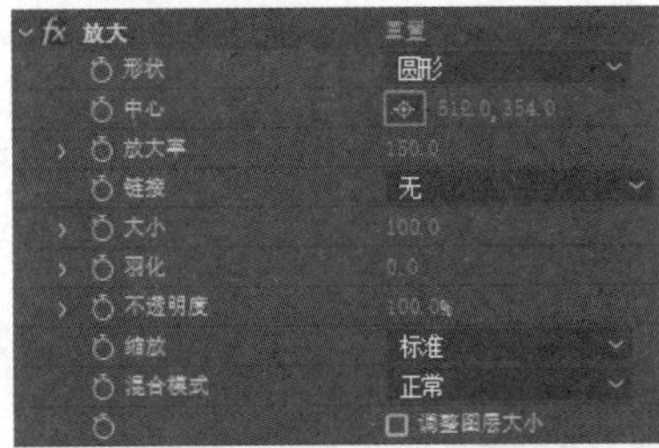

图11-34　放大特效的属性参数

图11-35　放大特效的应用效果

放大特效中主要属性参数的作用如下。

- 【形状】：用于选择放大区域的形状。共有两种类型，分别是【圆形】和【方形】。
- 【中心】：用于设置放大时的中心点在何处。
- 【放大率】：用于设置放大的程度。
- 【大小】：用于设置放大区域的大小。
- 【羽化】：用于设置放大区域边缘的羽化程度。
- 【不透明度】：用于设置放大区域的不透明度。
- 【缩放】：用于选择放大区域内图像的缩放方式，共有【标准】【柔和】和【散布】3种缩放方式。
- 【混合模式】：用于选择缩放区域与原始图像之间的混合模式，共有19种混合模式可选。

11.1.17 镜像

镜像特效用于模拟镜子反射的效果，从而实现了对素材图像的某个区域进行复制且对称显示。镜像特效的属性参数如图11-36所示，应用效果如图11-37所示。

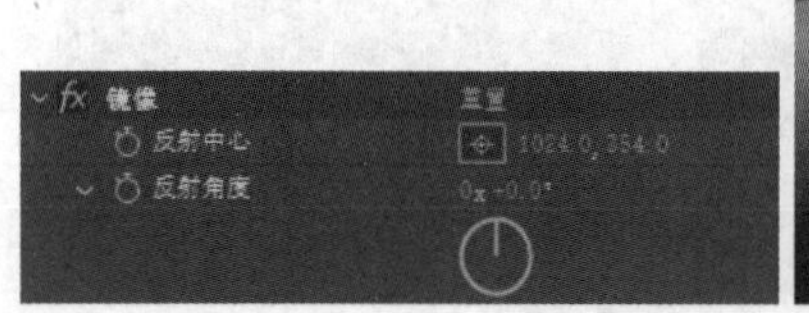

图11-36　镜像特效的属性参数

图11-37　镜像特效的应用效果

镜像特效中主要属性参数的作用如下。

- 【反射中心】：用于设置反射效果的中心点在何处。
- 【反射角度】：用于设置反射效果相对于原始素材图像的角度。

11.1.18　光学补偿

光学补偿特效既可以用于制造镜头透视产生的变形效果，也可以用于修复原始素材本身带有的透视变形效果。光学补偿特效的属性参数如图11-38所示，应用效果如图11-39所示。

图11-38　光学补偿特效的属性参数

图11-39　光学补偿特效的应用效果

光学补偿特效中主要属性参数的作用如下。

- 【视场(FOV)】：用于调整变形效果的范围。数值越大，变形效果越明显。
- 【反转镜头扭曲】：选中后，就可以反转扭曲效果。
- 【FOV方向】：用于选择透视扭曲的方式，共有【水平】【垂直】和【对角】3种方式。
- 【视图中心】：用于设置效果的中心位置。
- 【最佳像素(反转无效)】：选中后，就可以优化应用特效后的图像。

11.1.19　湍流置换

湍流置换特效既可以使平面素材产生波纹扭曲效果，也可以为波纹创建运动效果。湍流置换特效的属性参数如图11-40所示，应用效果如图11-41所示。

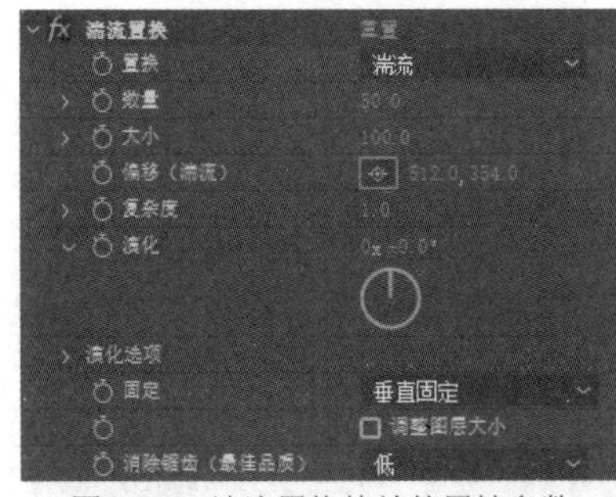

图11-40　湍流置换特效的属性参数

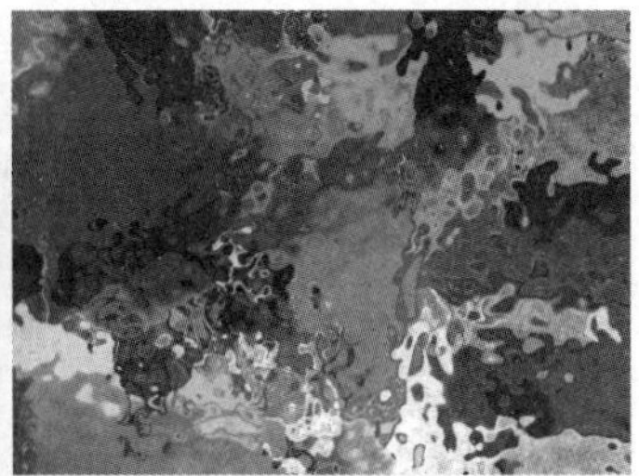

图11-41　湍流置换特效的应用效果

湍流置换特效中主要属性参数的作用如下。

- 【置换】：用于选择波纹纹路的类型。
- 【数量】：用于设置波纹的密集程度。
- 【大小】：用于设置波纹效果的大小。
- 【偏移(湍流)】：用于设置效果的中心位置。
- 【复杂度】：用于设置波纹效果的复杂程度。
- 【演化】：通过为该属性参数设置关键帧动画，可以使波纹运动起来。
- 【演化选项】：用于设置演化时的参数依据。

11.1.20　置换图

置换图特效主要通过将另一个图层作为映射层来对原有的素材图层进行置换。置换图特效的属性参数如图11-42所示，应用效果如图11-43所示。

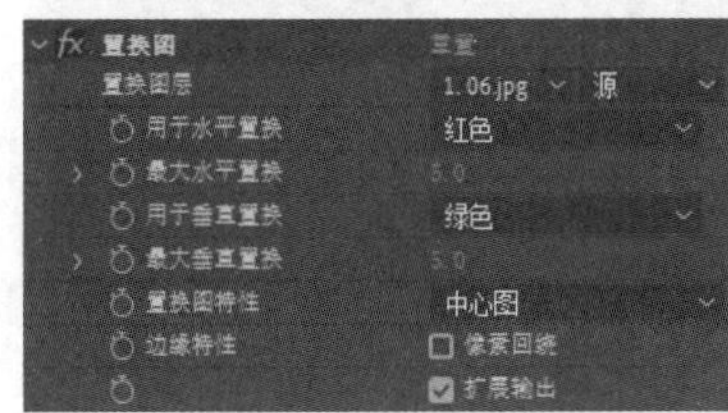

图11-42　置换图特效的属性参数

图11-43　置换图特效的应用效果

置换图特效中主要属性参数的作用如下。

- 【置换图层】：用于选择产生映射时依据的图层。
- 【用于水平置换】/【用于垂直置换】：分别用于选择产生水平和垂直方向的置换效果时依据的模式。
- 【最大水平置换】/【最大垂直置换】：分别用于设置水平和垂直方向的置换效果的明显程度。
- 【置换图特性】：用于选择置换图层的映射方式。共有3种方式，分别是【中心图】【伸缩对应图以适合】和【拼贴图】。

11.1.21　偏移

偏移特效用于模拟重影效果。先对原始素材进行复制、调整位置等，再与原始素材叠加起来，便能实现重影效果。偏移特效的属性参数如图11-44所示，应用效果如图11-45所示。

图11-44 偏移特效的属性参数

图11-45 偏移特效的应用效果

偏移特效中主要属性参数的作用如下。

- 【将中心转换为】：用于设置效果的中心位置。
- 【与原始图像混合】：用于设置效果与原始素材的混合程度。

11.1.22 网格变形

网格变形特效能为素材图层添加网格控制柄，可通过在【合成】面板中对网格的交叉点进行移动来实现图像变形扭曲的效果。网格变形特效的属性参数如图11-46所示，应用效果如图11-47所示。

图11-46 网格变形特效的属性参数

图11-47 网格变形特效的应用效果

网格变形特效中主要属性参数的作用如下。

- 【行数】/【列数】：用于设置水平和垂直方向上的网格数量。
- 【品质】：用于设置效果呈现的质量。数值越大，质量越高。
- 【扭曲网格】：用于为网格变形特效添加关键帧动画，从而使变形过程动态化。

11.1.23 凸出

凸出特效与球面化特效相似，但是相比球面化特效，凸出特效能够更细致地对属性参数进行调整。凸出特效的属性参数如图11-48所示，应用效果如图11-49所示。

凸出特效中主要属性参数的作用如下。

- 【水平半径】/【垂直半径】：用于设置效果的水平半径和垂直半径。
- 【凸出中心】：用于设置效果的中心位置。
- 【凸出高度】：用于设置效果的球面弧度。
- 【锥形半径】：用于设置效果的凸出程度。

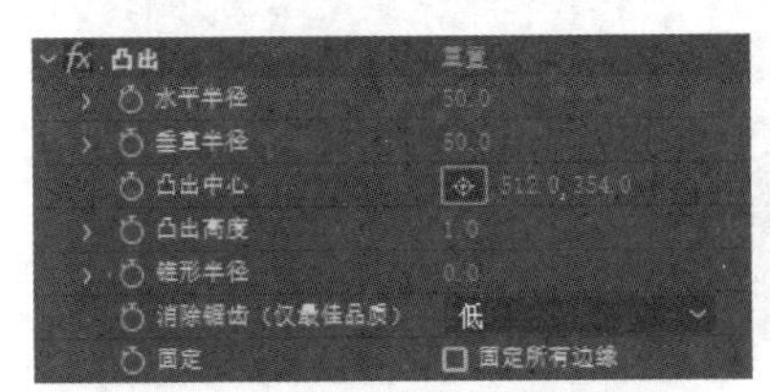

图11-48　凸出特效的属性参数

图11-49　凸出特效的应用效果

11.1.24　变换

变换特效主要用于改变原始图像的形状等基本属性，从而产生扭曲变形效果，这种特效在大多数情况下需要与其他特效搭配使用。变换特效的属性参数如图11-50所示，应用效果如图11-51所示。

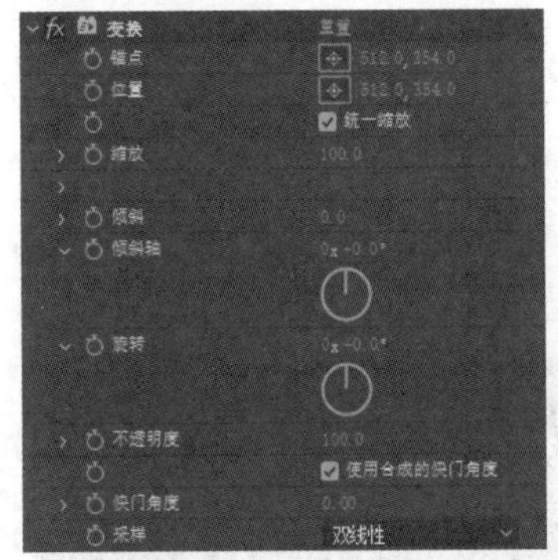

图11-50　变换特效的属性参数

图11-51　变换特效的应用效果

变换特效中主要属性参数的作用如下。

- 【锚点】：用于设置原始图层的锚点位置。
- 【位置】：用于设置原始图层的中心位置。
- 【统一缩放】：选中后，图像将得到同比例缩放。
- 【缩放】：用于设置图片素材的宽度和高度。
- 【倾斜】：用于设置图像的倾斜程度。
- 【倾斜轴】：用于设置图像的倾斜角度。
- 【旋转】：用于设置图像的旋转角度。
- 【不透明度】：用于设置图像的不透明度。
- 【快门角度】：用于设置快门的角度。
- 【采样】：用于设置采样的方式，包括【双线性】和【双立方】两种方式。

11.1.25　变形

变形特效提供了一些固定形状的变形效果，可直接应用到素材图层上。变形特效的属性参数如图11-52所示，应用效果如图11-53所示。

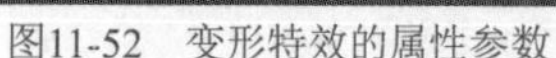

图11-52　变形特效的属性参数

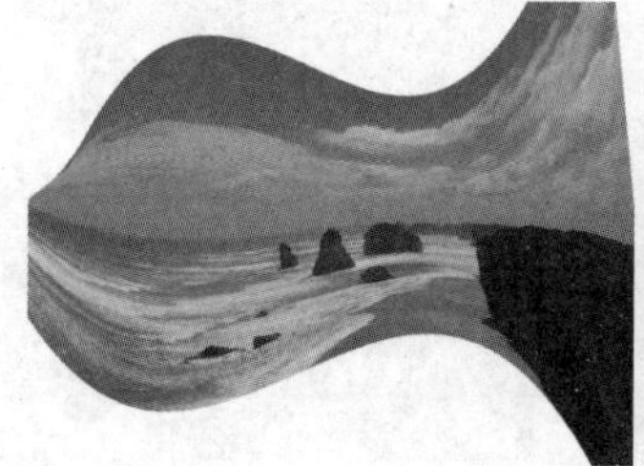

图11-53　变形特效的应用效果

变形特效中主要属性参数的作用如下。

- 【变形样式】：用于选择已经设定好的变形样式，共有15种变形样式可选。
- 【变形轴】：用于选择设置变形时的中轴线为【水平】还是【垂直】。
- 【弯曲】：用于设置扭曲效果的幅度。数值越大，扭曲越明显。
- 【水平扭曲】：在水平方向添加额外的扭曲效果。
- 【垂直扭曲】：在垂直方向添加额外的扭曲效果。

11.1.26 旋转扭曲

旋转扭曲特效用于为原始素材添加旋涡效果。旋转扭曲特效的属性参数如图11-54所示，应用效果如图11-55所示。

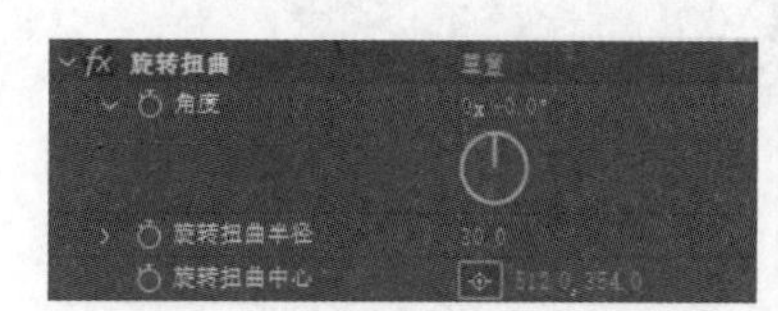

图11-54　旋转扭曲特效的属性参数

图11-55　旋转扭曲特效的应用效果

旋转扭曲特效中主要属性参数的作用如下。

- 【角度】：用于调整扭曲的方向和程度。
- 【旋转扭曲半径】：用于设置旋涡效果的半径大小。
- 【旋转扭曲中心】：用于设置旋涡效果的中心位置。

11.1.27 极坐标

极坐标特效用于对素材图形向极线形状进行变形。极坐标特效的属性参数如图11-56所示，应用效果如图11-57所示。

图11-56　极坐标特效的属性参数

图11-57　极坐标特效的应用效果

极坐标特效中主要属性参数的作用如下。

- 【插值】：用于设置变形的程度。
- 【转换类型】：用于选择图像变形的模式，这里有【矩形到极线】和【极线到矩形】两种模式。

11.1.28 波形变形

波形变形特效用于为素材图层添加水平波浪效果。波形变形特效的属性参数如图11-58所示，应用效果如图11-59所示。

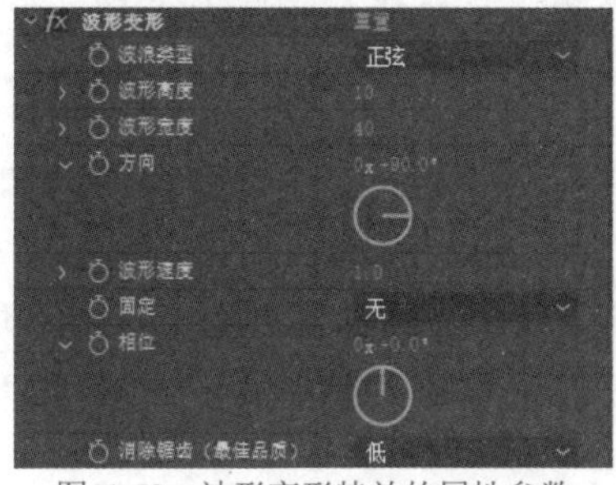

图11-58 波形变形特效的属性参数

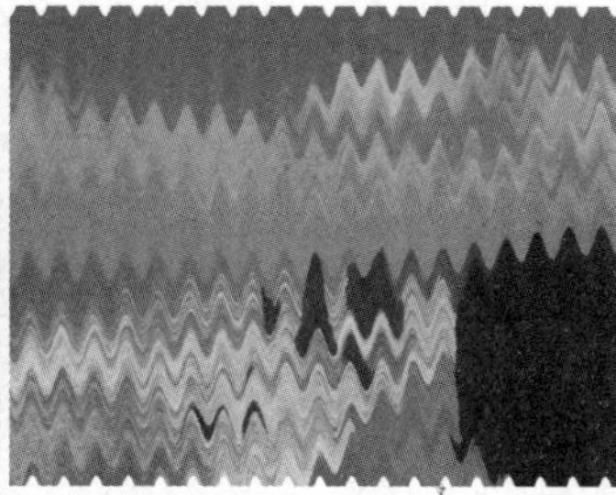

图11-59 波形变形特效的应用效果

波形变形特效中主要属性参数的作用如下。

- 【波浪类型】：用于选择波浪的种类，共有9种类型可选。
- 【波形高度】/【波形宽度】：分别用于设置波浪的高度和宽度。
- 【方向】：用于设置波浪的方向。
- 【波形速度】：用于设置波浪在生成动画后的运动速度。
- 【固定】：用于选择图像中不受波浪效果影响的区域。
- 【相位】：用于设置波浪的扩散方向。通过为该属性参数设置动画关键帧，可以模拟波浪扩散的效果。
- 【消除锯齿(最佳品质)】：用于选择添加波形变形特效后图像的品质，共有【低】【中】【高】3个选项。

11.1.29 波纹

波纹特效用于为素材图层添加圆形的水波纹效果。波纹特效的属性参数如图11-60所示，应用效果如图11-61所示。

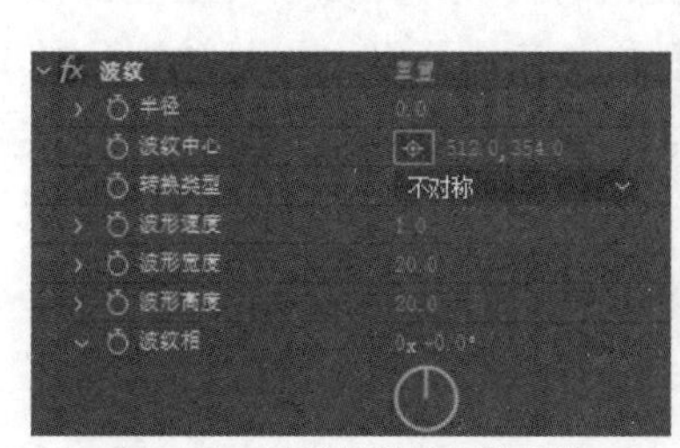

图11-60 波纹特效的属性参数

图11-61 波纹特效的应用效果

波纹特效中主要属性参数的作用如下。

- 【半径】：用于设置波纹效果的整体大小。数值越大，扩散的范围越大。
- 【波纹中心】：用于设置波纹效果的中心位置。
- 【转换类型】：用于选择波纹的类型。共有两种类型，分别是【对称】和【不对称】。
- 【波形速度】：用于设置波纹在生成动画后的运动速度。
- 【波形宽度】：用于设置波纹的宽度。
- 【波形高度】：用于设置波纹的密度。
- 【波纹相】：用于设置波纹扩散的角度。通过为该属性参数设置动画关键帧，可以模拟波纹扩散的效果。

11.1.30 液化

液化特效支持使用不同的自带液化工具对原始素材的任意部位进行手动变形，产生的效果与Photoshop中的液化工具相似。液化特效的属性参数如图11-62所示，应用效果如图11-63所示。

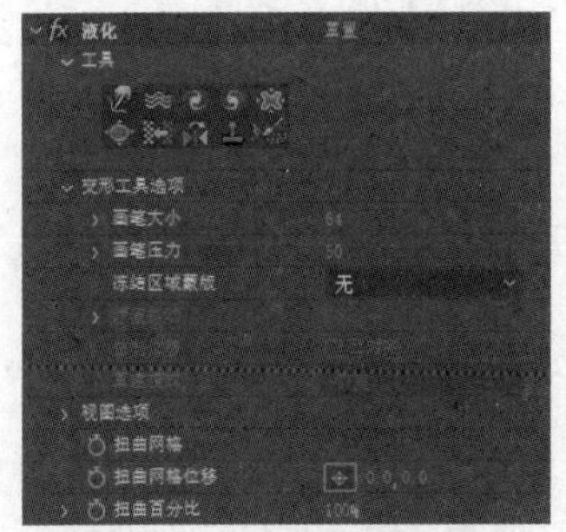

图11-62　液化特效的属性参数

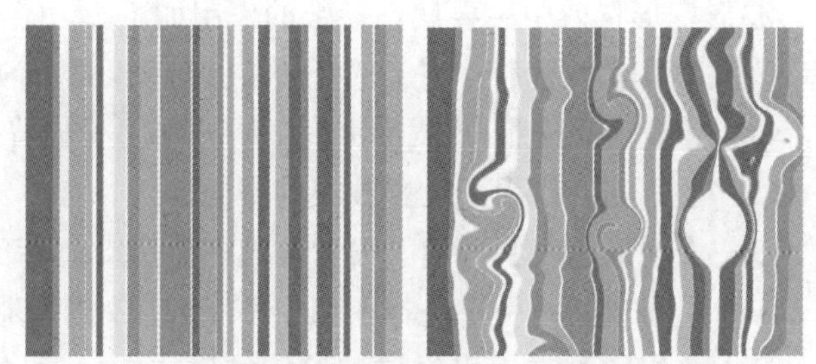

图11-63　液化特效的应用效果

液化特效中主要属性参数的作用如下。

- 【工具】：用于选择液化工具。共有10种，其中：【变形工具】主要模拟涂抹效果，并对原始素材进行点状拉伸；【湍流工具】可以使原始素材产生轻微的波纹效果；【扭曲工具】可以使被选区域产生旋转扭曲效果，这里可以选择顺时针或逆时针；【凹陷工具】可以使被选区域向中心点进行收缩变形；【膨胀工具】可以使被选区域向中心点以外进行扩张；【转移像素工具】可以使垂直方向的像素发生位移；【反射工具】则通过复制笔刷附近区域的内容来达到变形效果；【仿制工具】允许用户使用Alt键+鼠标左键来选择需要复制的区域，之后便可通过鼠标左键将选择的内容复制到原始素材的其他区域；【重建工具】用于修复被液化的区域。
- 【画笔大小】：用于设置液化工具的笔刷大小。
- 【画笔压力】：用于设置液化工具产生变形的程度。
- 【湍流抖动】：选择【湍流工具】后才被激活，用于设置【湍流工具】产生的效果的扭曲程度。

- 【仿制位移】：选择【仿制工具】后才被激活，选中【已对齐】复选框后，在进行复制时可以使相应的区域产生位移。
- 【重建模式】：选择【重建工具】后才被激活，用于选择图像的恢复方式，这里共有【恢复】【置换】【放大扭转】和【仿射】4种方式。
- 【扭曲网格】：用于为网格变形特效创建关键帧动画，从而使液化过程动态化。
- 【扭曲网格位移】：用于设置变形网格的坐标点。
- 【扭曲百分比】：用于设置液化变形的扭曲程度。

11.1.31 边角定位

边角定位特效主要通过使图像的四个顶点发生位移来达到变形画面的效果。边角定位特效的属性参数如图11-64所示，它们分别代表图像四个顶点的坐标。边角定位特效的应用效果如图11-65所示。

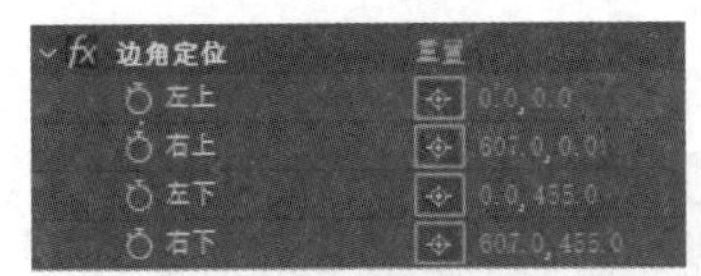

图11-64 边角定位特效的属性参数

图11-65 边角定位特效的应用效果

边角定位特效中主要属性参数的作用如下。

- 【左上】：设置图像左上角的坐标位置。
- 【右上】：设置图像右上角的坐标位置。
- 【左下】：设置图像左下角的坐标位置。
- 【右下】：设置图像右下角的坐标位置。

11.2 透视特效

透视特效主要用于为素材添加透视效果，使二维的平面素材产生各种三维透视变换效果。After Effects 2020提供了10种透视特效，如图11-66所示。下面对比较常用的透视特效进行讲解。

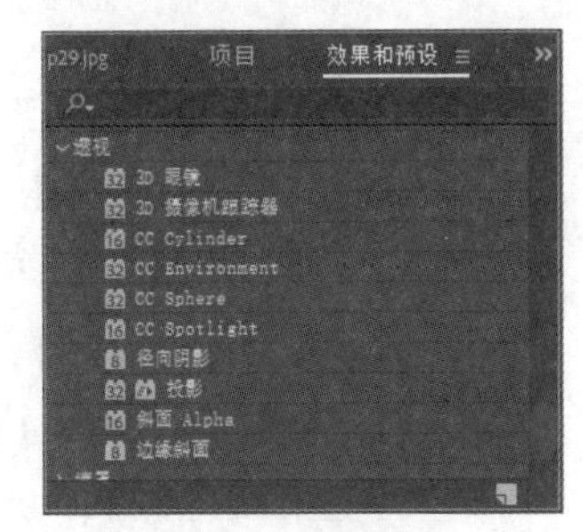

图11-66 透视特效

11.2.1 3D眼镜

3D眼镜特效可以将两个素材图层以多种模式结合在一起，从而模拟三维透视效果。3D眼镜特效的属性参数如图11-67所示，应用效果如图11-68所示。

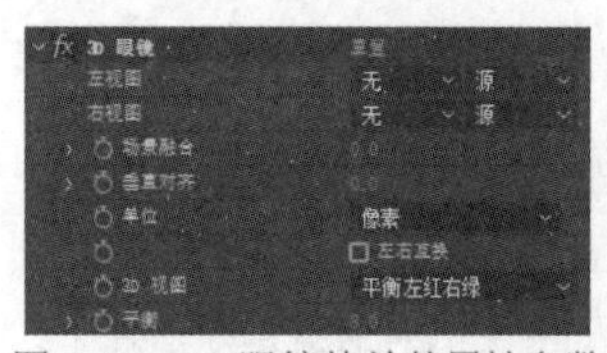

图11-67　3D眼镜特效的属性参数

图11-68　3D眼镜特效的应用效果

3D眼镜特效中主要属性参数的作用如下。

- 【左视图】/【右视图】：用于设置左右两侧显示的素材。
- 【场景融合】：用于设置两个素材在场景中的左右偏移数值。
- 【垂直对齐】：用于设置两个素材在场景中的上下偏移数值。
- 【单位】：用于选择参数的单位，这里有【像素】和【源的%】两种单位。
- 【左右互换】：选中后，将对左右素材的位置进行对调。
- 【3D视图】：用于选择左右图像的叠加方式。
- 【平衡】：用于调节叠加程度。

11.2.2　3D摄像机跟踪器

3D摄像机跟踪器特效可以自动识别素材图层中动态的跟踪点，每个跟踪点都可以被添加文本或对象，添加的文本或对象会随原视频镜头运动。3D摄像机跟踪器特效的属性参数如图11-69所示，应用效果如图11-70所示。

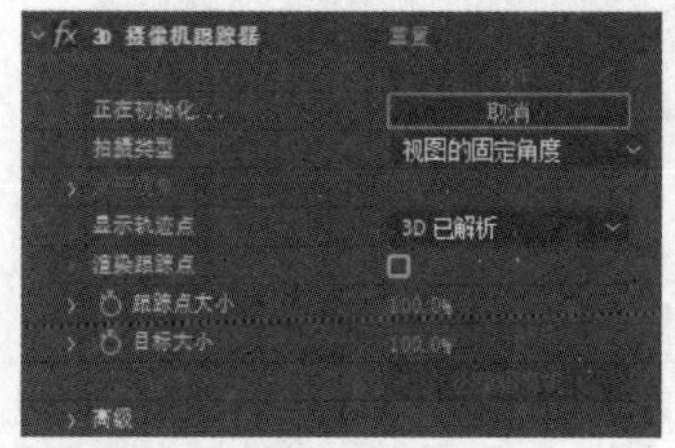

图11-69　3D摄像机跟踪器特效的属性参数

图11-70　3D摄像机跟踪器特效的应用效果

3D摄像机跟踪器特效中主要属性参数的作用如下。

- 【分析】/【取消】：当特效被添加时，就会自动分析原素材文件的动态跟踪点。单击【取消】按钮可以中断分析。
- 【拍摄类型】：用于选择摄像机的拍摄模式。
- 【显示轨迹点】：用于选择显示二维空间的跟踪点还是三维空间的跟踪点。
- 【渲染跟踪点】：选中后，跟踪点将显示在原素材文件中。
- 【跟踪点大小】：用于设置跟踪点的大小。
- 【目标大小】：用于设置目标的大小。

11.2.3 CC Cylinder

CC Cylinder特效能使原有的素材图层实现圆柱形立体效果。CC Cylinder特效的属性参数如图11-71所示，应用效果如图11-72所示。

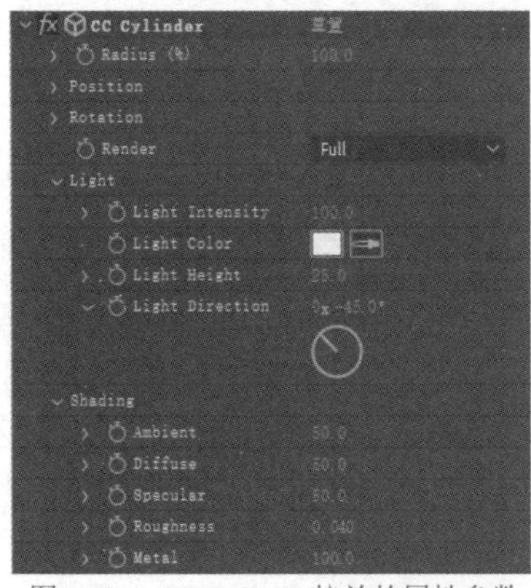

图11-71 CC Cylinder特效的属性参数

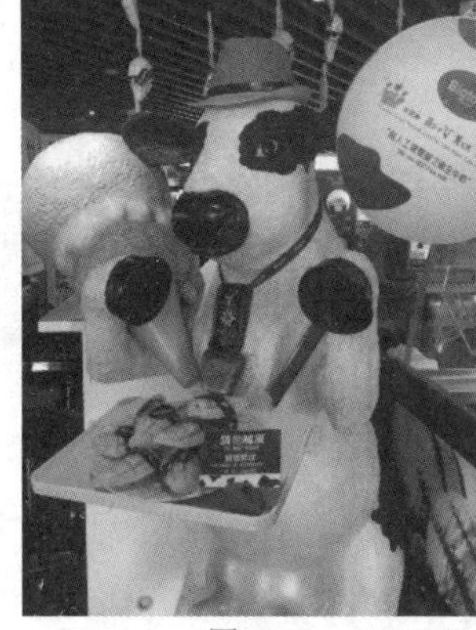

图11-72 CC Cylinder特效的应用效果

CC Cylinder特效中主要属性参数的作用如下。

- Radius(%)：用于设置圆柱体的半径大小。
- Position：用于设置圆柱体在*X*、*Y*、*Z*轴上的坐标。
- Rotation：用于设置圆柱体在*X*、*Y*、*Z*轴上的旋转角度。
- Render：用于选择圆柱体的显示模式。这里有3种模式，分别是Full(表示完整显示)、Outside(表示显示外侧部分)和Inside(表示显示内侧部分)。
- Light Intensity：用于控制灯光的强度。
- Light Color：用于选择灯光的颜色。
- Light Height：用于设置光源到原始素材的距离。当距离为正值时，原始素材会被照亮；当距离为负值时，原始素材会变暗。
- Light Direction：用于调整光线的方向。
- Ambient：用于设置圆柱体对于环境光的反射程度。
- Diffuse：用于设置圆柱体的漫反射数值。
- Specular：用于设置高光的强度。
- Roughness：用于设置圆柱体表面的光滑程度。数值越大，材质表面越光滑。
- Metal：用于设置圆柱体表面的材质。数值越大，越接近金属材质；数值越小，越接近塑料材质。

11.2.4 CC Sphere

CC Sphere特效能使原有的素材图层实现球形立体效果。CC Sphere特效的属性参数如图11-73所示，应用效果如图11-74所示。

CC Sphere特效中主要属性参数的作用如下。

- Rotation：用于设置球体在*X*、*Y*、*Z*轴上的旋转角度。
- Radius：用于设置球体的半径大小。

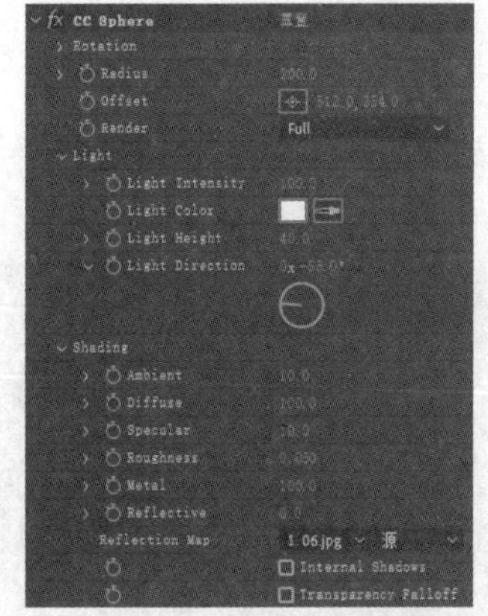

图11-73 CC Sphere特效的属性参数

图11-74 CC Sphere特效的应用效果

- Offset：用于设置球体的中心位置。
- Render：用于选择球体的显示模式。这里共有3种模式，分别是Full(表示完整显示)、Outside(表示显示外侧部分)和Inside(表示显示内侧部分)。
- Light Intensity：用于控制灯光的强度。
- Light Color：用于选择灯光的颜色。
- Light Height：用于设置光源到原始素材的距离。当距离为正值时，原始素材会被照亮；当距离为负值时，原始素材会变暗。
- Light Direction：用于调整光线的方向。
- Ambient：用于设置球体对于环境光的反射程度。
- Diffuse：用于设置球体的漫反射数值。
- Specular：用于设置高光的强度。
- Roughness：用于设置球体表面的光滑程度。数值越大，材质表面越光滑。
- Metal：用于设置球体表面的材质。数值越大，越接近金属材质，数值越小，越接近塑料材质。
- Reflection Map：用于选择球体反射表面的贴图。
- Internal Shadows：选中后，球体将产生内阴影效果。
- Transparency Falloff：选中后，球体的透明度将从中心向外衰减。

11.2.5 CC Spotlight

CC Spotlight特效用于在原有的素材图层上模拟创建聚光灯效果。CC Spotlight特效的属性参数如图11-75所示，应用效果如图11-76所示。

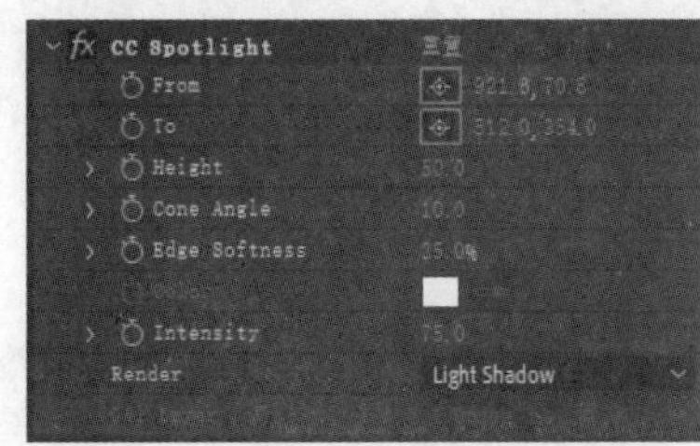

图11-75 CC Spotlight特效的属性参数

图11-76 CC Spotlight特效的应用效果

CC Spotlight特效中主要属性参数的作用如下。

- From：用于设置聚光灯的光源位置。
- To：用于设置聚光灯照射的区域。
- Height：用于设置聚光灯光束的长短。
- Cone Angle：用于设置光束的发散程度。数值越大，光束越发散。
- Edge Softness：用于设置光束边缘的羽化程度。数值越大，边缘越模糊。
- Color：用于选择灯光的颜色。
- Intensity：用于设置灯光的强度。数值越大，灯光越强。
- Render：用于选择原始图层的显示方式。
- Gel Layer：用于选择另一个图层作为聚光灯的焦点。

11.2.6　径向阴影

径向阴影特效可以根据素材的Alpha通道边缘为图像添加阴影效果。径向阴影特效的属性参数如图11-77所示，应用效果如图11-78所示。

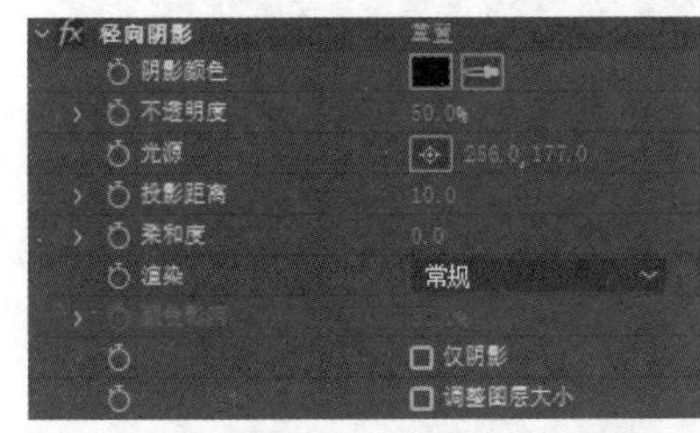

图11-77　径向阴影特效的属性参数

图11-78　径向阴影特效的应用效果

径向阴影特效中主要属性参数的作用如下。

- 【阴影颜色】：用于设置阴影的颜色。
- 【不透明度】：用于设置阴影的不透明度。
- 【光源】：用于设置光源的位置。如果光源的位置发生变化，那么阴影的位置和大小也会改变。
- 【投影距离】：用于设置阴影和素材图层之间的距离。
- 【柔和度】：用于调整阴影边缘的羽化程度。
- 【渲染】：用于选择不同的渲染方式，其中包括【常规】和【玻璃边缘】两种方式，如图11-79所示。
- 【颜色影响】：仅当选择【玻璃边缘】渲染方式时才被启用，用于调整素材图层的颜色对玻璃边缘效果的影响程度。
- 【仅阴影】：选中后，素材图层将被隐藏，仅显示阴影部分。

图11-79　选择渲染方式

11.2.7 投影

投影特效的作用与径向阴影特效相似，但是不支持【玻璃边缘】渲染方式。投影特效的属性参数如图11-80所示。

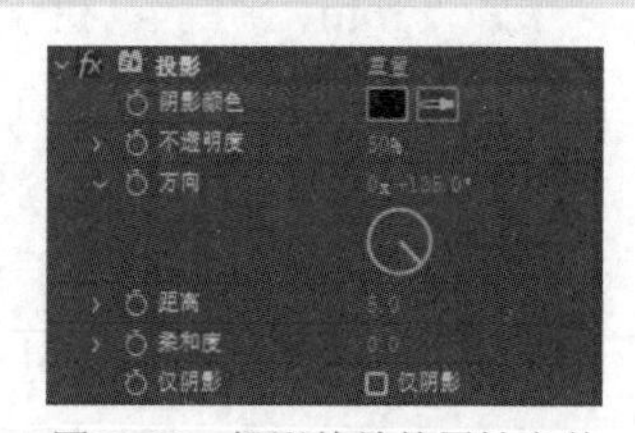

图11-80 投影特效的属性参数

11.2.8 斜面Alpha

斜面Alpha特效的作用与边缘斜面特效相似，它们都是为原始素材的边缘添加斜面效果。两者的不同之处在于：边缘斜面特效产生的是直角斜面，而斜面Alpha特效产生的是圆角斜面。斜面Alpha特效的属性参数如图11-81所示，应用效果如图11-82所示。

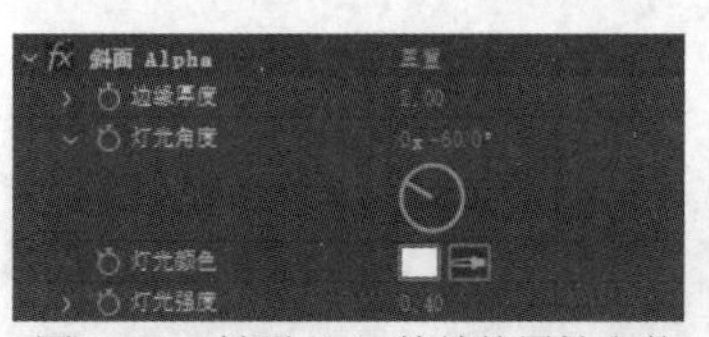

图11-81 斜面Alpha特效的属性参数

图11-82 斜面Alpha特效的应用效果

斜面Alpha特效中主要属性参数的作用如下。

- 【边缘厚度】：用于设置斜面的宽度。
- 【灯光角度】：用于设置照亮素材的灯光角度。
- 【灯光颜色】：用于选择照亮素材的灯光颜色。
- 【灯光强度】：用于设置照亮素材的灯光强度。

11.2.9 边缘斜面

边缘斜面特效能够通过为原始素材的边缘制造斜面效果来形成类似立方体的图案。边缘斜面特效的属性参数如图11-83所示，应用效果如图11-84所示。

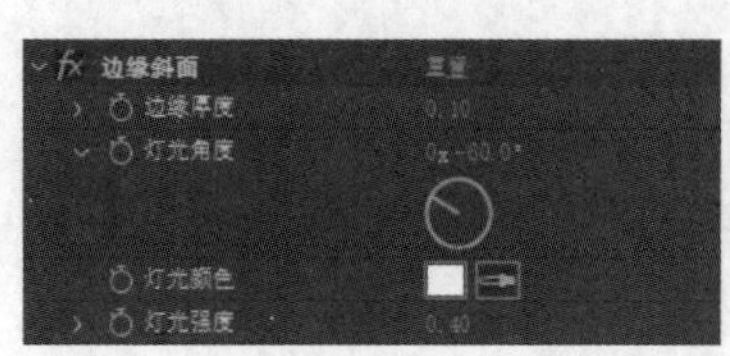

图11-83 边缘斜面特效的属性参数

图11-84 边缘斜面特效的应用效果

边缘斜面特效中主要属性参数的作用如下。

- 【边缘厚度】：用于设置斜面的宽度。

- 【灯光角度】：用于设置照亮素材的灯光角度。
- 【灯光颜色】：用于选择照亮素材的灯光颜色。
- 【灯光强度】：用于设置照亮素材的灯光强度。

11.3　上机练习——制作翻页电子相册

本节将制作翻页的电子相册这一动画效果，练习的主要内容是为几张风景照添加翻页动画，之后再利用波纹特效为电子相册制作动态的主题文字。通过本节的练习，可以帮助读者更好地掌握扭曲特效的基本操作方法和技巧。

01 选择【合成】|【新建合成】菜单命令。在打开的【合成设置】对话框中设置【预设】为HDV/HDTV 720 25，设置【持续时间】为0:00:20:00，然后单击【确定】按钮，建立一个新的合成，如图11-85所示。

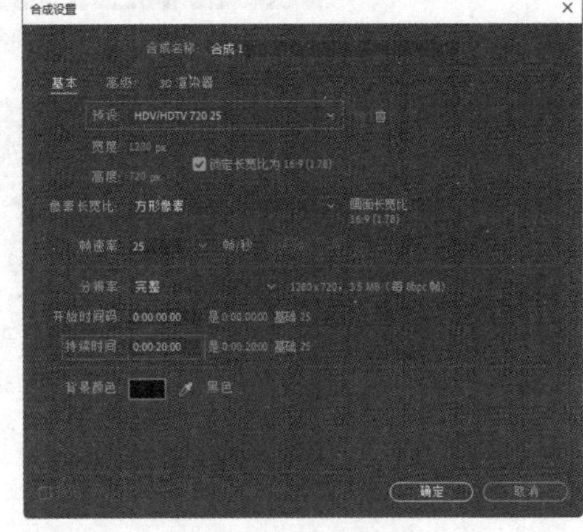

图11-85　新建合成

02 选择【文件】|【导入】|【文件】菜单命令，打开【导入文件】对话框，找到并导入一些风景素材。然后将导入的素材添加到【时间轴】面板的图层列表中，并对它们按照图11-86所示的顺序进行排列。

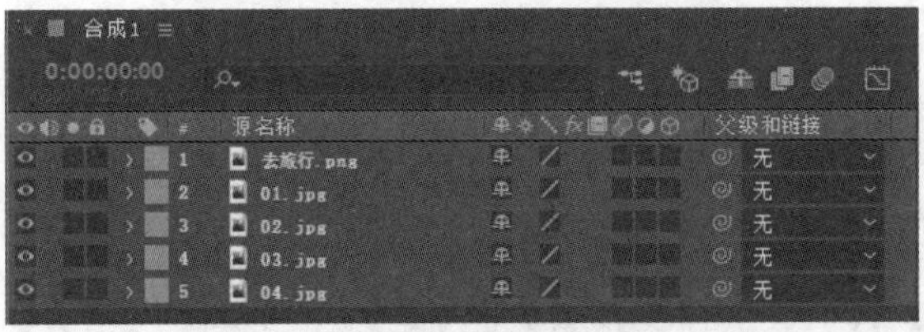

图11-86　将素材添加到图层列表中

03 下面为文字图片制作波纹动画。选中图层列表中的“去旅行.png”图层，然后选择【效果】|【扭曲】|【波纹】菜单命令，为标题文字添加波纹效果。设置【波形速度】为0.5、【波形宽度】为50、【波形高度】为50、【波纹相】为0×160°，如图11-87所示。

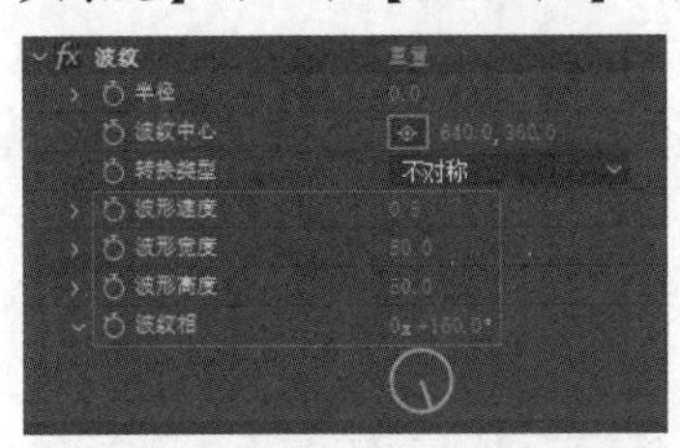

图11-87　设置波纹特效

04 将时间指示器移至0:00:00:00，在图层列表中将【半径】属性设为0并添加关键帧，如图11-88所示。然后将时间指示器调至0:00:02:00，将【半径】属性设为100并添加关键帧，如图11-89所示。

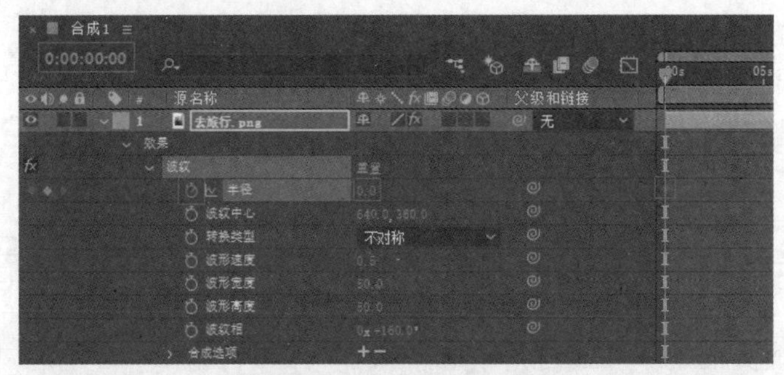

图11-88 设置半径关键帧(一)

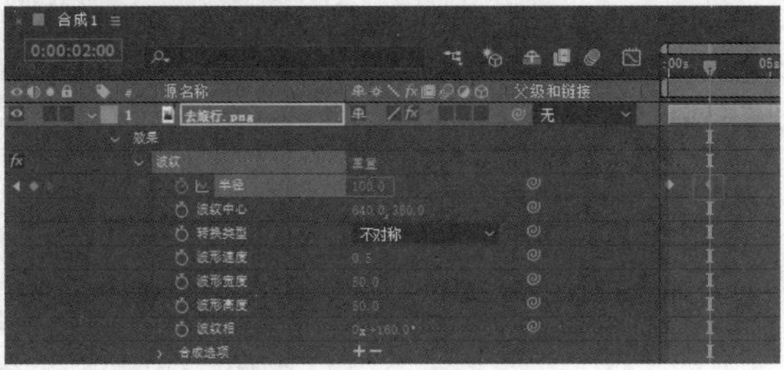

图11-89 设置半径关键帧(二)

05 在【预览】面板中单击【播放/停止】按钮，即可在【合成】面板中看到标题文字产生了波纹浮动动画，如图11-90所示。

图11-90 标题文字产生了波纹浮动动画

06 下面为01.jpg图片添加翻页效果。选择01.jpg图层，然后选择【效果】|【扭曲】|CC Page Turn菜单命令，为图片添加翻页效果。设置Fold Radius为100，从而使翻页部分的高光更明显，在Back Page下拉列表中选择2.01.jpg，其他参数保持不变，如图11-91所示。

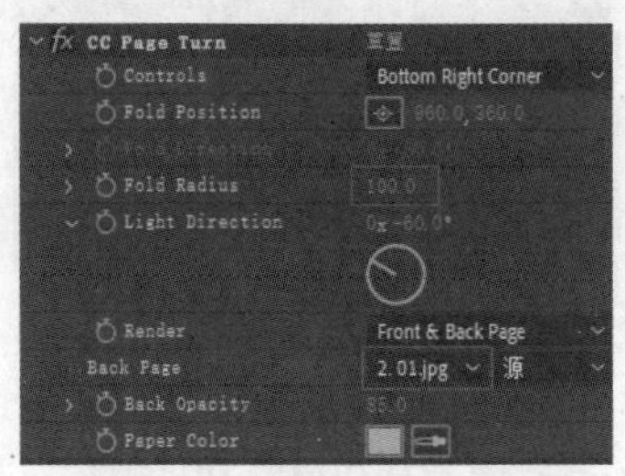

图11-91 设置翻页效果的参数

❖ **提示:**

CC Page Turn特效中的Fold Position是实现翻页动画的关键属性，下面通过Fold Position属性制作翻页动画。

07 将时间指示器移至0:00:03:00，将Fold Position属性设为1280、720并添加关键帧，如图11-92所示；再将时间指示器调至0:00:05:00，将Fold Position属性设为-1420、220，如图11-93所示。

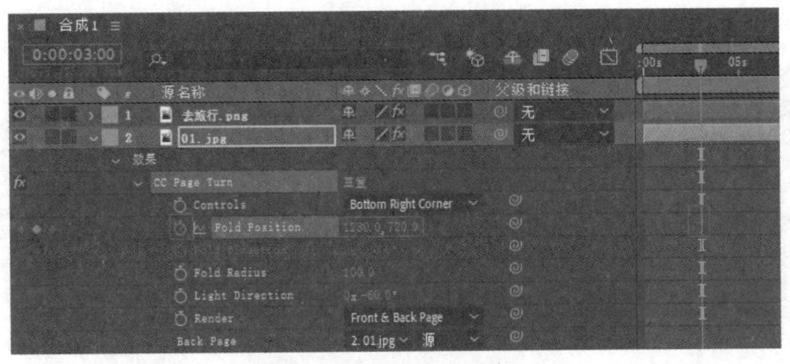

图11-92　设置翻页关键帧(一)

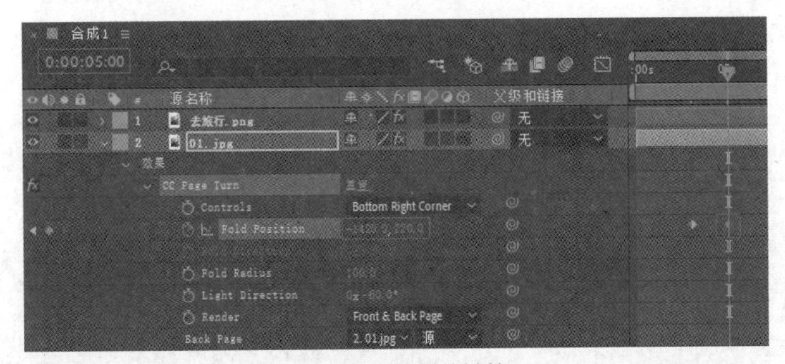

图11-93　设置翻页关键帧(二)

08 在【预览】面板中单击【播放/停止】按钮▶，即可在【合成】面板中预览第一张图片的翻页动画，如图11-94所示。

图11-94　预览第一张图片的翻页动画

❖ 提示：

此时，“去旅行”标题文字还一直处在画面上，我们需要在翻页动画开始前使这些文字消失。为此，我们在这里可以为文字添加不透明度关键帧并制作渐隐动画。

09 将时间指示器移至0:00:02:00，为“去旅行.png”图层的【不透明度】属性添加关键帧，并将属性值改为100%。调整时间指示器至0:00:03:00，将【不透明度】属性改为0%，并添加关键帧，如图11-95所示。在【合成】面板中对文字渐隐效果进行预览，如图11-96所示。

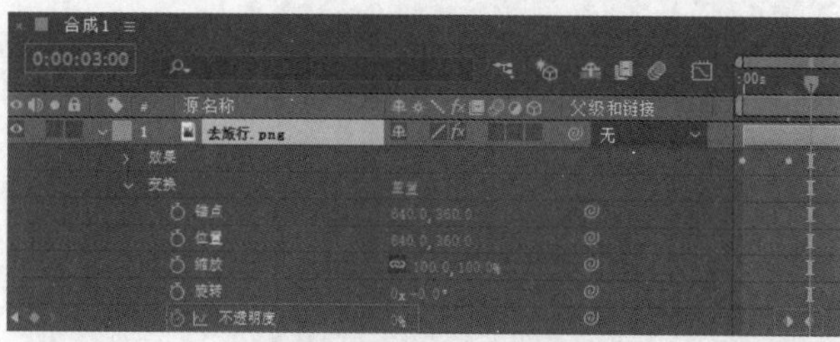
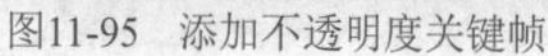

图11-95 添加不透明度关键帧

图11-96 预览文字渐隐效果

10 选中01.jpg图层中的CC Page Turn特效，按Ctrl+C组合键对特效进行复制。然后将时间指示器调至0:00:07:00，选中02.jpg图层，按Ctrl+V组合键对特效进行粘贴。展开02.jpg图层中的CC Page Turn特效，将Back Page改为3.02.jpg，如图11-97所示。

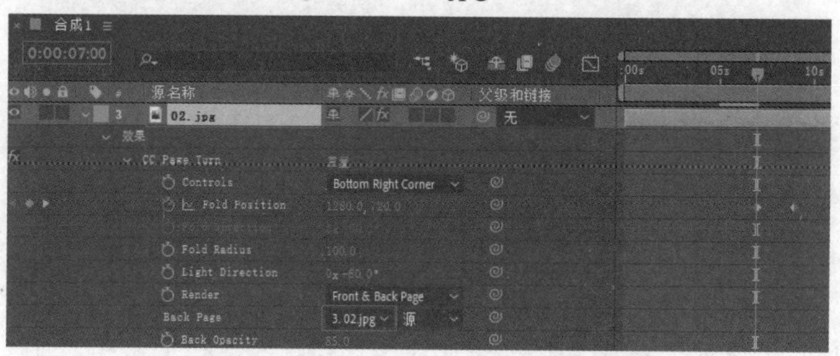

图11-97 复制并修改CC Page Turn特效(一)

11 将时间指示器调至0:00:11:00，选中03.jpg图层，按Ctrl+V组合键对前面复制的特效进行粘贴。然后展开03.jpg图层中的CC Page Turn特效，将Back Page改为4.03.jpg，如图11-98所示。

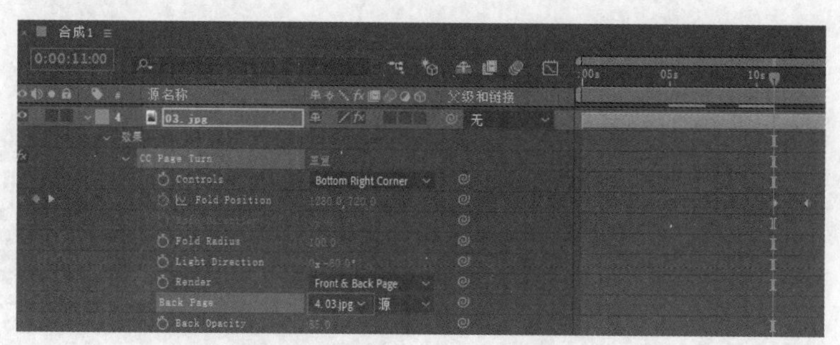

图11-98 复制并修改CC Page Turn特效(二)

12 将时间指示器调至0:00:15:00，选中04.jpg图层，按Ctrl+V组合键对前面复制的特效进行粘贴。然后展开04.jpg图层中的CC Page Turn特效，将Back Page改为5.04.jpg，如

图11-99所示。

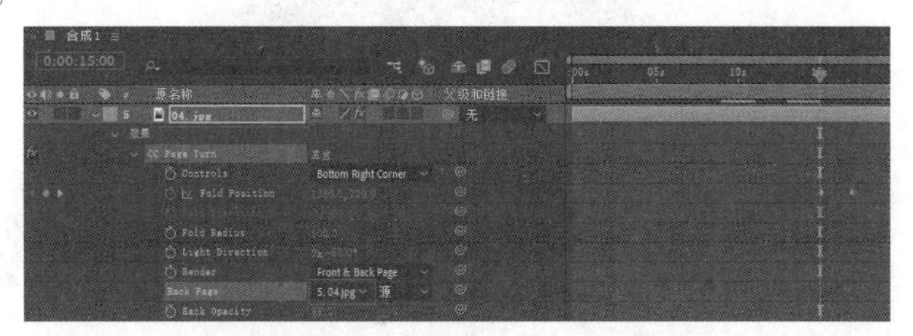

图11-99　复制并修改CC Page Turn特效(三)

13 在【预览】面板中单击【播放/停止】按钮▶，即可在【合成】面板中预览制作完成的动画效果，如图11-100所示。

图11-100　预览翻页电子相册的最终效果

11.4 习　题

1. 准备多张图片并为其添加不同的扭曲效果。

2. 准备一张星球的平面图，在After Effects中，通过CC Sphere特效将这张平面图转换为三维圆形星球图案，并为其添加旋转效果，从而完成制作模拟星球旋转的动画。

第 12 章

视频风格化与生成特效

本章将介绍风格化与生成特效的应用。使用风格化与生成特效可以创建一些特殊的画面效果，例如辉光、浮雕、马赛克、纹理、镜头光晕、闪电效果等。

本章重点

- ❍ 风格化特效
- ❍ 生成特效

二维码教学视频

上机练习——制作文字书写动画

12.1 风格化特效

风格化特效主要通过改变原始素材的对比度和素材本身的像素模式来生成特殊的艺术效果，从而制作出更丰富的画面效果，例如将实景拍摄素材转换为雕塑或绘画模式等。After Effects 2020提供了25种风格化特效，如图12-1所示。下面只对比较常用的风格化特效进行讲解。

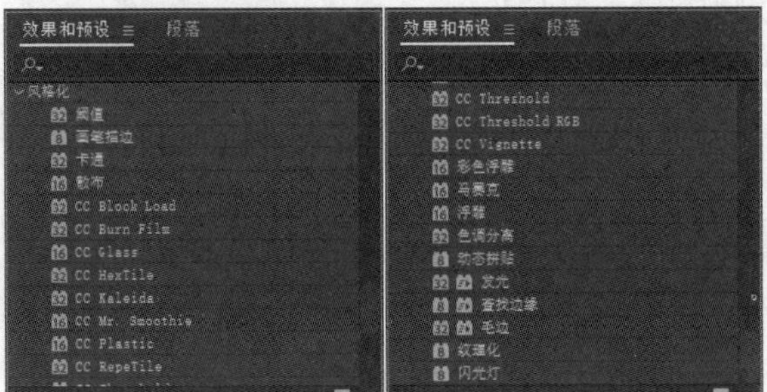

图12-1　风格化特效

12.1.1　CC Block Load

CC Block Load特效用于模拟打开高清图片时逐步加载的过程，图片将由马赛克形状逐渐变得清晰起来。CC Block Load特效的属性参数如图12-2所示，应用效果如图12-3所示。

图12-2　CC Block Load特效的属性参数

图12-3　CC Block Load特效的应用效果

CC Block Load特效中主要属性参数的作用如下。

- Completion：用于设置特效的完成度，也就是图片被加载时的完成度。通过为该属性参数设置动画关键帧，可以实现图片逐步加载并变得清晰的动画效果。
- Scans：用于设置图片的加载速度。数值越大，速度越快；数值越小，速度越慢。
- Start Cleared：选中后，将仅显示特效的应用效果，不显示原有的素材图层。
- Bilinear：选中后，就可以使过渡效果变得柔和一些。

12.1.2　CC Burn Film

CC Burn Film特效用于生成胶片熔化或燃烧的效果。CC Burn Film特效的属性参数如图12-4所示，应用效果如图12-5所示。

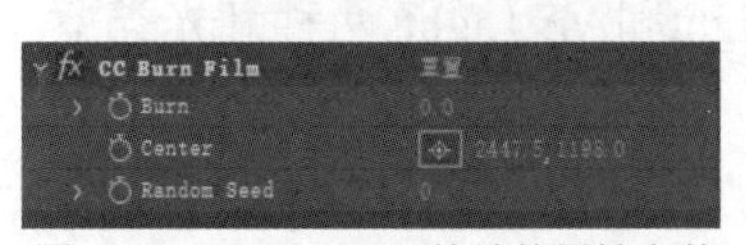

图12-4　CC Burn Film特效的属性参数

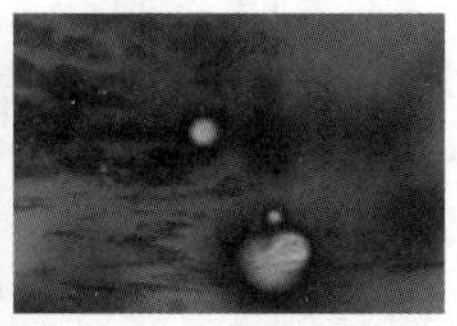

图12-5　CC Burn Film特效的应用效果

CC Burn Film特效中主要属性参数的作用如下。

- Burn：用于设置特效的完成度，也就是图片被熔解或燃烧的程度。通过为该属性参数设置动画关键帧，可以实现图片逐步熔解的动画效果。
- Center：用于设置生成效果时的中心位置。
- Random Seed：用于设置熔解效果产生斑点的随机性。通过为该属性参数设置动画关键帧，可以实现斑点随机出现的动画效果。

12.1.3　CC Glass

CC Glass特效可以根据素材图像本身的明暗对比度，通过对光线、阴影等属性进行设置，使素材图像具有玻璃质感。CC Glass特效的属性参数如图12-6所示，应用效果如图12-7所示。

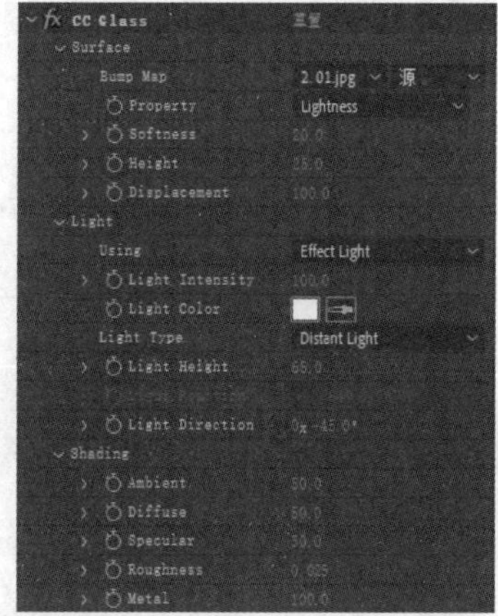

图12-6　CC Glass特效的属性参数

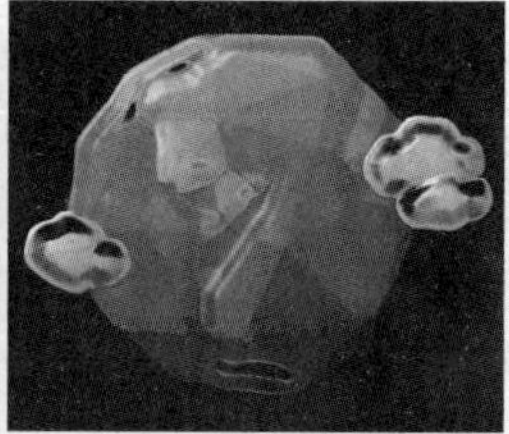

图12-7　CC Glass特效的应用效果

CC Glass特效中主要属性参数的作用如下。

- Bump Map：用于选择产生玻璃效果时依据的图层。可根据所选图层中图像的明暗度来产生相应的玻璃纹路。
- Property：用于选择产生玻璃效果时依据的通道类型。
- Softness：用于设置玻璃效果的柔和度。
- Height：用于设置玻璃效果边缘的凹凸程度。数值越大，凸出效果越明显；数值为负时，产生的将是凹陷效果。
- Displacement：用于设置玻璃效果边缘的厚度。数值越大，边缘越厚，玻璃扭曲效果越明显。
- Using：用于选择使用的灯光类型，这里有Effect Light和AE Lights两种灯光类型。其中，AE Lights为固定参数的灯光。
- Light Intensity：用于控制灯光的强弱。数值越大，光线越强。
- Light Color：用于设置灯光的颜色。
- Light Type：用于选择灯光的类型。共有两种类型，分别是Distant(平行光)和Point(点光源)。
- Light Height：用于设置灯光的高度。
- Light Position：用于设置点光源的具体位置(仅当选择Point(点光源)时才会被启用)。
- Light Direction：用于设置平行光的角度(仅当选择Distant(平行光)时才会被启用)。
- Ambient：用于设置光源的反射程度。
- Diffuse：用于设置漫反射的值。
- Specular：用于控制高光的强度。
- Roughness：用于设置玻璃表面的粗糙程度。数值越大，生成的玻璃表面越有光泽。
- Metal：用于设置玻璃材质的反光程度。

12.1.4　CC HexTile

CC HexTile特效能够将素材图像转换为有规律的六边形组合，可通过将原始素材的图案映射到每个六边形来形成蜂窝状的排列组合图形。CC HexTile特效的属性参数如图12-8所示，应用效果如图12-9所示。

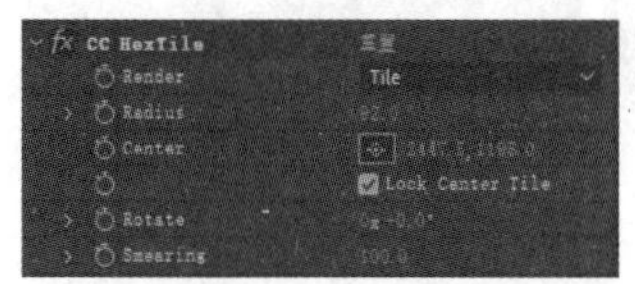

图12-8　CC HexTile特效的属性参数

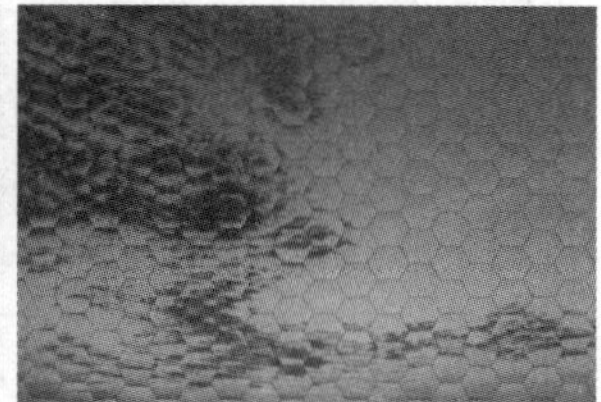

图12-9　CC HexTile特效的应用效果

CC HexTile特效中主要属性参数的作用如下。

- Render：用于选择六边形的映射方式。
- Radius：用于设置六边形的多少和大小。数值越大，单个六边形越大，但六边形个数越少。
- Center：用于设置整体效果的中心位置。
- Rotate：用于设置六边形的角度。
- Smearing：用于设置素材图层被映射时的图案大小。

12.1.5　CC Kaleida

CC Kaleida特效能够使素材图像产生万花筒般的视觉效果。CC Kaleida特效的属性参数如图12-10所示，应用效果如图12-11所示。

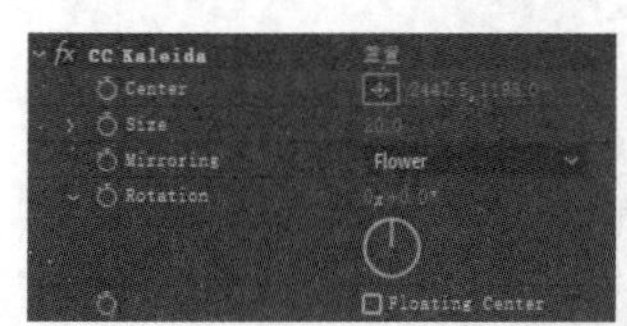

图12-10　CC Kaleida特效的属性参数

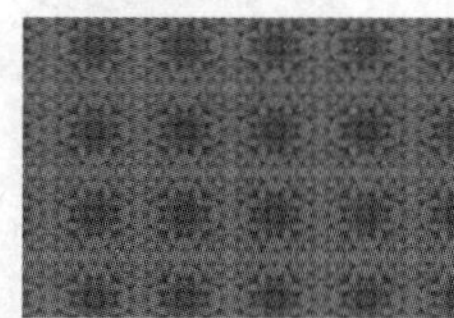

图12-11　CC Kaleida特效的应用效果

CC Kaleida特效中主要属性参数的作用如下。

- Center：用于设置万花筒效果在原始图层中所处的中心位置。通过改变该属性参数的值，可产生不同的万花筒效果，也可通过为该属性参数设置动画关键帧来模拟万花筒变换的效果。
- Size：用于设置素材图像中被应用特效部分的大小。
- Mirroring：用于选择不同类型的镜像效果。不同类型的镜像效果会产生不同的花纹。
- Rotation：用于控制素材图像中被应用特效部分的旋转角度。
- Floating Center：选中后，效果的中心位置将会受到素材图层的影响。不选中的话，生成的图案将总是位于中心位置并且对称。

12.1.6　CC Mr. Smoothie

CC Mr. Smoothie特效主要通过素材图层的色调和对比度来模拟制作融化效果。CC Mr. Smoothie特效的属性参数如图12-12所示，应用效果如图12-13所示。

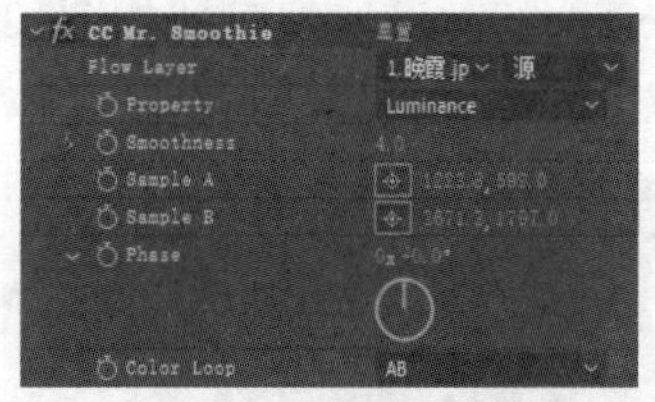

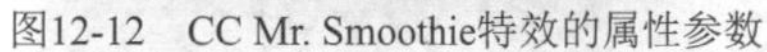

图12-12　CC Mr. Smoothie特效的属性参数

图12-13　CC Mr. Smoothie特效的应效果

CC Mr. Smoothie特效中主要属性参数的作用如下。

- Flow Layer：用于选择产生融化效果时依据的图层。
- Property：用于选择产生融化效果时依据的通道类型。
- Sample A / Sample B：用于设置产生融化效果时依据的两个参考点。
- Phase：用于改变融化效果的角度。
- Color Loop：用于选择颜色在融化效果中产生的形式。这里共有4种形式，分别是AB、BA、ABA和BAB。其中，A和B指的是两个采样点。

12.1.7 CC Plastic

CC Plastic特效与CC Glass特效相似，CC Plastic特效可以使原始图层产生塑料质感效果。CC Plastic特效的属性参数如图12-14所示，应用效果如图12-15所示。

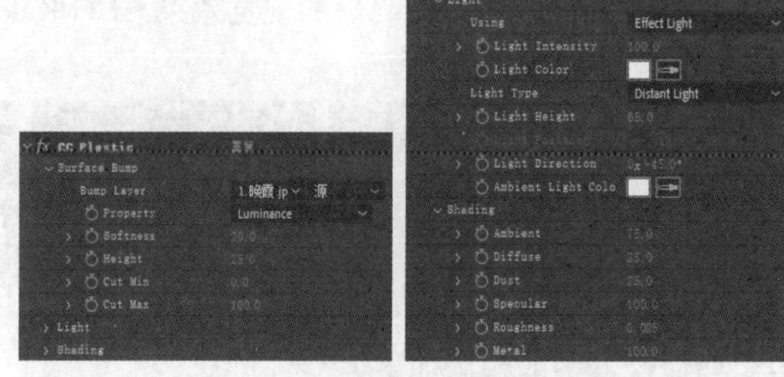

图12-14　CC Plastic特效的属性参数

图12-15　CC Plastic特效的应用效果

CC Plastic特效的属性参数大多与CC Glass特效相同，下面仅介绍其中不同的属性参数。

- Cut Min / Cut Max：用于设置图案的裁切范围。Cut Min用来设置效果不明显的部位，Cut Max用来设置效果明显的部位。
- Ambient Light Color：用于选择环境光的颜色。

12.1.8 CC RepeTile

CC RepeTile特效支持对素材图片进行裁剪并随机创建拼贴效果，这种特效经常被用来制作背景纹理。CC RepeTile特效的属性参数如图12-16所示，应用效果如图12-17所示。

图12-16 CC RepeTile特效的属性参数

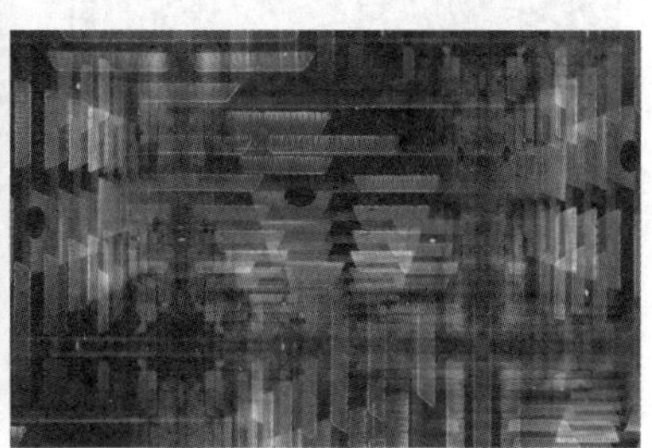

图12-17 CC RepeTile特效的应用效果

CC RepeTile特效中主要属性参数的作用如下。

- Expand Right / Expand Left / Expand Down / Expand Up：分别用于设置拼贴效果上、下、左、右的延伸范围。可以对拼贴后的图像相较于原始图层的范围进行扩大。
- Tiling：用于选择拼贴类型。这里共有16个选项，不同的拼贴类型会形成不同的拼贴效果。
- Blend Borders：用于调整拼贴效果边缘的羽化程度。

12.1.9 CC Threshold

CC Threshold特效能识别素材图像的明暗度，可通过设置阈值范围将素材图像转换为黑白图像。CC Threshold特效的属性参数如图12-18所示，应用效果如图12-19所示。

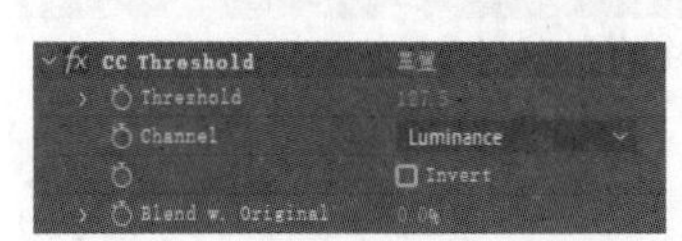

图12-18 CC Threshold特效的属性参数

图12-19 CC Threshold特效的应用效果

CC Threshold特效中主要属性参数的作用如下。

- Threshold：用于设置阈值的大小。阈值决定了黑白两色各占的比例是多少。素材图像中明度大于阈值的部分都将被转为白色，明度低于阈值的部分都将被转为黑色。
- Channel：用于选择应用到阈值的通道类型。这里共有4个选项，其中的RGB选项允许将主色调应用到阈值。
- Invert：选中后，效果将被反转。
- Blend w. Original：用于控制效果图像与原始图像的混合程度。

12.1.10 CC Threshold RGB

CC Threshold RGB特效的作用与Threshold特效相似，但前者应用于阈值的是RGB彩色通道，并且支持分别调整三原色的阈值大小。CC Threshold RGB特效的属性参数如图12-20所示，应用效果如图12-21所示。

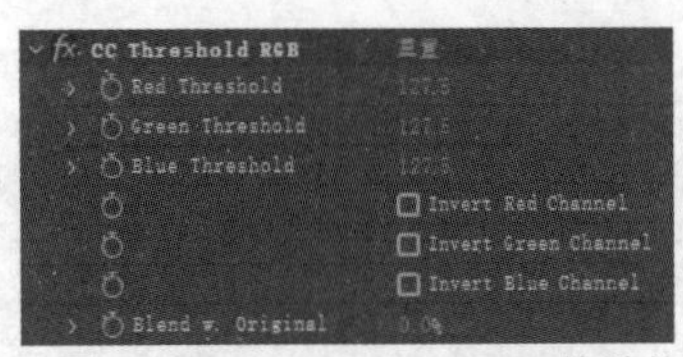

图12-20 CC Threshold RGB特效的属性参数

图12-21 CC Threshold RGB特效的应用效果

CC Threshold RGB特效中主要属性参数的作用如下。

- Red Threshold / Green Threshold / Blue Threshold：用于控制三原色的阈值大小，从而调整应用特效后的颜色范围。
- Invert Red Channel / Invert Green Channel / Invert Blue Channel：选中后，便可分别反转三个颜色通道内的颜色效果。
- Blend w. Original：用于控制效果图像与原始图像的混合程度。

12.1.11 CC Vignette

CC Vignette特效能够模拟老式胶片在素材图像的四角形成的暗角效果。CC Vignette特效的属性参数如图12-22所示，应用效果如图12-23所示。

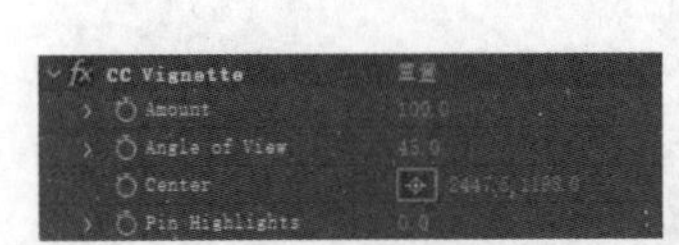

图12-22 CC Vignette特效的属性参数

图12-23 CC Vignette特效的应用效果

CC Vignette特效中主要属性参数的作用如下。

- Amount：用于设置暗角范围的大小。
- Angle of View：用于设置暗角的角度大小。
- Center：用于设置整体效果的中心位置。
- Pin Highlights：用于设置暗角效果的透明度。

12.1.12 画笔描边

画笔描边特效用于对素材图像内部的线条进行识别，这样就可以将图像内部的线条用特殊的样式勾画出来，并保留其余部分的样式。画笔描边特效的属性参数如图12-24所示，应用效果如图12-25所示。

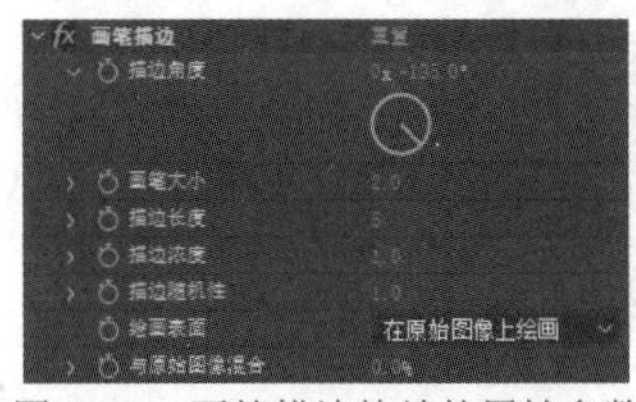

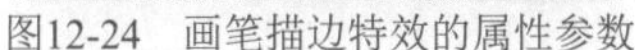

图12-24 画笔描边特效的属性参数

图12-25 画笔描边特效的应用效果

画笔描边特效中主要属性参数的作用如下。

- 【描边角度】：用于设置描边笔触的角度。
- 【画笔大小】：用于设置描边笔触的大小。
- 【描边长度】：用于设置描边笔触的长短。
- 【描边浓度】：用于设置描边笔触的密度。
- 【描边随机性】：通过调整该属性参数，可使描边笔触不规则。
- 【绘画表面】：用于选择描边绘画的方式。这里共有4种方式，分别是【在原始图像上绘画】【在透明背景上绘画】【在白色上绘画】和【在黑色上绘画】。
- 【与原始图像混合】：用于设置效果图像与原始图像的混合程度。

12.1.13 查找边缘

查找边缘特效和画笔描边特效都能够对素材图像内部的线条进行识别并添加效果，但与画笔描边特效不同，查找边缘特效是将图像内部的线条勾画出来，而将其余部分转为白色。查找边缘特效的属性参数如图12-26所示，应用效果如图12-27所示。

图12-26 查找边缘特效的属性参数

图12-27 查找边缘特效的应用效果

查找边缘特效中主要属性参数的作用如下。

- 【反转】：选中后，被转为白色的图像部分将变成黑色。
- 【与原始图像混合】：用于设置效果图像与原始图像的混合程度。

12.1.14 卡通

卡通特效能够将实景拍摄素材处理为卡通漫画效果。卡通特效的属性参数如图12-28所示，应用效果如图12-29所示。

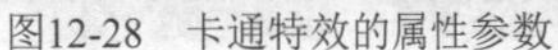

图12-28　卡通特效的属性参数

图12-29　卡通特效的应用效果

卡通特效中主要属性参数的作用如下。

- 【渲染】：用于选择卡通特效的类型。【填充】表示使用色块的方式将原图转换为卡通图形，【边缘】表示使用描线的方式将原图转换为卡通图形，【填充及边缘】表示同时使用色块和描线的方式将原图转换为卡通图形。
- 【细节半径】/【细节阈值】：通常将它们结合起来以调整作用范围的大小。
- 【填充】：用于调整填充色块的样式。
- 【边缘】：用于调整边缘的样式。
- 【高级】：用于辅助调整边缘的样式。

12.1.15　散布

散布特效能够将素材图像由边缘开始转换成颗粒并向四周扩散。散布特效的属性参数如图12-30所示，应用效果如图12-31所示。

图12-30　散布特效的属性参数

图12-31　散布特效的应用效果

散布特效中主要属性参数的作用如下。

- 【散布数量】：用于设置颗粒的数量。
- 【颗粒】：用于选择颗粒的散布方向。共有3个选项，分别是【两者】【水平】和【垂直】。
- 【散布随机性】：选中后，散布的颗粒将会随机运动。

12.1.16　彩色浮雕

彩色浮雕特效能够使素材图案产生浮雕效果，并保留素材图案本身的颜色信息。彩色浮雕特效的属性参数如图12-32所示，应用效果如图12-33所示。

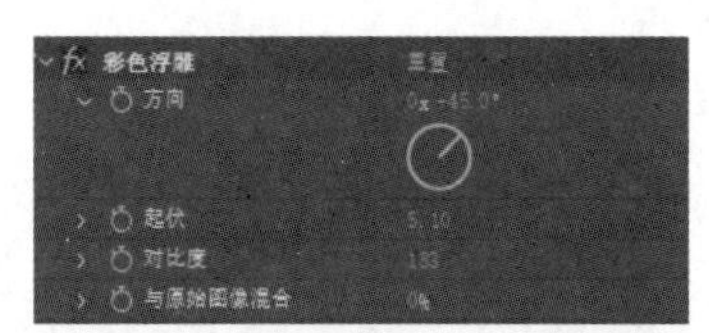

图12-32　彩色浮雕特效的属性参数

图12-33　彩色浮雕特效的应用效果

彩色浮雕特效中主要属性参数的作用如下。

- 【方向】：用于设置浮雕效果的方向。
- 【起伏】：用于设置浮雕效果边缘的高低。
- 【对比度】：用于设置浮雕效果的明显程度。
- 【与原始图像混合】：用于设置效果图像与原始图像的混合程度。

12.1.17　浮雕

浮雕特效与彩色浮雕特效都能够使素材图案产生浮雕效果，但与彩色浮雕特效不同，浮雕特效会将整个画面转为灰色。浮雕特效的属性参数如图12-34所示，应用效果如图12-35所示。

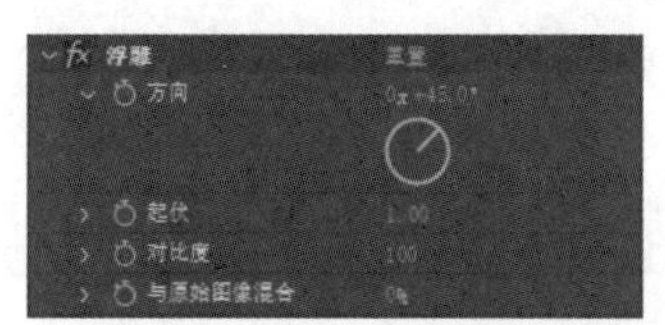

图12-34　浮雕特效的属性参数

图12-35　浮雕特效的应用效果

浮雕特效中主要属性参数的作用如下。

- 【方向】：用于设置浮雕效果的方向。
- 【起伏】：用于设置浮雕效果边缘的高低。
- 【对比度】：用于设置浮雕效果的明显程度。
- 【与原始图像混合】：用于设置效果图像与原始图像的混合程度。

12.1.18　马赛克

马赛克特效用于为素材图层添加马赛克效果，非常实用。马赛克特效的属性参数如图12-36所示，应用效果如图12-37所示。

图12-36　马赛克特效的属性参数

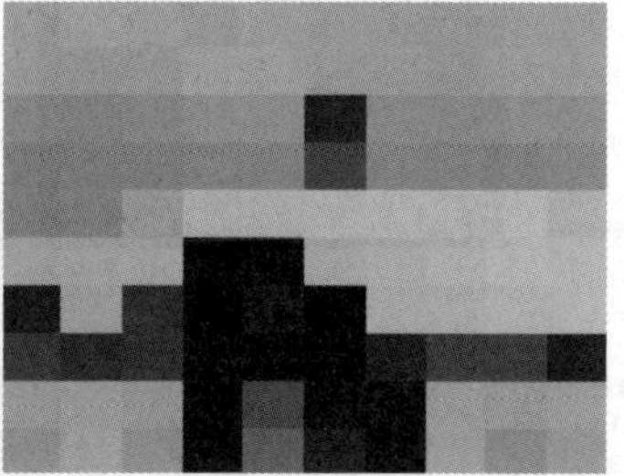
图12-37　马赛克特效的应用效果

马赛克特效中主要属性参数的作用如下。

- 【水平块】：用于设置水平方向上的马赛克块数。
- 【垂直块】：用于设置垂直方向上的马赛克块数。
- 【锐化颜色】：选中后，应用了马赛克特效的画面颜色将被锐化。

12.1.19 动态拼贴

利用动态拼贴特效，我们可以对素材图案进行复制，之后再对图案进行有规律的拼接，这种特效多用于背景画面的制作。动态拼贴特效的属性参数如图12-38所示，应用效果如图12-39所示。

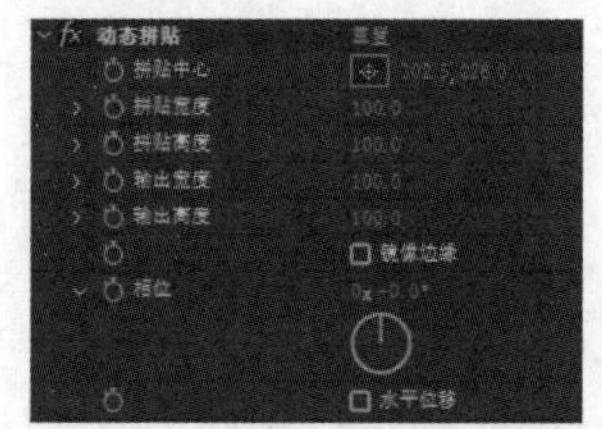

图12-38　动态拼贴特效的属性参数

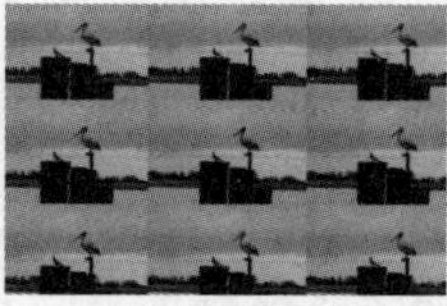
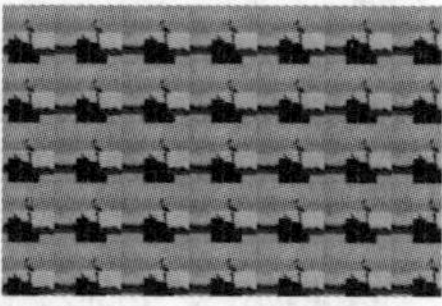

图12-39　动态拼贴特效的应用效果

动态拼贴特效中主要属性参数的作用如下。

- 【拼贴中心】：用于设置拼贴的中心位置。
- 【拼贴宽度】：用于设置素材图案拼贴时的宽度。
- 【拼贴高度】：用于设置素材图案拼贴时的高度。
- 【输出宽度】：用于设置整个拼贴效果的宽度。
- 【输出高度】：用于设置整个拼贴效果的高度。
- 【镜像边缘】：选中后，将对素材图案进行镜像拼贴。
- 【相位】：用于调整拼贴的纵向排列模式。
- 【水平位移】；选中后，【相位】属性参数将用于调整拼贴的横向排列模式。

12.1.20 发光

发光特效不仅能使素材图像的亮部区域产生发光效果，而且能使背景透明的图像在周围产生发光效果。发光特效的属性参数如图12-40所示，应用效果如图12-41所示。

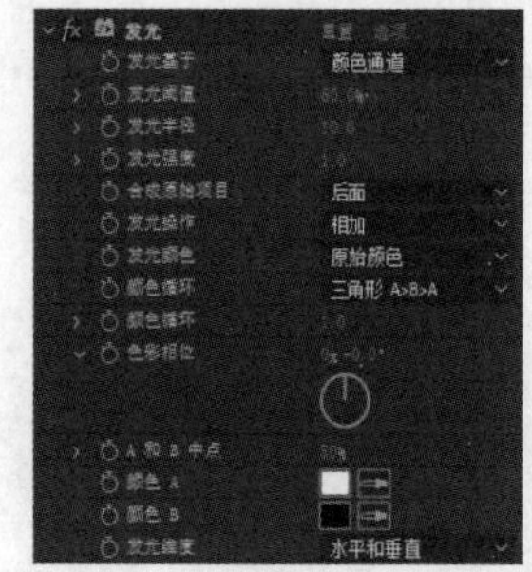

图12-40　发光特效的属性参数

图12-41　发光特效的应用效果

发光特效中主要属性参数的作用如下。

- 【发光基于】：用于选择发光的部位，【颜色通道】表示使图像的亮部区域发光，Alpha表示使带有透明通道的图像在周围发光。

- 【发光阈值】：用于设置发光的范围。
- 【发光半径】：用于设置发光区域边缘的清晰度。
- 【发光强度】：用于设置光线的强度。
- 【合成原始项目】：用于设置发光部位与原始图像的排列方式。
- 【发光操作】：用于设置发光部位与原始图像的混合模式。
- 【发光颜色】：用于设置发光颜色。
- 【颜色循环】：用于设置发光颜色如何循环。
- 【色彩相位】：用于设置发光颜色的相位角度。
- 【A和B中点】：用于设置两个发光颜色所占的比例。
- 【颜色A】/【颜色B】：用于选择两个发光颜色。
- 【发光维度】：用于选择发光效果的方向。

12.1.21 毛边

毛边特效支持对素材图像的边缘部分进行粗糙化，以形成不规则边缘，此外还支持通过设置关键帧来使边缘运动。毛边特效的属性参数如图12-42所示，应用效果如图12-43所示。

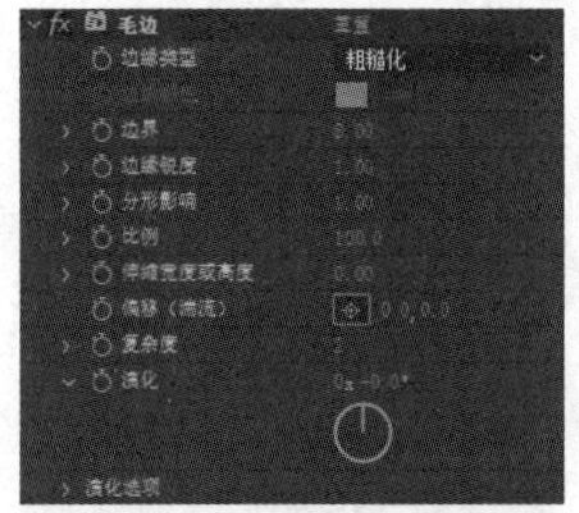

图12-42 毛边特效的属性参数

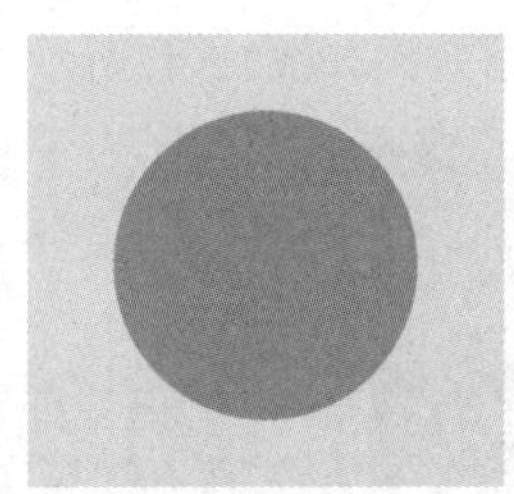
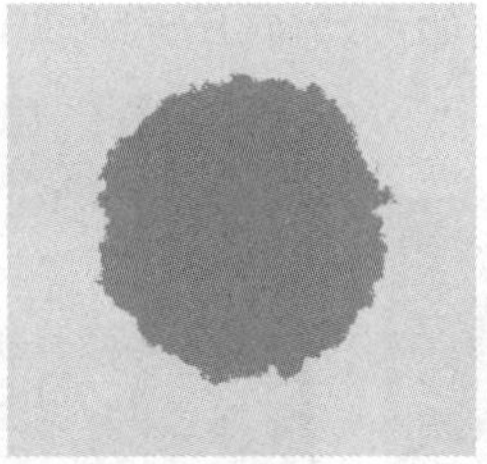
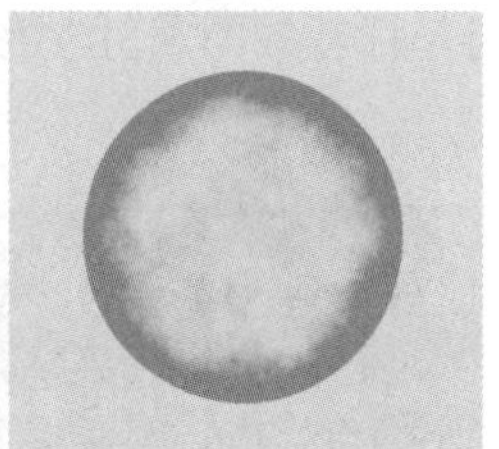

图12-43 毛边特效的应用效果

毛边特效中主要属性参数的作用如下。

- 【边缘类型】：用于选择边缘的种类，共有8种类型可选。
- 【边界】：用于设置产生变化的边缘厚度。
- 【边缘锐度】：用于调整边缘的模糊和锐化程度。
- 【分形影响】：用于设置产生粗糙纹理的多少。
- 【比例】：用于设置粗糙纹理的大小。
- 【伸缩宽度或高度】：用于设置粗糙纹理的宽度或高度。当数值为正时，调整的是宽度；当数值为负时，调整的是高度。
- 【偏移(湍流)】：用于设置整体效果的中心位置。
- 【复杂度】：用于设置纹理的复杂程度。
- 【演化】：通过为该属性参数设置动画关键帧，可以使生成的边缘纹理产生运动效果。

12.1.22 纹理化

纹理化特效用来将一幅图像映射到另一幅图像上，从而形成纹理效果。纹理化特效的属性参数如图12-44所示，应用效果如图12-45所示。

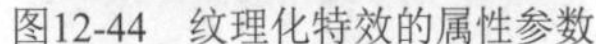
图12-44 纹理化特效的属性参数

图12-45 纹理化特效的应用效果

纹理化特效中主要属性参数的作用如下。

- 【纹理图层】：用于选择纹理效果依据的图层。
- 【灯光方向】：用于设置纹理的灯光方向。
- 【纹理对比度】：用于设置纹理的明显程度。
- 【纹理位置】：用于设置纹理效果相对于素材图层的位置。

12.1.23 闪光灯

闪光灯特效用于模拟相机拍摄时的闪光灯效果，不用添加关键帧即可生成动画效果。闪光灯特效的属性参数如图12-46所示，应用效果如图12-47所示。

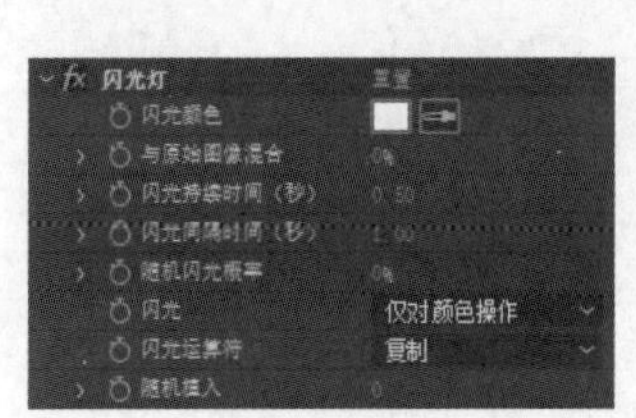

图12-46 闪光灯特效的属性参数

图12-47 闪光灯特效的应用效果

闪光灯特效中主要属性参数的作用如下。

- 【闪光颜色】：用于设置闪光的颜色。
- 【与原始图像混合】：用于设置闪光与原始图像的混合程度。
- 【闪光持续时间(秒)】：用于设置一次闪光持续时间的长短，单位是秒。
- 【闪光间隔时间(秒)】：用于设置两次闪光间隔时间的长短，单位是秒。
- 【随机闪光概率】：用于设置闪光出现的随机性。
- 【闪光】：用于选择闪光模式。
- 【闪光运算符】：用于选择闪光与原始图像的混合模式。

12.2 生成特效

利用生成特效，可直接产生一些图像效果，也可将素材本身转换成一些特殊效果，此外还可将生成特效与音频图形相结合以制作一些视频特效。After Effects 2020提供了26种生成特效，如图12-48所示。下面只对比较常用的生成特效进行讲解。

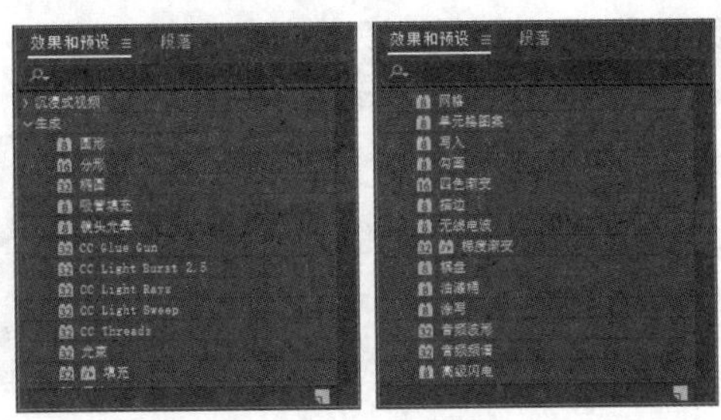

图12-48　生成特效

12.2.1　CC Glue Gun

CC Glue Gun特效能够将素材转换成玻璃球。CC Glue Gun特效的属性参数如图12-49所示，应用效果如图12-50所示。

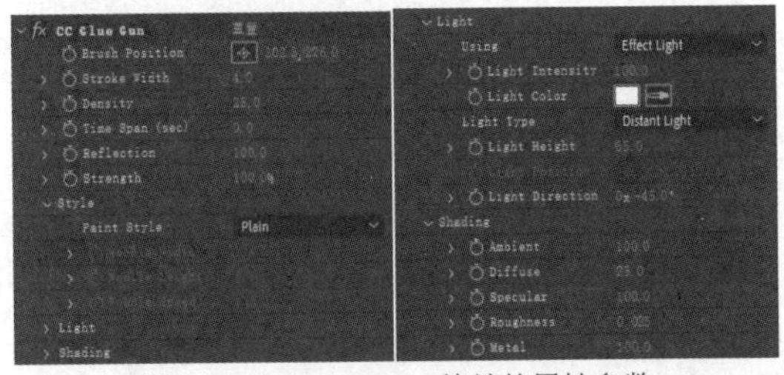

图12-49　CC Glue Gun特效的属性参数

图12-50　CC Glue Gun特效的应用效果

CC Glue Gun特效中主要属性参数的作用如下。

- Brush Position：用来设置球体的中心位置。
- Stroke Width：用来设置球体的直径大小。
- Density：用来设置球体的密度大小。
- Time Span(sec)：在添加动画后，用来调节动画的时间跨度。
- Reflection：用来设置球面的曲度。
- Strength：用来整体缩放生成的球体。
- Style：用来选择效果的风格。这里共有两种风格：一种是Plain(简朴)，用来制作静态的球体效果；另一种是Wobbly(摇晃)，用来制作动态的球体效果。当选择Wobbly风格时，对应的3个参数也会被激活：Wobble Width用来调节摆动的宽度，Wobble Height用来调节摆动的高度，Wobble Speed用来调节摆动的速度。
- Light：用来设置灯光。其中，Using用来选择使用AE Lights(AE灯光)还是Effect Light(效果灯光)。当选择Effect Light(效果灯光)时，对应的一些参数将被激活：Light Intensity用来控制灯光的强度；Light Color用来设置灯光的颜色；Light Type用来选择灯光的类型，可以是Distant Light(平行光)或Point Light(点光源)；Light Height用来设置灯光与球体的距离；Light Position用来设置点光源的位置；Light Direction用来设置平行光的方向。
- Shading：用来设置球体材质与反光。其中，Ambient用来设置光源的反射程度，Diffuse用来设置漫反射的值，Specular用来设置高光的强度，Roughness用来设置球体表面的粗糙程度，Metal用来设置球体材质。

12.2.2 CC Light Burst 2.5

CC Light Burst 2.5特效能够为素材添加光线模糊的效果。CC Light Burst 2.5特效的属性参数如图12-51所示，应用效果如图12-52所示。

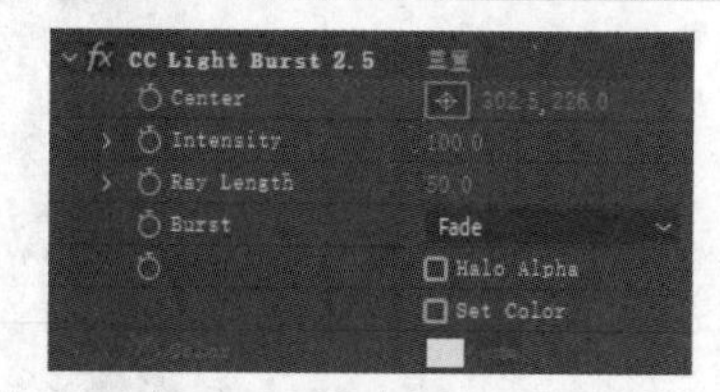

图12-51　CC Light Burst 2.5特效的属性参数

图12-52　CC Light Burst 2.5特效的应用效果

CC Light Burst 2.5特效中主要属性参数的作用如下。

- Center：用来设置整体效果的中心位置。
- Intensity：用来设置整体效果的强度。
- Ray Length：用来设置光线的长度。
- Burst：用来选择光线的类型。这里共有3种类型，分别是Fade(淡出)、Straight(平滑)、Center(中心)。
- Halo Alpha：选中后，将显示原始图层中Alpha通道的光线模糊效果。
- Set Color：选中后，便可以选择某个颜色来代替原始图层。
- Color：仅当选中Set Color复选框时才被激活，用来选择某个颜色以代替原始图层。

12.2.3 CC Light Rays

CC Light Rays特效能够为素材模拟创建点光源的效果。CC Light Rays特效的属性参数如图12-53所示，应用效果如图12-54所示。

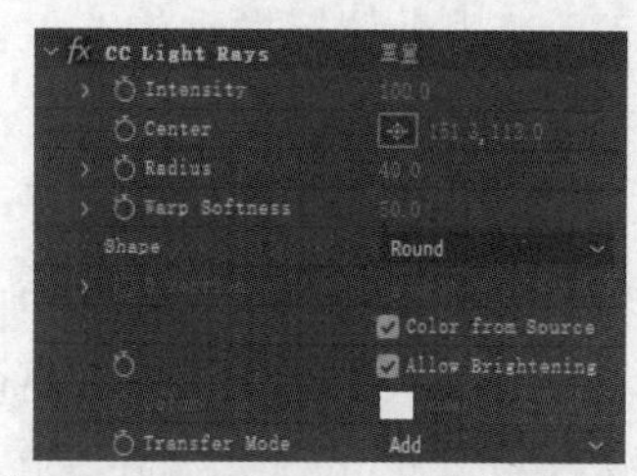

图12-53　CC Light Rays特效的属性参数

图12-54　CC Light Rays特效的应用效果

CC Light Rays特效中主要属性参数的作用如下。

- Intensity：用来设置光源的强度。
- Center：用来设置光源的中心位置。
- Radius：用来设置光源的半径大小。

- Warp Softness：用来设置光源的柔和度。
- Shape：用来选择光源的形状。这里只有两种形状，分别是Round(圆形)和Square(正方形)。
- Direction：用来改变Square光线的方向。
- Color from Source：选中后，点光源的颜色将来源于原始图层。
- Allow Brightening：选中后，点光源的中心点的亮度会增强。
- Color：仅当选中Color From Source复选框时才被激活，用于调节点光源的颜色。
- Transfer Mode：用来选择点光源与原始图层的叠加模式。这里共有4种叠加模式，分别是None(无)、Add(添加)、Lighten(更亮)和Screen(屏幕)。

12.2.4 CC Light Sweep

CC Light Sweep特效能够为素材模拟创建线光源的效果。CC Light Sweep特效的属性参数如图12-55所示，应用效果如图12-56所示。

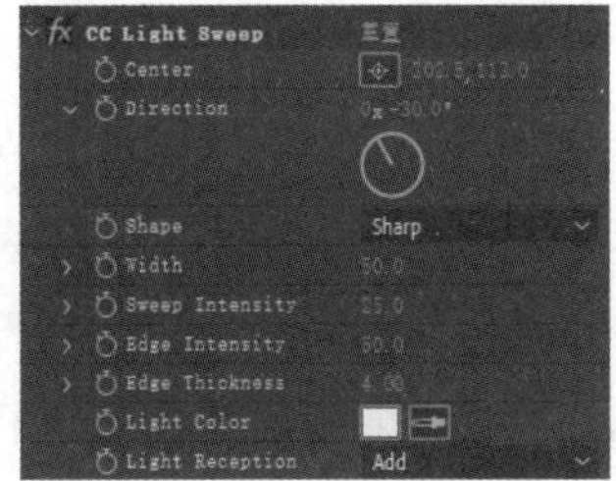

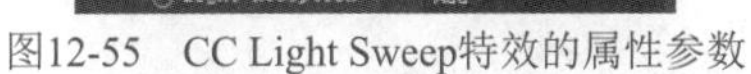
图12-55 CC Light Sweep特效的属性参数

图12-56 CC Light Sweep特效的应用效果

CC Light Sweep特效中主要属性参数的作用如下。

- Center：用来设置光源的中心位置。
- Direction：用来改变光线的方向。
- Shape：用来选择光线条纹的形状。这里共有3种形状，分别是Linear(线性)、Smooth(平滑)和Sharp(尖锐)。
- Width：用来调节光线的宽度。
- Sweep Intensity：用来设置光线的强度。
- Edge Intensity：用来设置光线边缘的强度。
- Edge Thickness：用来设置光线边缘的厚度。
- Light Reception：用来选择光源与原始图层的叠加模式。这里共有3种叠加模式，分别是Add(添加)、Composite(综合)和Cutout(抠像)。

12.2.5 CC Threads

CC Threads特效能够为素材模拟创建类似网格线的蒙版效果。CC Threads特效的属性参数如图12-57所示，应用效果如图12-58所示。

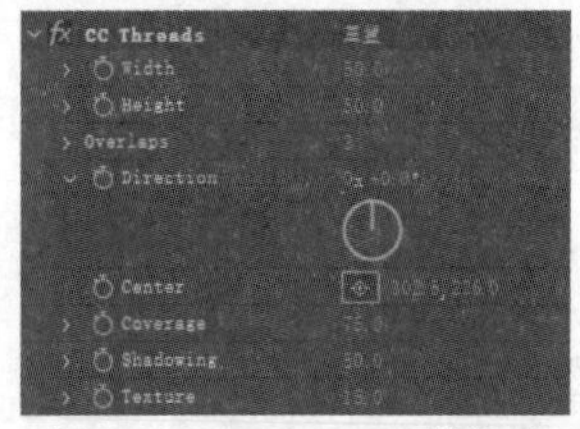

图12-57 CC Threads特效的属性参数

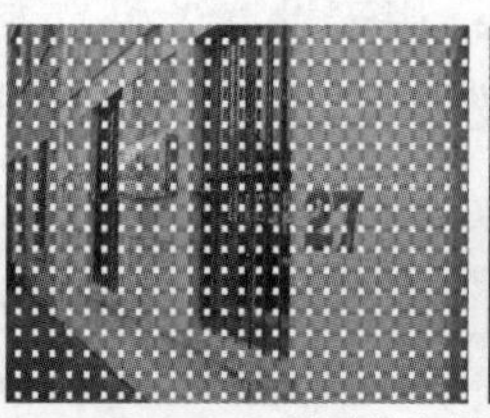

图12-58 CC Threads特效的应用效果

CC Threads特效中主要属性参数的作用如下。

- Width：用来设置整体效果的宽度。
- Height：用来设置整体效果的高度。
- Overlaps：用来设置网格的密度。数值越小，密度越大。
- Direction：用来设置整体效果的方向。
- Center：用来设置网格的中心位置。
- Coverage：用来改变网格的覆盖程度。
- Shadowing：用来设置效果的阴影面积。
- Texture：用来改变网格的质感。

12.2.6 吸管填充

我们可以使用吸管填充特效吸取原始图层中的某种颜色，并用这种颜色对图层进行填充。吸管填充特效的属性参数如图12-59所示，应用效果如图12-60所示。

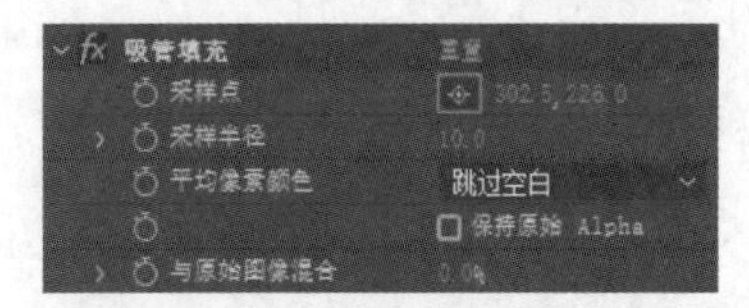

图12-59 吸管填充特效的属性参数

图12-60 吸管填充特效的应用效果

吸管填充特效中主要属性参数的作用如下。

- 【采样点】：用来设置吸取颜色的位置。
- 【采样半径】：用来设置采样颜色的半径大小。
- 【平均像素颜色】：用来选择颜色平均的方式。这里共有4种方式，分别是【跳过空白】【全部】【全部预乘】和【包括Alpha】。
- 【保持原始Alpha】：选中后，即可保持原始图像的Alpha通道效果。
- 【与原始图像混合】：用来设置效果图层与原始图层的混合程度。

12.2.7 镜头光晕

镜头光晕特效用来制作光晕效果。镜头光晕特效的属性参数如图12-61所示，应用效果如图12-62所示。

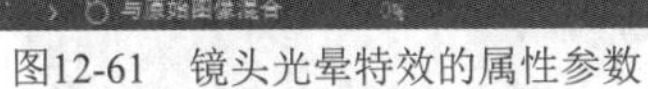

图12-61　镜头光晕特效的属性参数

图12-62　镜头光晕特效的应用效果

【镜头光晕】特效中主要属性参数的作用如下。

- 【光晕中心】：用来设置光晕的中心位置。
- 【光晕亮度】：用来设置光晕效果的强度。
- 【镜头类型】：用来选择镜头类型。不同的镜头类型产生的光晕效果也不同。这里共有3种镜头可以选择，分别是【50-300毫米变焦】【35毫米定焦】【105毫米定焦】。
- 【与原始图像混合】：用来设置光晕效果的不透明度。

12.2.8　光束

光束特效用来制作光束效果。光束特效的属性参数如图12-63所示，应用效果如图12-64所示。

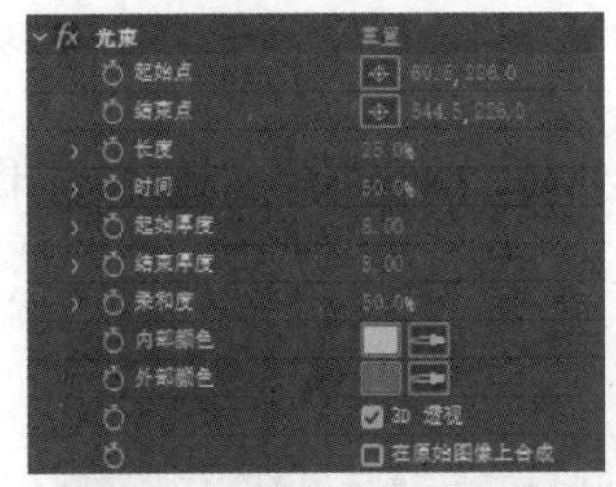

图12-63　光束特效的属性参数

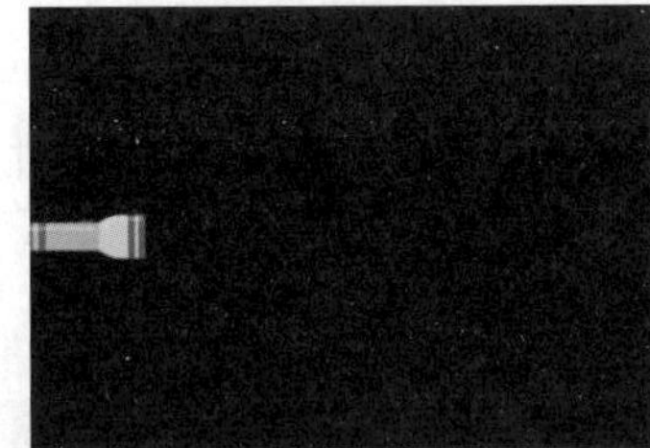

图12-64　光束特效的应用效果

光束特效中主要属性参数的作用如下。

- 【起始点】：用来设置光束的起始位置。
- 【结束点】：用来设置光束的结束位置。
- 【长度】：用来设置光束的长短。
- 【时间】：用来模拟光束发出的动画。
- 【起始厚度】：用来设置光束起始位置的宽度。
- 【结束厚度】：用来设置光束结束位置的宽度。
- 【柔和度】：用来设置光束边缘的羽化程度。
- 【内部颜色】：用来设置光束中心的颜色。
- 【外部颜色】：用来设置光束边缘的颜色。
- 【3D透视】：选中后，光束将以3D效果呈现。
- 【在原始图像上合成】：选中后，光束效果将与原始图像共同显示。不选中的话，将只显示光束效果。

12.2.9 填充

填充特效支持使用某种颜色对整个原始图层或仅对某个蒙版进行填充。填充特效的属性参数如图12-65所示，应用效果如图12-66所示。

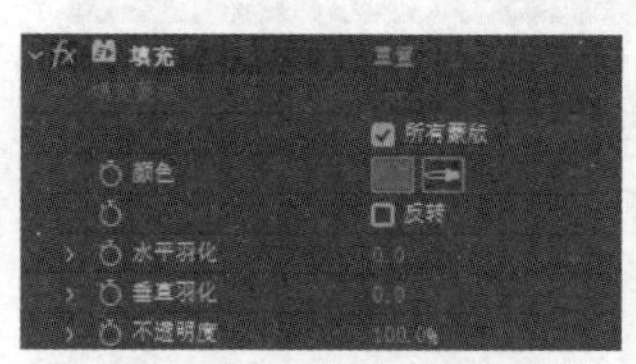

图12-65　填充特效的属性参数

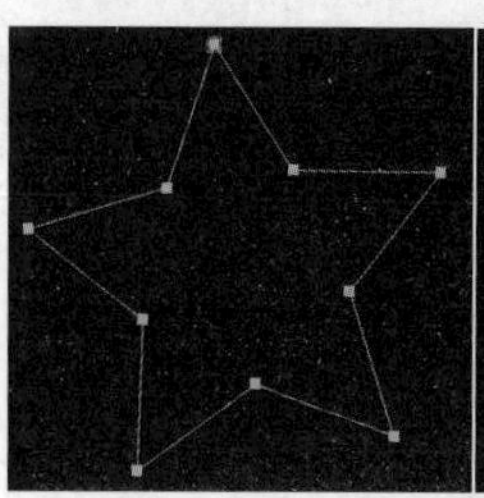

图12-66　填充特效的应用效果

填充特效中主要属性参数的作用如下。

- 【填充蒙版】：用来选择需要填充颜色的蒙版。
- 【所有蒙版】：选中后，将对原始图层的所有蒙版进行颜色填充。
- 【颜色】：用来选择填充的颜色。
- 【反转】：选中后，将反转填充区域。
- 【水平】/【垂直羽化】：用来设置边缘部分的水平和垂直羽化程度。
- 【不透明度】：用来设置填充颜色的不透明度。

12.2.10 网格

网格特效用于生成网格状的纹理效果。网格特效的属性参数如图12-67所示，应用效果如图12-68所示。

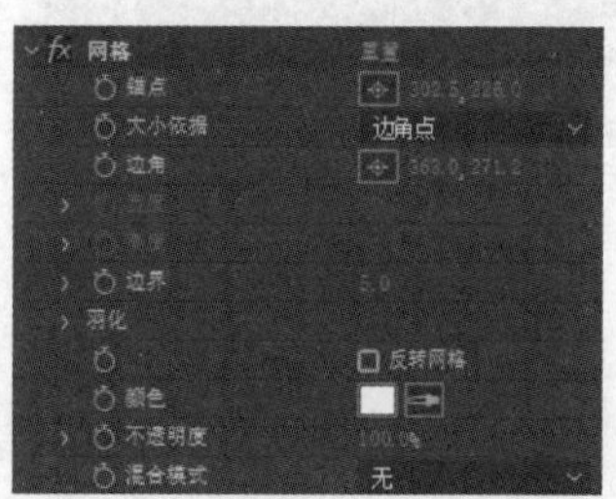

图12-67　网格特效的属性参数

图12-68　网格特效的应用效果

网格特效中主要属性参数的作用如下。

- 【锚点】：用来设置纹理的中心位置。
- 【大小依据】：用来选择纹理的类型。共有3种类型，分别是【边角点】【宽度滑块】和【宽度和高度滑块】。
- 【宽度】：用来设置纹理方块的宽度。
- 【高度】：用来设置纹理方块的高度。
- 【边界】：用来设置网格线的粗细。
- 【羽化】：用来设置边缘部分的羽化程度。

- 【反转网格】：选中后，网格的颜色填充效果将被反转。
- 【颜色】：用来选择纹理的颜色。
- 【不透明度】：用来设置纹理的不透明度。
- 【混合模式】：用来设置纹理与原始图像的混合模式，共有19种混合模式可选。

12.2.11　单元格图案

利用单元格图案特效既可以生成一些动态纹理效果，也可以为原始素材添加某种纹理效果。单元格图案特效可用来模拟制作血管、微生物等效果，甚至可以当作马赛克特效使用。单元格图案特效的属性参数如图12-69所示，应用效果如图12-70所示。

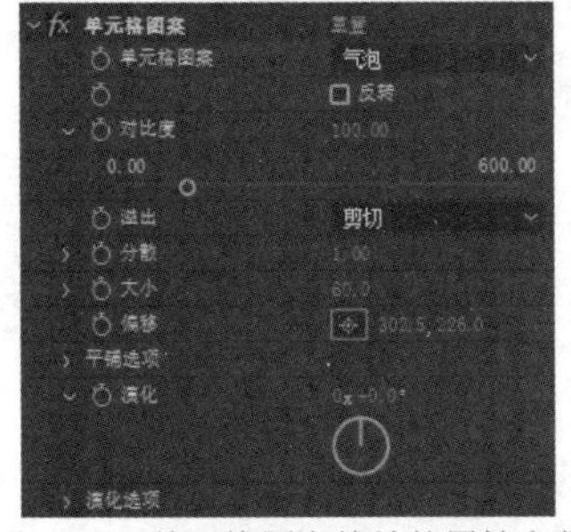

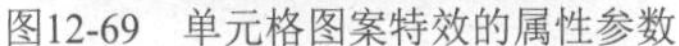

图12-69　单元格图案特效的属性参数

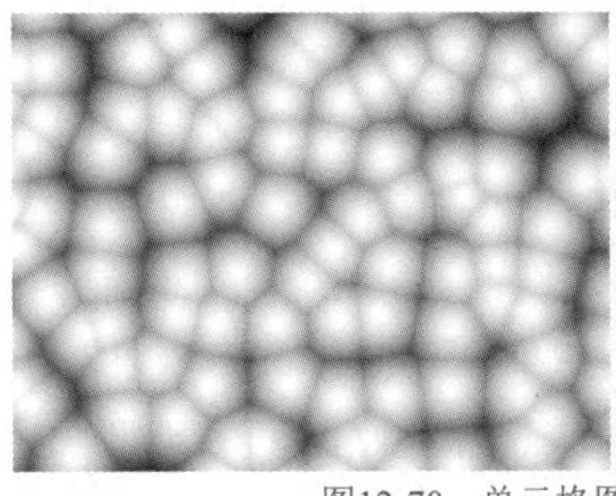

图12-70　单元格图案特效的应用效果

单元格图案特效中主要属性参数的作用如下。

- 【单元格图案】：用来选择想要生成的图案的类型，共有12种类型可选。
- 【反转】：选中后，就可以对生成的图案效果进行颜色反转。
- 【对比度】：用来设置图案的明暗对比度。
- 【溢出】：用来选择图案之间空隙处的呈现方式。共有3种方式，分别是【剪切】【柔和固定】【反绕】。
- 【分散】：用来设置图案的分散程度。数值越小，图案越整齐；数值越大，图案越混乱。
- 【大小】：用来设置单个图案的大小。
- 【偏移】：用来调整图案的中心位置。
- 【平铺选项】：用于调整图案的平铺效果。
- 【演化】：用于生成图案随机运动的动画。
- 【演化选项】：用于设置图案动画的效果。这里共有3个选项，【循环演化】用来使图案动画循环播放，【循环(旋转次数)】用来设置循环播放的次数，【随机植入】用来设置演化的随机效果。

12.2.12　写入

写入特效能够通过设置关键帧来模拟书写动画的效果。写入特效的属性参数如图12-71所示，应用效果如图12-72所示。

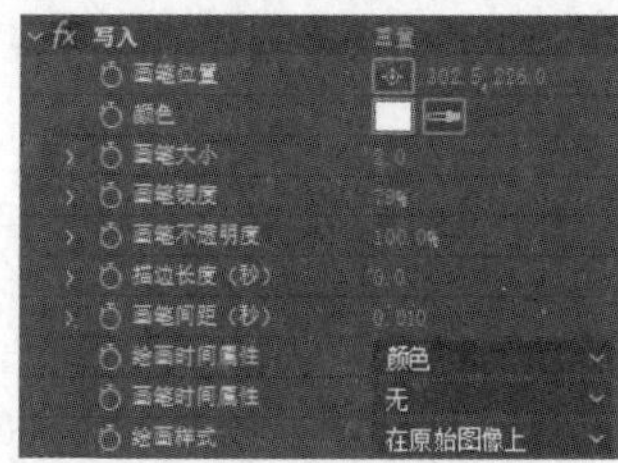

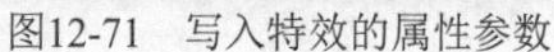
图12-71 写入特效的属性参数

图12-72 写入特效的应用效果

写入特效中主要属性参数的作用如下。

- 【画笔位置】：用来设置画笔的位置。通过调整画笔位置并设置关键帧，即可创建画笔的运动路径。
- 【颜色】：用来设置路径的颜色。
- 【画笔大小】：用来设置路径的宽度。
- 【画笔硬度】：用来设置路径边缘的模糊程度。
- 【画笔不透明度】：用来设置路径的不透明度。
- 【描边长度(秒)】：用来设置画笔在每秒钟绘制的路径的长度。
- 【画笔间距(秒)】：用来将实线路径转为虚线路径。
- 【绘画时间属性】：用来选择绘画时间的类型。这里共有3种类型，分别是【无】【不透明度】和【颜色】。
- 【画笔时间属性】：用来选择画笔时间的类型。这里共有4种类型，分别是【无】【大小】【硬度】和【大小和硬度】。
- 【绘画样式】：用来选择路径呈现的模式。这里共有3种模式，分别是【在原始图像上】【在透明通道上】【显示原始图像】。

12.2.13 勾画

勾画特效能够在物体的周围生成光圈效果，因而通常用来制作镜面反光动画。勾画特效的属性参数如图12-73所示，应用效果如图12-74所示。

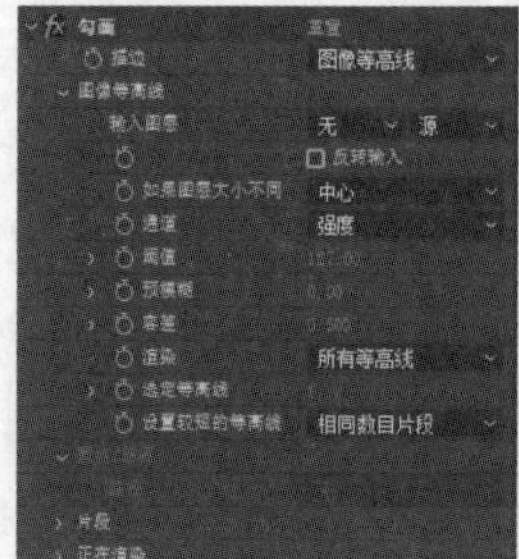 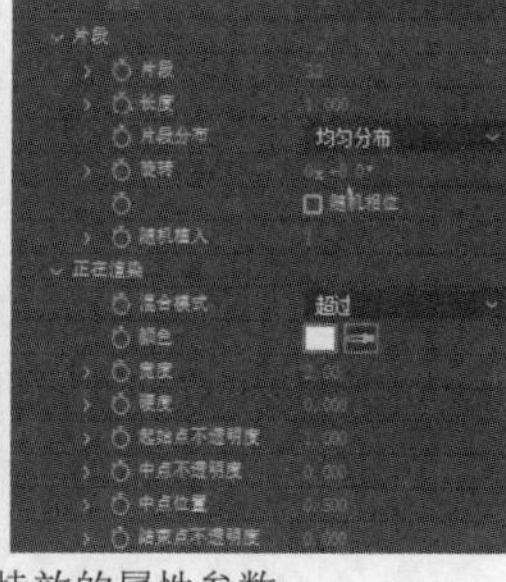
图12-73 勾画特效的属性参数

图12-74 勾画特效的应用效果

勾画特效中主要属性参数的作用如下。

- 【描边】：用来选择勾画效果形成的模式。共有两种模式，分别是【图像等高线】和【蒙版/路径】。
- 【图像高等线】：用来调整勾画特效的整体效果。

- 【输入图层】：用来选择勾画特效依据的图层。
- 【反转输入】：选中后，将对勾画的范围进行反转。
- 【通道】：用来选择勾画特效依据的通道类型，共有9种类型可选。
- 【阈值】：用来设置勾画范围。通过为该属性参数设置动画关键帧，可以模拟生成镜片反光的效果。
- 【预模糊】：用来设置勾画边缘的羽化程度。
- 【容差】：用来调整勾画轮廓的平滑度。
- 【渲染】：用来设置效果的渲染方式。共有两种方式，分别是【所有等高线】和【选定等高线】。
- 【蒙版】/【路径】：用来支持通过图层的蒙版或路径来添加效果。
- 【片段】：用来限制勾画路径的线条数量。
- 【长度】：用来限制勾画路径的线条长度。
- 【片段分布】：用来选择勾画路径的线段分布方式。共有两种方式，分别是【均匀分布】和【成簇分布】。
- 【旋转】：用来设置勾画路径的线段旋转角度。
- 【混合模式】：用来选择效果图层与原始图层的混合模式。共有4种模式，分别是【透明】【超过】【曝光不足】和【模板】。
- 【颜色】：用来设置勾画路径的颜色。
- 【宽度】：用来设置勾画路径的粗细。
- 【硬度】：用来设置勾画路径的边缘羽化程度。
- 【起始点不透明度】/【中点不透明度】/【结束点不透明度】：分别用于调整效果在起始点、中点和结束点的不透明度。
- 【中点位置】：用来调整中点的位置。

12.2.14　四色渐变

四色渐变特效能够为素材图层覆盖4种颜色的渐变效果。四色渐变特效的属性参数如图12-75所示，应用效果如图12-76所示。

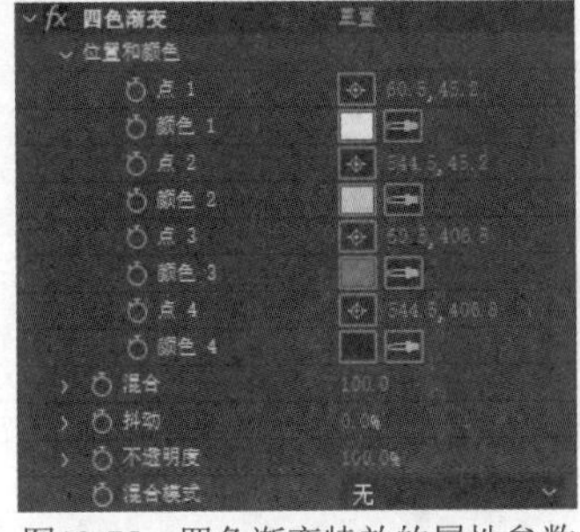

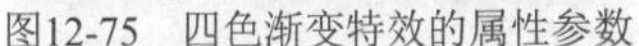
图12-75　四色渐变特效的属性参数

图12-76　四色渐变特效的应用效果

四色渐变特效中主要属性参数的作用如下。

- 【点1】/【点2】/【点3】/【点4】：用来设置4种颜色的中心位置。
- 【颜色1】/【颜色2】/【颜色3】/【颜色4】：用来设置4种颜色。

- 【混合】：用来设置4种颜色的混合程度。数值越大，混合程度越高。
- 【抖动】：用来调整4种颜色产生的噪点的大小。
- 【不透明度】：用来设置4种颜色的不透明度。
- 【混合模式】：用来选择效果图层与原始图层的混合模式，这里有18种混合模式。

12.2.15 梯度渐变

梯度渐变特效能够为素材图层覆盖两种颜色的线性或径向渐变效果。梯度渐变特效的属性参数如图12-77所示，应用效果如图12-78所示。

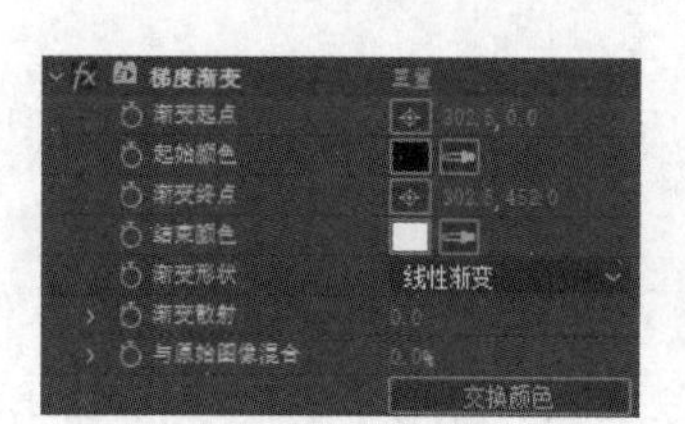

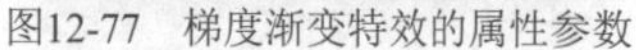

图12-77 梯度渐变特效的属性参数

图12-78 梯度渐变特效的应用效果

梯度渐变特效中主要属性参数的作用如下。

- 【渐变起点】/【渐变终点】：用来设置渐变颜色的起始位置和结束位置。
- 【起始颜色】/【结束颜色】：用来设置渐变的起始和终止颜色。
- 【渐变形状】：用来选择渐变模式。这里提供了两种模式，分别是【线性渐变】和【径向渐变】。
- 【渐变散射】：用来调整两种颜色交界处的渐变效果。
- 【与原始图像混合】：用来设置效果图层与原始图层的混合程度。

12.2.16 描边

描边特效能够为蒙版遮罩的边框制作描边效果，从而允许用户通过设置关键帧来模拟书写动画。描边特效的属性参数如图12-79所示，应用效果如图12-80所示。

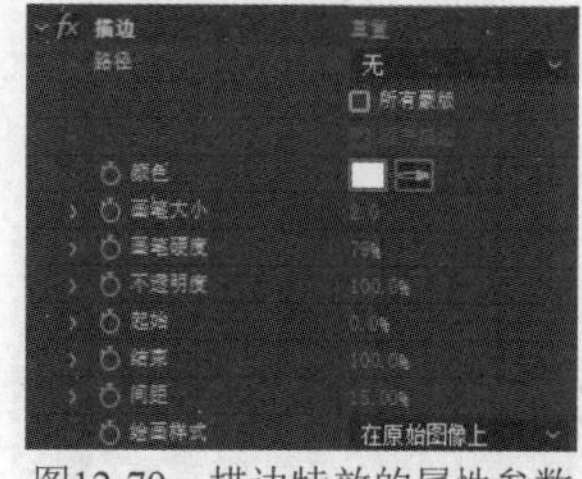

图12-79 描边特效的属性参数

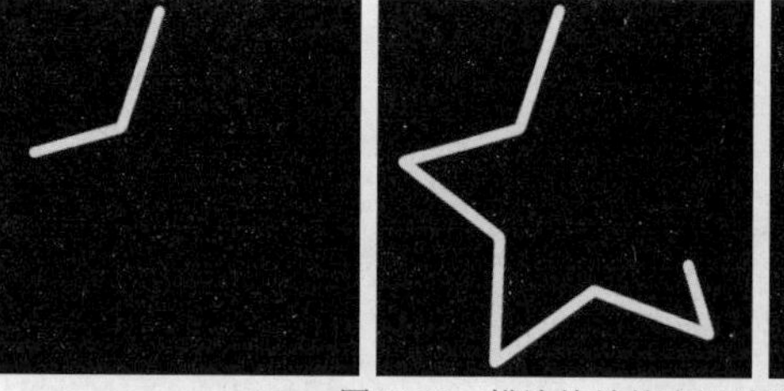

图12-80 描边特效的应用效果

描边特效中主要属性参数的作用如下。

- 【路径】：用来选择想要应用描边特效的蒙版。

- 【所有蒙版】：选中后，将为原始图层中的所有蒙版应用描边特效。
- 【顺序描边】：选中后，将依次显示每个蒙版在应用描边特效之后的效果；不选中的话，将同时显示所有蒙版在应用描边特效之后的效果。
- 【颜色】：用来设置描边的颜色。
- 【画笔大小】：用来设置描边的粗细。
- 【画笔硬度】：用来设置描边的边缘清晰度。数值越大，边缘越清晰。
- 【不透明度】：用来设置描边效果的不透明度。
- 【起始】：用来设置描边效果的开始位置。
- 【结束】：用来设置描边效果的结束位置。

12.2.17 棋盘

棋盘特效能够生成棋盘状的纹理效果。棋盘特效的属性参数如图12-81所示，应用效果如图12-82所示。

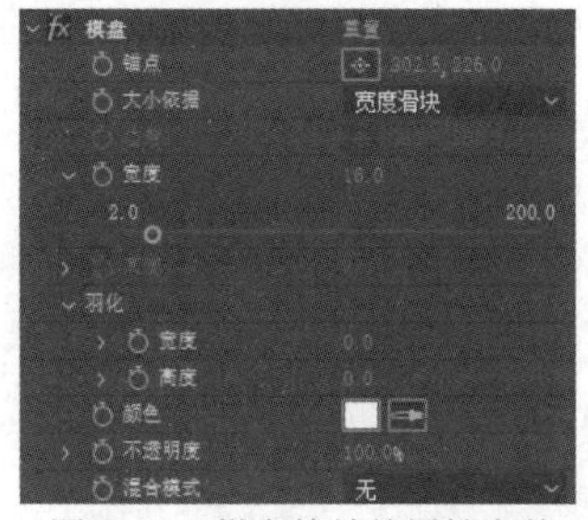

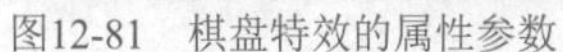
图12-81 棋盘特效的属性参数

图12-82 棋盘特效的应用效果

棋盘特效中主要属性参数的作用如下。

- 【锚点】：用来设置纹理的中心位置。
- 【大小依据】：用来选择纹理的类型。共有3种类型，分别是【边角点】【宽度滑块】和【宽度和高度滑块】。
- 【宽度】：用来设置纹理方块的宽度。
- 【高度】：用来设置纹理方块的高度。
- 【羽化】：用来设置边缘部分的羽化程度。
- 【颜色】：用来选择纹理的颜色。
- 【不透明度】：用来设置纹理的不透明度。
- 【混合模式】：用来设置纹理图层与原始图层的混合模式，共有19种混合模式可选。

12.2.18 油漆桶

油漆桶特效用于对原始图层的某个区域进行颜色填充。油漆桶特效的属性参数如图12-83所示，应用效果如图12-84所示。

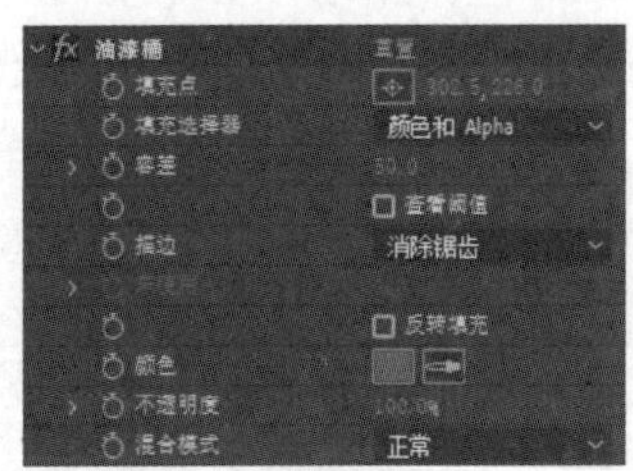

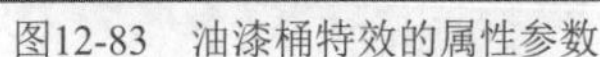
图12-83 油漆桶特效的属性参数

图12-84 油漆桶特效的应用效果

油漆桶特效中主要属性参数的作用如下。

- 【填充点】：用来选择填充区域的中心位置。
- 【填充选择器】：用来设置填充区域的选择依据。共有5个选项，分别是【颜色和Alpha】【直接颜色】【透明度】【不透明度】和【Alpha通道】。
- 【容差】：用来设置填充区域的大小。
- 【描边】：用来设置填充区域边缘部分的效果。共有5种效果可选，分别是【消除锯齿】【羽化】【扩展】【阻塞】和【描边】。
- 上下文滑块：用于调节羽化程度。
- 【反转填充】：选中后，将对填充区域进行反转。
- 【颜色】：用来设置填充颜色。
- 【不透明度】：用来设置填充颜色的不透明度。
- 【混合模式】：用来选择填充颜色与原始图层的混合模式，共有19种混合模式可选。

12.2.19 涂写

涂写特效能够为原始图层中的蒙版添加涂写效果，原理与描边特效相似。但是，描边特效主要针对蒙版的边缘，而涂写特效可以应用于蒙版的内部和边缘，并且涂写特效在效果表现上更为丰富。涂写特效的属性参数如图12-85所示，应用效果如图12-86所示。

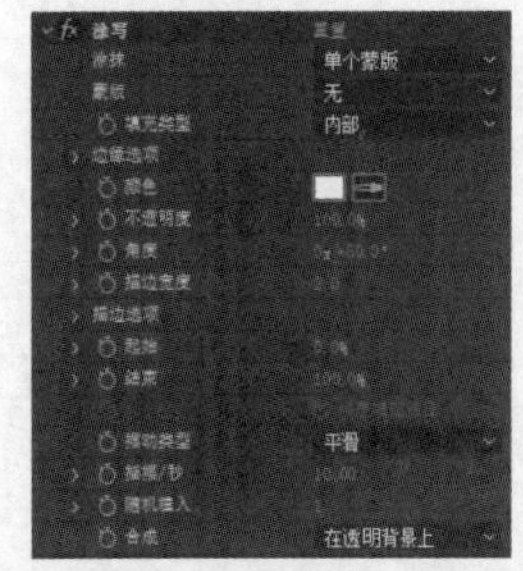

图12-85 涂写特效的属性参数

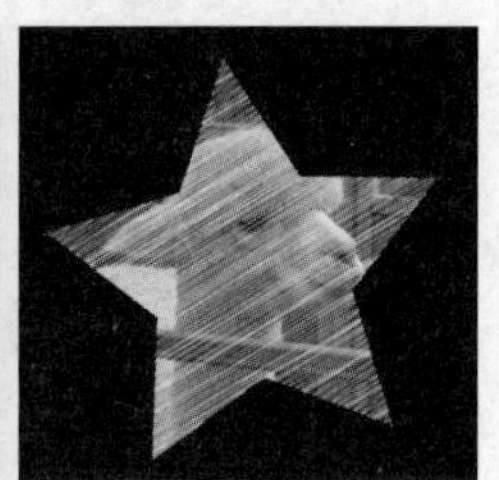
图12-86 涂写特效的应用效果

涂写特效中主要属性参数的作用如下。

- 【涂抹】：用来选择是为单个蒙版还是为所有蒙版设置特效。
- 【蒙版】：用来选择需要添加特效的蒙版。
- 【填充类型】：用来选择填充的类型。共有6种类型，分别是【内部】【中心边缘】【在边缘内】【外面边缘】【左边】和【右边】。

- 【边缘选项】：用来设置蒙版边缘的属性效果。仅当【填充类型】不是【内部】时，【边缘选项】中的参数才被启用。
- 【颜色】：用来设置涂写的颜色。
- 【不透明度】：用来设置涂写颜色的不透明度。
- 【角度】：用来设置涂写纹理的角度。
- 【描边宽度】：用来设置笔触的粗细。
- 【描边选项】：用来更细致地设置涂写纹理的属性。
- 【起始】：用来设置涂写效果的开始状态。
- 【结束】：用来设置涂写效果的结束状态。
- 【摆动类型】：用来选择涂写效果运动时的动画类型。共有3种类型，分别是【静态】【跳跃】和【平滑】。
- 【摇摆/秒】：用来调整涂写特效每秒钟的运动摆动效果。
- 【随机植入】：用来设置随机产生的线条数量。
- 【合成】：用来选择效果图层与原始图层的混合模式。共有3种混合模式可选，分别是【在原始图像上】【在透明背景上】和【显示原始图像】。

12.2.20 音频波形

音频波形特效能够为音频图层生成可视的动态波形图。音频波形特效的属性参数如图12-87所示，应用效果如图12-88所示。

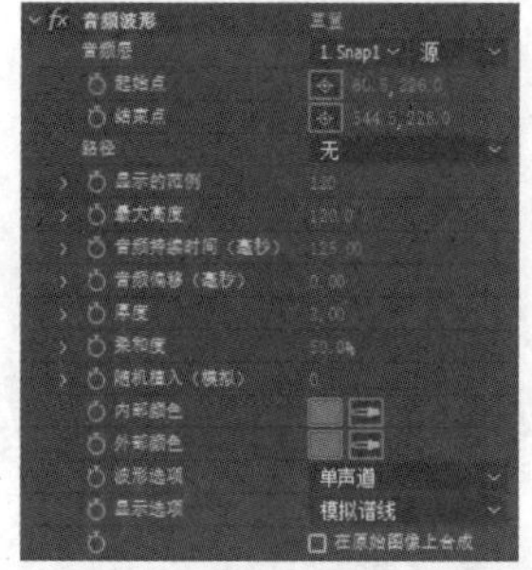

图12-87 音频波形特效的属性参数

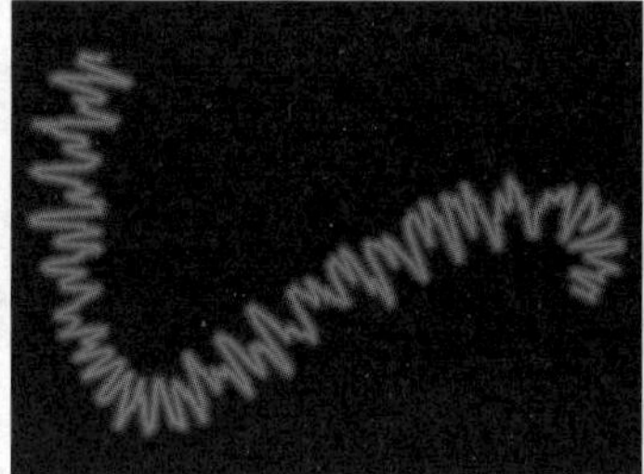

图12-88 音频波形特效的应用效果

音频波形特效中主要属性参数的作用如下。

- 【音频层】：用来选择需要进行波形展示的音频图层。
- 【起始点】：用来设置波形线的起始点。
- 【结束点】：用来设置波形线的结束点。
- 【路径】：用来选择蒙版路径，波形图将沿着选择的蒙版路径进行显示。
- 【显示的范例】：用来设置波形的密集程度。
- 【最大高度】：用来设置波形的最大幅度。
- 【音频持续时间(毫秒)】：用来设置截取音频的时间。
- 【音频偏移(模拟)】：用来设置音频的时间偏移值。
- 【厚度】：用来设置波形线的粗细。
- 【柔和度】：用来设置波形线边缘的羽化程度。

❍ 【随机植入(模拟)】：用来设置波形的随机程度。
❍ 【内部颜色】：用来设置音频线内部的颜色。
❍ 【外部颜色】：用来设置音频线边缘的颜色。
❍ 【波形选项】：用来选择波形依据的音频通道。共有3个选项，分别是【单声道】【左声道】和【右声道】。
❍ 【显示选项】：用来选择波形的显示模式。共有3种模式，分别是【模拟频点】【数字】和【模拟谱线】。
❍ 【在原始图像上合成】：选中后，音频波形图将与原始图层共同显示。

12.2.21 音频频谱

音频频谱特效的原理与音频波形特效相同。它们的不同之处在于：音频波形特效通过波形来展示动态音频效果，而音频频谱特效通过颜色变换来展示动态音频效果。音频频谱特效的属性参数如图12-89所示，应用效果如图12-90所示。

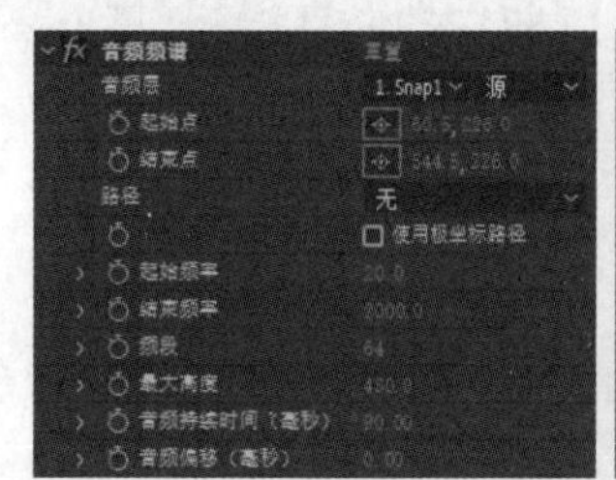
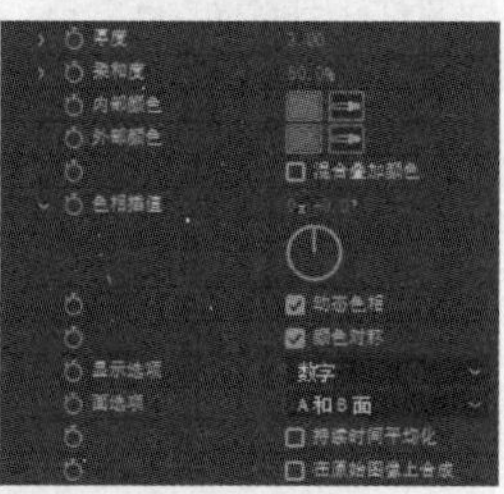

图12-89 音频频谱特效的属性参数

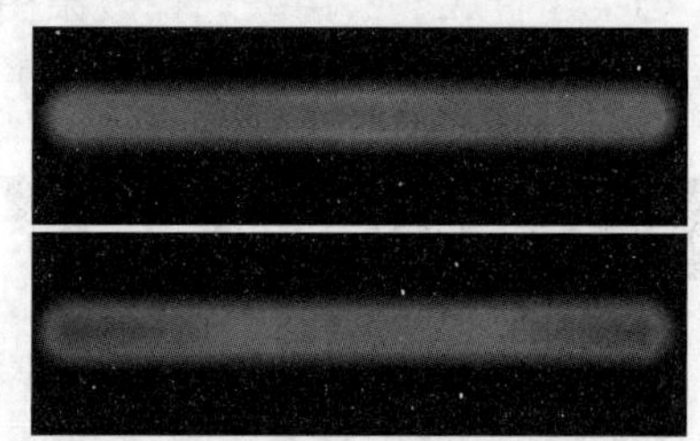

图12-90 音频频谱特效的应用效果

音频频谱特效中主要属性参数的作用如下。

❍ 【音频层】：用来选择需要进行波形展示的音频图层。
❍ 【起始点】：用来设置波形线的起始点。
❍ 【结束点】：用来设置波形线的结束点。
❍ 【路径】：用来选择蒙版路径，波形图将沿着选择的蒙版路径进行显示。
❍ 【显示的范例】：用来设置波形的密集程度。
❍ 【最大高度】：用来设置波形的最大幅度。
❍ 【音频持续时间(毫秒)】：用来设置截取音频的时间。
❍ 【音频偏移(模拟)】：用来设置音频的时间偏移值。
❍ 【厚度】：用来设置波形线的粗细。
❍ 【柔和度】：用来设置波形线边缘的羽化程度。
❍ 【随机植入(模拟)】：用来设置波形的随机程度。
❍ 【内部颜色】：用来设置音频线内部的颜色。
❍ 【外部颜色】：用来设置音频线边缘的颜色。

12.2.22 高级闪电

高级闪电特效用来制作闪电效果。高级闪电特效的属性参数如图12-91所示，应用效果如图12-92所示。

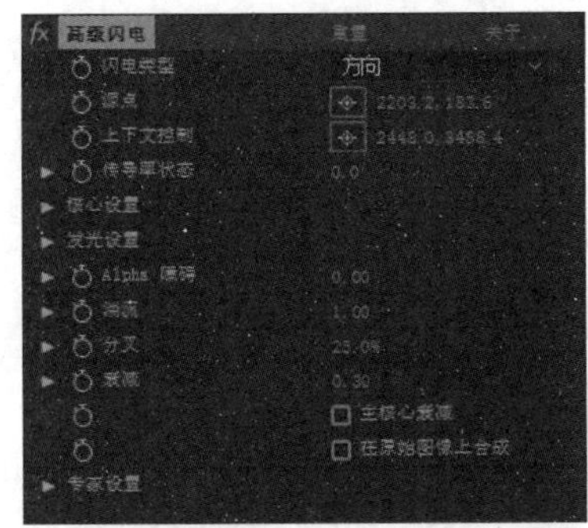

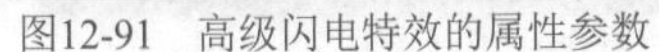
图12-91　高级闪电特效的属性参数

图12-92　高级闪电特效的应用效果

高级闪电特效中主要属性参数的作用如下。

- 【闪电类型】：用来选择想要生成的闪电的类型，共有8种类型可选。
- 【源点】：用来设置闪电的起始位置。
- 【上下文控制】：用来设置闪电的终止位置。
- 【传导率状态】：用来设置闪电的传导率状态。
- 【核心设置】：用来设置闪电核心的大小、不透明度和颜色。
- 【发光设置】：用来设置闪电发出的光线的大小、不透明度和颜色。
- 【Alpha障碍】：用来设置Alpha通道对闪电效果的影响程度。
- 【湍流】：用来设置闪电的曲折性。数值越大，曲折越多。
- 【分叉】：用来设置闪电分叉的多少。数值越大，分叉越多。
- 【衰减】：用来设置闪电分叉和末端的衰减程度。数值越大，衰减越高。
- 【主核心衰减】：选中后，闪电的主核心将产生衰减。
- 【在原始图像上合成】：选中后，闪电效果将与原始图层共同显示；不选中的话，将只显示闪电效果。
- 【专家设置】：用于更细致地调整闪电效果。

12.2.23　其他生成特效

除了上面介绍的特效之外，After Effects提供的生成特效还包括分形特效、椭圆特效、圆形特效、无线电波特效等。

- 分形特效：分形特效包含一些特殊的纹理图案，这些纹理图案都是通过程序运算产生的，并且可通过调整分形特效来加以修改。分形特效的应用效果如图12-93所示。

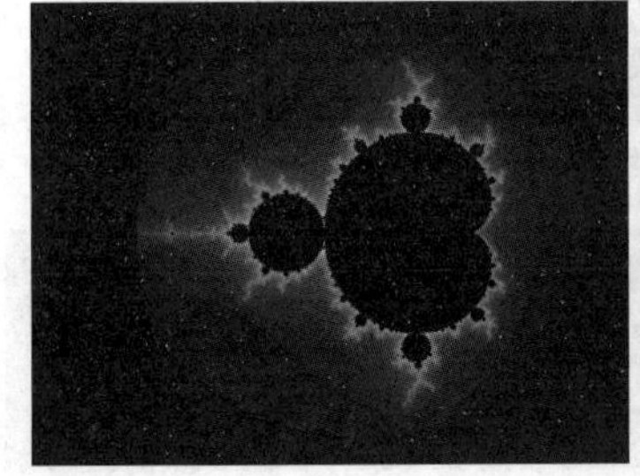  

图12-93　分形特效的应用效果

- 椭圆特效：椭圆特效用来制作椭圆形的光圈效果，应用效果如图12-94所示。
- 圆形特效：圆形特效用来制作圆形的图案效果，应用效果如图12-95所示。

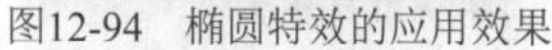

图12-94 椭圆特效的应用效果

图12-95 圆形特效的应用效果

- 无线电波特效：无线电波特效用来模拟制作一些波纹的线性图案，应用效果如图12-96所示。

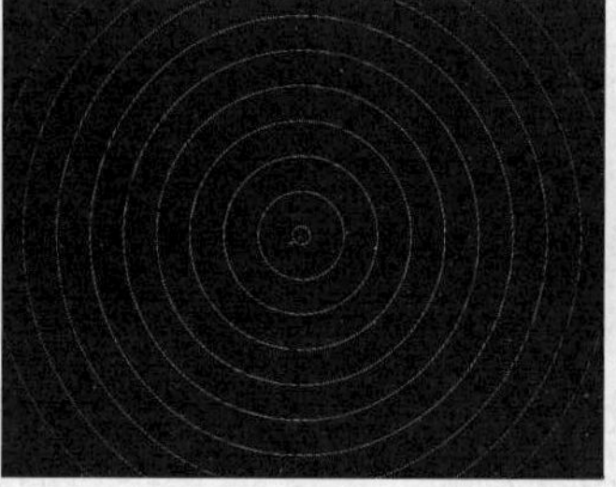

图12-96 无线电波特效的应用效果

12.3 上机练习——制作文字书写动画

本节将制作毛笔字的书写动画效果。练习的内容主要是为一幅静态的水墨画添加小船移动的动画效果，之后再利用写入特效在水墨画的中央制作一段“墨”字的书写动画效果。通过本节的练习，可以帮助读者更好地掌握生成特效的基本操作方法和技巧。

01 选择【合成】|【新建合成】菜单命令，在打开的【合成设置】对话框中设置【预设】为HDTV 1080 25，设置【持续时间】为0:00:10:00，然后单击【确定】按钮，建立一个新的合成，如图12-97所示。

02 选择【文件】|【导入】|【文件】菜单命令，打开【导入文件】对话框，找到并导入此次练习所需的素材。然后将导入的素材放置在【时间轴】面板的图层列表中，要求把水墨画作为背景放置在底层，如图12-98所示。

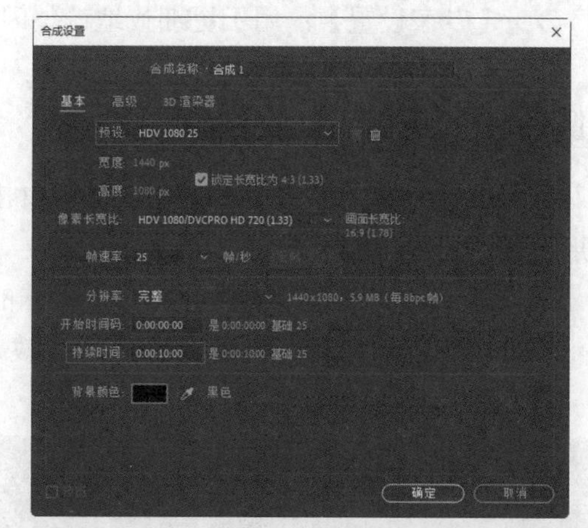

图12-97 新建合成

图12-98 将素材添加到图层列表中

03 下面制作小船移动的动画。选中【时间轴】面板中的“小船.png”图层，将时间指示器移至0:00:00:00，将小船放置在画面中心偏左下方的位置，如图12-99所示，添加一个位置关键帧，如图12-100所示。

图12-99 调整小船的位置

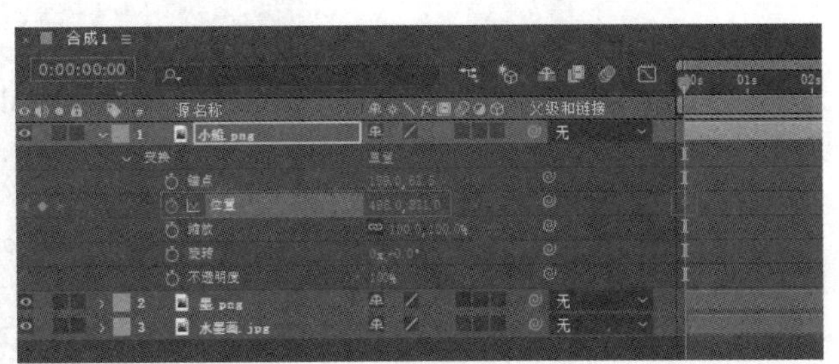

图12-100 设置位置关键帧(一)

04 将时间指示器移至0:00:09:24，将小船放置在画面中心偏右下方的位置，如图12-101所示，此时将自动生成另一个位置关键帧，如图12-102所示。

图12-101 再次调整小船的位置

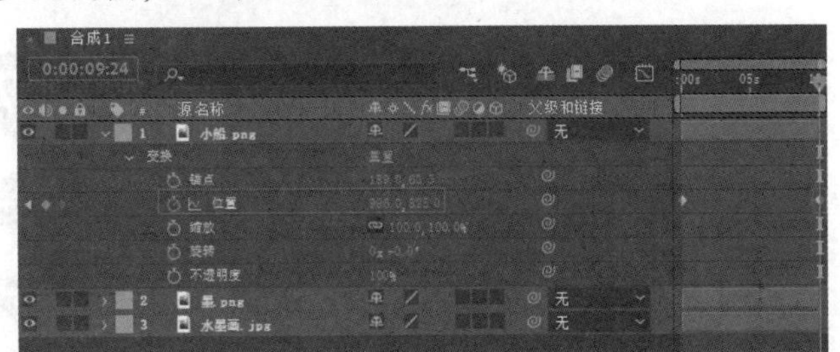

图12-102 设置位置关键帧(二)

05 接下来开始制作书写动画。选择“墨.png”图层，然后选择【效果】|【生成】|【写入】菜单命令，为其添加写入特效。设置【颜色】为黑色、【画笔大小】为15、【画笔硬度】为100%，如图12-103所示。

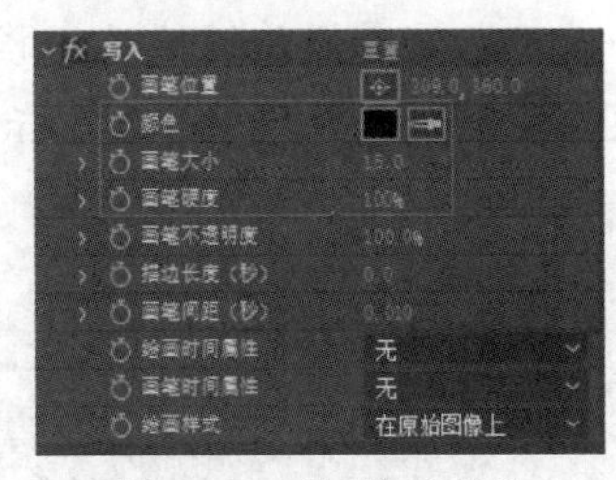

图12-103 设置写入特效

06 将时间指示器移至0:00:00:00，为写入特效的【画笔位置】属性添加关键帧，如图12-104所示。然后将画笔位置移到“墨”字书写时的起始位置，如图12-105所示。

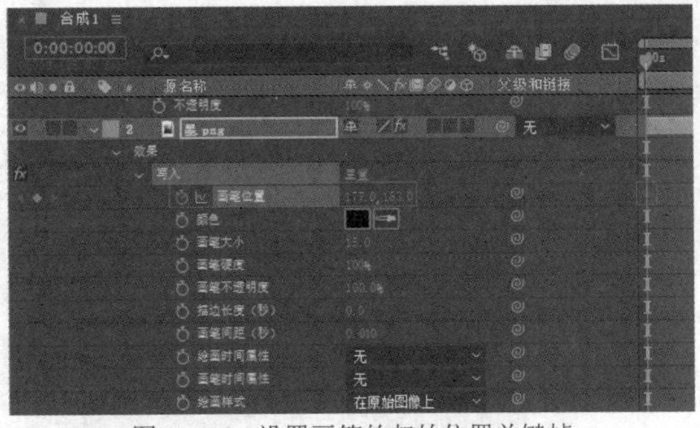

图12-104 设置画笔的起始位置关键帧

图12-105 设置画笔的起始位置

07 将时间指示器移至0:00:00:05，调整画笔的位置，使其沿“墨”字书写时的笔画移动，如图12-106所示，此时将自动生成画笔的位置关键帧，如图12-107所示。

图12-106　调整画笔的位置

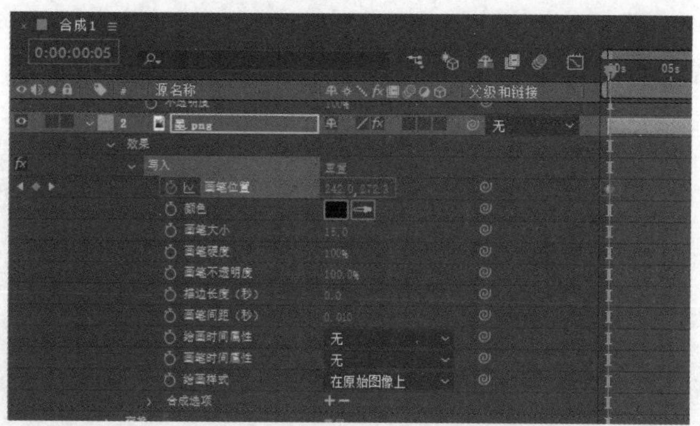

图12-107　设置画笔的位置关键帧

08 重复前面的两个步骤(步骤06和07)，沿着“墨”字的书写笔画对画笔的位置进行调整并设置关键帧，如图12-108所示。

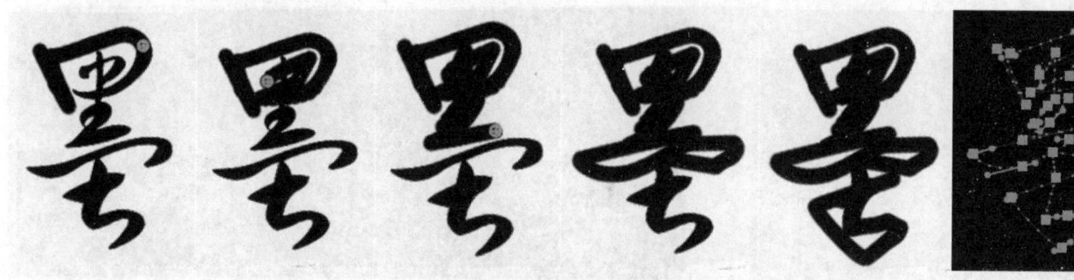

图12-108　继续调整画笔的位置并设置关键帧

09 设置好关键帧后，将写入特效的【绘画样式】属性修改为【显示原始图像】，如图12-109所示。拖动时间指示器以观看动画效果，对动画细节进行调整，如图12-110所示。

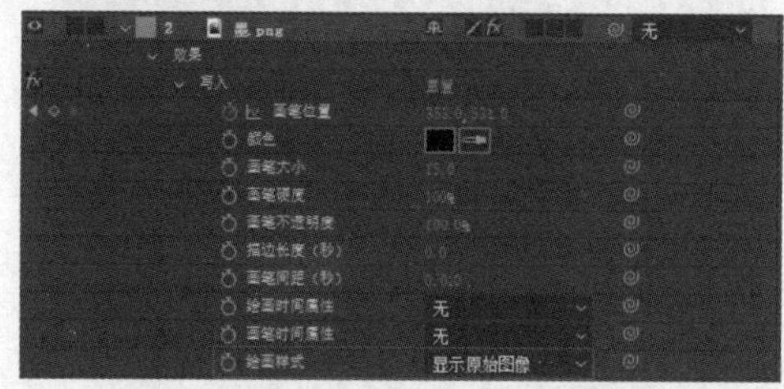

图12-109　设置【绘画样式】属性

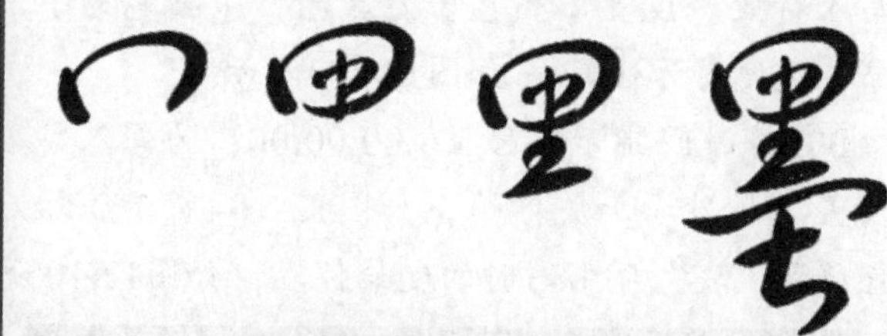

图12-110　观看书写动画的效果

10 选择【图层】|【新建】|【纯色】菜单命令，创建一个黑色的纯色图层并覆盖在所有图层的最上方。这个纯色图层的具体设置如图12-111所示。

11 选中“黑色 纯色 1”图层，然后选择【效果】|【过渡】| CC Radial Scale Wipe菜单命令，为该图层添加圆形的径向擦除效果，如图12-112所示。

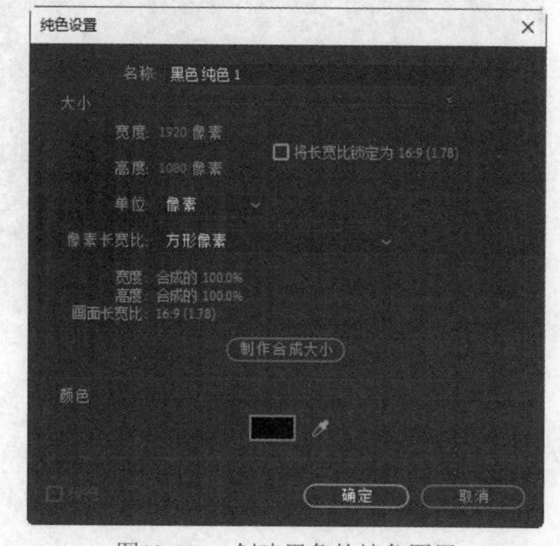

图12-111　创建黑色的纯色图层

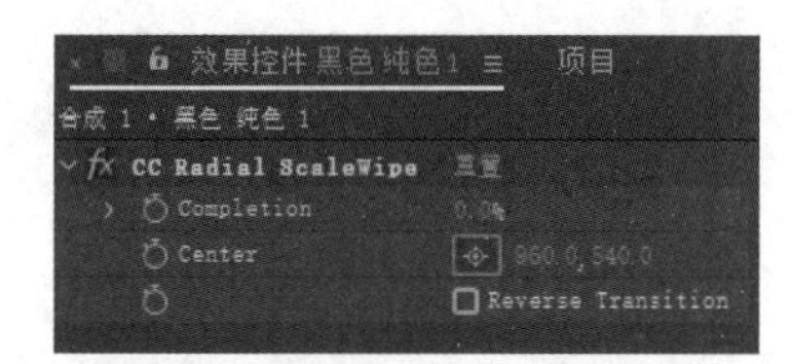

图12-112　添加圆形的径向擦除效果

12 将时间指示器移至0:00:06:00，为CC Radial Scale Wipe特效的Completion属性设置关键帧，同时将属性值设为100%，如图12-113所示。然后将时间指示器移至0:00:09:24，将Completion属性设为0%，如图12-114所示。

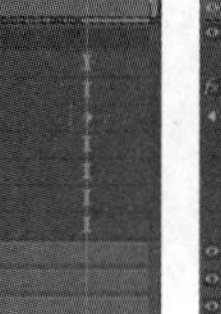

图12-113　设置Completion属性关键帧(一)　　图12-114　设置Completion属性关键帧(二)

13 在【预览】面板中单击【播放/停止】按钮▶，即可在【合成】面板中预览制作完成的文字书写动画，效果如图12-115所示。

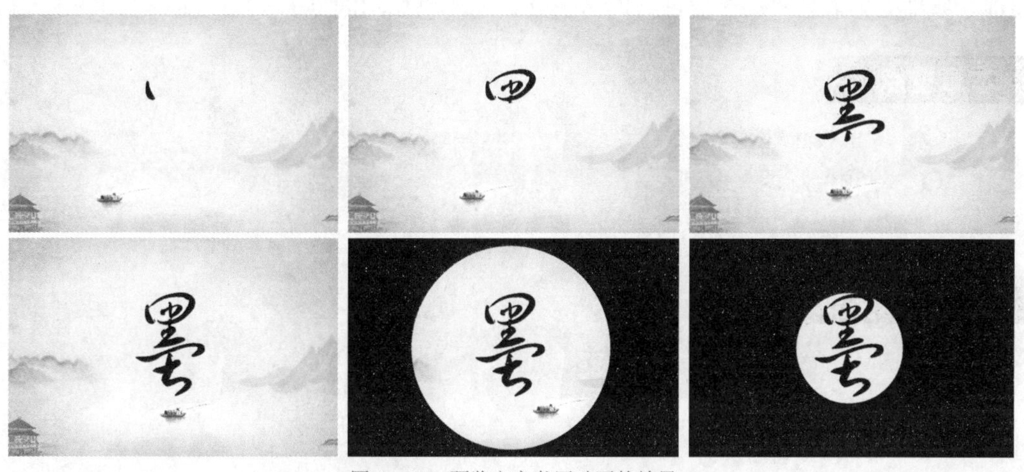

图12-115　预览文字书写动画的效果

12.4　习　题

1. 准备一张动物实拍图片并为其分别制作玻璃效果、塑料效果、卡通效果和浮雕效果。

2. 选取一张日落或日出的照片，为其添加镜头光晕特效，之后再为镜头光晕制作移动动画。

第 13 章

视频颜色校正

颜色校正特效是After Effects中用来对图片和视频素材的色彩相关属性进行调整的一款工具，此类特效能够在整体上对图片和视频素材的色调、对比度、色相、色阶等方面进行修饰。通过本章的学习，希望读者能够掌握视频颜色校正的方法。

本章重点

- 颜色校正特效
- 视频色彩调整案例

二维码教学视频

上机练习——制作蓝调影片效果

13.1 颜色校正特效

颜色校正特效是After Effects中用来对作品的整体风格进行处理和统一的重要工具。After Effects 2020提供了35种颜色校正特效，从而实现了多样化且精准的颜色修正效果，如图13-1所示。下面只对比较常用的颜色校正特效进行讲解。

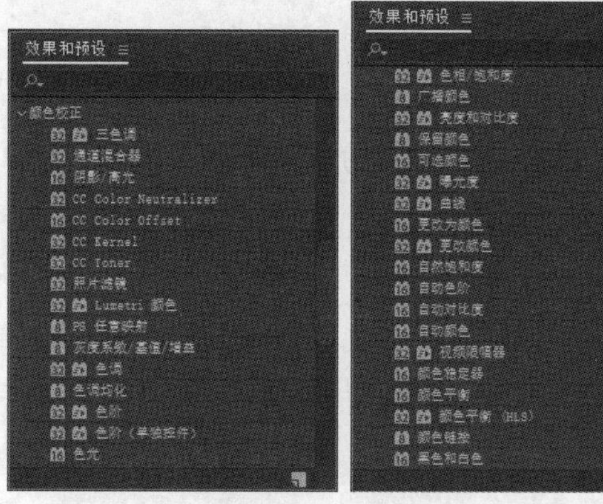

图13-1　颜色校正特效

13.1.1 CC Color Neutralizer

CC Color Neutralizer特效主要通过控制图像的暗部、中间调部分和亮部的色彩平衡来调整图像本身的颜色效果。CC Color Neutralizer特效的属性参数如图13-2所示，应用效果如图13-3所示。

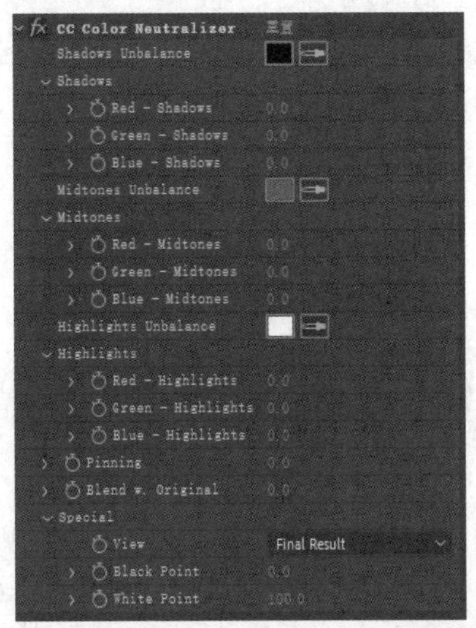

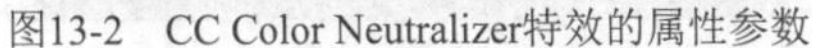

图13-2 CC Color Neutralizer特效的属性参数

图13-3 CC Color Neutralizer特效的应用效果

CC Color Neutralizer特效中主要属性参数的作用如下。

- Shadows Unbalance：通过控件设置暗部的颜色，调整暗部的色彩平衡。
- Shadows：调整暗部的红、绿、蓝三色数值。
- Midtones Unbalance：通过控件设置中间调部分的颜色，调整中间调部分的色彩平衡。
- Midtones：调整中间调部分的红、绿、蓝三色数值。
- Highlights Unbalance：通过控件设置亮部的颜色，调整亮部的色彩平衡。
- Highlights：调整亮部的红、绿、蓝三色数值。
- Pinning：加大调整后的暗部、中间调部分和亮部之间的对比度。
- Blend w. Original：设置调整后的效果与原始素材的融合程度。值为100%时，表示完全融合。
- Special：用于对暗部和亮部的色彩饱和度做进一步调整。

13.1.2 CC Color Offset

CC Color Offset特效主要通过控制图像的红、绿、蓝三个颜色通道的色相来调整图像本身的颜色效果。CC Color Offset特效的属性参数如图13-4所示，应用效果如图13-5所示。

CC Color Offset特效中主要属性参数的作用如下。

- Red Phase：通过控件设置红色通道的色相。
- Green Phase：通过控件设置绿色通道的色相。
- Blue Phase：通过控件设置蓝色通道的色相。
- Overflow：用于应对映射颜色值超出正常范围的情况。

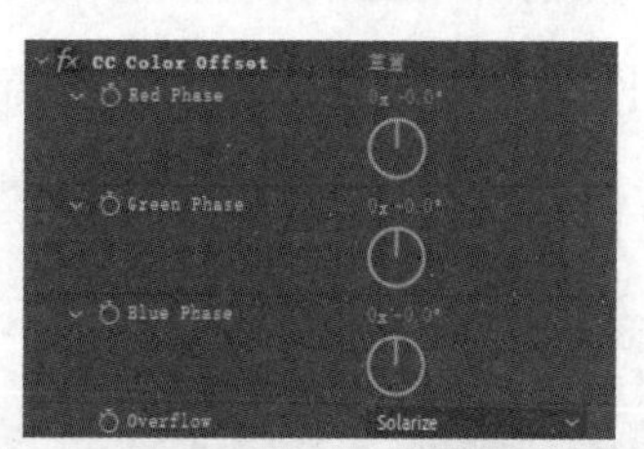

图13-4　CC Color Offset特效的属性参数

图13-5　CC Color Offset特效的应用效果

13.1.3　CC Toner

CC Toner特效能够将素材的色调分为不同的明度，从而允许通过调整各个明度的颜色来修改素材本身的颜色。CC Toner特效的属性参数如图13-6所示，应用效果如图13-7所示。

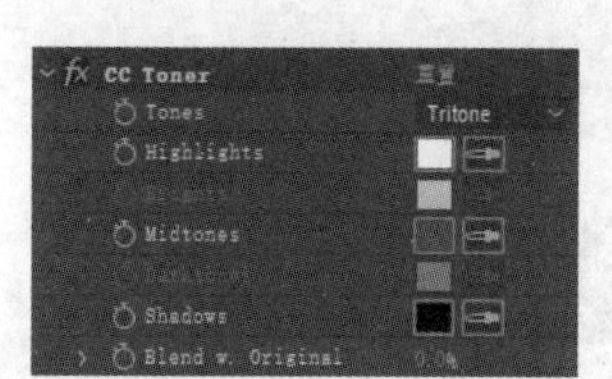

图13-6　CC Toner特效的属性参数

图13-7　CC Toner特效的应用效果

CC Toner特效中主要属性参数的作用如下。

- Tones：用于选择划分素材明度的色调类型。
- Highlights/Brights/Midtones/Darktones/Shadows：5种明度参数。根据色调类型的不同，启用的明度个数和种类也将不同。
- Blend w. Original：设置调整后的效果与原始素材的融合程度。值为100%时，表示完全融合。

13.1.4　三色调

三色调特效的应用效果与设置原理与CC Color Neutralizer特效基本相同。三色调特效的属性参数如图13-8所示，应用效果如图13-9所示。

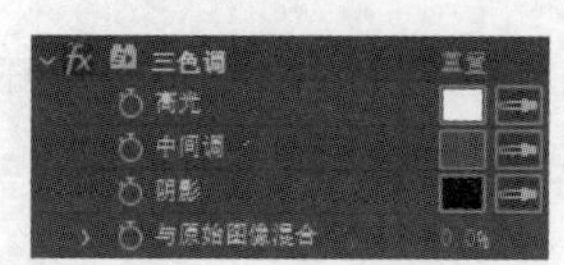

图13-8　三色调特效的属性参数

图13-9　三色调特效的应用效果

13.1.5　通道混合器

通道混合器特效能够对图像原有的颜色通道与其他颜色进行混合，从而改变整幅图像的色相。这种特效多用于调整灰度图像的效果。通道混合器特效的属性参数如图13-10所示，应用效果如图13-11所示。

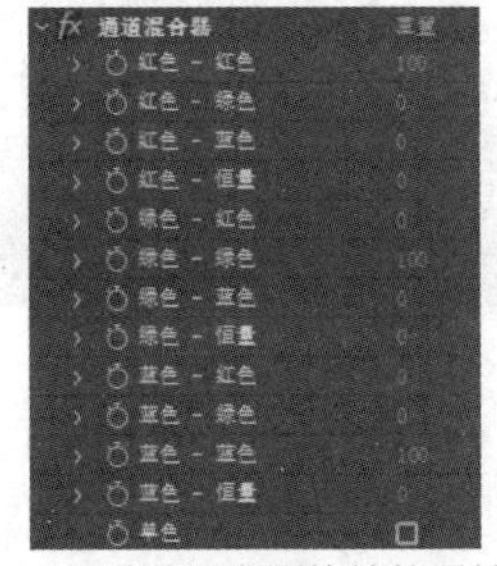

图13-10　通道混合器特效的属性参数

图13-11　通道混合器特效的应用效果

通道混合器特效中主要属性参数的作用如下。

- 【红色-红色】【红色-绿色】等共计12个属性参数：用于调整颜色通道与其他颜色的混合程度。
- 【单色】：选中右侧的复选框后，图像将从彩色图像变为黑白图像。此时调整颜色的混合程度，就相当于调整图像的各个颜色通道的明暗度。

13.1.6 阴影/高光

阴影/高光特效用于校正由于逆光造成的暗部过暗以及由于曝光过度造成的亮度过亮等问题。这种特效较为智能的地方在于能够对暗部和亮部周围的像素进行相应的调整，而不是对整个素材进行调整。阴影/高光特效的属性参数如图13-12所示，应用效果如图13-13所示。

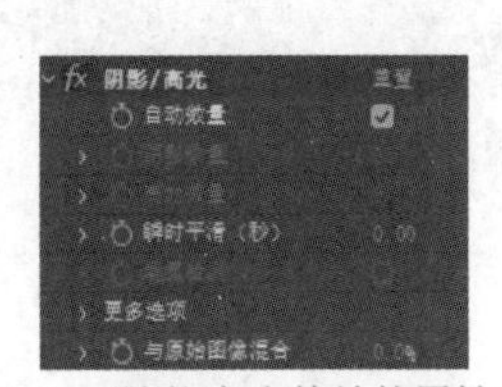

图13-12　阴影/高光特效的属性参数

图13-13　阴影/高光特效的应用效果

阴影/高光特效中主要属性参数的作用如下。

- 自动数量：选中右侧的复选框后，系统将使用特效的默认值对素材进行调整。
- 阴影数量：用于手动调整素材的暗部。
- 高光数量：用于手动调整素材的亮部。
- 更多选项：用于手动调整素材。
- 与原始图像混合：用于调整特效与原始素材的混合程度。

13.1.7 照片滤镜

照片滤镜特效支持为素材直接添加已经设置好的彩色滤镜，从而调整素材的色彩平衡和色相。照片滤镜特效的属性参数如图13-14所示，应用效果如图13-15所示。

图13-14　照片滤镜特效的属性参数

图13-15　照片滤镜特效的应用效果

照片滤镜特效中主要属性参数的作用如下。

- 滤镜：包含多种已经设置好的滤镜效果，用户可直接选择。
- 颜色：当【滤镜】设置为自定义时，用户可通过修改该属性参数来设置自己想要的滤镜效果。
- 密度：用于设置滤镜颜色的透明度。数值越高，滤镜颜色的透明度越低。
- 保持发光度：选中后，即可保持素材原有的亮度和对比度。

13.1.8　灰度系数/基值/增益

灰度系数/基值/增益特效主要通过设置红、绿、蓝颜色通道的数值来调整整个素材的色彩效果。灰度系数/基值/增益特效的属性参数如图13-16所示，应用效果如图13-17所示。

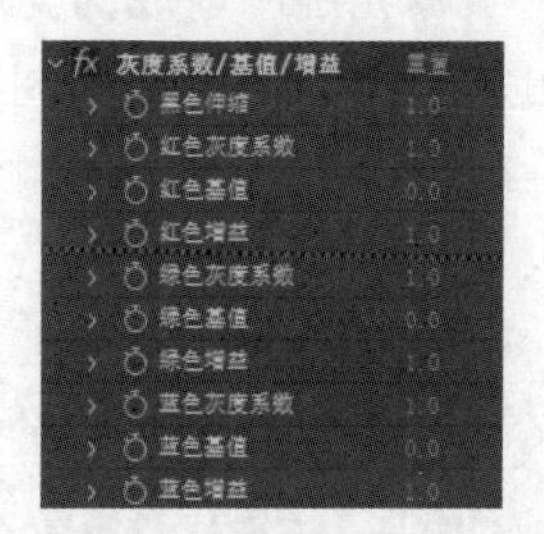

图13-16　灰度系数/基值/增益特效的属性参数

图13-17　灰度系数/基值/增益特效的应用效果

灰度系数/基值/增益特效中主要属性参数的作用如下。

- 【黑色伸缩】：用于控制素材中的黑色部分。
- 【红色灰度系数】/【绿色灰度系数】/【蓝色灰度系数】：用于设置红、绿、蓝颜色通道的灰度值。灰度值越大，通道的色彩对比度越小；灰度值越小，通道的色彩对比度越大。
- 【红色基值】/【绿色基值】/【蓝色基值】：用于设置红、绿、蓝颜色通道的最小输出值，主要控制图像的暗部。
- 【红色增益】/【绿色增益】/【蓝色增益】：用于设置红、绿、蓝颜色通道的最大输出值，主要控制图像的亮部。

13.1.9　色调

利用色调特效，可首先将素材分为黑白两部分，然后将黑白两部分分别映射为某种颜色，从而改变素材本身的色调。色调特效的属性参数如图13-18所示，应用效果如图13-19所示。

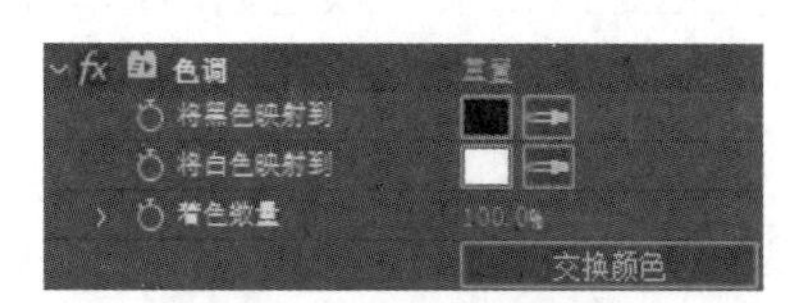

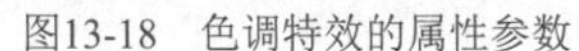

图13-18 色调特效的属性参数

图13-19 色调特效的应用效果

色调特效中主要属性参数的作用如下。

- 【将黑色映射到】：用来设置图像中的黑色和灰色部分将被映射成的颜色。
- 【将白色映射到】：用来设置图像中的白色部分将被映射成的颜色。
- 【着色数量】：用来设置映射的程度。
- 【交换颜色】：用来交换图像中黑灰部分和白色部分的颜色。

13.1.10 色调均化

色调均化特效用于对素材的色调进行均化处理。色调均化特效的属性参数如图13-20所示，应用效果如图13-21所示。

图13-20 色调均化特效的属性参数

图13-21 色调均化特效的应用效果

色调均化特效中主要属性参数的作用如下。

- 【色调均化】：用来设置均化的方式。
- 【色调均化量】：用来设置均化的程度。

13.1.11 色阶

色阶特效用于调整素材的亮部、中间调部分和暗部的亮度及对比度，从而调整素材本身的亮度和对比度。色阶特效的属性参数如图13-22所示，应用效果如图13-23所示。

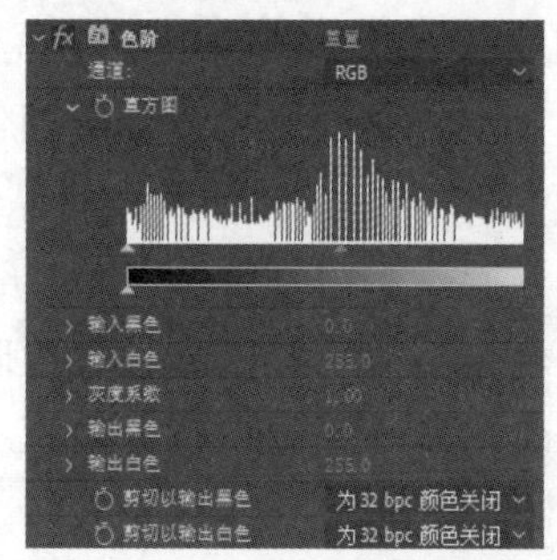

图13-22 色阶特效的属性参数

图13-23 色阶特效的应用效果

色阶特效中主要属性参数的作用如下。

- 【通道】：用于选择是在整个颜色范围内进行调整还是仅在某个颜色通道内进行调整。
- 【直方图】：用来显示素材中亮部、中间调部分和暗部的分布情况。
- 【输入黑色】/【输入白色】：用于设置输入图像中暗部和亮部的区域值，分别对应直方图最左侧和最右侧的两个小三角。
- 【灰度系数】：用于设置中间调部分的区域值，对应直方图中间的小三角。
- 【输出黑色】/【输出白色】：用于设置输出图像中黑色和白色区域的大小，分别对应直方图下方的黑白色条上的两个小三角。

❖ **提示：**

色阶(单独控件)特效与色阶特效的应用方法相同，只是前者可以通过不同的颜色通道对素材的亮度、对比度和灰度系数进行设置。

13.1.12 色光

色光特效主要通过给素材重新上色来制作色彩方面的动画。色光特效的属性参数如图13-24所示，应用效果如图13-25所示。

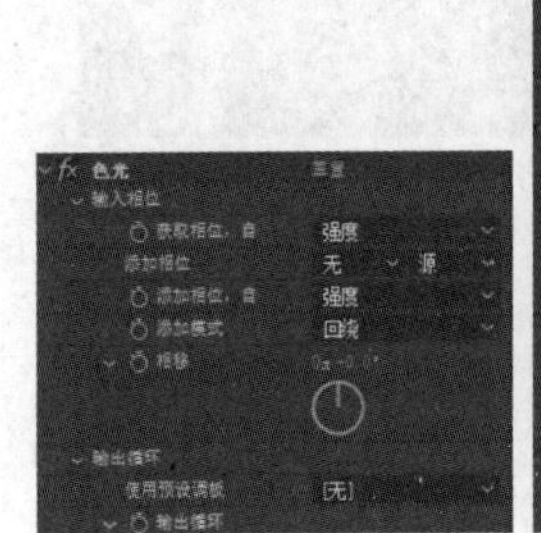
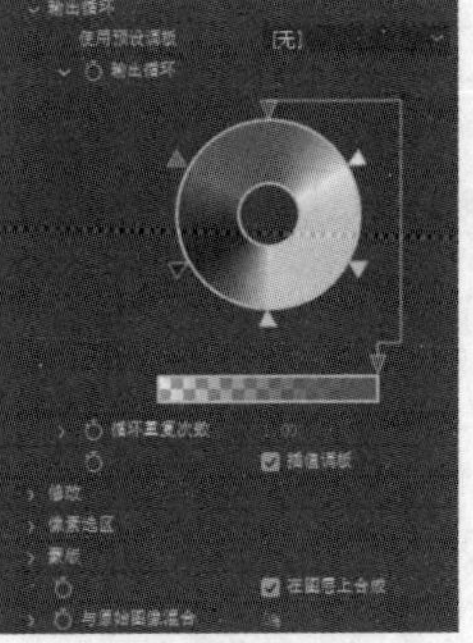

图13-24 色光特效的属性参数

图13-25 色光特效的应用效果

色光特效中主要属性参数的作用如下。

- 【输入相位】：用于设置素材的色彩相位。其中，【获取相位，自】用来选择素材(色彩)相位的色彩通道；【添加相位】用来添加其他素材的色彩相位；【添加相位，自】用来选择来自其他素材(色彩)相位的色彩通道；【添加模式】用来选择其他素材(色彩)相位与原有素材(色彩)相位的融合模式；【相移】用来设置色彩相位的移动与旋转。
- 【输出循环】：用来设置映射色彩。其中，【使用预设调板】用来选择特效自带的已经设置好的映射色彩；【输出循环】则允许通过调整三角色块来自行设置映射色彩；【循环重复次数】用来设置映射色彩的循环次数；【插值调板】被选中后，映射色彩将以色块的形式呈现。
- 【修改】：用于对设置好的映射效果进行修改。
- 【像素选区】：用于指定特效所能影响的颜色。

- 【蒙版】：用于指定一个蒙版层来控制色光特效。
- 【在图层上合成】：用于设置特效是否与素材合成。
- 【与原始图像混合】：用于设置特效与素材的混合程度。

13.1.13 色相/饱和度

色相/饱和度特效用于调整素材的颜色和色彩的饱和度。与其他特效不同，这种特效可以直接从整体上改变素材本身的色相。色相/饱和度特效的属性参数如图13-26所示，应用效果如图13-27所示。

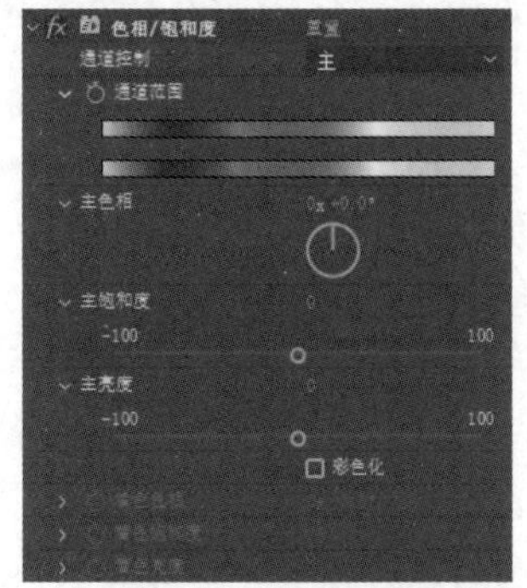

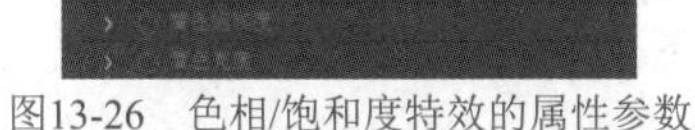

图13-26　色相/饱和度特效的属性参数

图13-27　色相/饱和度特效的应用效果

色相/饱和度特效中主要属性参数的作用如下。

- 【通道控制】：用于选择特效应用的颜色。选择【主】表示对全部颜色应用特效，也可选择仅把特效应用于单独的某个颜色范围。
- 【通道范围】：用于显示调节颜色的范围。上面的色条表示调节前的颜色，下面的色条表示调节后的颜色。
- 【主色相】：用于设置调节颜色的色相。
- 【主饱和度】：用于设置调节颜色的饱和度。
- 【主亮度】：用于设置调节颜色的亮度。
- 【彩色化】：选中后，素材将被转换为单色调。
- 【着色色相】/【着色饱和度】/【着色亮度】：分别用于控制单色调情形下的色相、饱和度和亮度。

13.1.14 广播颜色

广播颜色特效用于规范素材的颜色范围。由于计算机和其他视频播放设备在色彩范围上有一些区别，为了确保作品能在多种设备上准确播放，我们可以使用广播颜色特效将素材的颜色属性控制在安全范围内。广播颜色特效的属性参数如图13-28所示，它们的作用如下。

- 【广播区域设置】：可选择NTSC或PAL广播制式。
- 【确保颜色安全的方式】：用于选择颜色的调整方式。
- 【最大信号振幅(IRE)】：用于限制最大信号幅度。

图13-28　广播颜色特效的属性参数

13.1.15 亮度和对比度

亮度和对比度特效能够通过控制器来调整素材的亮度和对比度。亮度和对比度特效的属性参数如图13-29所示，应用效果如图13-30所示。

图13-29 亮度和对比度特效的属性参数

图13-30 亮度和对比度特效的应用效果

亮度和对比度特效中主要属性参数的作用如下。

- 【亮度】：用于调整素材的亮度。数值越大，亮度越高。
- 【对比度】：用于调整素材的对比度。数值越大，对比度越高。

13.1.16 保留颜色

保留颜色特效能够通过调整参数来指定图像中需要保留下来的颜色，其他颜色则被转换为灰色。保留颜色特效的属性参数如图13-31所示，应用效果如图13-32所示。

图13-31 保留颜色特效的属性参数

图13-32 保留颜色特效的应用效果

保留颜色特效中主要属性参数的作用如下。

- 【脱色量】：用于控制除了选中颜色以外其他颜色的脱色百分比。
- 【要保留的颜色】：可通过颜色拾取器选择素材中需要保留下来的颜色。
- 【容差】：用于调整被保留颜色的容差。数值越大，被保留颜色的面积越大。
- 【边缘柔和度】：用于设置被保留颜色边缘的柔和度。
- 【匹配颜色】：用于选择匹配颜色的模式。

13.1.17 可选颜色

可选颜色特效能够对素材中指定的颜色部分进行调整，进而从整体上调整素材的色彩效果。可选颜色特效的属性参数如图13-33所示，应用效果如图13-34所示。

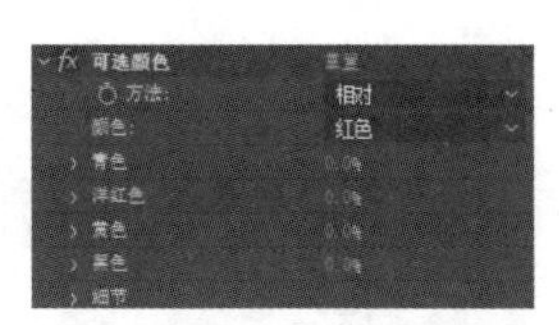

图13-33 可选颜色特效的属性参数　　图13-34 可选颜色特效的应用效果

可选颜色特效中主要属性参数的作用如下。

- 【方法】：用于选择划分素材中颜色的方法。
- 【颜色】：用于选择素材中需要调整的颜色部分。
- 【青色】/【洋红色】/【黄色】/【黑色】：可通过调整这4种颜色的占比来调整被选择颜色的色相。

13.1.18 曝光度

曝光度特效能够对素材的曝光程度进行调整，进而从整体上调整素材的曝光效果。曝光度特效的属性参数如图13-35所示，应用效果如图13-36所示。

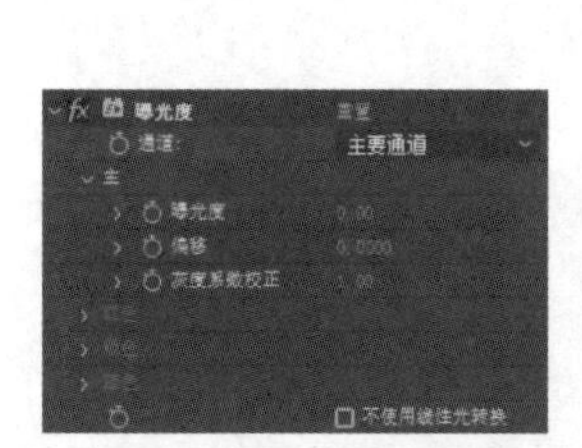

图13-35 曝光度特效的属性参数　　图13-36 曝光度特效的应用效果

曝光度特效中主要属性参数的作用如下。

- 【通道】：用于选择曝光的通道，可以是【主要通道】或【单个通道】。
- 【主】：当选择【主要通道】时，用于调整整个素材的曝光效果，可从【曝光度】【偏移】【灰度系数校正】三方面进行设置。
- 【红色】/【绿色】/【蓝色】：当选择【单个通道】时，分别用于设置红、绿、蓝颜色通道的【曝光度】【偏移】和【灰度系数校正】。

13.1.19 曲线

曲线特效用于调整素材的色调和明暗度。与其他的色调和明暗度调整特效不同，曲线特效可以精确地调整高光部分、中间调部分和暗部的色调与明暗度，此外还可以对素材的各个通道进行控制和调节色调。曲线上最多可设置16个控制点。曲线特效的属性参数如图13-37所示，应用效果如图13-38所示。

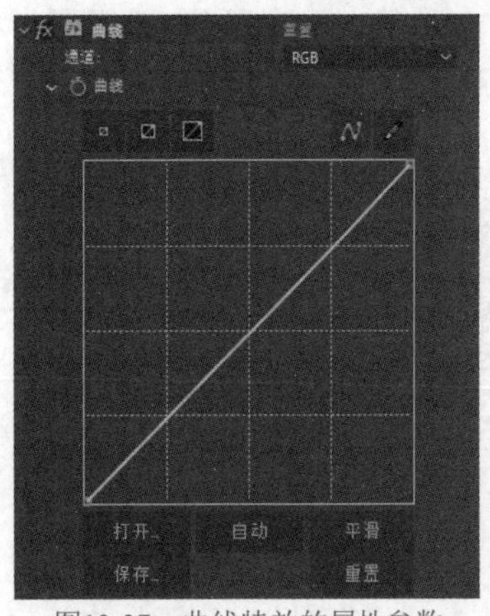

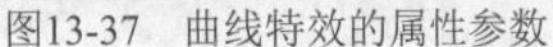

图13-37　曲线特效的属性参数

图13-38　曲线特效的应用效果

曲线特效中主要属性参数的作用如下。

- 【通道】：用于选择需要调整的颜色通道。
- ：单击这个按钮，便可以对曲线进行修改。此时单击曲线，就可以在曲线上增加控制点；在坐标区域内按住鼠标左键并拖动控制点，可以编辑曲线；将控制点拖出坐标区域后，即可删除控制点。
- ：单击这个按钮，便可以在坐标区域内绘制曲线以控制明暗效果。
- ：用于切换曲线视图的大小。
- 【打开】/【保存】：用于存储和打开调节好的曲线文件。
- 【平滑】：用于将设置的曲线转换为平滑曲线。
- 【重置】：用于将曲线设置为初始状态。

13.1.20　更改颜色

更改颜色特效用于改变素材中已选中颜色区域的色相、亮度和饱和度。更改颜色特效的属性参数如图13-39所示，应用效果如图13-40所示。

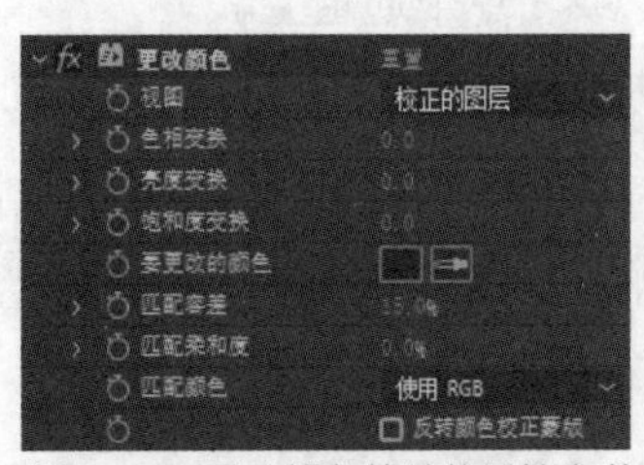

图13-39　更改颜色特效的属性参数

图13-40　更改颜色特效的应用效果

更改颜色特效中主要属性参数的作用如下。

- 【视图】：用于选择视图模式，可以是【校正的图层】或【颜色校正蒙版】。
- 【色相变换】/【亮度变换】/【饱和度变换】：用来调节被选中颜色所属区域的色相、亮度和饱和度。
- 【要更改的颜色】：可通过颜色拾取器选择素材中需要更改的颜色。
- 【匹配容差】：用于调整被选中颜色的容差。

- 【匹配柔和度】：用于控制修正颜色的柔和度。
- 【匹配颜色】：用于选择某种颜色模式作为基础匹配色。
- 【反转颜色校正蒙版】：选中后，将调换被选中颜色区域与其他未选中颜色区域的特效应用效果。

13.1.21 更改为颜色

更改为颜色特效的作用与更改颜色特效基本相似。更改为颜色特效的属性参数如图13-41所示，其中主要属性参数的作用如下。

- 【自】：可通过颜色拾取器选择素材中需要更改的颜色。
- 【至】：可通过颜色拾取器选择替换用的颜色。
- 【更改】：用于选择更改颜色时包含的属性内容。
- 【更改方式】：用于选择颜色替换的方式。
- 【容差】：用于调整被选中颜色的容差。
- 【柔和度】：用于控制修正颜色的柔和度。

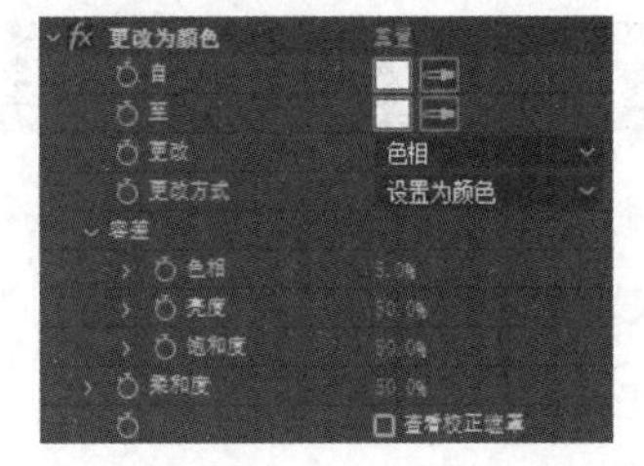

图13-41 更改为颜色特效的属性参数

13.1.22 颜色平衡

颜色平衡特效能够通过调整素材的暗部、中间调部分和亮部的三色平衡，使素材从整体上达到色彩平衡。颜色平衡特效的属性参数如图13-42所示，应用效果如图13-43所示。

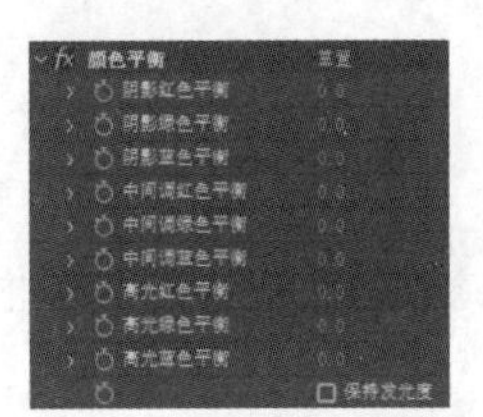

图13-42 颜色平衡特效的属性参数

图13-43 颜色平衡特效的应用效果

颜色平衡特效中主要属性参数的作用如下。

- 【阴影红色平衡】/【阴影绿色平衡】/【阴影蓝色平衡】：用于设置素材阴影部分的红、绿、蓝颜色通道的色彩平衡值。
- 【中间调红色平衡】/【中间调绿色平衡】/【中间调蓝色平衡】：用于设置素材中间调部分的色彩平衡值。
- 【高光红色平衡】/【高光绿色平衡】/【高光蓝色平衡】：用于设置素材高光部分的色彩平衡值。

13.1.23 颜色平衡(HLS)

颜色平衡(HLS)特效与颜色平衡特效的应用方法相同。区别在于：颜色平衡(HLS)特效是通过素材的HLS属性进行颜色平衡的，HLS代指素材的色相、亮度和饱和度；而颜色平衡特效是通过素材的RGB属性进行颜色平衡的。颜色平衡(HLS)特效的属性参数如图13-44所示，应用效果如图13-45所示。

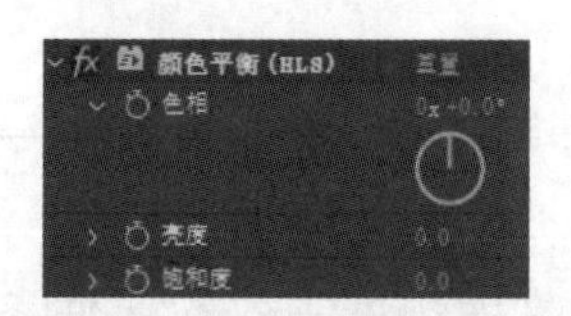

图13-44　颜色平衡(HLS)特效的属性参数

图13-45　颜色平衡(HLS)特效的应用效果

13.1.24　颜色链接

颜色链接特效能够将某个素材的混合色调作为蒙版来对当前素材进行色彩叠加，从而改变当前素材自身的色调。颜色链接特效的属性参数如图13-46所示，应用效果如图13-47所示。

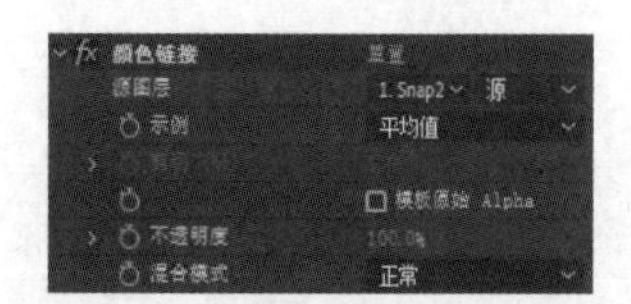

图13-46　颜色链接特效的属性参数

图13-47　颜色链接特效的应用效果

颜色链接特效中主要属性参数的作用如下。

- 【源图层】：用来选择蒙版层。
- 【示例】：用来选择蒙版层的颜色基准。
- 【剪切(%)】：用来设置蒙版层的调节程度。
- 【模板原始Alpha】：如果蒙版层有透明区域，那么可以通过选中这个复选框来应用蒙版层的透明区域。
- 【不透明度】：用来设置蒙版层的不透明度。
- 【混合模式】：用来设置蒙版层和被调整图层的混合模式。

13.1.25　黑色和白色

黑色和白色特效用于将素材转换为黑白色或单一色调。黑色和白色特效的属性参数如图13-48所示，应用效果如图13-49所示。

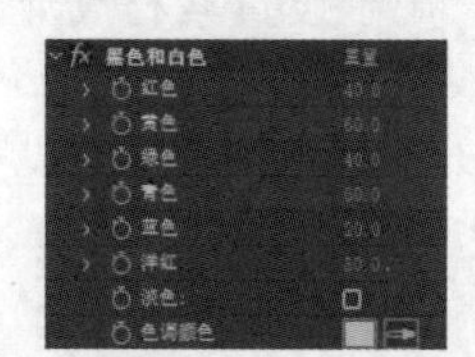

图13-48　黑色和白色特效的属性参数

图13-49　黑色和白色特效的应用效果

黑色和白色特效中主要属性参数的作用如下。

- 【红色】/【黄色】/【绿色】/【青色】/【蓝色】/【洋红】：用于调整素材本身对应色系的明暗度。
- 【淡色】：用于将素材转换为某种单一色调。
- 【色调颜色】：用于设置单一色调的颜色。

13.1.26　自动特效

After Effects 2020提供的自动特效有自动对比度特效、自动色阶特效、自动颜色特效和自然饱和度特效，共计4个。这4个特效在对比度、色阶、颜色和饱和度方面都有固定的数值。当为素材应用这些特效时，素材的对比度、色阶、颜色和饱和度都将被设定为特定的数值。只有当某个数值明显有别于正常值时，这些特效才会起到明显的效果。这4个自动特效的属性参数如图13-50所示。

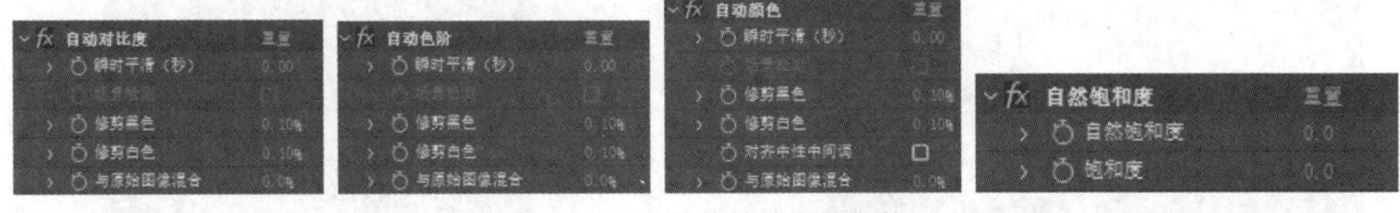

图13-50　自动特效的属性参数

13.2　上机练习——制作蓝调影片效果

本节将制作蓝调影片效果。练习的内容主要是为素材影片添加颜色平衡特效，之后再将普通的影片效果修改为蓝调影片效果。通过本节的练习，可以帮助读者更好地掌握颜色校正特效的基本操作方法和技巧。

01 选择【合成】|【新建合成】菜单命令，在打开的【合成设置】对话框中设置【预设】为NTSC DV，设置【持续时间】为0:00:10:00，然后单击【确定】按钮，建立一个新的合成，如图13-51所示。

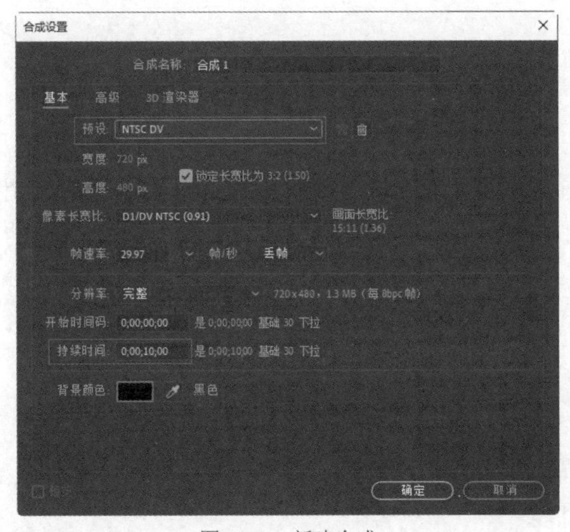

图13-51　新建合成

02 选择【文件】|【导入】|【文件】菜单命令，打开【导入文件】对话框，找到并导入此次练习所需的素材。然后将导入的素材放置在【时间轴】面板的图层列表中，如图13-52所示。

图13-52　将素材添加到图层列表中

03 在【合成】面板中预览影片效果，如图13-53所示。

04 选择素材图层，然后选择【效果】|【颜色校正】|【颜色平衡】菜单命令，为素材添加颜色平衡特效，具体设置参见图13-54。

图13-53　预览影片效果

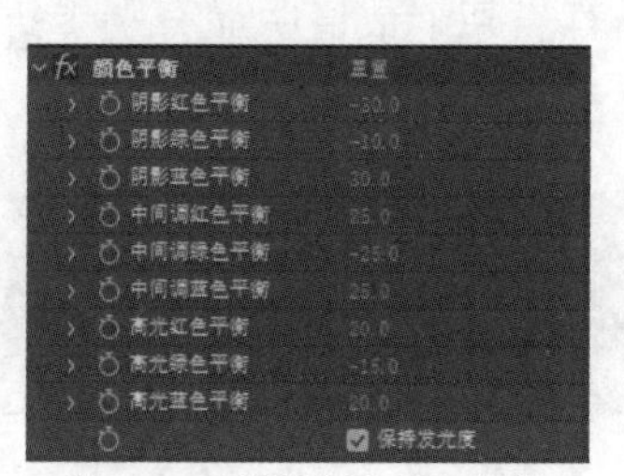

图13-54　设置颜色平衡特效

05 在【合成】面板中预览添加特效后的蓝调影片效果，如图13-55所示。

图13-55　蓝调影片效果

13.3 习　题

1. 选取一张风景图片，为其添加曲线特效，然后修改风景的色调。
2. 选取一张天空图片，为其添加更改颜色特效，然后修改天空的色彩。

第 14 章

其他常见特效

除了前面章节中介绍的各类特效之外，After Effects中还有几类特效十分常用，主要包括模糊和锐化特效、模拟特效、杂色与颗粒特效、时间特效、文本特效、音频特效等。本章主要介绍这些特效的基本功能和设置方法等。

本章重点

- 模糊和锐化特效
- 模拟特效
- 杂色与颗粒特效
- 文本特效
- 时间特效
- 音频特效

二维码教学视频

上机练习——制作下雨和下雪动画

14.1 模糊和锐化特效

模糊和锐化特效主要通过改变原始素材的模糊度或清晰度来生成特殊的艺术效果，进而创建出更丰富的画面。根据所使用特效的不同，模糊和锐化特效的应用效果和区域也不同。用户也可通过设置关键帧来实现模糊与清晰之间的动画效果。

14.1.1 CC Cross Blur

CC Cross Blur特效用于为原始素材创建水平或垂直方向上的模糊效果。CC Cross Blur特效的属性参数如图14-1所示，应用效果如图14-2所示。

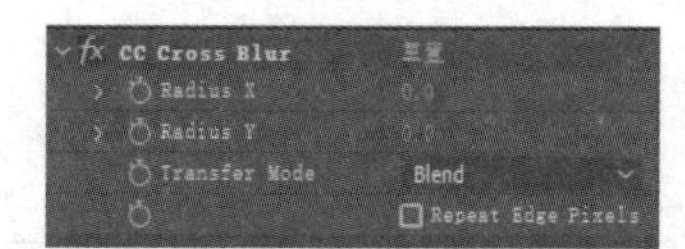

图14-1　CC Cross Blur特效的属性参数

图14-2　CC Cross Blur特效的应用效果

CC Cross Blur特效中主要属性参数的作用如下。

- Radius X：用于设置水平方向上的模糊程度。
- Radius Y：用于设置垂直方向上的模糊程度。
- Transfer Mode：用于选择模糊效果与原始素材的混合模式。
- Repeat Edge Pixels：选中后，模糊掉的边缘部分将能够清晰显示。

14.1.2　CC Radial Blur

CC Radial Blur特效用于为原始素材创建径向的模糊效果。CC Radial Blur特效的属性参数如图14-3所示，应用效果如图14-4所示。

图14-3　CC Radial Blur特效的属性参数

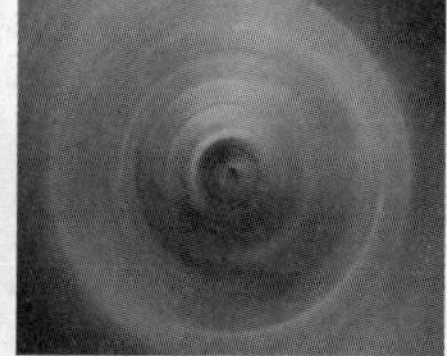

图14-4　CC Radial Blur特效的应用效果

CC Radial Blur特效中主要属性参数的作用如下。

- Type：用于选择径向模糊的类型。共有7种类型可选，并且每种类型都可以生成不同样式的模糊效果。
- Amount：用于设置模糊的程度。
- Quality：用于设置模糊的质量。
- Center：用于设置模糊效果的中心位置。

14.1.3　CC Vector Blur

CC Vector Blur特效用于为原始素材创建矢量模糊效果。CC Vector Blur特效的属性参数如图14-5所示，应用效果如图14-6所示。

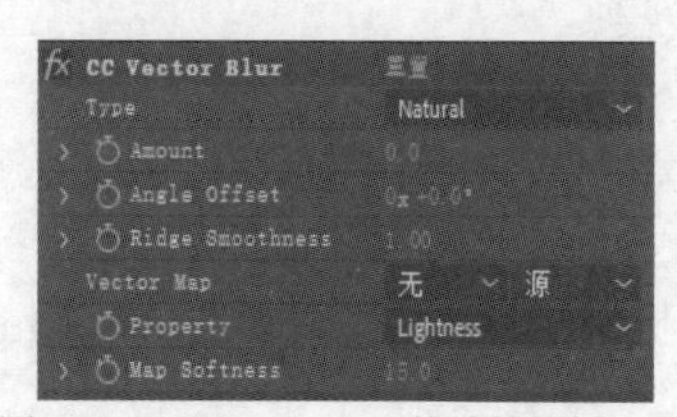

图14-5　CC Vector Blur特效的属性参数

图14-6　CC Vector Blur特效的应用效果

CC Vector Blur特效中主要属性参数的作用如下。

- Type：用于选择矢量模糊的类型。
- Amount：用于设置模糊的程度。
- Angle Offset：用于设置模糊的角度。
- Ridge Smoothness：用于调整模糊边缘的平滑度。
- Vector Map：用于选择图层作为产生矢量模糊效果时的依据。
- Property：用于选择产生矢量模糊效果时依据的通道类型。
- Map Softness：用于设置模糊的柔和度。

14.1.4 复合模糊

复合模糊特效能够根据参考图层的颜色和对比度，使素材图层产生模糊效果。复合模糊特效的属性参数如图14-7所示，应用效果如图14-8所示。

图14-7　复合模糊特效的属性参数

图14-8　复合模糊特效的应用效果

复合模糊特效中主要属性参数的作用如下。

- 【模糊图层】：用于选择产生模糊效果时依据的参考图层。
- 【最大模糊】：用于设置模糊的强度。
- 【伸缩对应图以适合】：选中后，即可对参考图层和素材图层的大小进行调整，使二者统一。
- 【反转模糊】：选中后，模糊效果将被反转。

14.1.5 通道模糊

通道模糊特效主要通过对素材图层中不同的颜色通道进行模糊处理来实现不同的模糊效果。通道模糊特效的属性参数如图14-9所示，应用效果如图14-10所示。

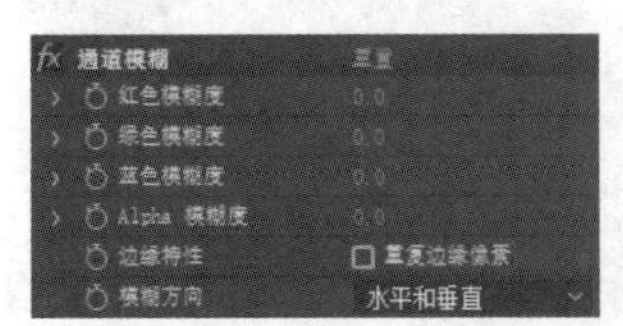

图14-9　通道模糊特效的属性参数

图14-10　通道模糊特效的应用效果

通道模糊特效中主要属性参数的作用如下。

- 【红色模糊度】/【绿色模糊度】/【蓝色模糊度】/【Alpha模糊度】：分别用于设置红色通道、绿色通道、蓝色通道、Alpha通道的模糊程度。
- 【边缘特性】：选中右侧的【重复边缘像素】复选框后，素材图层的边缘部分将不受模糊效果的影响。
- 【模糊方向】：用于选择模糊方向，只有【水平和垂直】【水平】【垂直】三个选项。

14.1.6 径向模糊

径向模糊特效的作用与CC Radial Blur特效相似，它们都可以为素材图层创建径向的旋转模糊效果。但是，径向模糊特效提供了一个控制器，通过这个控制器可以直观地观看效果。径向模糊特效的属性参数如图14-11所示，应用效果如图14-12所示。

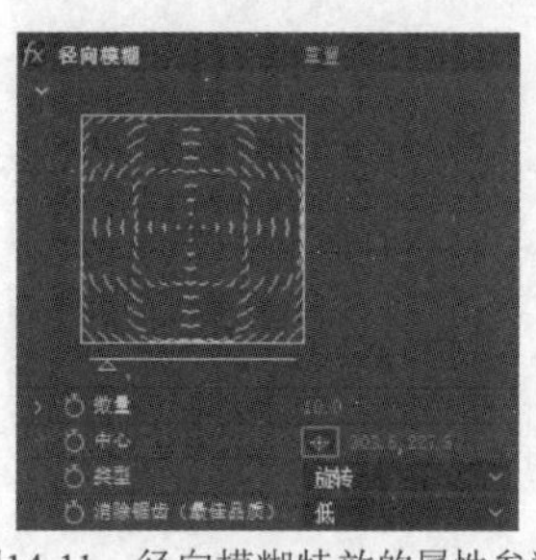

图14-11 径向模糊特效的属性参数

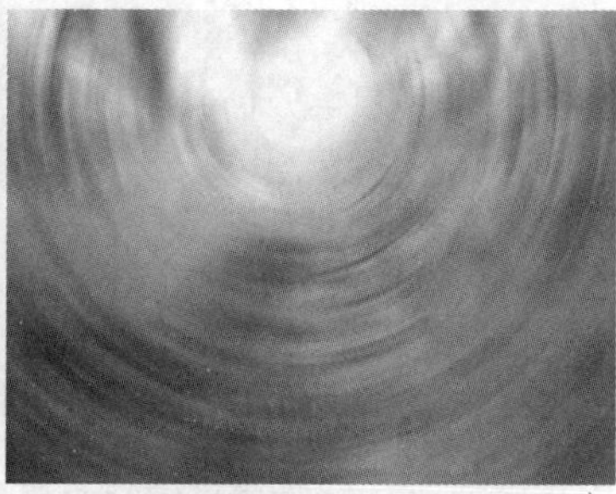

图14-12 径向模糊特效的应用效果

径向模糊特效中主要属性参数的作用如下。

- 【数量】：用来调整效果的模糊程度。
- 【中心】：用来设置效果的中心位置。
- 【类型】：用来选择效果的类型。
- 【消除锯齿(最佳品质)】：用来选择锯齿的消除程度。

14.1.7 锐化

锐化特效用于提高素材图像的对比度和清晰度。锐化特效的属性参数如图14-13所示，这里的【锐化量】用于设置锐化的程度。锐化特效的应用效果如图14-14所示。

图14-13 锐化特效的属性参数

图14-14 锐化特效的应用效果

14.2　模拟特效

模拟特效主要通过生成一些粒子运动来模拟生成某些实际场景中的艺术效果，例如下雪、气泡、水波纹等。用户也可通过设置关键帧来实现这些粒子动画。

14.2.1　CC Ball Action

CC Ball Action特效能够将素材图像转换为由多个三维球体组成的立体画面。CC Ball Action特效的属性参数如图14-15所示，应用效果如图14-16所示。

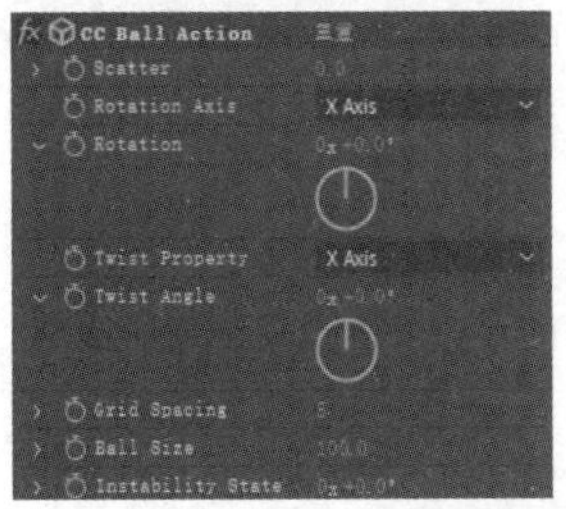

图14-15　CC Ball Action特效的属性参数

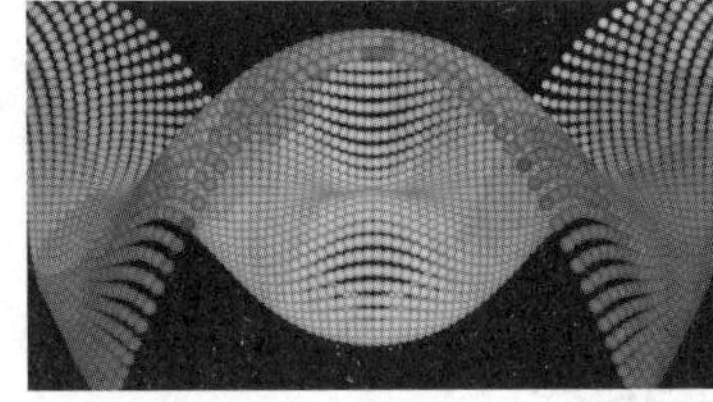

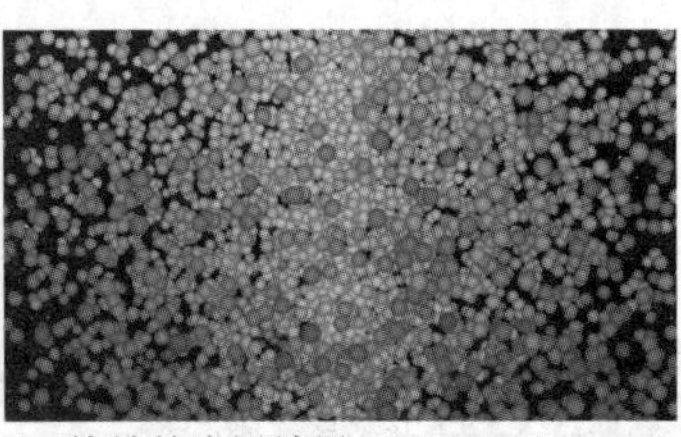

图14-16　CC Ball Action特效的应用效果

CC Ball Action特效中主要属性参数的作用如下。

- Scatter：用于设置球体的散射度。通过调整数值，可以使整齐排列的球体散布到不同的位置。
- Rotation Axis：用于选择球体组合旋转时依据的方向。共有9个选项， X Axis、Y Axis、Z Axis选项表示单方向旋转； XY Axis、XZ Axis、YZ Axis选项表示在两个方向上同时旋转；XYZ Axis选项表示在三个方向上同时旋转；X15Z Axis选项表示在*X*轴方向上每旋转一次，就在*Z*轴方向上旋转15次；XY15Z Axis选项表示在*X*和*Y*轴方向上每旋转一次，就在*Z*轴方向上旋转15次。
- Rotation：用于设置球体组合旋转时的角度。
- Twist Property：用于选择球体组合自身旋转扭曲时依据的形式。共有9种形式，不同的形式将会产生不同的排列组合效果。
- Twist Angle：用于设置球体组合自身旋转扭曲时的角度。
- Grid Spacing：用于设置球体之间的距离。
- Ball Size：用于设置单个球体的大小。
- Instability State：用于设置单个球体的旋转角度。

14.2.2　CC Bubbles

CC Bubbles特效用于为素材添加气泡效果，并且生成的气泡都自带运动效果。CC Bubbles特效的属性参数如图14-17所示，应用效果如图14-18所示。

CC Bubbles特效中主要属性参数的作用如下。

- Bubble Amount：用于设置气泡的数量。
- Bubble Speed：用于设置气泡上下浮动的方向和速度。数值为正时，气泡上升；数值为负时，气泡下降。

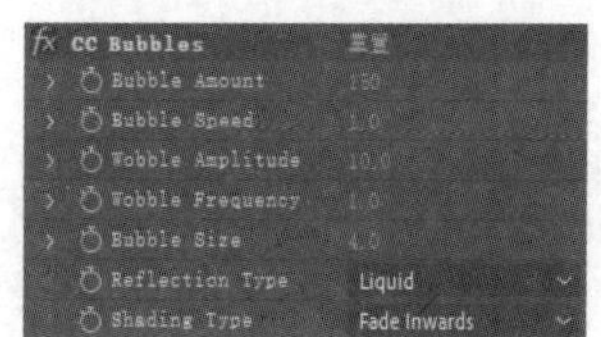

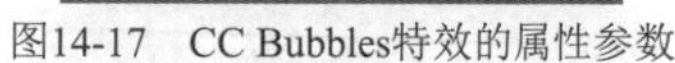
图14-17 CC Bubbles特效的属性参数

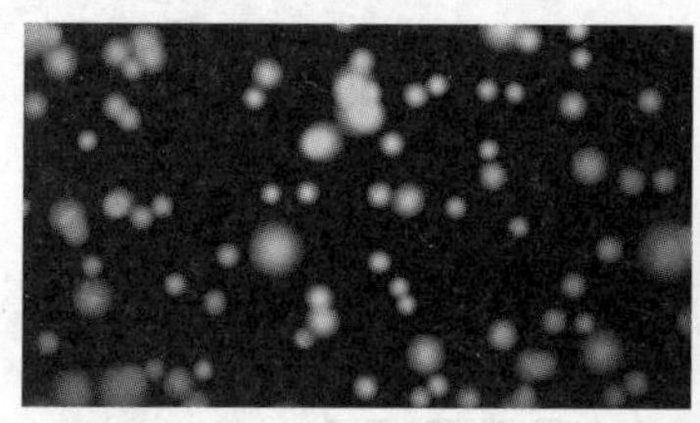
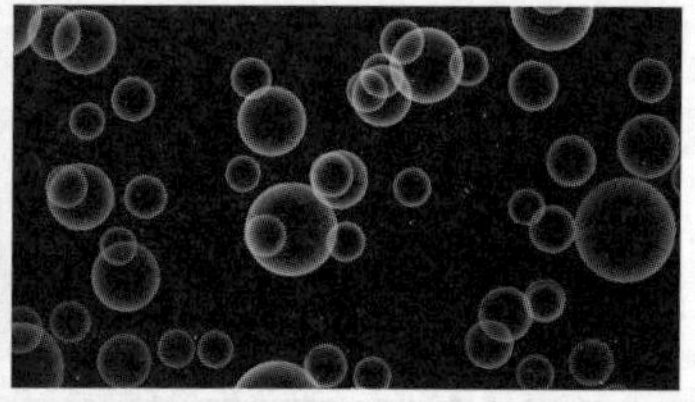
图14-18 CC Bubbles特效的应用效果

- Wobble Amplitude：用于设置气泡在运动时左右抖动的程度。
- Wobble Frequency：用于设置气泡在运动时左右抖动的速度。
- Bubble Size：用于设置气泡的大小。
- Reflection Type：用于选择气泡对于素材图像颜色的反射类型。根据所选类型的不同，气泡反射回来的颜色也将不同。
- Shading Type：用于选择气泡的类型。根据所选类型的不同，气泡展现出来的样式也将不同。

14.2.3 CC Drizzle

CC Drizzle特效能够在原始图层上模拟水滴滴落在水面上之后产成的水波纹效果，并自动生成相应的动画效果。CC Drizzle特效的属性参数如图14-19所示，应用效果如图14-20所示。

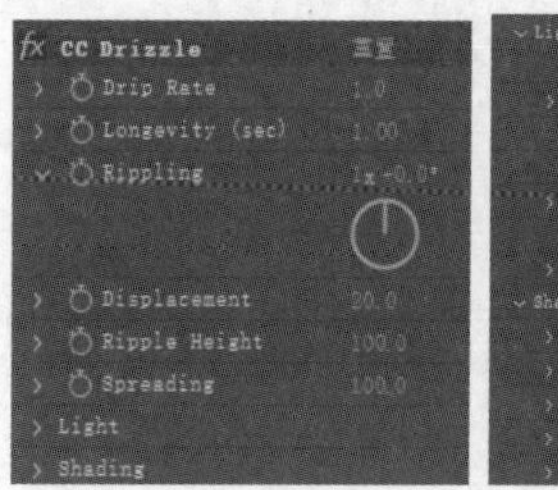

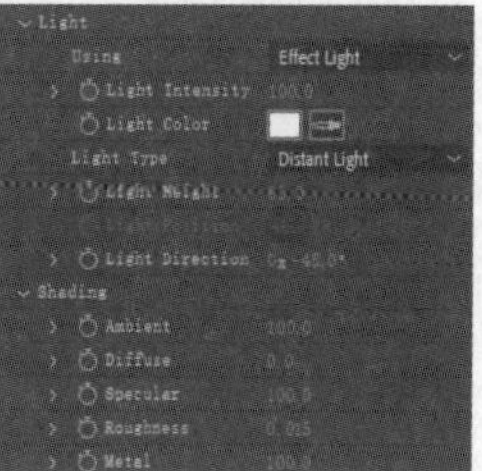

图14-19 CC Drizzle特效的属性参数

图14-20 CC Drizzle特效的应用效果

CC Drizzle特效中主要属性参数的作用如下。

- Drip Rate：用于设置波纹的密集程度。
- Longevity(sec)：用于设置波纹持续的时间。
- Rippling：用于设置单个波纹的复杂程度。
- Spreading：用于设置波纹的扩散范围。
- Light：用于控制灯光。
- Using：用于选择自行设置灯光效果还是使用After Effects自带的灯光效果。
- Light Intensity：用于控制灯光的强度。
- Light Color：用于选择灯光的颜色。
- Light Type：用于选择平行光或点光源。
- Light Height：用于设置光源到素材的距离。当数值为正时，素材会被照亮；当数值为负时，素材会变暗。
- Light Position：用于设置点光源的位置。
- Light Direction：用于调整光线的方向。

- Shading：用于控制阴影。
- Ambient：用于设置波纹对于环境光的反射程度。
- Diffuse：用于设置波纹的漫反射值。
- Specular：用于设置高光的强度。
- Roughness：用于设置波纹表面的光滑程度。数值越大，材质表面越光滑。
- Metal：用于设置波纹的材质。数值越大，越接近金属材质；数值越小，越接近塑料材质。

14.2.4 CC Hair

CC Hair特效用于在素材图像中模拟生成毛发效果，可通过添加蒙版，将生成的毛发效果控制在一定范围内。CC Hair特效的属性参数如图14-21所示，应用效果如图14-22所示。

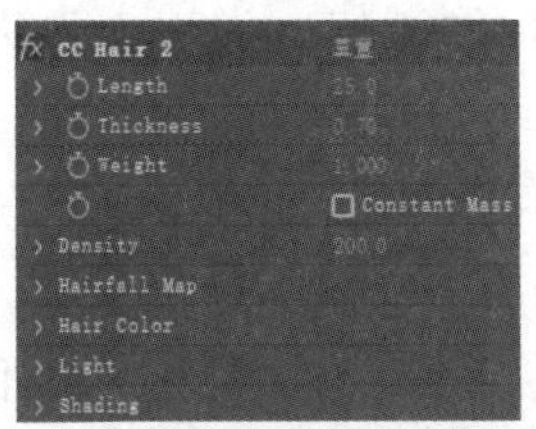

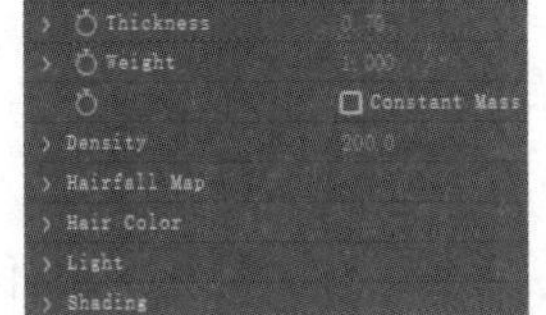

图14-21 CC Hair特效的属性参数

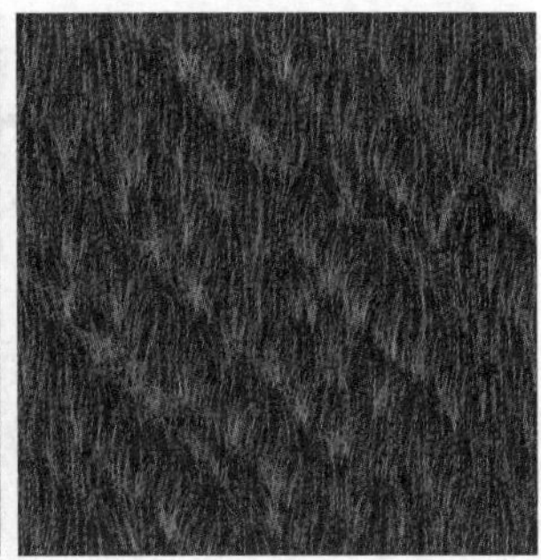

图14-22 CC Hair特效的应用效果

CC Hair特效中主要属性参数的作用如下。

- Length：用于设置毛发的长度。
- Thickness：用于设置毛发的厚度。
- Weight：用于控制毛发的生长方向。
- Constant Mass：选中后，便可以禁止毛发杂乱生长。
- Density：用于控制毛发的密度。
- Hairfall Map：用于控制毛发的更多细节。
- Hair Color：用于设置毛发的颜色。
- Light：用于调整灯光。
- Shading：用于调整阴影。

14.2.5 CC Mr. Mercury

CC Mr. Mercury特效能够为素材图像添加液体喷射或金属熔化的效果，并自动生成相应的动画效果。CC Mr. Mercury特效的属性参数如图14-23所示，应用效果如图14-24所示。

CC Mr. Mercury特效中主要属性参数的作用如下。

- Radius X / Radius Y：用于设置整个效果在水平方向和垂直方向上的范围。
- Producer：用于设置效果的中心位置。

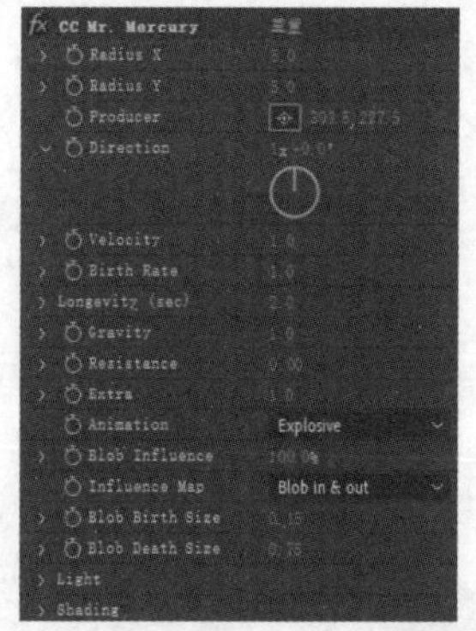

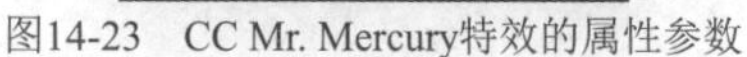

图14-23　CC Mr. Mercury特效的属性参数

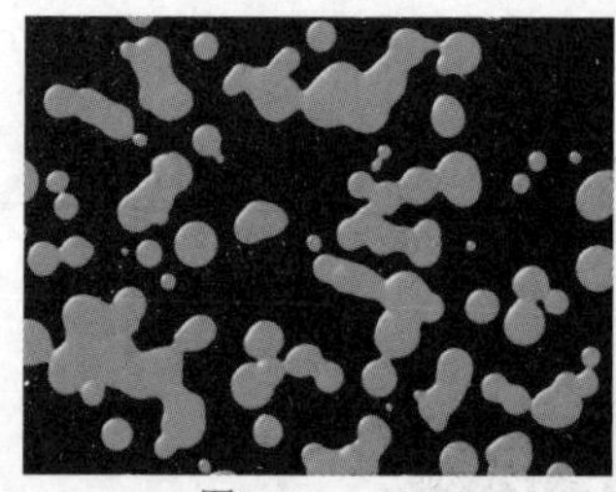
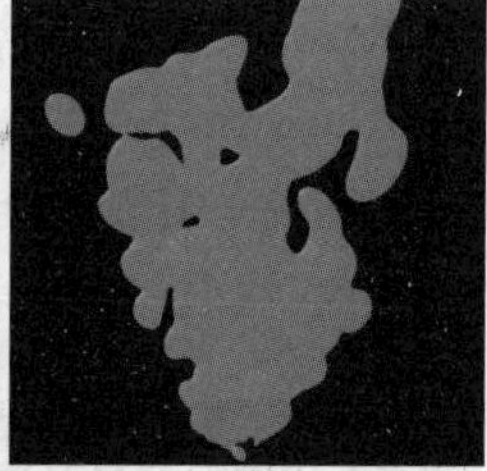

图14-24　CC Mr. Mercury特效的应用效果

- Direction：用于设置液体流动的方向。
- Velocity：用于控制液体流动的速率。
- Birth Rate：用于控制液体产生的密度。
- Longevity(sec)：用于控制液体持续时间的长短。
- Gravity：用于设置重力大小。重力越大，液体降落的速度越快；当重力为负值时，液体将上升。
- Resistance：用于设置阻力大小，从而控制液体流动的方向和速度。
- Extra：用于设置液体流动的随机性。
- Animation：用于选择动画类型。共有12种类型可选，不同的动画类型会产生不同的效果。
- Blob Influence：用于设置液体相互之间影响的大小。
- Influence Map：用于选择液体出现和消失时的效果类型。
- Blob Birth Size：用于控制液体出现时的大小。
- Blob Death Size：用于控制液体消失时的大小。
- Light：用于调整灯光。
- Shading：用于调整阴影。

14.2.6　CC Particle Systems II

CC Particle Systems II特效用于模拟生成粒子系统。CC Particle Systems II特效的属性参数如图14-25所示，应用效果如图14-26所示。

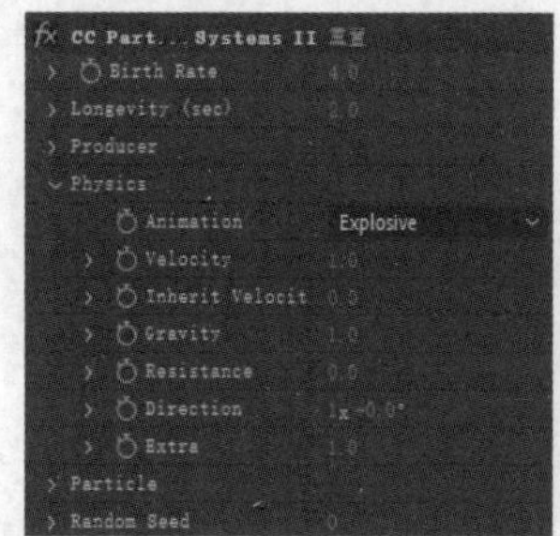

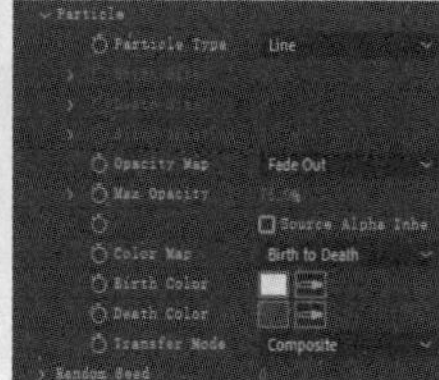

图14-25　CC Particle Systems II特效的属性参数

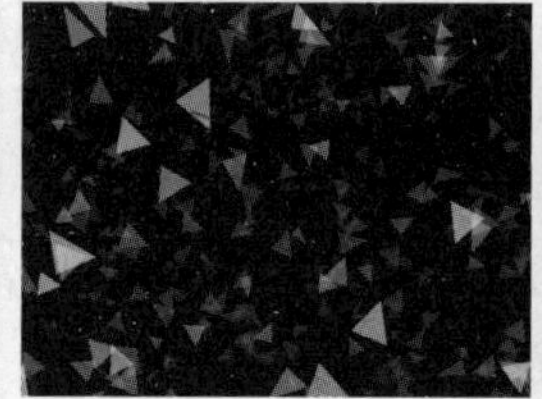
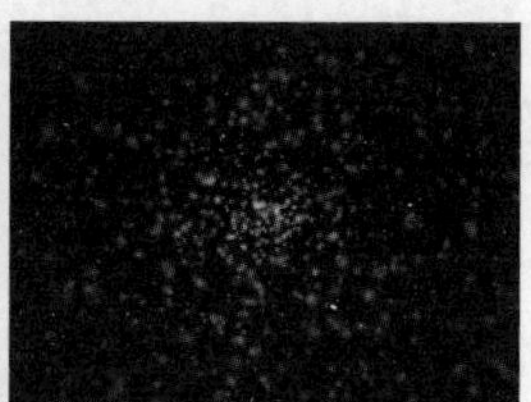

图14-26　CC Particle Systems II特效的应用效果

CC Particle Systems II特效中主要属性参数的作用如下。

- Birth Rate：用于控制粒子的数量。
- Longevity(sec)：用于控制粒子存在时间的长短。
- Producer：用于调整粒子的位置。
- Animation：用于选择动画类型。共有12种类型可选，不同的动画类型会产生不同的效果。
- Velocity：用于控制粒子运动的速率。
- Inherit Velocity：用于控制速率传递的百分比。
- Gravity：用于设置重力大小。重力越大，粒子降落的速度越快；当重力为负值时，粒子将上升。
- Resistance：用于设置阻力大小，从而控制粒子运动的方向和速度。
- Direction：用于设置粒子运动的方向。
- Extra：用于设置粒子运动的随机性。
- Particle Type：用于选择粒子的类型，使用不同的类型可以模拟不同的现实场景。
- Birth Size：用于设置粒子出现时的大小。
- Death Size：用于设置粒子的消失时。
- Size Variation：用于控制粒子的随机性。
- Opacity Map：用于选择粒子在不透明度上变换的类型。
- Max Opacity：用于设置粒子在不透明度上的最大值。
- Color Map：用于选择粒子在颜色上生成的类型。
- Birth Color：用于选择粒子生成时的颜色。
- Death Color：用于选择粒子消失时的颜色。
- Transfer Mode：用于选择粒子之间的混合模式。
- Random Seed：用于设置粒子整体运动的随机性。

14.2.7　CC Particle World

CC Particle World特效的作用与CC Particle Systems II特效相似，它们都能够模拟生成不同场景中的粒子效果。不同之处在于：CC Particle World特效是在三维场景中生成粒子。CC Particle World特效的属性参数如图14-27所示，应用效果如图14-28所示。

CC Particle World特效中主要属性参数的作用如下。

- Grid & Guides：用于设置3D场景的一系列属性。
- Position：选中后即可打开粒子生成器，可在【合成】面板中使用鼠标直接控制生成器的位置。
- Radius：选中后即可在【合成】面板中打开粒子生成器的半径控制手柄。
- Motion Path：选中后即可显示发射器的运动路径。
- Motion Path Frames：用于设置发射器运动的帧数。
- Grid：选中后即可打开【合成】面板中的网格。

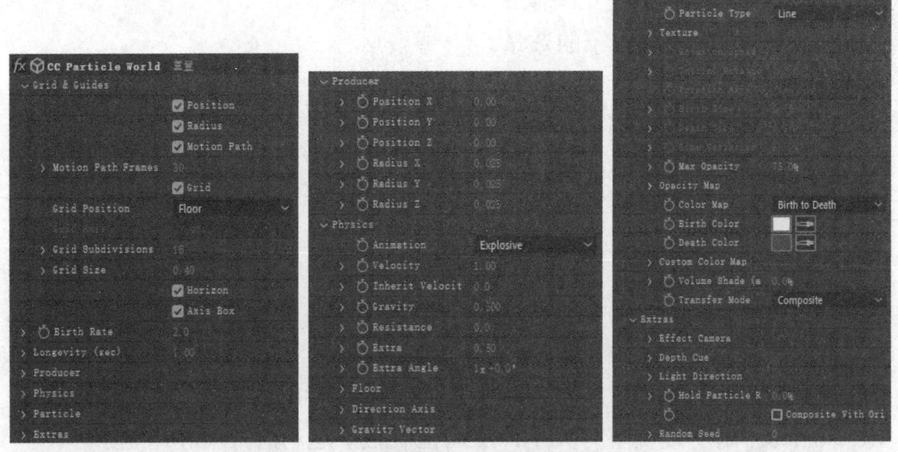

图14-27　CC Particle World特效的属性参数

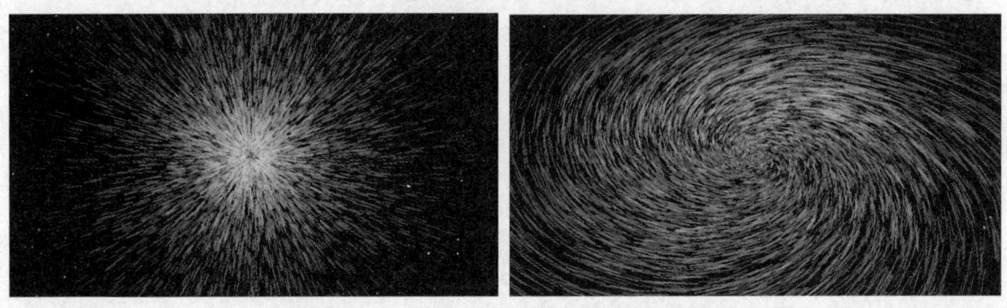

图14-28　CC Particle World特效的应用效果

- Grid Position：用于选择网格的样式。
- Grid Axis：用于选择网格的视角。
- Grid Subdivisions：用于设置网格的数量。
- Grid Size：用于设置网格的大小。
- Horizon：选中后即可显示地平线。
- Axis Box：选中后即可打开视角参考功能。
- Floor：用于设置水平面。
- Texture：用于选择粒子的纹理类型。
- Extras：用于设置其他的一些附加参数。

14.2.8　CC Pixel Polly

CC Pixel Polly特效能够模拟镜面破碎效果，因而通常用于生成素材图像被打碎并向四周飞散的动画效果。CC Pixel Polly特效的属性参数如图14-29所示，应用效果如图14-30所示。

CC Pixel Polly特效中主要属性参数的作用如下。

- Force：用于设置破碎的力度。数值越大，碎片飞散的范围越大。
- Gravity：用于设置重力大小。重力越大，碎片降落的速度越快；当重力为负值时，碎片将上升。

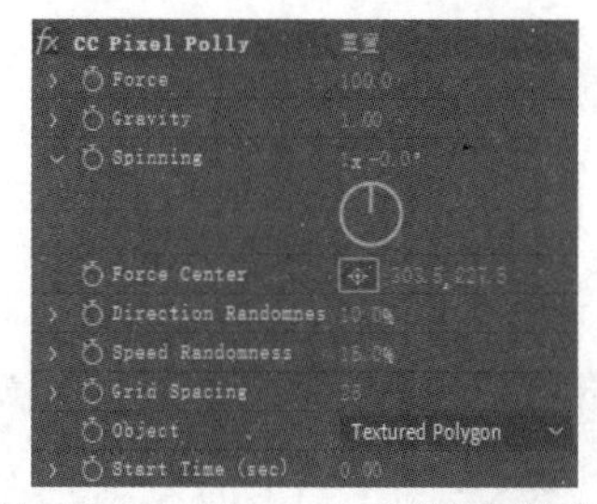

图14-29　CC Pixel Polly特效的属性参数

图14-30　CC Pixel Polly特效的应用效果

- Spinning：用于设置碎片的旋转角度。
- Force Center：用于设置破碎效果的中心位置。
- Direction Randomness：用于控制碎片飞散时方向的随机性。
- Speed Randomness：用于控制碎片飞散时速度的随机性。
- Grid Spacing：用于设置碎片的大小。
- Object：用于选择碎片的形状。
- Start Time(sec)：用于控制碎片生成过程的开始时间。

14.2.9 CC Rainfall

CC Rainfall特效能够模拟生成类似降雨或洒水的水滴降落效果。CC Rainfall特效的属性参数如图14-31所示，应用效果如图14-32所示。

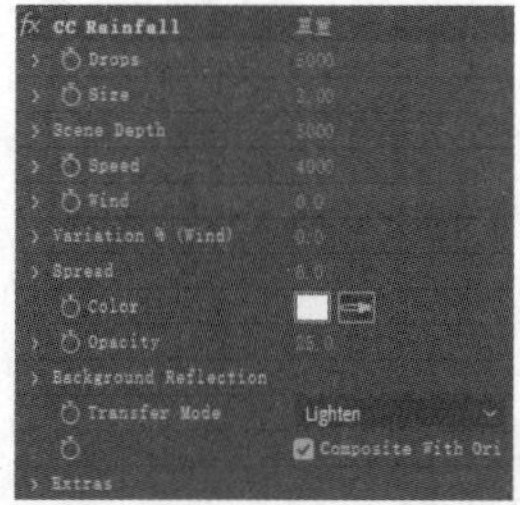

图14-31　CC Rainfall特效的属性参数

图14-32　CC Rainfall特效的应用效果

CC Rainfall特效中主要属性参数的作用如下。

- Drops：用于设置水滴的密集程度。
- Size：用于设置水滴的大小。
- Scene Depth：用于设置生成的水滴在画面上的移动距离。
- Wind：用于设置风的大小，同时影响水滴下落时的倾斜角度。
- Spread：用于设置随机出现的水滴数量。
- Color：用于选择水滴的颜色。
- Opacity：用于设置水滴的不透明度。
- Background Reflection：用于调整背景画面对水滴降落效果的影响程度。
- Transfer Mode：用于选择效果与素材图像的混合模式。
- Composite With Original：选中后，水滴降落效果将与原始图层一同显示；取消选中后，将仅显示水滴降落效果。
- Extras：用于设置其他的一些附加参数。

14.2.10 CC Scatterize

CC Scatterize特效能够将素材图像分散成粒子形态。CC Scatterize特效的属性参数如图14-33所示，应用效果如图14-34所示。

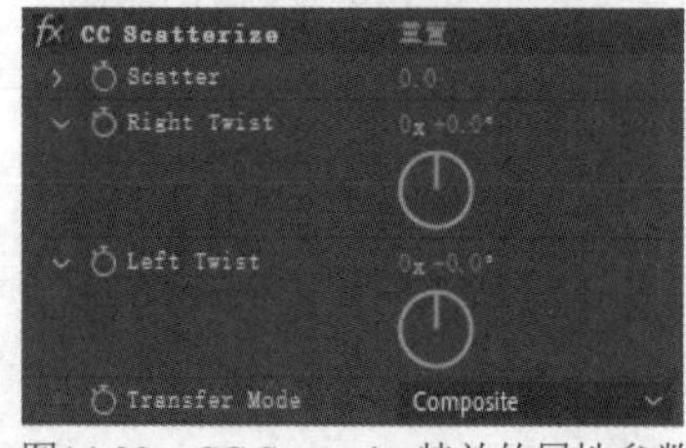

图14-33 CC Scatterize特效的属性参数

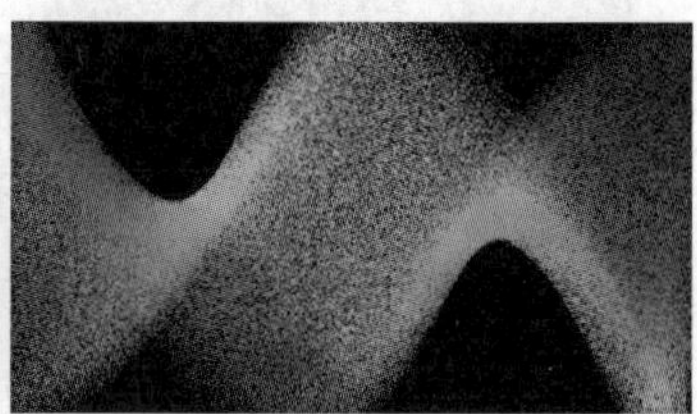

图14-34 CC Scatterize特效的应用效果

CC Scatterize特效中主要属性参数的作用如下。

- Scatter：用于设置粒子的分散性。
- Right Twist / Left Twist：用于设置向右和向左的扭曲程度。
- Transfer Mode：用于选择粒子分散时依据的模式。

14.2.11 CC Snowfall

CC Snowfall特效的作用与CC Rainfall特效相似，它们都能够模拟生成雪花降落的效果。CC Snowfall特效的属性参数如图14-35所示，应用效果如图14-36所示。

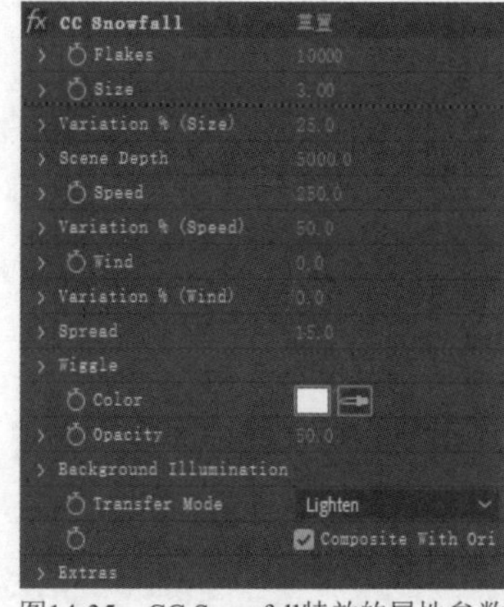

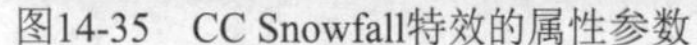

图14-35 CC Snowfall特效的属性参数

图14-36 CC Snowfall特效的应用效果

CC Snowfall特效中主要属性参数的作用如下。

- Variation %(Size)：用于设置雪花偏移的随机性。
- Variation %(Wind)：用于设置雪花受风影响时的随机性。
- Wiggle：用于设置雪花随机摆动时的相关参数。

14.2.12 CC Star Burst

CC Star Burst特效能够为素材图像生成宇宙星空效果，并自动生成在宇宙星空中穿越的动画效果。CC Star Burst特效的属性参数如图14-37所示，应用效果如图14-38所示。

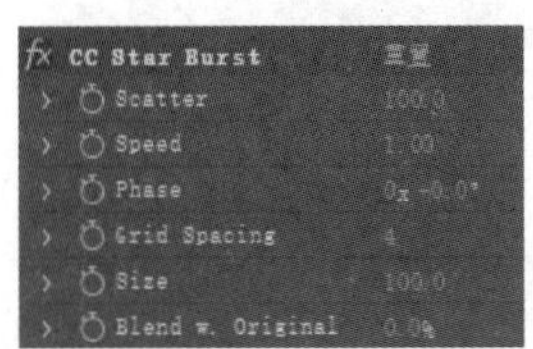

图14-37 CC Star Burst特效的属性参数

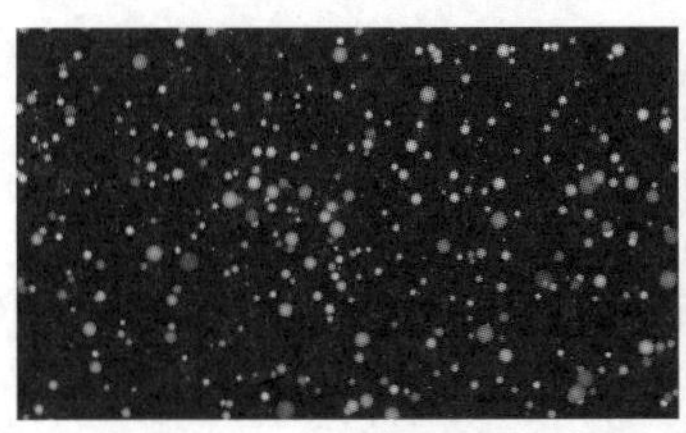

图14-38 CC Star Burst特效的应用效果

CC Star Burst特效中主要属性参数的作用如下。

- Scatter：用于设置粒子的分散性。
- Speed：用于设置粒子的运动速度。与数值为正时，粒子向前运动；当数值为负时，粒子向后运动。
- Phase：用于调整粒子的位置。
- Grid Spacing：用于设置粒子离屏幕的远近程度。
- Size：用于设置粒子的大小。
- Blend w. Original：用于设置效果与素材图像的混合程度。

14.2.13 泡沫

泡沫特效的作用与CC Bubbles特效相似，它们都能够模拟生成气泡效果。但是，CC Bubbles特效用于为素材图像添加气泡效果，而泡沫特效用于模拟发射器喷射气泡。泡沫特效的属性参数如图14-39所示，应用效果如图14-40所示。

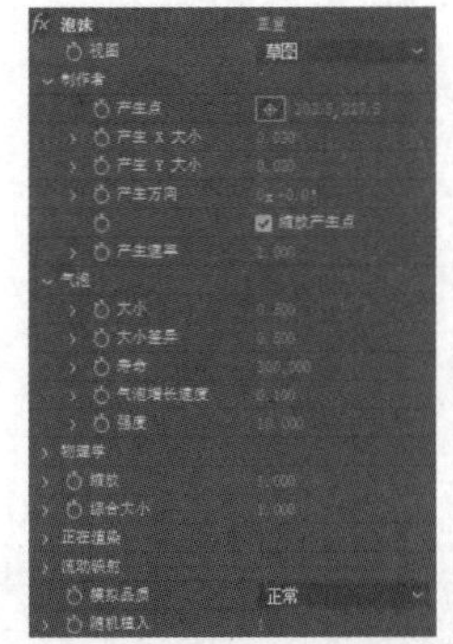

图14-39 泡沫特效的属性参数

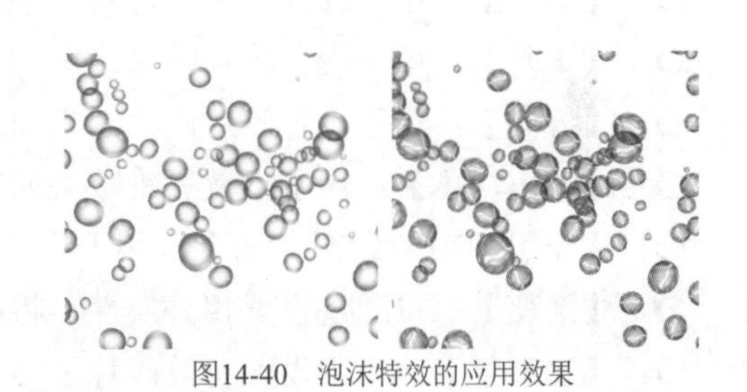

图14-40 泡沫特效的应用效果

泡沫特效中主要属性参数的作用如下。

- 【视图】：用于选择观看效果的方式。
- 【产生点】：用于设置发射器的位置。
- 【产生X大小】/【产生Y大小】：用于调整气泡在X和Y两个方向上的生成量。
- 【产生方向】：用于设置气泡运动时的方向。
- 【缩放产生点】：选中后，发射器将被放大。
- 【产生速率】：用于设置气泡产生的速率。
- 【气泡】：用于设置气泡自身的属性。
- 【大小】：用于调整气泡的大小。
- 【大小差异】：用于设置气泡之间的大小差异。

- 【寿命】：用于设置气泡持续的时间。
- 【气泡增长速度】：用于设置气泡由小变大的速度。
- 【强度】：用于控制气泡产生的数量。
- 【物理学】：用于设置有关气泡运动效果的物理属性。
- 【正在渲染】：用于设置有关气泡样式的属性。
- 【流动映射】：用于设置气泡的流动效果。

14.2.14 碎片

碎片特效能够将素材图像转换成三维模式，并模拟生成砖块等多种形状的爆破动画效果。碎片特效的属性参数如图14-41所示，应用效果如图14-42所示。

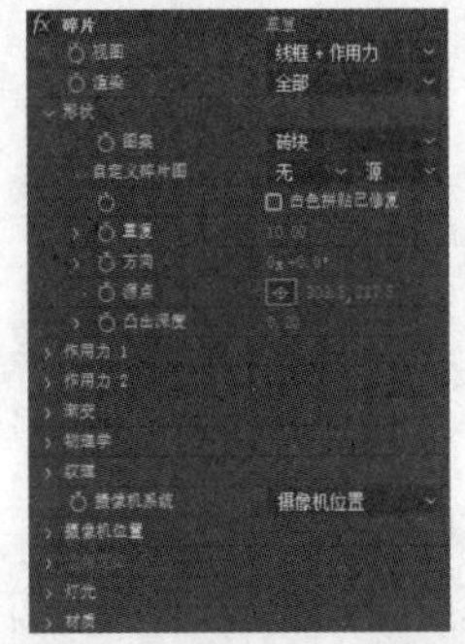

图14-41　碎片特效的属性参数

图14-42　碎片特效的应用效果

碎片特效中主要属性参数的作用如下。

- 【视图】：用于选择观看效果的方式。
- 【图案】：用于选择碎片的形状。
- 【重复】：用于设置碎片的密度。
- 【方向】：用于设置碎片产生的方向。
- 【凸出深度】：用于设置三维效果的明显程度。
- 【作用力1】/【作用力2】：用于设置爆破点的位置、深度、半径和强度。
- 【渐变】：可通过设置相关属性，将碎片的掉落与图像的渐变结合起来。
- 【物理学】：用于设置有关碎片运动效果的物理属性。
- 【纹理】：用于设置碎片的样式。
- 【摄像机位置】：可通过对摄像机的相关属性进行设置来创建不同的视角和镜头效果。
- 【灯光】：用于设置有关灯光的一些属性。
- 【材质】：用于设置有关材质的一些属性。

14.2.15 粒子运动场

粒子运动场特效能够通过粒子发射器创建粒子，并通过属性的设置来模拟不同的粒子动画效果。粒子运动场特效的属性参数如图14-43所示，应用效果如图14-44所示。

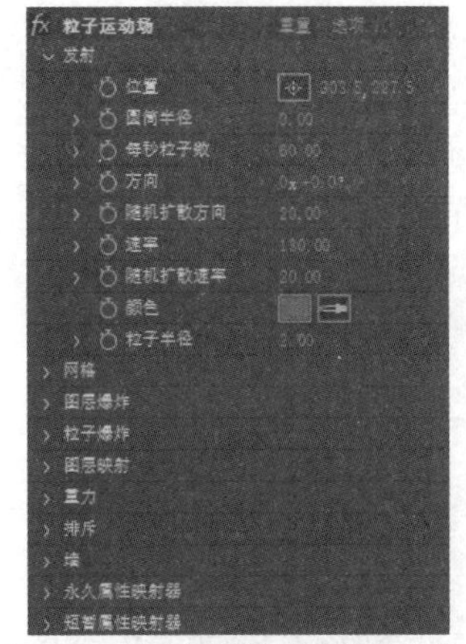

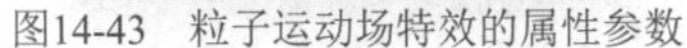
图14-43　粒子运动场特效的属性参数

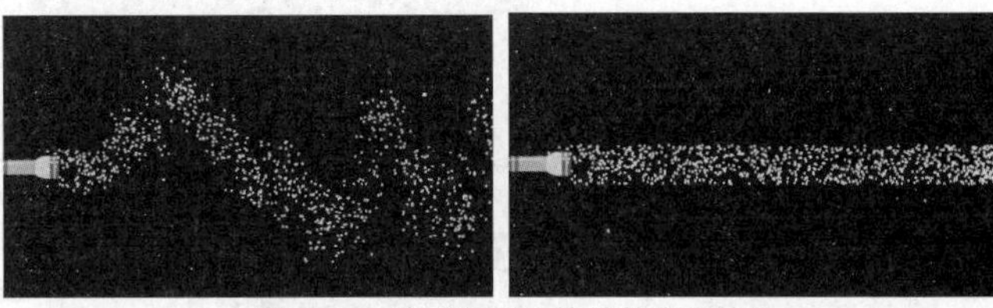
图14-44　粒子运动场特效的应用效果

粒子运动场特效中主要属性参数的作用如下。

- 【发射】：用于设置发射器的一些基本属性。
- 【位置】：用于设置发射器的位置。
- 【圆筒半径】：用于调整发射器半径的大小。
- 【每秒粒子数】：用于设置每秒内发射的粒子数量。
- 【方向】：用于设置粒子发射时的方向。
- 【随机扩散方向】：用于设置粒子发散的随机性。
- 【速率】：用于设置粒子发散的速度。
- 【随机扩散速率】：用于设置粒子随机发散时的速率。
- 【颜色】：用于调整粒子的颜色。
- 【粒子半径】：用于设置粒子半径的大小。
- 【网格】：用于设置与网格有关的属性。
- 【图层爆炸】：用于设置有关图层爆炸效果的属性。
- 【粒子爆炸】：用于设置有关粒子爆炸效果的属性。
- 【图层映射】：用于设置粒子图层的映射效果。
- 【重力】：用于设置有关重力的属性，从而影响粒子的运动效果。
- 【排斥】：用于设置有关粒子相互之间如何排斥的属性，从而影响粒子的运动效果。
- 【墙】：用于设置粒子运动的范围。
- 【永久属性映射器】/【短暂属性映射器】：用于设置效果在持续时间和短暂时间内的映射属性。

14.3　杂色与颗粒特效

杂色与颗粒特效主要通过生成一些杂色与颗粒并使它们与素材图像相互融合，来形成一些特殊的效果。

14.3.1 杂色

杂色特效能够为素材添加杂色效果，因而经常用于模拟电视机信号不稳定时画面上的杂点效果。杂色特效的属性参数如图14-45所示，应用效果如图14-46所示。

图14-45 杂色特效的属性参数

图14-46 杂色特效的应用效果

杂色特效中主要属性参数的作用如下。

- 【杂色数量】：用于设置杂色的多少。
- 【使用杂色】：选中后，杂色将呈现红、绿、蓝三种颜色的彩色效果。
- 【剪切结果值】：选中后，生成的杂色效果将显示在素材图像上。

14.3.2 杂色HLS

杂色HLS特效在为素材图像添加杂色的同时，还允许调整素材图像的色相、亮度、饱和度等。杂色HLS特效的属性参数如图14-47所示，应用效果如图14-48所示。

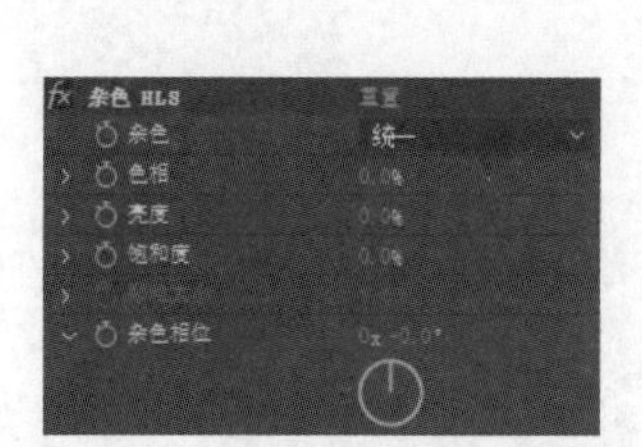

图14-47 杂色HLS特效的属性参数

图14-48 杂色HLS特效的应用效果

杂色HLS特效中主要属性参数的作用如下。

- 【杂色】：用于选择杂色的类型。这里共有3种类型，分别是【统一】【方形】和【颗粒】。
- 【色相】：用于调整画面的色调。
- 【亮度】：用于调整画面的亮度。
- 【饱和度】：用于调整画面的饱和度。
- 【颗粒大小】：用于设置杂色颗粒的大小。
- 【杂色相位】：选中后，颗粒将随机分布。

14.3.3 移除颗粒

移除颗粒特效用于减少素材图像中的杂色。移除颗粒特效的属性参数如图14-49所示，应用效果如图14-50所示。

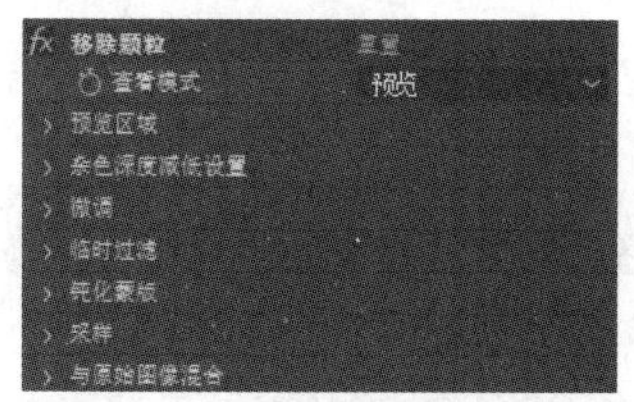

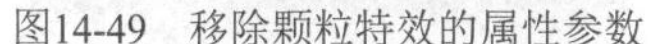

图14-49　移除颗粒特效的属性参数

图14-50　移除颗粒特效的应用效果

移除颗粒特效中主要属性参数的作用如下。

- 【查看模式】：用于设置【合成】面板中显示的模式。共有4种模式，分别是【预览】【杂色样】【混合遮罩】和【最终输出】。
- 【预览区域】：当【查看模式】为【预览】时，用于对预览区域进行设置。
- 【杂色深度减低设置】：用于设置去除杂色时的相关属性。
- 【微调】：用于对效果进行细节上的调整。
- 【钝化蒙版】：用于调整细节边缘的对比度，从而使模糊的边缘部分变得清晰。
- 【采样】：用于设置特效在进行杂色采样时的各项数值范围。
- 【与原始图像混合】：用于设置效果与素材图像的混合模式。

14.3.4　蒙尘与划痕

蒙尘与划痕特效能够将指定范围内的像素变得相同，从而达到减少杂色和瑕疵的效果。蒙尘与划痕特效的属性参数如图14-51所示，应用效果如图14-52所示。

图14-51　蒙尘与划痕特效的属性参数

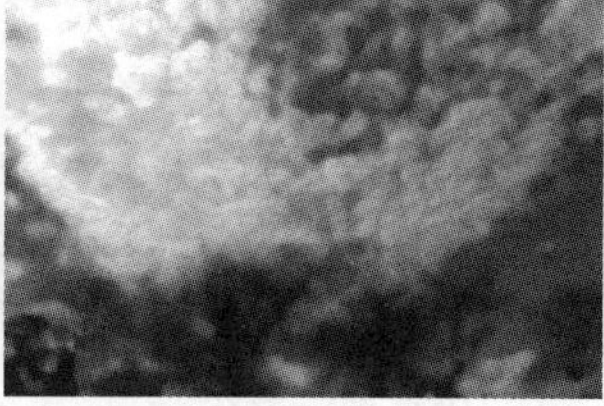

图14-52　蒙尘与划痕特效的应用效果

蒙尘与划痕特效中主要属性参数的作用如下。

- 【半径】：用于设置需要同化的像素的范围。
- 【阈值】：用于设置被同化像素的边缘的阈值大小，也就是边缘的扩张和收缩大小。
- 【在Alpha通道上运算】：选中后，蒙尘与划痕特效将被应用于Alpha通道。

14.4　文本特效

文本特效包含时间码特效和编号特效，多用于自动生成能够与原始素材匹配的时间码或数字编码效果，此外还允许对生成的文字效果做进一步调整。

14.4.1 编号

编号特效不仅可以生成时间码，而且可以生成日期等与数字相关的效果。在为素材添加编号特效时，将打开【编号】对话框，如图14-53所示。设置好编号字体、方向、对齐方式等参数后，即可为素材添加编号特效。编号特效的属性参数如图14-54所示，应用效果如图14-55所示。

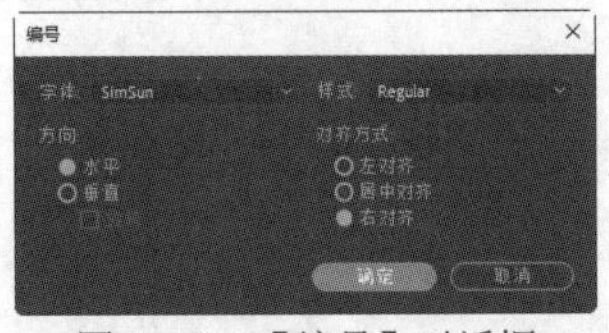

图14-53 【编号】对话框

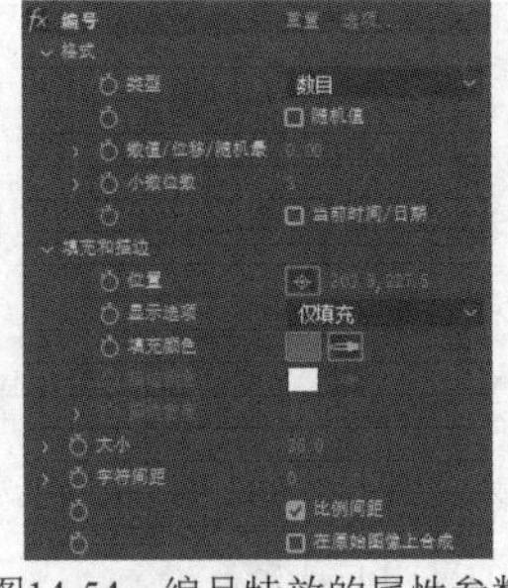

图14-54 编号特效的属性参数

图14-55 编号特效的应用效果

编号特效中主要属性参数的作用如下。

- 【编号】：在添加编号特效的同时会打开【编号】对话框，用于设置数字的相关属性。
- 【类型】：用于选择编号的类型，这里提供了包括时间码、短日期在内的10种类型。
- 【随机值】：选中后，数字的变化将随机进行。
- 【数值/位移/随机最大】：用于设置数值随机时的范围以及偏离固定值时的范围。
- 【小数位数】：用于设置数值在小数点后保留几位。
- 【当前时间/日期】：选中后，时间和日期将根据当前实际情况进行显示。
- 【位置】：用于设置时间码在【合成】面板中的位置。
- 【显示选项】：用于选择数字显示的样式。
- 【填充颜色】：用于调整数值内部填充的颜色。
- 【描边颜色】：用于调整数值描边时的颜色。
- 【描边宽度】：用于设置描边的宽度。
- 【大小】：用于调整文本的大小。
- 【字符间距】：用于调整文本间距。
- 【比例间距】：选中后，调整文本间距时，将对文本等比例进行调整。
- 【在原始图像上合成】：选中后，文本效果将出现在素材图像上。

14.4.2 时间码

时间码特效用于在【合成】面板中添加能够与视频播放时间同步的时间码。时间码特效的属性参数如图14-56所示，应用效果如图14-57所示。

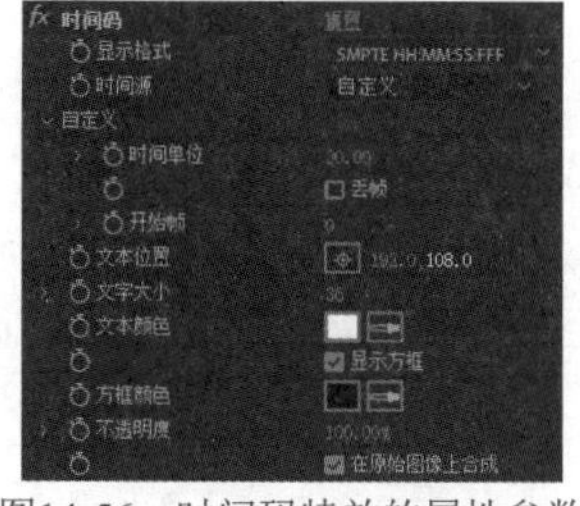
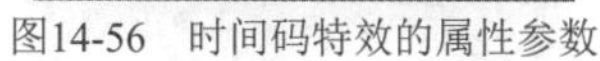

图14-56　时间码特效的属性参数

图14-57　时间码特效的应用效果

时间码特效中主要属性参数的作用如下。

- 【显示格式】：用于选择时间的单位类型。可以按照时间来显示，也可以按照总帧数来显示。
- 【时间源】：用于选择依据的时间来源。共有3个选项，分别是【图层源】【合成】和【自定义】。
- 【自定义】：仅当【时间源】为【自定义】时，相关参数才会被启用。
- 【时间单位】：用于设置单位时间内的帧数。
- 【丢帧】：选中后，将自动判断丢帧情况。
- 【开始帧】：用于设置时间码显示的起始时间。
- 【文本位置】：用于设置时间码在【合成】面板中的位置。
- 【文字大小】：用于调整时间码文本的大小。
- 【文本颜色】：用于调整时间码文本的颜色。
- 【显示方框】：选中后，时间码文本的右侧将出现一个方框。
- 【方框颜色】：用于选择方框的颜色。
- 【不透明度】：用于调整时间码的不透明度。
- 【在原始图像上合成】：选中后，时间码将出现在素材图像上。

14.5　时间特效

时间特效主要通过调整与时间相关的属性来形成一些特殊效果。时间特效在作用时以原始素材作为时间标准，并且在应用时间特效后，其他特效将失效。

14.5.1　CC Force Motion Blur

CC Force Motion Blur特效主要通过实现帧画面的时间延迟来模拟运动模糊效果。CC Force Motion Blur特效的属性参数如图14-58所示，应用效果如图14-59所示。

图14-58　CC Force Motion Blur特效的属性参数

图14-59　CC Force Motion Blur特效的应用效果

CC Force Motion Blur特效中主要属性参数的作用如下。

- Motion Blur Samples：用于设置对帧画面进行采样复制的程度。数值越大，采样复制的信息越精确。
- Override Shutter Angle：选中后，即可自定义运动模糊的强度。
- Shutter Angle：用于设置运动模糊的强度。
- Native Motion Blur：用于选择是否启用运动模糊效果。

14.5.2 CC Wind Time

CC Wind Time特效主要通过实现帧画面的多次复制和重叠来模拟运动模糊效果。CC Wind Time特效的属性参数如图14-60所示，应用效果如图14-61所示。

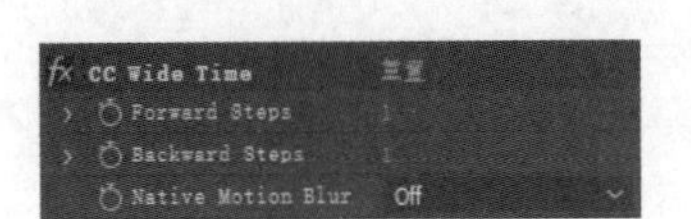

图14-60　CC Wind Time特效的属性参数

图14-61　CC Wind Time特效的应用效果

CC Wind Time特效中主要属性参数的作用如下。

- Forward Steps：用于设置视频画面中时间向前延迟的程度。
- Backward Steps：用于设置视频画面中时间向后延迟的程度。
- Native Motion Blur：用于选择是否启用运动模糊效果。

14.5.3 像素运动模糊

像素运动模糊特效主要通过对素材画面中的像素进行分析来模拟产生镜头的运动模糊效果。像素运动模糊特效的属性参数如图14-62所示，应用效果如图14-63所示。

图14-62　像素运动模糊特效的属性参数

图14-63　像素运动模糊特效的应用效果

像素运动模糊特效中主要属性参数的作用如下。

- 【快门控制】：用于选择控制快门的方式，有【手动】和【自动】两种方式。
- 【快门角度】：用于设置快门的角度。数值越大，产生的镜头模糊效果越明显。
- 【快门采样】：用于调整特效产生时采样的多少。数值越大，产生的镜头模糊效果越柔和。
- 【矢量详细信息】：用于更详细地设置镜头模糊效果。

14.5.4 时差

时差特效主要通过实现帧画面的复制、重叠并进而形成色彩差异来产生画面重影效果。时差特效的属性参数如图14-64所示，应用效果如图14-65所示。

图14-64　时差特效的属性参数

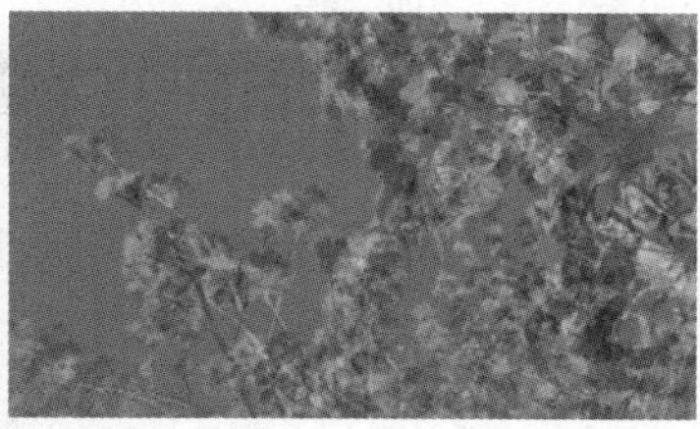

图14-65　时差特效的应用效果

时差特效中主要属性参数的作用如下。

- 【目标】：用于选择与素材图像进行色彩差异对比的图层。
- 【时间偏移量(秒)】：用于设置画面之间的时间偏移数值。
- 【对比度】：用于设置画面的对比度。
- 【绝对差值】：选中后，将仅显示图像中产生差值的部分。
- 【Alpha通道】：用于选择Alpha通道的计算方式，共有7种方式可选。

14.5.5 时间扭曲

时间扭曲特效主要通过调整数值来改变原始素材的速度、运动模糊以及大小等相关属性。时间扭曲特效的属性参数如图14-66所示，应用效果如图14-67所示。

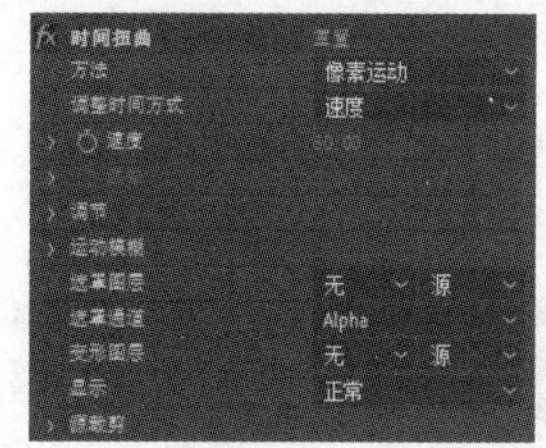

图14-66　时间扭曲特效的属性参数

图14-67　时间扭曲特效的应用效果

时间扭曲特效中主要属性参数的作用如下。

- 【方法】：用于选择读取原始素材的方法，使用不同的读取方法可以激活不同的属性参数。
- 【调整时间方式】：用于选择改变时间时依据的方式。
- 【速度】：用于调整素材的速度。
- 【源帧】：仅当【调整时间方式】为【源帧】时才被启用，用于以帧为单位调整素材的速度。
- 【调节】：用于设置调整完速度后的画面细节。
- 【运动模糊】：用于调整产生的镜头模糊效果。
- 【遮罩图层】：用于选择遮罩图层。
- 【遮罩通道】：用于选择遮罩产生时依据的模式。

- 【变形图层】：用于选择变形图层。
- 【显示】：用于选择效果呈现的模式。
- 【源裁剪】：可通过对【左侧】【右侧】【底部】和【顶部】进行调整来对素材画面进行裁剪。

14.5.6 时间置换

时间置换特效能够通过将不同时间点的图像融合在一起来产生新的画面效果。时间置换特效的属性参数如图14-68所示，应用效果如图14-69所示。

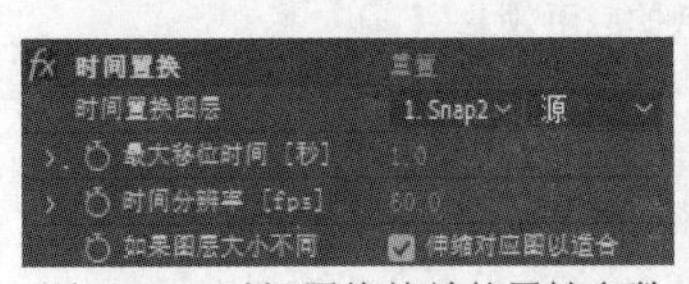

图14-68 时间置换特效的属性参数

图14-69 时间置换特效的应用效果

时间置换特效中主要属性参数的作用如下。

- 【时间置换图层】：用于选择与素材图像产生时间置换的图层。
- 【最大移位时间(秒)】：用于设置时间偏移的最大数值。
- 【时间分辨率(fps)】：用于调整每帧之间画面的融合程度。
- 【伸缩对应图以适合】：选中后，置换图层将自动调整大小以与素材图像相匹配。

14.5.7 残影

残影特效主要通过实现帧画面的复制和重叠来产生画面延迟效果。残影特效的属性参数如图14-70所示，应用效果如图14-71所示。

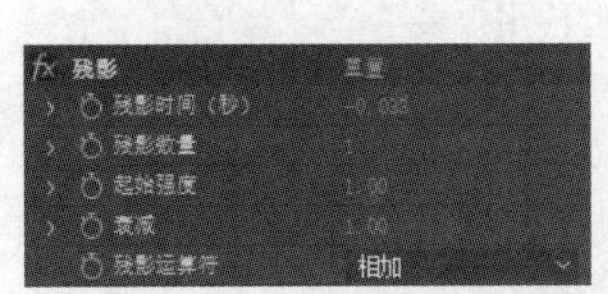

图14-70 残影特效的属性参数

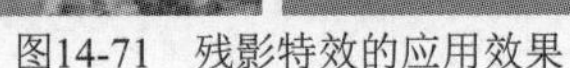

图14-71 残影特效的应用效果

残影特效中主要属性参数的作用如下。

- 【残影时间(秒)】：用于设置延迟效果持续的时间。当数值为正时，当前帧与之后的画面重叠；当数值为负时，当前帧与之前的画面重叠。
- 【残影数量】：用于设置残影画面的数量。
- 【起始强度】：用于设置残影画面开始的强度。
- 【衰减】：用于设置残影画面减弱的程度。
- 【残影运算符】：用于设置残影特效与素材画面的混合模式，共有7种模式可选。

14.6　音频特效

音频特效主要用于为音频文件添加一些特殊效果，以便对音频素材进行简单的调整。这里介绍几个简单且常用的音频特效，部分音频特效的属性参数如图14-72所示。

- 调制器特效：用于对音频文件的速率、深度和振幅进行调整。
- 倒放特效：用于对音频文件倒着进行播放。
- 低音和高音特效：用于对音频的低音和高音部分进行加强或减弱处理。
- 延迟特效：用于为音频素材添加延迟效果。
- 混响特效：用于为音频素材添加回声效果。
- 音调特效：用于对音频的音调高低进行调整。

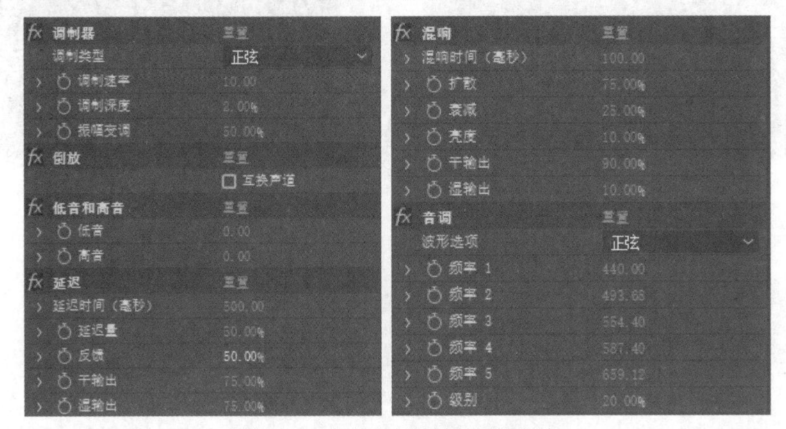

图14-72　部分音频特效的属性参数

14.7　上机练习——制作下雨和下雪动画

本节将制作下雨和下雪的动画效果，练习的主要内容是为一张静态图片添加下雨并转换到下雪的动画效果。通过本节的练习，可以帮助读者更好地掌握模拟特效的基本操作方法和技巧。

01 选择【合成】|【新建合成】菜单命令，在打开的【合成设置】对话框中设置【预设】为HDTV 1080 25，并设置【持续时间】为0:00:15:00，单击【确定】按钮，建立一个新的合成，如图14-73所示。

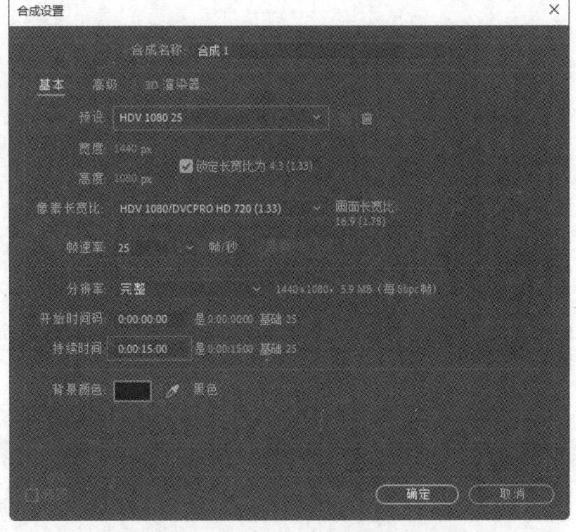

图14-73　【合成设置】对话框

02 选择【文件】|【导入】|【文件】菜单命令，将“雪山.jpg”图片素材导入【项目】面板中，然后将导入的素材添加到【时间轴】面板的图层列表中，如图14-74所示。

03 下面添加下雨的动画效果。选择【图层】|【新建】|【纯色】菜单命令，在打开的【纯色设置】对话框中，将【名称】修改为“下雨”，将【颜色】选为白色，单击【确定】按钮，创建一个纯色图层，如图14-75所示。

图14-74　导入素材

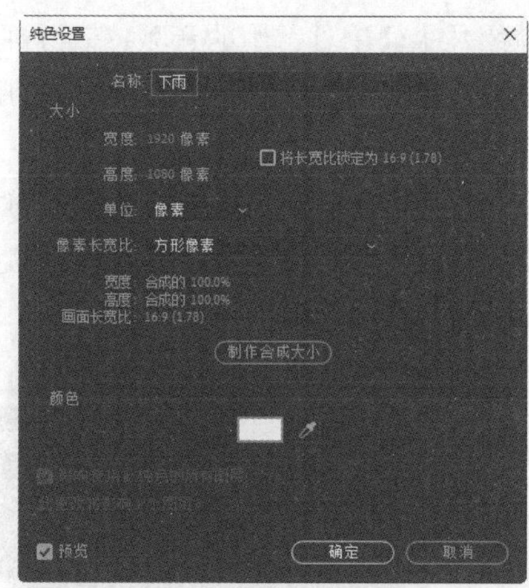

图14-75　创建纯色图层

❖ 提示：

为了方便特效的设置和区分，这里不是将特效直接添加到背景图层，而是添加到新的纯色图层。

04 选中“下雨”图层，然后选择【效果】|【模拟】|CC Rainfall菜单命令，在【效果控件】面板中取消选中Composite With Original复选框，如图14-76所示

05 在【合成】面板中对影片进行预览，可以看到下雨的动画效果出现在了背景图片上，如图14-77所示。

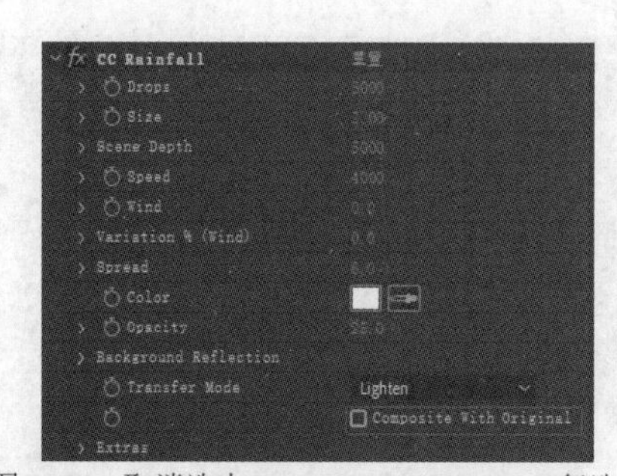

图14-76　取消选中Composite With Original复选框

图14-77　预览下雨的动画效果

06 下面制作雨水从无到有、再从有到无的动态效果。将时间指示器移至0:00:00:00，在【时间轴】面板中设置Drops属性为0并添加关键帧，如图14-78所示。

07 将时间指示器移至0:00:03:00，设置Drops属性为5000并添加关键帧，如图14-79所示。

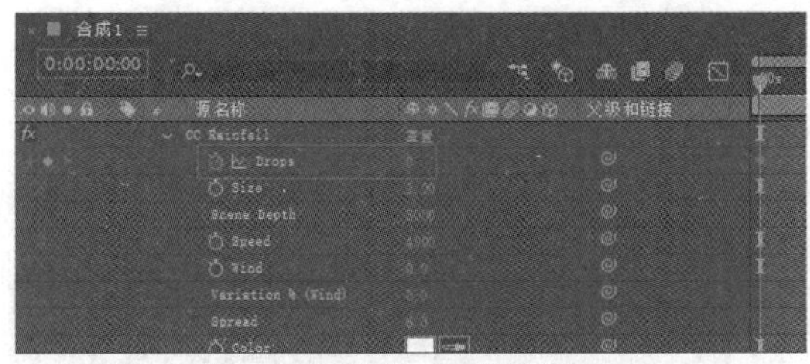
图14-78　设置Drops关键帧(一)

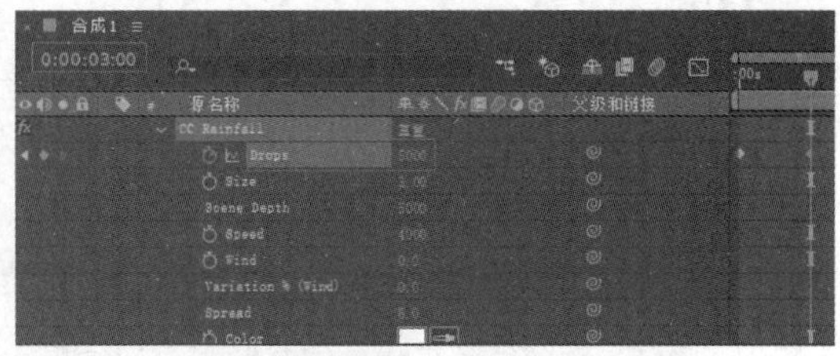
图14-79　设置Drops关键帧（二）

08 将时间指示器移至0:00:07:00，设置Drops属性为0并添加关键帧，如图14-80所示。

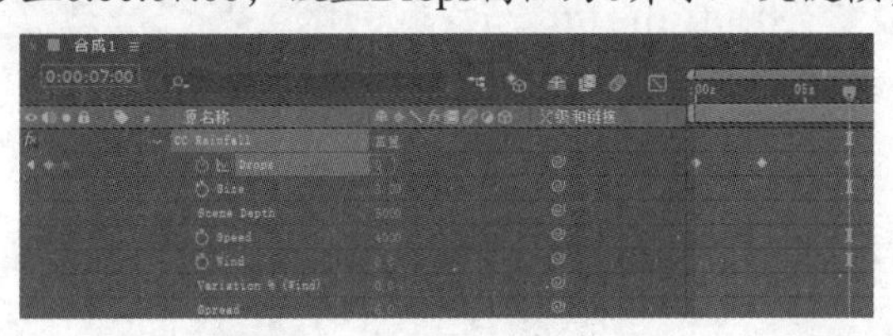
图14-80　设置Drops关键帧(三)

❖ 提示：

Drops是控制雨势大小的关键属性。Drops属性的值越大，雨势越大；Drops属性为0时，便不再下雨。

09 在【合成】面板中对影片进行预览，可以看到雨水从无到有、再从有到无的动画效果，如图14-81所示。

图14-81　预览雨势大小

10 下面添加下雪的动画效果。新建一个名为“下雪”的白色图层，选中该图层，然后选择【效果】|【模拟】|CC Snowfall菜单命令，在【效果控件】面板中取消选中Composite With Original复选框，如图14-82所示。

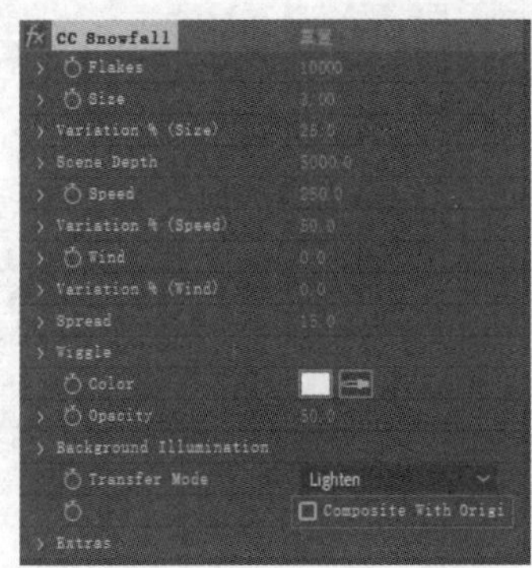
图14-82　取消选中Composite With Original复选框

11 在【合成】面板中对影片进行预览，可以看到下雪的动画效果出现在了背景图片上，如图14-83所示。

12 下面制作雪花从无到有的动画效果。将时间指示器移至0:00:03:00，在【时间轴】面板中设置Flakes属性为0并添加关键帧，如图14-84所示。

13 将时间指示器移至0:00:06:00，设置Flakes属性为25 000并添加关键帧，如图14-85所示。

图14-83　预览下雪的动画效果

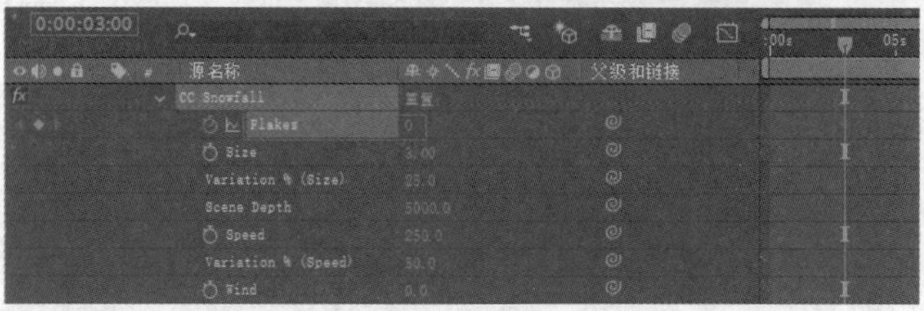

图14-84　设置Flakes关键帧(一)

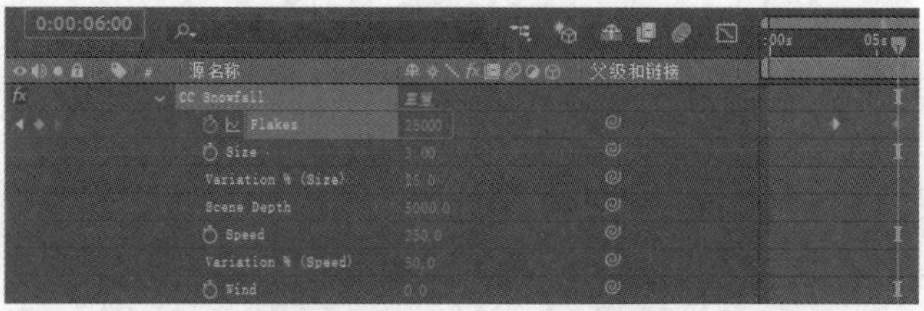

图14-85　设置Flakes关键帧(二)

❖ 提示：

Flakes是控制雪势大小的关键属性。Flakes属性的值越大，雪花越密集；Flakes属性为0时，便不再下雪。

14 在【合成】面板中对影片进行预览，可以观看雪花从无到有的动画效果，如图14-86所示。

图14-86　预览雪花从无到有的动画效果

15 下面制作雪越下越大的效果。将时间指示器移至0:00:03:00，设置Size属性为0.7并添加关键帧，如图14-87所示。

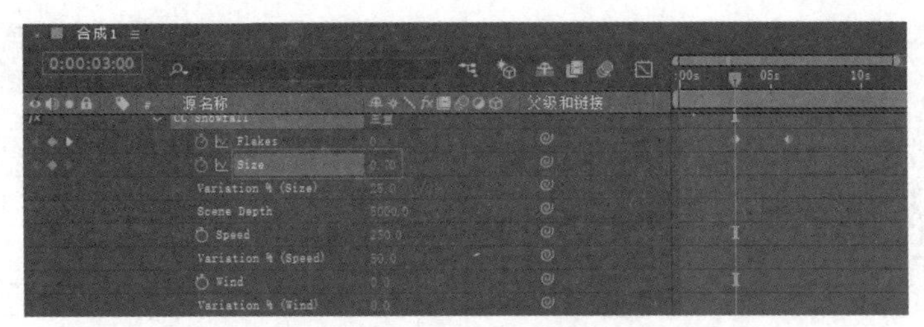

图14-87 设置Size关键帧(一)

16 将时间指示器移至0:00:06:00，设置Size属性为3并添加关键帧，如图14-88所示。

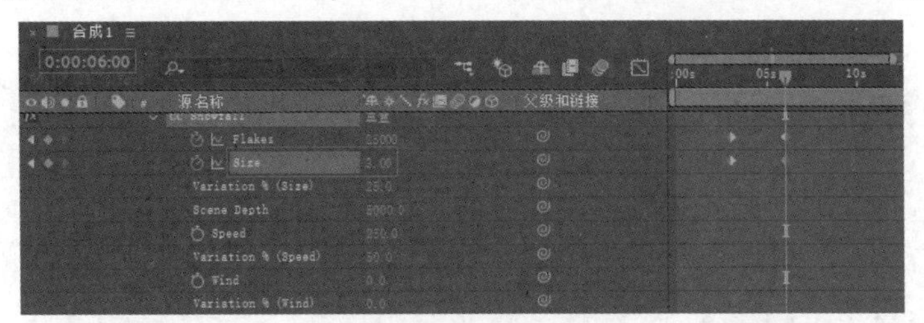

图14-88 设置Size关键帧(二)

17 将时间指示器移至0:00:15:00，设置Size属性为13并添加关键帧，如图14-89所示。

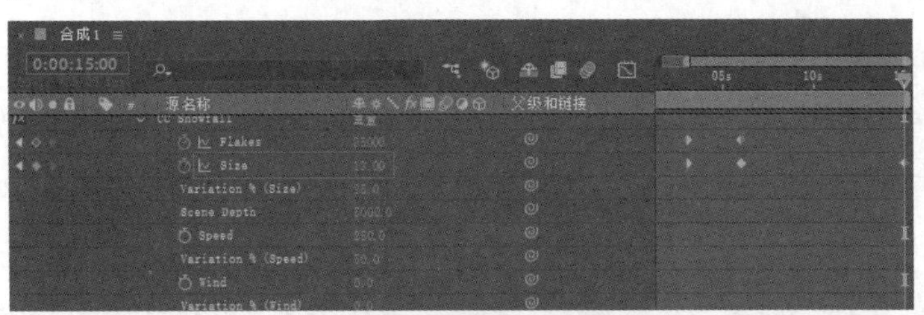

图14-89 设置Size关键帧(三)

❖ 提示：

Size是控制雪花大小的关键属性。Size属性的值越大，雪花越大；Size属性为0时，便不再下雪。

18 在【合成】面板中对影片进行预览，可以观看雪越下越大的动画效果，如图14-90所示。

图14-90 预览雪越下越大的动画效果

19 下面修改雪花飘落的速度。将时间指示器移至0:00:03:00，设置Speed属性为200并添加关键帧，如图14-91所示。

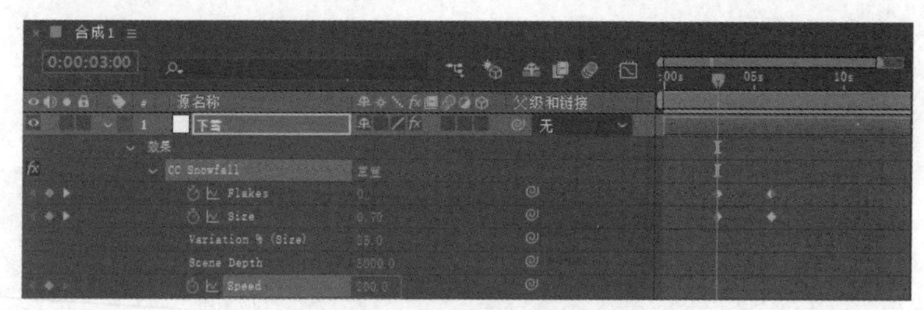

图14-91　设置Speed关键帧(一)

20 将时间指示器移至0:00:15:00，设置Speed属性为50并添加关键帧，如图14-92所示。

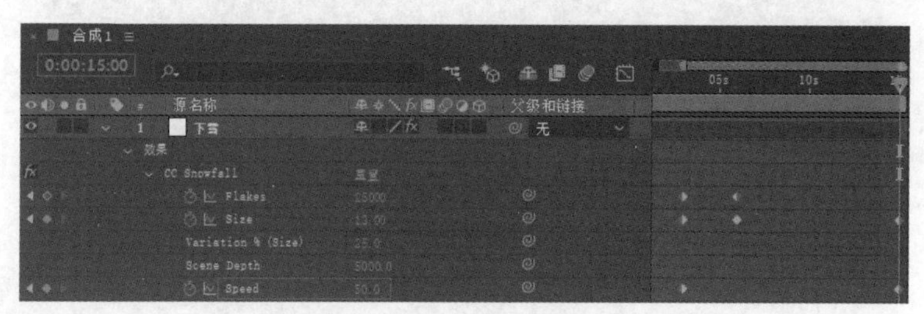

图14-92　设置Speed关键帧(二)

❖ 提示:

Speed是控制雪花飘落速度的关键属性。通常随着雪花变大，雪花飘落的速度也会随之减慢。

21 在【合成】面板中对最终效果进行预览，效果如图14-93所示。

图14-93　预览影片的最终效果

14.8 习　题

1. 准备多张图片并为其添加不同的模糊效果。
2. 利用模拟特效中的粒子特效制作三种样式不同的动态背景效果。

第 15 章

渲染输出

在After Effects中，工程文件的后缀为.aep，此类工程文件只能在After Effects中进行观看和编辑，而不适用于其他媒体平台。为了将After Effects中编辑好的作品转换为通用的媒体格式，就需要通过渲染输出操作将它们导出。

本章主要介绍关于渲染输出的一些基本操作方法，其中包含渲染输出相关面板的介绍、渲染设置和输出设置等。

本章重点

- 渲染合成
- 导出文件

15.1 渲染合成

渲染输出是使用After Effects进行影视作品制作的最后一步。选择【文件】|【导出】|【添加到渲染队列】菜单命令，After Effects将会打开【渲染队列】面板，用于对最终视频的渲染输出进行设置，如图15-1所示。

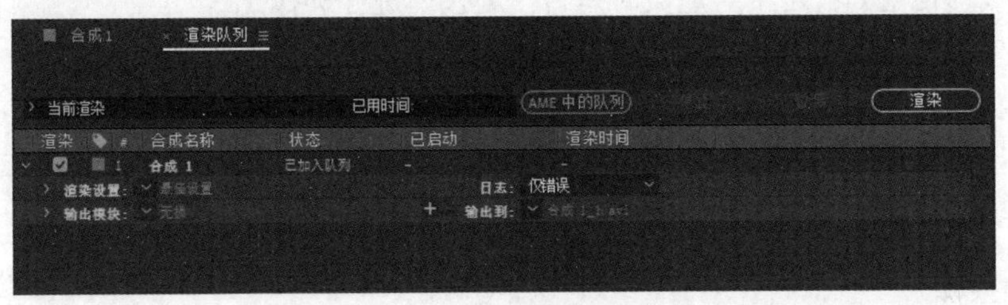

图15-1 【渲染队列】面板

❖ 提示：

【渲染队列】面板中显示了整个合成图像的渲染进程，用户可以调整各个合成图像的渲染顺序，并对影片输出的格式、输出路径等进行设置。

15.1.1 渲染设置

在【渲染队列】面板中单击【渲染设置】选项右侧的【最佳设置】选项，可在打开的【渲染设置】对话框进行渲染设置，如图15-2所示。

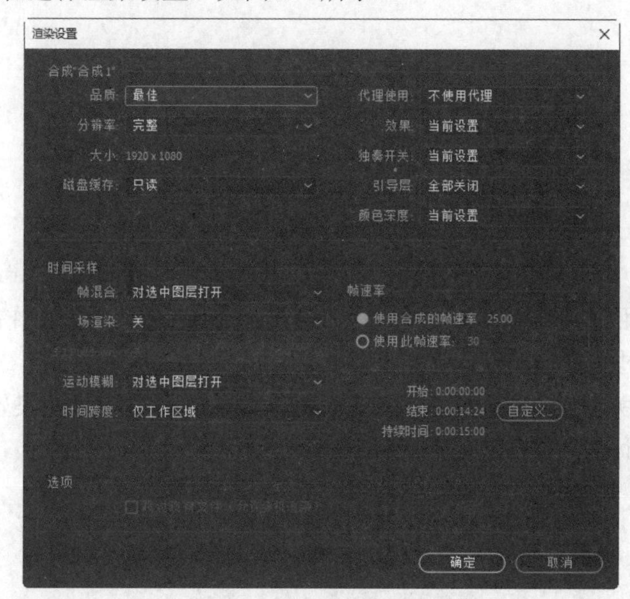

图15-2 【渲染设置】对话框

1. 合成图像

在图15-2中，【合成】区域的参数用于设置图像的渲染输出效果。

- 【品质】：用于对影片的渲染质量进行设置。
- 【分辨率】：用于对影片的渲染分辨率进行设置。
- 【大小】：用于对影片的渲染大小进行设置。
- 【磁盘缓存】：用于对渲染的磁盘缓存进行设置。
- 【代理使用】：用于对渲染时是否使用代理进行选择。
- 【效果】：用于对渲染时是否启用渲染效果进行选择。
- 【独奏开关】：用于对是否渲染独奏层进行选择。
- 【引导层】：用于对是否渲染引导层进行选择。
- 【颜色深度】：用于对渲染时的颜色深度进行设置。

2. 时间采样

在图15-2中，【时间采样】区域的参数如下。

- 【帧混合】：用于对渲染的项目中所有图层之间的帧混合方式进行设置。

- 【场渲染】：用于对渲染的场的模式进行设置。
- 【运动模糊】：用于对渲染的运动模糊方式进行设置。
- 【时间跨度】：用于对所渲染项目的时间范围进行设置。
- 【帧速率】：用于对所渲染项目的帧速率进行设置。

在图15-2中，如果选中【跳过现有文件(允许多机渲染)】复选框，那么表示当渲染时，可在磁盘溢出的情况下继续完成渲染。

15.1.2　输出模块设置

在【渲染队列】面板中单击【输出模块】选项右侧的【无损】选项，可在打开的【输出模块设置】对话框对输出模块进行设置，如图15-3所示。

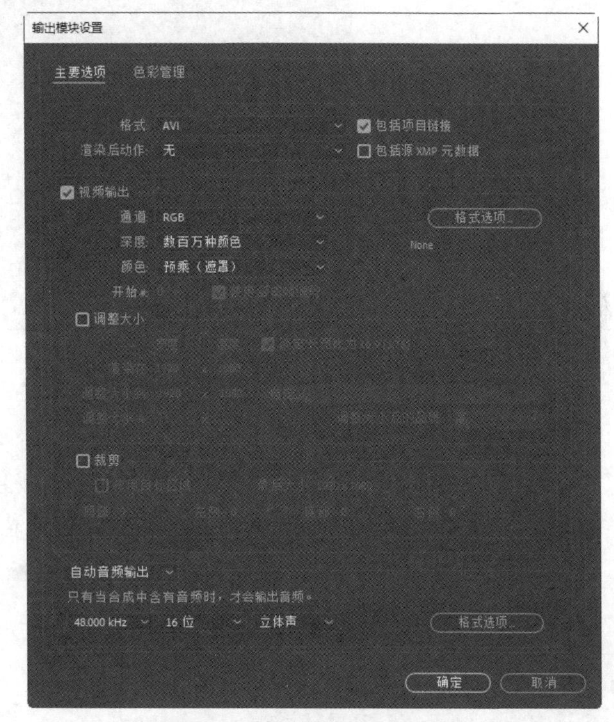

图15-3　【输出模块设置】对话框

【输出模块设置】对话框中主要属性参数的作用如下。

- 【格式】：用来选择渲染时的输出文件格式。根据文件设置需求，用户可选择不同的输出文件格式。
- 【通道】：用来对视频渲染输出的通道进行设置。文件设置和使用的程序不一样，输出的通道也会有所不同。
- 【深度】：用来对视频渲染输出的颜色深度进行调节。
- 【颜色】：用来根据用户需求，设置Alpha通道的类型。
- 【调整大小】：根据需求，用户可在【调整大小】区域对视频文件格式的大小做出选择，也可在自定义方式下选择文件格式。
- 【裁剪】：用来裁切视频渲染输出时的边缘像素。
- 【自动音频输出】：用来选择音频输出的频率、量化比特率和声道。

15.1.3　选择输出格式

在After Effects中，我们可以将合成的影像渲染输出为影片格式或序列文件格式。在【输出模块设置】对话框中打开【格式】下拉列表框，用户可以根据需求选择输出格式，如图15-4所示。

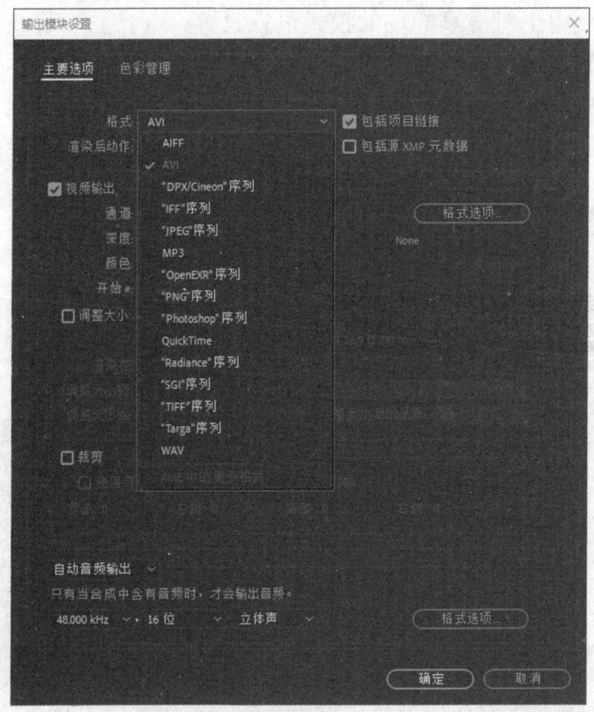

图15-4　选择输出格式

❖ 提示:

在【格式】下拉列表框中选择一种序列文件格式，即可将编辑好的作品输出为序列文件。输出序列文件时需要注意，这些文件必须单独存放到一个文件夹中，因为在输出序列文件时，After Effects会生成一帧一帧的图像，而有多少帧图像，也就会有多少个单帧文件，效果如图15-5所示。

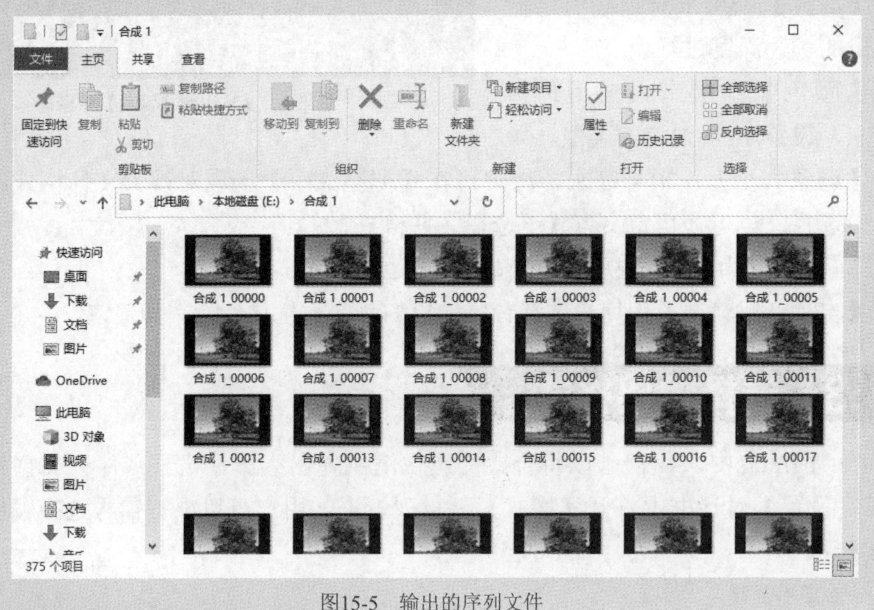

图15-5　输出的序列文件

15.1.4 渲染输出

完成渲染设置与输出模块设置后，可在【渲染队列】面板中单击【输出到】选项右侧的文件名称，如图15-6所示。在打开的【将影片输出到】对话框中，可对输出路径进行设置，如图15-7所示。全部设置完之后，单击【渲染队列】面板中的【渲染】按钮，即可对影片进行渲染输出。

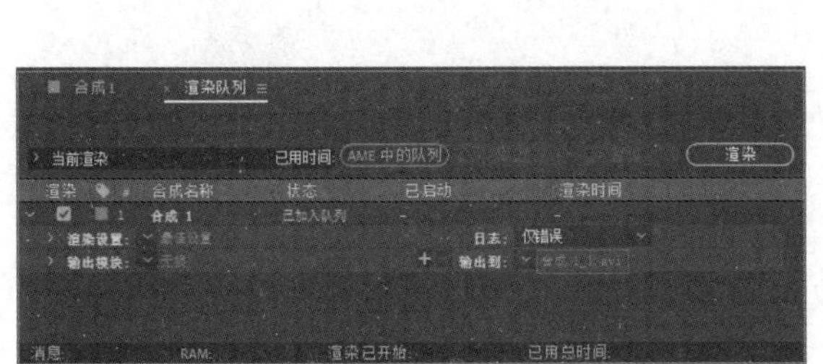
图15-6 单击文件名称

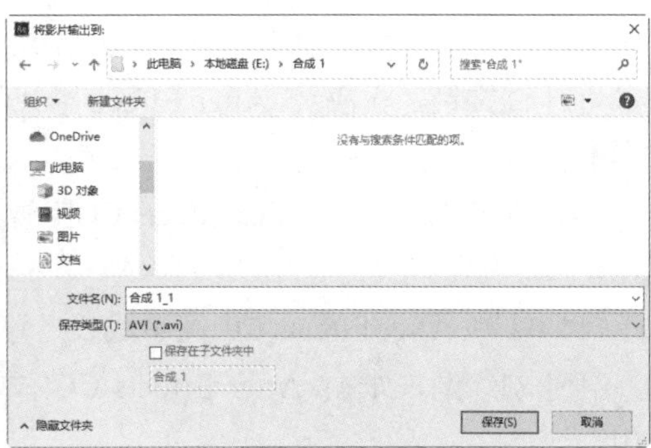
图15-7 设置输出路径

15.2 导出文件

选择【文件】|【导出】菜单命令，在弹出的子菜单中可以选择影片的输出形式，如图15-8所示。其中，【导出Adobe Premiere Pro项目】用于将After Effects工程文件转换为Adobe Premiere Pro所能识别和编辑的文件(后缀为.prproj)，从而方便软件之间的无缝衔接。

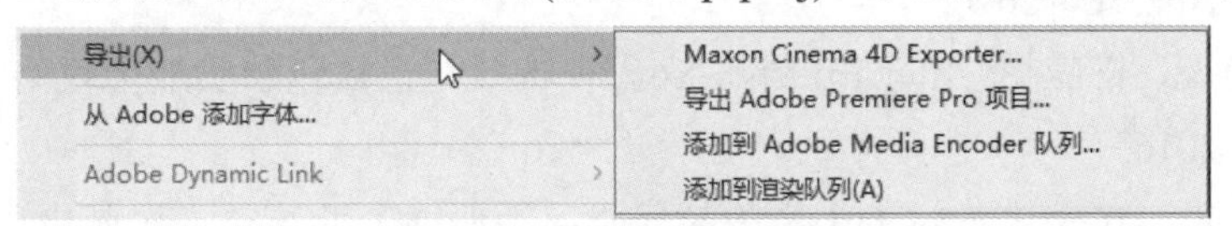

图15-8 选择影片的输出形式

15.3 习 题

1. 在对作品进行渲染输出时，都有哪些参数需要设置？
2. 如何调整输出格式？

参考文献

[1] 王明皓，张宇. After Effects CC基础教程[M]. 北京：清华大学出版社，2014.

[2] 高文铭，祝海英. After Effects影视特效设计教程[M]. 大连：大连理工大学出版社，2014.

[3] 潘登，刘晓宇. After Effects CC影视后期制作技术教程[M]. 北京：清华大学出版社，2016.

[4] 铁钟. After Effects CC 高手成长之路[M]. 北京：清华大学出版社，2014.

[5] 刘红娟，张振. After Effects CC中文版从新手到高手[M]. 北京：清华大学出版社，2015.

[6] 黄薇，王英华. After Effects CC中文版标准教程[M]. 北京：清华大学出版社，2016.

[7] 铁钟. 突破平面After Effects CC 2015 特效设计与制作[M]. 北京：清华大学出版社，2016.

[8] 刘新业，孙琳琳. After Effects CC影视后期特效创作教程[M]. 北京：清华大学出版社，2016.

[9] 李万军. 移动互联网之路——APP交互动画设计从入门到精通(After Effects篇)[M]. 北京：清华大学出版社，2016.

[10] 张艳钗，符应彬. After Effects CS6影视特效与栏目包装实战全攻略[M]. 北京：清华大学出版社，2016.

[11] 程明才. After Effects CC中文版超级学习手册[M]. 北京：人民邮电出版社，2014.

[12] 美国Adobe公司. Adobe After Effects CC经典教程[M]. 北京：人民邮电出版社，2014.

[13] 刘强，张天琪. Adobe After Effects CC标准培训教材[M]. 北京：人民邮电出版社，2015.

[14]www.adobe.com/cn/.

[15]www.huke88.com.